LES ANIMAUX ARTICULÉS LES POISSONS ET LES REPTILES

PAR

LOUIS FIGUIER

OUVRAGE ACCOMPAGNÉ DE 222 GRAVURES

DESSINÉES

PAR A. MESNEL, A. DE NEUVILLE ET E. RIOU

TROISIÈME ÉDITION

PARIS

LIBRAIRIE HACHETTE ET Cie

79, BOULEVARD SAINT-GERMAIN, 79

1876

TABLEAU DE LA NATURE

OUVRAGE ILLUSTRÉ A L'USAGE DE LA JEUNESSE

LES

ANIMAUX ARTICULÉS

LES POISSONS

ET LES REPTILES

PARIS. — TYPOGRAPHIE LAHURE
Rue de Fleurus, 9

LES MALHEURS D'UN PÊCHEUR D'ANGUILLES. (Page 245.)

LES

ANIMAUX ARTICULÉS

LES POISSONS

ET LES REPTILES

PAR

LOUIS FIGUIER

OUVRAGE ACCOMPAGNÉ DE 222 GRAVURES

DESSINÉES

PAR A. MESNEL, A. DE NEUVILLE ET E. RIOU

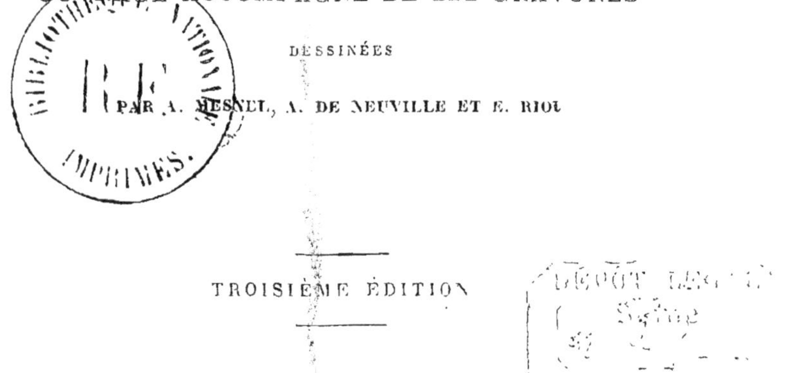

TROISIÈME ÉDITION

PARIS

LIBRAIRIE HACHETTE ET Cie

79, BOULEVARD SAINT-GERMAIN, 79

1876

LES ANIMAUX ARTICULÉS

LES

POISSONS ET LES REPTILES

Cuvier a partagé le règne animal en deux grands embranchements : les *Invertébrés*, ou animaux sans vertèbres, et les *Vertébrés*.

D'après la division que nous adoptons dans cet ouvrage, qui est à peu près celle de M. Milne Edwards et des zoologistes contemporains, les *Invertébrés* comprennent quatre classes, à savoir :

1° Les Zoophytes ;
2° Les Mollusques ;
3° Les Insectes ;
4° Les Animaux articulés.

Nous avons consacré un volume à l'étude des *Zoophytes* et des *Mollusques* et un autre volume à l'histoire des *Insectes*. Il nous reste donc, pour terminer l'étude des animaux invertébrés, à examiner les *Animaux articulés*, en nous plaçant toujours au même point de vue, c'est-à-dire en passant rapidement sur l'organisation de ces animaux et nous étendant davantage sur leurs habitudes et leurs mœurs.

L'étude des *Animaux articulés* fera l'objet de la première partie de ce volume.

Ayant terminé, avec ces quatre classes, l'histoire des animaux *invertébrés*, nous commencerons, dans ce même volume, l'étude des animaux *vertébrés*, en traitant de l'organisation et des mœurs des Poissons et des Reptiles.

ANIMAUX ARTICULÉS

CLASSE

DES ANIMAUX ARTICULÉS

Les animaux que l'on range dans la classe des *Articulés* possèdent des caractères assez nettement tranchés pour qu'il soit facile de les reconnaître au premier coup d'œil. Ces caractères communs décèlent un plan général et uniforme dans leur organisation.

Leur forme générale est symétrique, c'est-à-dire que les deux moitiés latérales de leur corps sont similaires. Le corps est divisé en tronçons et semble composé d'une série d'anneaux placés à la suite les uns des autres.

Cette disposition annulaire se manifeste de différentes manières. Quelquefois elle ne se décèle que par un certain nombre de plis transversaux qui font le tour du corps, mais le plus souvent l'animal est enfermé dans une série d'anneaux solides, sorte d'armure extérieure résultant de l'endurcissement de la peau, qui protége les parties molles, donne attache aux muscles, et fournit à ces organes des leviers qui déterminent et précisent leurs mouvements. C'est un squelette tégumentaire.

A cette forme générale il faut joindre un système nerveux composé d'une double série de petits centres médullaires, nommés *ganglions* et réunis en chaîne longitudinale, de façon à occuper la majeure partie de la longueur du corps. Une petite masse ganglionnaire logée dans la tête, et qui ressemble au cerveau des animaux supérieurs, paraît remplir les mêmes fonctions que chez ces derniers.

Ajoutons qu'il existe constamment un canal alimentaire, pourvu d'une entrée et d'une issue distinctes ; que les membres sont, en général, très-nombreux, que le sang est presque toujours blanc et l'appareil de la circulation assez incomplet, et nous aurons énuméré les caractères généraux propres aux animaux qui composent la classe des Articulés. Les particularités d'organisation de chaque groupe d'animaux articulés trouvera sa place lorsque nous ferons l'histoire des êtres qui nous paraîtront le plus dignes d'une mention spéciale.

Avant de décrire ces êtres, il importe de faire connaître leur distribution méthodique, c'est-à-dire d'exposer leur classification.

Parmi les Articulés, les uns ont le corps dépourvu d'organes de locomotion, et leur système nerveux ganglionnaire est peu développé ou rudimentaire : ce sont les *Vers* (Rotateurs, Helminthes, Sangsues).

Les autres ont le corps pourvu d'organes de locomotion, et leur système ganglionnaire est très-développé : ce sont les *Crustacés* (Écrevisse, Crabe, Homard), caractérisés par une carapace dure et résistante.

Une troisième tribu se compose des *Arachnides*, animaux sans carapace, respirant par des poumons ou par des trachées (Araignée, Scorpion).

La dernière tribu est formée par un petit nombre d'animaux qui caractérise surtout le nombre considérable de leurs pieds ou pattes; d'où leur nom de *Myriapodes* (Scolopendre, Iule).

Nous distribuerons donc les animaux articulés en quatre tribus :

1° Les Vers;
2° Les Crustacés;
3° Les Arachnides;
4° Les Myriapodes.

TRIBU DES VERS

La tribu des Vers se compose de trois groupes naturels, ou sous-ordres : les *Rotateurs*, les *Helminthes* et les *Annélides*.

Rotateurs. — Les Rotateurs sont pour la plupart des êtres si petits qu'avant la découverte du microscope leur existence était à peine soupçonnée. On les confondit longtemps avec les Infusoires; mais Ehrenberg montra le premier que leur organisation est d'une complication beaucoup plus grande.

Les *rotateurs* sont revêtus en partie d'un tégument plus ou moins flexible, et peuvent se retirer, en se contractant, dans la partie moyenne de ce tégument. C'est cette propriété qui leur avait fait donner par Dujardin le nom de *Systolides* (du grec συστέλλω, je contracte). Leur peau est lisse et solide. Chez plusieurs espèces des incisions annulaires de cette peau font paraître le corps articulé en totalité ou en partie. Beaucoup possèdent une enveloppe cutanée si dense et si rigide qu'elle constitue une carapace.

Aux téguments sont fixés quelquefois divers appendices, comme des ongles, des soies cornées, des arêtes, des pointes.

Le corps se termine souvent par une queue, munie de deux pointes articulées, mobiles, susceptibles de se coller momentanément aux corps solides. C'est une sorte de pied, qui sert de support à l'animal.

Le caractère le plus saillant de plusieurs de ces êtres curieux consiste dans un appareil cilié, vibratile, plus ou moins dilaté ou étalé autour de la bouche, consistant en lobes charnus, qui peuvent, à la volonté de l'animal, s'épanouir, comme les pétales d'une fleur. Leur contour est garni de cils vibratiles dont le mouvement, surtout chez les Rotifères et les Brachions, produit l'apparence de deux roues d'engrenage tournant en sens inverse avec une extrême vitesse. De là le nom de *rotateurs* donné au groupe entier.

Tous les anciens micrographes avaient noté ce phénomène avec admiration. On l'expliqua de différentes manières. Dujardin fit remarquer qu'il y a là simplement un effet d'intersection des cils qui se superposent en s'inclinant successivement les uns après les autres, dans le même sens. Au reste, chez plusieurs *rotateurs* les cils vibratiles en mouvement ne figurent point des roues mobiles. La bouche est toujours située entre les organes rotiformes, de telle sorte que le tourbillon qu'ils produisent aboutit directement à la bouche, et que l'animal avale ou rejette à son gré les corps solides qui sont entraînés par ce tourbillon. Cette bouche, qui est munie de mâchoires et de dents, est ample et contractile : elle a la forme d'un entonnoir ou d'une cloche.

L'intestin parcourt ordinairement en ligne droite toute la cavité du corps.

Certains auteurs ont cru pouvoir accorder à ces êtres imparfaits un cœur et un système vasculaire sanguin. Il semble plutôt que tous les organes soient baignés directement par le suc nutritif qui transsude à travers les parois de l'intestin. Des vaisseaux particuliers paraissent chargés de la respiration, à laquelle les organes rotatoires prennent une grande part ; en effet, leurs cils occasionnent un prompt renouvellement de l'eau, toujours chargée d'air respirable, et leur surface est revêtue d'un mince épithélium.

Les rotateurs ne se propagent ni par scission, ni par gemmes : les uns sont ovipares, les autres vivipares.

Ces animaux sont tellement petits que leur système nerveux est généralement à peine perceptible. On s'accorde pourtant à leur reconnaître un appareil pour la vision. Le plus souvent il consiste en un point oculaire simple ou double, situé derrière la tête. Quelquefois, mais plus rarement, il se réduit à trois ou quatre points rouges placés sur le front.

Certaines espèces de rotateurs donnent le spectacle de phénomènes physiologiques véritablement prodigieux et, on peut le dire, inexplicables, que nous exposerons avec soin.

Dujardin a formé quatre grandes divisions dans les Rotateurs :

1° Ceux qui vivent fixés par l'extrémité postérieure de leur corps ;

2° Ceux qui n'ont qu'un seul mode de locomotion au moyen de leurs cils vibratiles et sont toujours nageurs;

3° Ceux qui ont deux modes de locomotion, et sont tantôt rampants à la manière des sangsues, et tantôt nageurs comme les précédents ;

4° Ceux qui, dépourvus de cils vibratiles, mais pourvus d'ongles, sont véritablement marcheurs.

C'est dans la première division qu'on range les *Mélicertiens*. Leur corps est campaniforme, porté par un pédoncule charnu extensible et contractile isolé ou logé dans un tube. En avant et autour de la bouche se trouve une large membrane en entonnoir et en pavillon, bordée de cils vibratiles, dont le mouvement excite des tourbillons dans l'eau et produit ordinairement l'apparence d'une ou plusieurs roues dentées. Leur bouche est armée de mâchoires en forme d'étrier à trois ou à plusieurs dents.

La seconde division est de beaucoup la plus nombreuse. Elle comprend des animaux à tégument totalement flexible, et d'autres dont le tégument est en partie solide et constitue une cuirasse.

Fig. 1. Brachions.

Parmi les *rotateurs nageurs cuirassés*, nous citerons les *Brachions* (fig. 1). On en trouve un grand nombre dans les eaux douces et dans l'eau de mer, entre les herbes. Ils sont presque tous assez volumineux pour être distingués à la vue simple. Leur carapace est en forme d'utricule déprimé ou de fourreau court. Elle est dentée en avant et largement ouverte, pour laisser passer une queue, terminée par une paire de stylets articulés. Leurs mâchoires sont digitées, et au-dessus d'elles on aperçoit un point rouge ressemblant à un œil. L'animal porte longtemps un œuf énorme à la base de sa queue.

Parmi les *rotateurs nageurs à téguments mous*, nous nous contenterons de citer les *Hydatines*, au corps diaphane, terminé en arrière par deux doigts courts, au large entonnoir cilié, aux mâchoires digitées ou à plusieurs dents. Une espèce, longue de $0^m,50$ à $0^m,75$, et par conséquent bien visible à l'œil nu, se rencontre abondamment dans les fossés et dans les ornières où vivent, au printemps et en automne, les Euglènes et d'autres infusoires verts. Dujardin l'a trouvée constamment à Montrouge et aux Batignolles, au sud et au nord de Paris, en novembre et décembre.

Les deux dernières divisions des rotateurs ne comprennent qu'une seule famille chacune. C'est, pour les rotateurs rampants et nageants, la famille des *Rotifères*, et pour les rotateurs marcheurs, la famille des *Tardigrades.*

Les *Rotifères* sont des animaux à corps fusiforme, aminci en avant, terminé en arrière par une queue de plusieurs articles, portant une ou plusieurs paires de doigts ou de stylets charnus sur les derniers articles. Par un phénomène bizarre, la partie antérieure de leur corps présente un double aspect selon l'un ou l'autre mode de leur locomotion. Dans l'état ordinaire, cette partie se termine par un tube cilié, au moyen duquel l'animal se fixe aux objets solides, pour exécuter un mouvement de reptation. Mais s'il veut changer d'allure, on le voit tout à coup retirer à l'intérieur ce tube charnu et faire saillir deux lobes arrondis en forme de pétales, bordés de cils vibratiles et que l'on pouvait déjà distinguer dans le premier état, à travers les téguments, comme deux disques situés à moitié de l'intervalle entre les mâchoires et l'extrémité du tube. Après le déploiement de ce nouveau système locomoteur, l'animal cesse de ramper ; il reste fixé par l'extrémité de sa queue, en produisant un double tourbillon dans le liquide; ou bien, quittant son point d'attache, il nage librement dans l'eau au moyen de ce tourbillon. Les rotifères ont deux ou plusieurs points rouges oculiformes et des mâchoires en étrier.

Les espèces de ces animaux sont assez nombreuses. Parmi elles il faut distinguer le *Rotifère vulgaire*, très-commun en tout pays, long d'un demi-millimètre à un millimètre lorsqu'il est le plus allongé, ayant ses organes ciliés rotatoires larges d'un dixième de millimètre environ et caractérisé par la position de ses deux points rouges très-rapprochés de l'extrémité antérieure.

Les *Tardigrades* ont été l'objet d'une étude très-approfondie de la part de Doyère. Nous ne saurions nous étendre ici sur les observations anatomiques et physiologiques très-curieuses que la science doit à ce naturaliste. Nous nous bornerons à faire remarquer que, d'après des observations de Doyère, la forme et les rapports du système nerveux, à peine indiqués dans les autres groupes des rotateurs, sont très-appréciables chez les Tardigrades.

Doyère a réparti les diverses espèces de tardigrades en trois genres : le genre *Émydie*, le genre *Milnésie* et le genre *Macrobiote.*

L'*Émydie tortue* est d'une couleur rouge terre de Sienne. Elle habite la mousse qui recouvre les toits en tuile et est très-commune à Paris. Ses mouvements sont excessivement lents.

La *Milnésie tardigrade* habite la mousse des toits ; ses mouvements sont assez vifs.

Le *Macrobiote* est transparent et complétement incolore. C'est la plus commune de toutes les espèces. On la trouve dans toutes les mousses qui croissent sur les toits, les murs, les pierres isolées, au pied des arbres, etc.

Le cadre de cet ouvrage ne nous permet pas d'entrer dans plus de détails descriptifs sur ces curieux animalcules. Nous avons, du reste, à appeler l'attention du lecteur sur ces animaux à un autre point de vue.

Si nous avons cru, en effet, devoir consacrer un chapitre à l'histoire des *Rotateurs,* c'est que deux des membres de cette microscopique phalange d'Articulés sont le siége des phénomènes les plus extraordinaires qu'il ait été donné à l'homme d'observer. Ces phénomènes ont suscité des expériences mémorables, d'ardentes discussions, car ils soulèvent le mystérieux et insondable problème de la vie et de la mort. Expliquons-nous. Les rotifères desséchés paraissent morts et persistent en cet état des années entières ; mais si on leur rend un peu d'eau, on les voit se livrer aux mouvements les plus actifs et accomplir tous les actes de la vie. Si on les prive d'eau par l'évaporation, ils retombent dans leur état de mort apparente : état d'où on peut les retirer en leur ajoutant de l'eau. Cette alternative de mort et de résurrection apparentes peut se répéter un nombre infini de fois.

C'est ce phénomène, connu sous le nom de *résurrection des rotifères et des tardigrades,* que nous devons étudier ici avec quelques détails.

Le 2 octobre 1701, le célèbre micrographe Leuwenhoeck ayant eu la curiosité de mettre dans un petit tube en verre contenant de l'eau un peu d'un résidu desséché qu'il avait recueilli dans une gouttière, fut surpris de voir, moins d'une heure après, un grand nombre de rotifères nager dans l'eau du tube, ou ramper contre ses parois. Quelques heures après, le nombre en était trois ou quatre fois plus considérable. Needham, Baker et d'autres naturalistes répétèrent cette observation, et résolurent tantôt par l'affirmative, tantôt par la négative, la question de savoir si certains animaux peuvent revenir à la vie après avoir été desséchés, et si cette dessiccation est ou n'est pas la mort.

En 1776, Spallanzani reprit la question et la soumit à des expérimentations rationnelles, décisives, se servant avec une remarquable sagacité de tous les moyens d'investigation que pouvaient lui fournir la physique et la chimie de son temps. Les observations de Spallanzani font l'objet d'un chapitre important de ses *Opuscules de physique animale et végétale*, traduits de l'italien par Jean Sénebier. Nous croyons être agréable à nos lecteurs en leur présentant une analyse de ce remarquable travail de Spallanzani.

Le physiologiste italien commence par décrire avec soin les Rotifères qu'il avait pris dans le sable d'une gouttière. Il place trois de ces animalcules, avec un peu de sable, dans une goutte d'eau sur une lame de verre et il observe.

« Tant que la goutte que j'observai d'abord, dit Spallanzani, se conserva, les trois Rotifères se mouvaient avec légèreté; ils se portaient partout, cherchant avec le museau au milieu du sable qu'ils agitaient, comme s'ils étaient en embuscade pour leur nourriture; mais ils ne quittaient pas le fluide dont ils approchaient les bords, et ils retournaient promptement dès qu'ils l'avaient atteint. Quand la goutte commençait à s'évaporer sensiblement, les Rotifères ralentirent leurs mouvements, et le ralentissement s'accrut jusqu'à ce que, la goutte étant tout à fait évaporée, ils ne purent plus se mouvoir pour changer de place. Quoiqu'ils restassent alors dans le même lieu, ils se contournaient toujours et s'allongeaient.... Ils changèrent donc d'aspect, non-seulement parce qu'ils perdirent toute espèce de mouvement et toute apparence de vie, mais encore parce que leur grandeur fut beaucoup diminuée; ils étaient devenus trois petits corpuscules tellement déformés qu'on n'aurait pu les reconnaître pour ce qu'ils avaient d'abord été.

« Ils restèrent une heure dans cet état de mort apparente, après laquelle je laissai tomber une goutte de la même eau sur celle qui s'était évaporée. Le lecteur peut bien s'imaginer mon attention pour observer cette *résurrec-*

tion. Le succès fut tel que je viens de le prédire ; après quelques minutes, les rotifères s'étaient un peu renflés, un de leurs côtés devint pointu ; la partie pointue commença de se mouvoir en s'allongeant et en s'accourcissant ; bientôt la partie opposée devint aussi pointue et se mit en mouvement comme la première, et je m'aperçus bientôt que les deux parties pointues étaient la tête et la queue de l'animal qui sortaient peu à peu du corps où elles étaient rentrées ; les anneaux transversaux, les lignes longitudinales, les organes internes et externes reparurent ensemble, et les trois Rotifères reprirent leur première forme et leur première grandeur, ce qui s'opéra en très-peu de temps ; bientôt après, ils rampèrent sur le sable, coururent çà et là avec beaucoup de vitesse, et firent voir qu'ils étaient redevenus aussi vifs qu'ils avaient jamais été. »

Spallanzani répéta les mêmes expériences sur du sable desséché et conservé depuis quatre années. « Les Rotifères y ressuscitèrent promptement. » Il fit sécher onze fois le même sable et le mouilla le même nombre de fois.

« J'ai toujours vu, dit il, la mort des Rotifères suivre le dessèchement de l'eau et leur vie recommencer lorsqu'on leur humectait le sable. Ces faits, ajoute t il, doivent s'entendre avec quelques modifications. Quoique ces rotifères ressuscitent plusieurs fois et même après être restés longtemps à sec, il est certain que le nombre des ressuscitants diminue en raison du temps que le sable reste à sec et du nombre de fois qu'on l'a humecté pour faire ressusciter ces animaux. Il est vrai que j'ai vu leur onzième résurrection ; ils étaient très abondants les premières fois qu'ils ressuscitèrent, mais leur nombre diminua dans les suivantes ; ils étaient très rares dans les dernières. Je dois ajouter qu'en continuant à les dessécher et à les humecter, il n'en ressuscita plus aucun à la seizième fois. »

Spallanzani remarque, en outre, que le nombre de ceux qui ressuscitent est aussi d'autant moindre qu'il s'est écoulé un temps plus long depuis que le sable est sec.

Le fait de retour à la vie une fois bien constaté dans ces circonstances, l'illustre observateur s'assura que l'influence de la température n'était pas nulle, c'est à-dire que de l'eau assez chaude produisait la résurrection plus promptement que l'eau à la température ordinaire.

Spallanzani fit une remarque très-curieuse. Il vit que là où le sable manque dans l'eau qui contient les Rotifères, la dessiccation les tue. Ils ne reprennent plus leur forme ni leurs mouvements lorsqu'on les humecte de nouveau.

« Comment ce simple défaut de sable, dit il, peut il produire un si grand effet ? Quelle connexion, quel rapport physique y a-t il entre la présence du sable et la résurrection des Rotifères ? La cause qui influe sur ce phénomène ne devrait-elle pas être tout autre, et ne devrait-on pas dire que le sable tient seulement lieu d'une condition extérieure très-simple ? J'observe que quand les rotifères périssent parce que le sable leur manque, leur corps est exposé à l'action de l'air lorsque l'eau s'évapore ; mais ils ne l'éprouvent pas, ou ils l'éprouvent beaucoup moins quand ils meurent enveloppés dans le sable. Cela supposé, on pourrait dire que l'action immédiate de l'air, en heurtant et fouettant ces petits corpuscules par son choc déchirant, dans un moment où ils sont encore humides et où ils sont en même temps très-tendres et très-délicats, les rend ainsi incapables de ressusciter par l'altération qu'ils en reçoivent. »

Réfléchissant sur cette mort des Rotifères et la comparant avec la mort apparente des animaux hibernants, noyés, congelés ; constatant que chez ces Rotifères « les parties solides se contractent et se défigurent, que les fluides s'évaporent et que tout le corps de l'animal se réduit à un atome de matière desséchée et endurcie ; que lorsqu'on le perce avec une aiguille, il se brise en plusieurs parties comme un grain de sel, » Spallanzani s'écrie :

« Comment cet atome de matière, où les parties solides ne conservent plus aucun vestige de l'humidité et de la souplesse qu'elles avaient auparavant, et où les parties fluides n'existent plus, comment imaginerons-nous que cet atome desséché et défiguré conserve un principe de sentiment et de vie? Concluons donc, et concluons-le avec raison, que dans les Rotifères devenus secs et maigres la vie est entièrement perdue, non-seulement parce que l'action réciproque des fluides sur les solides est détruite, mais encore parce que les fluides sont entièrement évaporés, et parce que ce desséchement et cette dureté ont fait perdre aux solides leur état naturel. »

Spallanzani fit sur les Rotifères d'autres observations remarquables. Il constata que ces animalcules conservaient dans du sable sec leur propriété de revenir à la vie jusqu'à une température de + 70° centigrades, tandis qu'ils la perdaient passé + 50°, si le sable était humide. Il vit qu'on les pouvait congeler et refroidir jusqu'à — 24°, sans qu'ils revinssent moins promptement à la vie aussitôt que la glace venait à se fondre. Il vit qu'ils pouvaient ressusciter dans le vide, mais plus lentement et en moindre nombre que dans l'air, et que ceux qui ne ressuscitaient pas dans le vide pouvaient ressusciter dans l'air. Il vit encore que si l'air n'est pas absolument nécessaire à leur résurrection, il est indispensable pour l'entretien de leur vie. Il vit enfin que certaines liqueurs conviennent aux Rotifères et que d'autres leur nuisent.

« Celles, dit-il, qui leur conviennent sont celles où ils ressuscitent et où ils conservent la vie après leur résurrection. Telles sont les eaux de puits, de rivières, de glace, de neige, de pluie ; l'eau distillée, celles des fossés, des marais, des étangs, l'eau fétide de la fange et des fumiers. A l'égard des *eaux qui leur sont nuisibles*, ce sont celles qui sont poivrées, imprégnées de sel commun, de sel gemme, de vitriol ; celles dans lesquelles on a exprimé le suc de la ciboule, de l'ail, l'urine, l'encre, le vin, le verjus, l'huile d'olive, de noix, l'eau de-vie, le vinaigre, etc. Ayant mis dans chacune de ces liqueurs du sable de rotifère, je n'en ai vu ressusciter aucun ; de même, si j'y faisais passer des rotifères ressuscités, sur le-champ ils y périssaient tous. Quelques odeurs pénétrantes et fortes leur ont été également fatales : telle est celle du camphre ; lorsqu'ils l'ont éprouvée long temps, ils périssent quand ils sont ressuscités, et ils ne ressuscitent pas quand ils sont desséchés. L'huile de térébenthine produit seulement le premier effet ; mais si cette odeur devient plus active, en fondant la térébenthine, ou lorsqu'on la brûle, la fumée empêche alors les Rotifères de ressusciter. La fumée du soufre et du camphre allumés produisent l'un et l'autre effet ; la fumée du tabac en feuille donne seulement la mort aux Rotifères ressuscités. »

Voilà les délicates et admirables expériences que Spallanzani fit sur les Rotifères. Il ne s'arrêta pas là. Avoir beaucoup vu et bien vu était pour lui une incitation à voir encore et à donner de nouvelles preuves de ce que peut faire une admirable sagacité, aidée d'une imperturbable patience. Dans un second mémoire sur les *Animaux qu'on peut tuer et ressusciter à son gré*, Spallanzani multiplie ses observations sur les Tardigrades. Il décrit avec soin ces animaux, les soumet à mille expérimentations, note, instant par instant, toute la série des phénomènes dont ces petites et merveilleuses organisations sont le siége, prévoit toutes les objections et répond à toutes.

Nous n'analyserons point ce nouveau mémoire, mais nous ne saurions résister au désir de reproduire ici les quelques lignes qui servent d'introduction à ce travail. Elles mettent en lumière certaines considérations qu'affectent de mépriser ceux qui ont proscrit l'histoire naturelle du programme des études de nos lycées, ceux qui s'obstinent à fermer le livre de la Nature devant les yeux de la jeunesse.

« Le sable des tuiles, la fange des fossés et des marais, qui passent aux yeux du vulgaire pour des matières très-viles, deviennent pour l'observateur philosophe une source de merveilles par les êtres rares qu'on y trouve. C'est aux fossés et aux marais qu'on doit les Polypes à bras, à masses, en entonnoirs, à bulbes, à nasse, à panache. C'est là qu'on trouve les Vers d'eau douce, les Vers en bateau, le Mille-pieds à dard. Ces animaux ont confondu l'esprit humain par leurs merveilles et ils ont créé une nouvelle philosophie. Le sable des tuiles, quand il ne servirait d'habitation qu'aux Rotifères, n'en serait pas moins illustre et moins fameux. Un animal qui ressuscite après sa mort et qui, dans de certaines limites, ressuscite autant qu'on le veut, est un phénomène aussi inouï qu'il paraît d'abord invraisemblable et paradoxal : il confond les idées les plus reçues sur l'animalité, il en produit de nouvelles, et il devient un objet aussi intéressant pour les recherches du naturaliste que pour les spéculations du métaphysicien. Mais la valeur et la célébrité de ce sable augmentent quand on sait qu'il contient d'autres animaux qui ont, comme le rotifère, la faculté de ressusciter : de telle manière qu'on peut presque dire que tous les animaux que ce sable nourrit sont destinés à l'immortalité. »

On aurait pu croire que le fait de la dessiccation absolue et de la résurrection des Tartigrades et des Rotifères était, après les admirables expériences de Spallanzani, définitivement acquis à la science et au-dessus de toute contestation. Cependant il se trouva des naturalistes, Bory de Saint-Vincent et de Blainville, qui, ne pouvant comprendre de tels phénomènes, osèrent les nier *a priori* et *a posteriori*, d'après des observations superficielles et mal faites.

C'est pour répondre à ces critiques que Doyère, en 1842, résolut de répéter les expériences de Spallanzani, avec des moyens d'observation assez rigoureux pour former une base de conviction inébranlable.

« Lorsque j'ai exposé, dit Doyère dans son *Mémoire sur les Tardigrades*, les animaux ressuscitants à l'évaporation, soit dans l'eau pure, soit dans le sable, à l'air libre, dans un air desséché ou dans le vide sec, je les ai toujours vus se dessécher, et se dessécher d'une dessiccation absolue, et dans la plupart des cas, cette dessiccation, si loin qu'elle pût être poussée, ne les dépouillait pas de la faculté de reprendre la vie lorsque je venais de leur rendre l'humidité sans laquelle nous ne concevons pas qu'aucun mécanisme animal soit possible. La forme la plus simple et la plus décisive que l'on puisse donner à l'expérience consiste à placer une Émydie ou un Macrobiote sur une lame de verre dans une gouttelette d'eau distillée et à laisser exposée à l'air libre la gouttelette et l'animal qu'elle contient. On y trouve surtout l'avantage de pouvoir suivre au microscope les progrès de la dessiccation et du raccornissement progressif de l'animalcule et de ses enveloppes. La gouttelette d'eau ne sera pas plutôt évaporée qu'il n'offrira plus lui-même que l'apparence d'une paillette transparente, mince ou ridée, où l'on reconnaîtra tout au plus quelques traces des formes primitives.... *Cette paillette se brise au moindre choc*, et Spallanzani en a donné une idée juste en la comparant à un grain de sel desséché. L'action du compresseur n'en fait écouler aucun liquide, *on n'y peut reconnaître aucune trace d'hu-*

midité, ni d'un état vital quelconque. Or dans cet état il n'a point perdu, comme on l'a dit, la faculté de revenir à la vie. »

Doyère poussa la dessiccation plus loin. Il mit des Tardigrades dans le vide desséché par l'acide sulfurique, et il maintint le vide pendant quatre jours. Au bout de ce temps, il humecta les restes des animalcules, et trente heures après, plusieurs d'entre eux revinrent à la vie.

D'une autre expérience Doyère tire cette conclusion :

« Ainsi, des êtres animés qui se dessèchent à l'air libre en quelques secondes, peuvent revivre après dix-sept jours d'exposition dans un air sans humidité, à la pression ordinaire, et après vingt huit autres jours passés dans une atmosphère également desséchée et dont la tension n'excédait pas cinq à six centimètres. Or je ne mets pas en doute qu'ils aient dû arriver, par suite de cette épreuve, à l'absence complète de toute humidité chimique. »

Doyère ne se contenta pas de ces expériences, déjà décisives. Il prit des mousses contenant des Rotifères, il dessécha ces mousses jusqu'à ce qu'un séjour de vingt-quatre heures dans le vide sec ne leur fît plus perdre de leur poids ; il entoura de ces mousses séchées et contenant des Rotifères la boule d'un thermomètre placé dans une étuve, et il put élever la température de l'étuve jusqu'à ce que le thermomètre marquât + 120° à + 125°, sans que tous les animalcules que les mousses contenaient eussent perdu la faculté de revenir à la vie.

Comment expliquer les phénomènes étranges que nous venons d'analyser? Les Rotifères, les Tardigrades desséchés, sont-ils des animaux *morts?* Peut-on appeler *résurrection* leur retour à la vie sous l'influence de l'humidité? Les Tardigrades desséchés, c'est-à-dire privés du milieu dans lequel leur vie se manifeste au dehors par des actes, ne possèdent-ils pas la vie à l'*état latent?* Et lorsqu'on leur rend ce milieu liquide, cette vie obscure et latente ne se manifeste-t-elle pas par des phénomènes extérieurs? Combien la solution d'un pareil problème est difficile! Qu'il nous suffise d'avoir constaté ces faits prodigieux, qui excitent notre étonnement et notre admiration, et semblent défier l'intelligence humaine. La figure 2 représente le Tardigrade et le Rotifère sur lesquels ont porté surtout les expériences de Doyère.

Depuis les travaux de Doyère, d'autres recherches expérimentales ont été entreprises sur le phénomène de la résurrection des Rotifères. Le naturaliste Pouchet a fait une longue série d'expériences sur ce sujet, dans la vue de combattre l'opinion qui attribue la suspension de la vie chez les Rotifères desséchés, et de prouver que les expérimentateurs n'ont fait, comme il le dit, que « ressusciter des animaux qui n'étaient pas morts ». Cependant Pouchet n'a fait que confirmer les observations de ses devanciers, alors qu'il voulait les contredire. Il a répété les expériences de Spallanzani et de Doyère, sans y rien changer, et n'a pu qu'arriver à une autre interprétation. Il a prétendu que les animaux qui reviennent à la vie n'étaient pas morts. C'était jouer sur les mots. Le fait du retour du mouvement chez ces animaux après leur abolition par la dessiccation est certain, incontestable. Appelez-le comme il vous plaira, il n'en est pas moins extraordinaire, et c'est tout ce qu'ont voulu dire Spallanzani et Doyère.

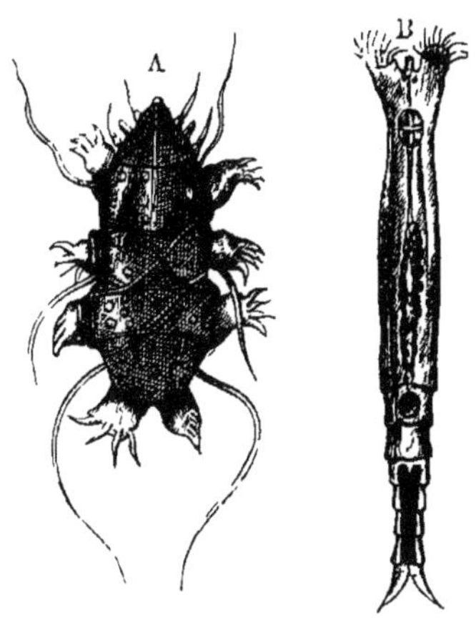

Fig. 2. Tardigrade et Rotifère.

M. Broca a fait un résumé remarquable des travaux qui ont été publiés par Doyère et Pouchet sur cette question. La Société de Biologie ayant voulu s'éclairer sur la valeur des expériences de Pouchet et sur celle des travaux de Pennetier, professeur de Rouen, qui avait, comme Pouchet, fait de nombreuses expériences sur les Tardigrades, les Rotifères et les Anguillules, M. Broca résuma les expériences de la Commission de la Société de Biologie dans un remarquable rapport intitulé *Étude sur les animaux ressuscitants* (in-8°, Paris, 1860). La Commission de la Société de Biologie avait multiplié les expériences sur la résurrection des Tardigrades, des Rotifères et des Anguillules. Elle reconnut que les Tardigrades et les Anguillules résistent moins bien à la dessiccation dans le vide que les Rotifères ; mais pour ces derniers animaux, elle ne put que confirmer l'exactitude des observations de Spallanzani et de Doyère. Les expériences rapportées dans le travail de M. Broca n'expliquent pas mieux qu'on ne le faisait autrefois l'étrange phénomène de la mort apparente et de la résurrection des Rotifères, et elles constatent l'existence positive de ce phénomène.

Helminthes ou *Entozoaires*. — On désigne sous le nom d'*Helminthes*, ou *Entozoaires*, une section de Vers qui vivent dans l'intérieur du corps des animaux ou de l'homme, fixés dans les tissus ou les liquides organiques.

Les *Helminthes* n'ont aucun organe de locomotion. Ils n'ont pas même d'appendices qui puissent en tenir lieu. Ils ne peuvent exécuter quelques faibles mouvements que par la contraction de leur peau. Leur système nerveux se compose de masses ganglionnaires et de filaments fins et délicats, dont la disposition varie selon les espèces, et qui pendant longtemps ont échappé aux investigations des anatomistes.

Les Entozoaires sont tout à fait dépourvus d'organes des sens. Rien n'indique chez eux l'existence des yeux, des oreilles ou des organes du goût et de l'olfaction. Seulement leur peau paraît être le siége d'un toucher plus ou moins délicat.

Les organes de la digestion sont assez appréciables chez ces Vers. Ces organes offrent deux modifications principales. Dans la première, que l'on observe chez les Ascarides et les Oxyures, le canal intestinal a deux ouvertures distinctes : l'une antérieure, ou buccale, l'autre postérieure, ou anale. Ce canal s'étend de l'un à l'autre orifice sans former de circonvolutions, ne présentant ni œsophage ni estomac distincts, ni intestins proprement dits. La bouche est une simple ouverture terminale, dépourvue de lèvres; il n'y a ni foie ni pancréas. Dans le second type d'organisation (Ténias, Botryocéphales), le canal alimentaire n'a qu'une seule ouverture, aboutissant à un œsophage court, auquel succèdent de longs tubes flexueux, étendus dans toute la longueur de l'animal, et s'y perdant quelquefois, sans présenter d'ouverture. Il est enfin des Entozoaires dans lesquels on n'observe ni organes digestifs, ni aucun autre organe fonctionnel. Tels sont les Vers vésiculaires en général.

On ne connaît point d'organes propres à la respiration des Entozoaires. Elle a lieu sans doute par toute la surface de la peau. Plusieurs Entozoaires, tels que les Douves, ont un système circulatoire très-développé. Ce système se compose presque toujours de trois vaisseaux qui s'étendent dans toute la longueur de l'animal et qui communiquent ensemble et envoient des rameaux dans toutes les parties de son corps. Ces vaisseaux se réunissent inférieurement en une espèce d'ampoule, que l'on regarde comme le réservoir du suc nutritif.

Des animaux ainsi construits ne peuvent être que parasites; ils ne peuvent qu'emprunter à d'autres êtres, aux dépens desquels ils vivent, des substances nutritives toutes formées.

Les Entozoaires naissent presque tous d'œufs, mais quelques-uns sont vivipares. Un grand nombre subissent des transformations avant de parvenir à leur état complet de développement. Certaines espèces ne subissent toutes les phases de leur développement qu'en vivant successivement à l'intérieur de divers animaux.

Les œufs sont placés entre les anneaux du corps. Quand ils sont mûrs, ils sont expulsés. Ces œufs donnent naissance à de petits Vers incomplets, dont la forme rappelle la tête du Ténia. Ces fragments, presque invisibles, pénètrent dans le corps des grands animaux par les fosses nasales ou par les plantes dont se nourrissent les ruminants une fois introduits dans le corps d'un animal carnivore ou omnivore. Ces Vers incomplets (Cysticerques) se fixent dans la substance de ses organes; là ils se complètent, forment des anneaux reproducteurs, et se transforment en *Hydatides*, sorte de poche dans laquelle la tête du Ver futur est contenue dans une cavité pleine d'eau.

Le *Cénure du Mouton*, le *Cysticerque du Porc*, ne sont que de jeunes Ténias à l'état d'*Hydatides*, c'est-à-dire de développement incomplet.

Les *Hydatides* sont donc le produit des œufs des Ténias, mais elles ne deviennent de véritables Ténias que lorsqu'elles passent de l'organe dans lequel elles s'étaient enkystées, dans l'estomac d'un autre animal.

D'autres larves, connues sous le nom d'*Échinocoques*, constituent un groupe spécial d'*Hydatides;* chaque vésicule peut donner naissance à autant de Ténias.

De l'animal dans lequel ils se sont développés, les *Entozoaires* parasites se transmettent à l'homme, lorsque celui-ci se nourrit de viandes crues, mal salées, ou imparfaitement cuites.

Les *Cystiques*, dont la forme rappelle de petites vessies, se rencontrent au milieu des muscles, au centre du cerveau; cet état n'est qu'une phase du développement des *Cestoïdes*.

C'est donc par les aliments que les Entozoaires parasites passent des animaux à l'homme, et s'introduisent dans le tube digestif, ainsi que dans l'intérieur des tissus et des viscères. Leurs germes microscopiques sont portés par le sang, sur les divers points de l'organisme où ils se fixent et se développent.

Ces êtres parasites vivent chez un assez grand nombre d'animaux différents, surtout chez les animaux vertébrés. On les trouve dans le tube digestif, dans les muscles et dans la substance des viscères, tels que le foie, le cerveau, les yeux, et jusque dans le sang.

Le chien, le chat, le cochon, la chèvre, le lapin, le cheval, le mouton, l'âne, le bœuf, peuvent être envahis par ces parasites. Les Reptiles, les Poissons et les Oiseaux en nourrissent un grand nombre. On en connaît une dizaine chez la poule. Les insectes eux-mêmes peuvent être envahis par ces parasites. Quoique les animaux bien portants soient plus souvent affectés d'Entozoaires que les animaux malades, leur présence constitue souvent de véritables maladies. Le *ténia*, la *trichine* en sont des exemples bien connus.

L'homme peut être envahi par quatre espèces de *Tænias*, qui vivent dans l'intestin; par trois ou quatre *Distomes*, qui se cantonnent dans le foie ou l'intestin, ou circulent dans le sang; par neuf ou dix *Nématodes*, que l'on trouve dans les voies digestives ou dans les muscles. Des *Cestoïdes* à l'état de jeunes, et connus alors sous le nom de *Cysticerques*, d'*Échinocoques* et d'*Hydatides*, se renferment dans les organes clos, comme le globe de l'œil, le cœur ou le cerveau. Le tartre qui se dépose autour des dents, chez l'homme, est rempli de parasites de ce genre.

Les Vers intestinaux que l'homme peut nourrir sont, parmi les *Nématoïdes* (Vers cylindriques), l'*Ascaride lombricoïde*, l'*Oxyure vermiculaire*, le *Trichocéphale inégal*, le *Strongle rénal*, l'*Anchylistome duodénal*, le *Spiroptère de l'homme*, le *Filaire de Médine*, le *Strongle à longue gaîne;* — parmi les *Trématodes* (Vers en feuille), le *Thécosane sanguicole*, la *Douve hépatique*, la *Douve lan-*

céolée et la *Douve inégale;* — parmi les *Cestoïdes* (Vers en ruban), le Ténia ordinaire et sa larve (Cysticerque), le *Ténia nain*, le *Ténia à taches jaunes*, le *Ténia inerme*, le *Bothriocéphale large*. Le *Cysticerque triarmé*, le *Cysticerque ténuicelle*, l'Échinocoque, sont des larves de Ténias.

La présence de ces parasites dans les organes de l'homme et des animaux est la cause de certaines maladies. Le *tournis du Mouton* est causé par un *Cénure* (*Cœnurus cerebralis*) qui se loge dans le cerveau de ce ruminant.

La maladie dite *de foie douvé* est produite par le *Distoma*, ver qui s'observe assez souvent chez l'homme, et plus précisément chez le Mouton et le Bœuf.

La *ladrerie*, maladie commune chez le Porc, est caractérisée par le développement dans le tissu cellulaire de Cysticerques vésiculaires agames, qui produisent le *Ver solitaire*.

La *trichinose* est la maladie déterminée par la présence, dans les muscles ou dans l'intestin, de la *trichine spirale*.

Les parasites ne vivent pas tous dans les mêmes climats. Le *Botriocéphale* ne se trouve qu'en Russie, en Pologne et en Suisse; le *Ténia nain*, qu'en Abyssinie; le *Filaire de Médine* est propre à l'ouest et à l'est de l'Afrique; l'*Anchylestome* ne vit que dans le midi de l'Europe et dans le nord de l'Afrique.

Le naturaliste Rudolphi, à qui l'on doit les études les plus approfondies sur les Entozoaires, les a divisés en cinq ordres, que l'on réduit aujourd'hui à quatre: les *Nématoïdes*, les *Térétulaires*, les *Trématodes* et les *Cestoïdes*.

Nématoïdes. — Les *Nématoïdes* sont des Vers à corps allongé ou même filiforme, sans aucune espèce d'appendices locomoteurs. Leur peau est annelée, plutôt que réellement articulée.

Les *Vers nématoïdes* ont toujours les sexes séparés, et leur canal intestinal est habituellement complet. On reconnaît chez la plupart d'entre eux un cordon nerveux sous-intestinal, ainsi qu'une paire de longs vaisseaux suivant les deux côtés du corps.

Ces vers ne subissent pas de métamorphoses. Ils sont fort nombreux en espèces, et la plupart vivent en parasites dans l'intérieur du corps des autres animaux. Ils méritent particulièrement le nom de *Vers intestinaux*.

Plusieurs Vers nématoïdes vivent chez l'homme. Les *Ascarides* (appelés à tort *Vers lombrics*), que l'on rend quelquefois avec les excréments ; les *Oxyures*, beaucoup plus petits et qui se tiennent dans le rectum des enfants, sont des Nématoïdes parasites de l'homme. Il en est de même des *Strongles*, des *Tricocéphales* et de quelques autres.

Le *Dragonneau*, ou *Ver de Médine*, qui attaque l'homme dans les régions équatoriales, est un helminthe du même ordre. Il vit dans des abcès sous-cutanés que sa présence a provoqués.

Les *Trichines* qui infestent la chair du porc, dans certaines localités, et passent de cet animal à l'homme, font également partie de l'ordre des Vers nématoïdes. Enfin, on rapporte encore au même ordre les *Anguillules*, ou Vers du vinaigre, de la colle et du blé niellé, animaux de très-petites dimensions.

De tous les animaux de cet ordre, la Trichine est la plus importante à connaître, en raison des maladies auxquelles elle donne naissance. Une épidémie de *trichinose* résultant de l'ingestion de viandes de porc avariées, ayant sévi dans plusieurs villes de l'Allemagne, a donné l'occasion aux physiologistes et aux médecins de nos jours d'étudier cette question d'une manière approfondie. Nous donnerons ici un aperçu de ces faits.

La maladie désignée sous le nom de *trichinose*, et qui est moins gracieuse que son nom, se développe à la suite de l'introduction dans l'économie humaine d'un ver à peine visible à l'œil nu, la *Trichine*, qui existe dans la viande de porc atteint de ladrerie, et qui peut exister aussi dans la chair du lapin et dans celle du rat. La viande de porc infestée de ce parasite étant prise comme aliment, fait pénétrer dans nos tissus cet être dangereux. Une fois établi là, il s'y cantonne, se développe, se multiplie, envahit les muscles et les dévore; de telle sorte que les malheureuses victimes de ce fléau se sentent mourir petit à petit, littéralement rongées par cet inaccessible ennemi.

Ce n'est pas d'aujourd'hui que l'on connaît les dangers que peut présenter occasionnellement l'usage alimentaire de la viande de porc. Moïse, Mahomet et Bouddha, qui sont rarement d'accord, se sont rencontrés pour déclarer le cochon un animal immonde et pour interdire son usage aux populations de l'Orient. Cette prohibition tenait à des maladies qui avaient de tout temps été observées en Asie, à la suite de l'usage de cette viande.

Les Orientaux croient que la viande de porc occasionne la lèpre. Le symptôme particulier de cette maladie, connue en Orient sous le nom de *grosse tête*, permettrait peut-être d'affirmer que la trichinose, et non la lèpre, avait fait naître chez les Orientaux cette opinion traditionnelle.

Le *Ténia*, ou *Ver solitaire*, est aussi un résultat de l'ingestion de la viande du porc. Mais le Ténia est, au fond, un hôte peu dangereux. Dans l'Abyssinie, il est peu de personnes qui n'en soient affectés. Bien plus, en ce singulier pays, on se croit malade quand on ne sent pas son ver grouiller dans son estomac. Le Ténia, en effet, augmente l'appétit et porte à beaucoup manger. Signe de santé, disent les bons Abyssiniens. Laissons-les dire.

Ce n'est donc pas le danger du Ténia qui a pu donner aux législateurs de l'Orient l'idée de proscrire l'usage de la viande de porc; mais la Trichine pourrait bien n'être pas étrangère à l'événement.

Arrivons à des notions plus précises, à des observations modernes.

Nos traités de médecine légale rapportent un grand nombre de cas dans lesquels la charcuterie fut soupçonnée d'avoir occasionné la mort. Comme à cette époque on ne connaissait pas les Trichines, on s'arrêtait à la supposition d'un empoisonnement par un principe toxique particulier. Personne n'avait pu isoler ce principe, ce qui n'empêchait pas de lui donner un nom : on appelait en Allemagne cet insaisissable poison *wurstgift* (poison des saucissons) ou *schinkengift* (poison du jambon). Les cas de maladie relatés dans ces ouvrages s'expliquent aujourd'hui par l'infection trichineuse, quoiqu'il ne soit pas impossible que la charcuterie avariée contienne par elle-même des substances vénéneuses.

Qu'est-ce que la Trichine? C'est un ver microscopique, ou du moins difficilement visible à l'œil nu, car il a à peine le diamètre d'un cheveu très-fin, et sa longueur atteint rarement 2 millimètres. On ne le connaît que depuis l'année 1832.

A cette époque, un anatomiste anglais, Hilton, faisant l'autopsie d'un vieillard mort à l'hôpital, découvrit dans les muscles de cet individu une grande quantité de corpuscules blancs. Ces corpuscules étaient des *kystes*, c'est-à-dire des capsules membraneuses, qui renfermaient de petits animaux parasites.

Trois ans plus tard, le physiologiste anglais Richard Owen publia le premier travail où se trouvent décrits le kyste et un petit ver que Paget avait déjà découvert dans l'intérieur de ce kyste. Comme ce petit ver s'enroule habituellement en forme de spirale au centre du kyste, Owen lui donna le nom de *Trichina spiralis*, dérivé d'un mot grec qui signifie *cheveu*, et d'un mot latin qui veut dire *enroulé*.

Richard Owen ne put cependant découvrir aucun des organes essentiels de la Trichine. Il la rangea donc dans l'ordre le plus infime des êtres. Des recherches plus récentes nous ont appris, au contraire, que la Trichine est un des Entozoaires les mieux organisés.

M. Virchow a parfaitement expliqué comment la Trichine se développe et se transforme quand elle a pénétré à l'intérieur des organes.

La Trichine existe dans l'intestin du porc. C'est là qu'elle vit et produit ses petits, lesquels sont d'abord à l'état de *larves* ou *vers*. Quand l'intestin du porc ou de la viande contenant ces larves est mangé par l'homme, les larves de la Trichine arrivent dans son intestin et s'y fixent pour quelque temps. En effet, ce milieu ne leur convient pas et elles ont hâte d'en sortir. Elles percent donc la tunique intestinale et tombent dans les veines. Là le sang les entraîne dans son cours compliqué et lointain. Elles pénètrent dans le cœur, ensuite s'engagent, emportées par le torrent sanguin, dans les gros et dans les petits vaisseaux. Elles arrivent enfin dans les muscles.

Le muscle est, en effet, le séjour naturel, le lieu de prédilection des Trichines. Parvenues à l'état complet de leur développement, elles vivent aux dépens des muscles : elles en mangent. Quand elles ont vécu un temps suffisant en se nourrissant de la substance musculaire, elles s'enroulent sur elles-mêmes, s'enveloppent d'une couche membraneuse, c'est-à-dire d'un kyste, et attendent là qu'une occasion favorable les ramène dans l'intestin, où elles sont forcées de revenir pour achever leur développement, s'accoupler et se reproduire.

Ainsi enkystées, les Trichines périssent au sein du muscle, à moins que le hasard ne vienne leur fournir les conditions nécessaires à leur entier développement et à leur reproduction.

Ce n'est, avons-nous dit, que dans l'intestin des animaux que les

Trichines peuvent atteindre leur dernier terme de développement et se reproduire. Mais comment peuvent-elles parvenir dans l'intestin d'un animal, malgré leur état d'immobilité au sein du kyste qui les renferme? Cela est difficile, mais non impossible, comme on va le voir. En effet, que les chairs de l'animal qui renferme dans ses muscles des légions de Trichines enkystées soient mangées par un autre animal, ou par l'homme, la digestion faisant arriver les chairs infectées de Trichines dans l'intestin, aussitôt, dans ce milieu favorable et spécial, les Trichines sortent du kyste qui les enserre; elles se répandent dans l'intestin, y terminent leur croissance, s'accouplent et forment de nouvelles générations.

Fig. 3. Trichine.

Tel est le curieux cercle qu'accomplit la vie de ces parasites.

Il ne nous reste pour terminer et compléter cette rapide description qu'à mettre sous les yeux du lecteur le dessin exact de ce parasite. La figure 3 représente la Trichine retirée de son kyste et vue à un grossissement de 600 fois en diamètre.

Fig. 4. Trichines rongeant un muscle.

La figure 4 représente une portion de fibre musculaire envahie par les Trichines. Le grossissement est ici de 200 diamètres.

Les Trichines ne vivent pas sur tous les animaux. Le porc et le lapin jouissent seuls, de concert avec l'homme, de ce triste privilége.

Les Trichines n'occasionnent aucun dommage particulier quand elles sont contenues dans l'intestin ; mais lorsqu'elles ont pénétré, comme nous l'avons expliqué plus haut, dans les muscles, elles y occasionnent de graves désordres, en rongeant les chairs, séparant et disséquant les fibres musculaires ou tendineuses, produisant des douleurs intolérables ; en un mot, la maladie connue sous le nom de *trichinose.*

Quels sont les symptômes de cette maladie?

Ces symptômes varient beaucoup. Tantôt on observe un embarras gastrique, une irritation intestinale, une dyssenterie subite et intense ; tantôt des douleurs musculaires, une faiblesse, de la lassitude, de la raideur, un endolorissement, c'est-à-dire tous les symptômes habituels de la goutte et du rhumatisme. On observe d'autres fois des symptômes fébriles tout à fait analogues à ceux de la fièvre typhoïde. Le plus souvent, la trichinose est caractérisée par un œdème de la face, avec gonflement des paupières, tuméfaction de la langue, et par des sueurs abondantes.

La marche de la maladie est quelquefois aiguë : la mort arrive alors dans le quatrième ou le cinquième septenaire ; mais souvent elle est lente, et après plusieurs semaines la convalescence se traîne péniblement. Le malade peut encore succomber à la suite d'une consomption lente, avec perte de forces et amaigrissement. Des médecins qui ont fait l'autopsie de prétendus phthisiques ont trouvé, à côté d'une très-légère tuberculisation du poumon, des Trichines répandues dans tous les muscles.

Les symptômes que nous venons d'énumérer ont, pour le médecin expérimenté et surtout prévenu, quelque chose de spécial, qui les fait distinguer des affections gastriques, nerveuses ou rhumatismales. Cependant le diagnostic de la trichinose n'est certain que lorsqu'on a découvert des Trichines, soit dans les mets dont les malades ont mangé, soit dans leurs propres muscles. Ce dernier moyen exige, il est vrai, qu'on enlève du corps du malade une parcelle musculaire ; mais cette opération n'est ni dangereuse ni bien douloureuse. Middeldorff a imaginé pour cet usage un petit harpon dont se servent aujourd'hui les médecins allemands. Duchenne (de Boulogne) a proposé, dans le même but, un instrument qu'il appelle *emporte-pièce histologique*, et qui est parfaitement disposé pour faciliter l'examen microscopique des muscles d'un malade.

On comprend, d'après la variété des symptômes que nous venons d'énumérer, que la maladie désignée sous le nom de *trichinose* ait pu rester si longtemps méconnue.

Il est difficile de découvrir quelque chose de particulier dans les muscles trichinés examinés à l'œil nu. Traités par l'acide acétique ou par la potasse, ils se montrent tachetés de petits points blancs; mais la même apparence est produite par la graisse, les vaisseaux, les nerfs, etc. Pour être certain de la présence de ce parasite, il faut recourir au microscope, en employant un grossissement de 50 à 100 fois.

On observe toujours moins de Trichines dans les muscles que dans les régions du tronc. Les parties les plus affectées sont le diaphragme, les muscles masticateurs, la langue, la poitrine, le cou, la nuque. Pour un même muscle, les Trichines préfèrent les parties voisines des tendons. Le cœur paraît le seul organe qui en soit toujours exempt.

Par malheur, rien ne trahit l'existence de la maladie chez un porc, tant qu'on ne procède pas à l'examen microscopique de sa chair. La révélation vient donc presque toujours trop tard, c'est-à-dire quand les consommateurs de la viande sont atteints de symptômes graves. Dans quelques cas, des diarrhées intenses se déclarent après l'ingestion de la viande trichinée, et alors les vers peuvent être évacués. Mais la constipation est beaucoup plus fréquente, et les Trichines se multiplient alors dans l'intestin avec une rapidité effrayante. Chaque Trichine mère peut donner naissance à 200, 400 ou même 1000 embryons (elles sont vivipares); il suffit donc de quelques milliers de femelles pour engendrer un million de jeunes Trichines. Or ces quelques milliers peuvent se trouver dans une seule bouchée de viande!

Figurez-vous cette armée d'ennemis invisibles qui, dans l'espace de quelques jours, envahit le corps de l'homme et se met à le ronger sur un million de points à la fois, jusqu'à amener la mort, après de longues et cruelles souffrances. Le danger est d'ailleurs en raison du nombre de Trichines ingérées. On peut ne subir qu'une atteinte très-légère lorsque l'infection n'a pas été tout d'abord intense. Dans beaucoup de cas cependant, un nombre considérable de Trichines a pu s'introduire dans l'organisme, sans déterminer la mort; les vers ont alors fini par s'enkyster avant d'avoir occasionné des accidents graves.

Les naturalistes ont connu les Trichines pendant plus de vingt ans, avant de se douter de l'influence dangereuse qu'elles peuvent exercer sur l'organisme humain. Cela tenait surtout à la difficulté de distinguer les symptômes propres à cette maladie. Si l'on considère d'ailleurs que la plupart des personnes ne tombent pas malades immédiatement après l'ingestion de viande infectée, et que dès lors le soupçon doit se reporter sur une circonstance plus rapprochée, on comprendra que le hasard seul pouvait amener la découverte de la véritable cause de cette maladie. Il a fallu de véritables épidémies pour éveiller l'attention des praticiens et leur permettre de remonter à la source du mal.

C'est un médecin de Dresde, Zeuker, qui observa le premier, au mois de décembre 1859, une épidémie de ce genre. La maladie fut causée par un seul porc qui avait été tué dans une ferme. Le fermier, sa femme et d'autres personnes furent atteints de symptômes assez graves; une servante mourut. Zeuker trouva des Trichines dans les jambons, les cervelas et les boudins. Le corps de la servante qui succomba en était farci.

Ayant reçu de M. Zeuker quelques parcelles de ces muscles, Virchow fit à Berlin une série d'expériences sur des animaux. Il donna des morceaux de cette viande trichinée à manger à un lapin (il ne faut pas croire que les lapins refusent la viande). L'animal mourut au bout d'un mois, et l'on trouva son corps rempli de Trichines. Un second lapin, nourri avec la chair du premier, succomba également. On continua de nourrir et d'empoisonner des lapins morts de trichinose, et sept ou huit lapins furent successivement envoyés de vie à trépas par cette cascade d'expériences meurtrières. Chez tous les animaux ainsi empoisonnés, les muscles étaient farcis de Trichines.

Un autre cas de trichinose fut observé, en 1862, par Friedreich, d'Heidelberg. Le sujet de cette observation était un garçon boucher qui avait mangé un hachis cru de porc. Cet homme guérit, mais après une maladie de deux mois et demi.

Nous n'insisterons pas sur les nombreux cas isolés qui ont été depuis cette époque publiés par des médecins allemands ou anglais. Nous arriverons tout de suite aux épidémies de trichinose qui ont éclaté en divers pays de l'Allemagne : à Corbach, à Planen, à Calbe, à Magdebourg, à Quedlinbourg, à Rugen, à Burgk, près de Magdebourg, à Weimar, à Stuttgart, à Eisleben, à Heltstedt.

En 1863, un vaisseau hambourgeois, revenant de Valparaiso, avait à bord un porc, destiné à la nourriture de l'équipage. On le tua, et trente livres de viande furent mangées; le reste fut salé. Tous ceux qui avaient mangé de cette viande furent malades. Deux matelots moururent à l'arrivée du bâtiment à Hambourg, et leurs muscles furent trouvés farcis de Trichines vivantes. M. Virchow, à qui l'on envoya la viande salée conservée à bord du navire, y trouva ces parasites en abondance.

Dans l'épidémie de Heltstedt, l'une des plus importantes comme aussi des mieux étudiées, on compta plus de 150 malades et 27 cas de mort. L'épidémie de Magdebourg, qui dura pendant cinq étés successifs, de 1858 à 1862, atteignit plus de 300 personnes; ce n'est qu'en 1862 qu'on en reconnut la véritable nature. Une épidémie qui régna à Blankenbourg, de 1859 à 1862, et dont 278 personnes furent atteintes, parut devoir être attribuée à la même cause. Elle fut cependant très-bénigne, comme celle de Magdebourg.

On ne peut pas en dire autant de l'épidémie qui désola en 1865 la petite ville d'Edersleben, près de Magdebourg. Le 9 décembre 1865, plus de cent enfants avaient déjà perdu leurs pères et leurs mères. Il n'était peut-être pas dans le bourg une seule maison qui n'eût payé son tribut. A cette date, plus de trois cents malades attendaient la mort dans d'atroces souffrances : mort d'autant plus affreuse que ceux qui ont conscience de leur état savent qu'ils succombent, rongés tout vivants par une armée de vers presque invisibles qui ont pénétré leurs chairs et les dévorent. Quelle mort atroce! Ce fut celle du roi Antiochus, mangé tout vivant, comme il est dit au second livre des *Machabées*, par d'innombrables vers qui sortaient de toutes les parties de son corps.

70 à 80 habitants de la ville d'Ederleben, s'étant sentis indisposés au début de l'épidémie, avaient fui en toute hâte,

pour échapper à ce qu'ils croyaient être le choléra. Ils tombaient épuisés de force et restaient sans secours. On trouva leurs cadavres le long des routes et au bord des fossés!

Tous les remèdes qu'on a essayés contre l'affection trichinale sont restés impuissants. Le picronitrate de potasse, employé par M. Friedreich, n'a pas justifié les espérances qu'on avait fondées sur ce vermifuge. M. Maler croit avoir obtenu un certain succès avec la benzine, administrée à la dose de quatre à six grammes par jour. Immédiatement après l'ingestion de la viande suspecte, une forte purgation est très-utile. Mais, en général, il n'y a, dans l'état actuel de la science, qu'à attendre la guérison opérée par la nature : l'enkystement des Trichines. Toute notre attention doit donc se porter sur les moyens préventifs.

M. Virchow recommande les moyens suivants pour empêcher le développement de la trichinose :

1° Surveiller la nourriture des porcs, ne jamais leur donner de substances animales suspectes ;

2° Faire avec soin l'inspection des viandes, et, si c'est possible, établir un microscope dans chaque abattoir;

3° Cuire avec un soin particulier toute viande de porc destinée à paraître sur la table.

Quant à la nourriture des porcs, il est probable que la *glandée* écarterait le danger, quoique les Trichines se rencontrent aussi chez les animaux sauvages. Dans le midi de la France, l'élevage des porcs aux glands et aux châtaignes est assez général, et la chair des animaux ainsi nourris est la meilleure; on l'emploie pour les saucissons d'Arles et de Lyon.

L'examen microscopique de la viande, que propose en second lieu le professeur de Berlin, rencontrerait certainement beaucoup de difficultés. M. Virchow voudrait introduire le microscope chez le pharmacien de village, ou chez le maire, le curé, le maître d'école, etc. ; mais il faut songer aux conséquences inévitables de la paresse, de l'insouciance ou de l'incapacité de la personne qui serait chargée de cette inspection, et aux nombreuses voies qui resteraient à la fraude pour se dérober à un pareil examen. Nous ne croyons pas qu'il soit possible d'appliquer ce mode d'inspection et ce moyen de prophylaxie sur une grande échelle. Le plus sûr sera toujours, et nous engageons nos lecteurs à s'en souvenir, de ne jamais *manger de viande de porc crue*, de tenir à ce qu'elle soit suffisamment cuite ou fumée.

MM. Küchenmeister, Haubner et Leisering ont fait des expériences pour déterminer le temps de cuisson nécessaire pour tuer les Trichines contenues dans la viande de porc. Ces expériences ont fourni les résultats suivants :

1° Les Trichines sont tuées par une salaison prolongée des jambons ou par une *fumigation chaude* des saucisses, continuée pendant vingt-quatre heures.

2° Elles résistent à une fumigation *froide* de trois jours; mais une fumigation prolongée à froid paraît les détruire.

3° Il paraît que la cuisson dans l'eau bouillante ne les tue pas sûrement, si elle ne dure pas plusieurs heures.

Il est parfaitement vrai qu'une Trichine exposée à l'action directe de l'eau à 100° périra infailliblement, mais il est également certain que l'intérieur d'un morceau de viande que l'on fait cuire dans l'eau bouillante n'atteint jamais cette température. Il faut une demi-heure de cuisson pour que la température intérieure d'un morceau de viande un peu volumineux atteigne seulement 55° centigrades, et une heure pour qu'elle s'élève à 75°. Or les Trichines supportent très-bien une température de 40 à 50°, et elles ne périssent pas de suite à celle de 62° ou 65°. La cuisson n'est donc pas, en général, un préservatif suffisant. On sait également que l'intérieur des côtelettes de porc frais est presque toujours tendre, saignant, demi-cru. Les jambons, les saucissons, les cervelas, les boudins, le fromage de cochon, offrent encore moins de sécurité, surtout qu'on emploie presque partout en Allemagne la fumigation accélérée. Au lieu de laisser les jambons tout un hiver dans la chambre à fumer, avant de les livrer à la consommation, on a imaginé de les barbouiller avec de la créosote ou avec de l'acide pyroligneux. Or, dans ce procédé accéléré de conservation, les Trichines restent intactes dans les parties intérieures du jambon. La préparation du boudin et du cervelas par cette nouvelle méthode expéditive présente les mêmes dangers; on obtient une marchandise plus fraîche, plus succulente, et qui peut être livrée plus promptement, mais elle peut aussi renfermer des myriades de Trichines vivantes.

La trichinose a surtout exercé ses ravages dans l'Allemagne du Nord, où l'usage du jambon cru est très-répandu. Elle a beaucoup moins sévi dans l'Allemagne du Sud, qui ne partage pas ce goût pour la viande crue. On a également rencontré de nombreux cas de trichinose en Angleterre et en Amérique. La France, au contraire, jouit, sous ce rapport, d'une immunité assez surprenante : à peine si quelques cas isolés y ont été signalés. Cela tient peut-être à l'habitude que nous avons de manger la charcuterie bien cuite et bouillie. Peut-être aussi la maladie existe-t elle parmi nous, mais elle a été jusqu'ici confondue avec d'autres affections qui présentent des symptômes analogues.

En signalant les dangers que peut offrir l'usage imprudent de la viande de porc, nous ne nous attirerons pas, espérons-le, la colère des charcutiers. C'est, en effet, ce qui arriva à Berlin, en 1866, à M. Virchow.

Les charcutiers et les bouchers ont le plus grand intérêt à prendre toutes les précautions contre les Trichines, car ils sont exposés plus que personne à leur atteinte. Ils goûtent souvent la viande fraîche ; ils mettent leur couteau dans la bouche sans l'essuyer, ils sont enfin continuellement en contact avec la source de l'infection. Aussi, dans les épidémies d'Allemagne, les bouchers ont-ils toujours été les premières victimes.

Cela n'empêcha pas les bouchers de Berlin de pousser des clameurs furibondes contre M. Virchow. Ils l'accusaient de vouloir porter, sans motif sérieux, un grave préjudice à leur industrie. Ils allaient jusqu'à nier l'existence des Trichines, confirmés qu'ils étaient dans leur aveuglement par la résistance de quelques vétérinaires ignorants.

Il se passa, à ce propos, un fait qui est trop caractéristique pour n'être pas rapporté ici.

Afin d'éclaircir la question qui agitait toute la population de Berlin, le syndicat des bouchers avait convoqué en réunion solennelle un grand nombre de professeurs de l'Université, des médecins et des journalistes. Il s'agissait de discuter les mesures à prendre pour prévenir le mal. Au milieu de ces débats, un vétérinaire, nommé Urban, prit la parole contre M. Virchow. Il contesta avec violence tous les faits avancés par les savants, et comme preuve décisive, il se fit fort de manger de la viande remplie de Trichines.

M. Virchow répondit à ce défi en tirant de sa poche un saucisson dans lequel il venait de constater la présence des terribles parasites. Il en offrit une tranche à son adversaire. Celui-ci essaya de s'en défendre; mais l'assemblée se leva en masse, et par ses cris, son insistance, le força de s'exécuter.

Notre vétérinaire, pris au piége, avala de mauvaise grâce une bouchée du saucisson perfide, puis il sortit immédiatement.

L'histoire raconte qu'il était allé chez un pharmacien voisin, s'administrer en toute hâte un vomitif énergique.

L'histoire va même plus loin. Elle ajoute que, malgré l'administration de cet émétique, le malheureux auteur de cette expérience forcée aurait été bientôt après atteint de paralysie et en proie aux ravages de l'ennemi dont il avait nié l'existence.

Le syndicat des bouchers, convaincu par les arguments développés dans cette séance par M. Virchow, forma une association dont les membres s'engageaient à ne vendre que de la viande soumise à l'examen d'un expert. Cependant d'autres bouchers aimèrent mieux fermer leur étal que de se soumettre à ces « tracasseries ».

Les faits que nous venons de résumer avaient produit en France une certaine émotion. Aussi le gouvernement s'occupa-t-il sans retard d'éclairer la question et de rassurer les populations contre un danger que l'on tendait à exagérer par trop. MM. Delpech, professeur agrégé à la Faculté de médecine; Reynal, professeur à l'École vétérinaire d'Alfort, tous deux membres de l'Académie de médecine, reçurent la mission d'aller étudier en Allemagne la trichinose chez l'homme et chez les animaux.

Les deux académiciens se livrèrent à des investigations attentives, à Huy en Belgique, à Hanovre, à Magdebourg, à Berlin, à Halle, à Dresde, à Leipzig et à Mayence. Pour rendre leurs études plus fructueuses, ils demandèrent le concours de la plupart des savants allemands, que leurs travaux spéciaux ou leur situation officielle pouvaient le mieux mettre en mesure d'assurer le succès de leur mission, c'est-à-dire MM. Virchow, Küchenmeister, Fredler, Gerlach, Günlher, Gurlt, Müller, Haubner, Leisering, Wagner, Wunderlich, Reinhard, Kühn, Niemeyer, Hildebrand, Schultze et Rolloff.

Nous allons résumer les faits pratiques qui résultent du rapport de MM. Delpech et Reynal, rapport auquel il a été donné en France, par ordre du gouvernement, une grande publicité :

1° Toutes les épidémies de trichinose qui avaient été signalées en Allemagne dans ces derniers temps sont maintenant éteintes. Ces épidémies, à l'exception de celle d'Edersleben, où un déplorable concours de circonstances a amené les conséquences les plus cruelles, n'ont donné lieu qu'à une mortalité insignifiante. Celles de Zwickau, de Seitendorf et de Sommerfeld, sur un nombre de quatre-vingt-six à quatre-vingt huit malades, n'ont été suivies d'aucune terminaison mortelle.

Toutes ces épidémies avaient eu pour cause l'usage dans l'alimentation de la viande de porc chargée de Trichines, crue ou soumise à l'action de la fumée pendant un temps beaucoup trop court, ou, plus rarement, de la viande incomplétement cuite.

2° Le porc est assez fréquemment trichiné en Allemagne. En Hanovre, dans l'espace de vingt et un mois, on a trouvé, sur vingt-cinq mille porcs environ, onze animaux chargés de Trichines, seize sur quatorze mille en Brunswick, quatre sur sept cents à Blakenbourg.

3° L'aspect extérieur de l'animal vivant, non plus que celui de sa chair lorsqu'il est abattu, examinée à l'œil nu ou à la loupe, ne peuvent faire soupçonner la présence des Trichines.

L'intervention du microscope est nécessaire pour la faire reconnaître.

L'examen microscopique, pratiqué avec un soin suffisant, donne les résultats les plus concluants, à cette seule condition que la viande d'un seul porc ait été employée pour la confection des pièces de charcuterie examinées. Les hachis, saucisses et autres préparations du même genre, où plusieurs viandes sont mêlées, peuvent n'offrir à l'observateur le plus consciencieux, dans des investigations répétées, que des fragments provenant de porcs sains, tandis que les parties infectées lui échapperaient.

L'utilité évidente de l'inspection des viandes de porc par le microscope a décidé plusieurs gouvernements ou provinces de l'Allemagne à la rendre obligatoire. Elle fonctionne à ce titre en Hanovre, à Brunswick, à Magdebourg, à Gorlitz, etc.

Sur presque tous les autres points de l'Allemagne du Nord, les bouchers, qui sont en même temps charcutiers, annoncent au public qu'ils font visiter leurs viandes avec soin. Mais un tel examen ne peut offrir, la plupart du temps, aucune sécurité.

L'inspection obligatoire est seule sérieuse. On lui reproche la difficulté de son organisation dans les vastes proportions qu'elle exige, et l'impossibilité de demander aux inspecteurs des recherches suffisantes pour constater la trichinose chez un porc très-peu infecté.

Ces deux objections reposent sur des fondements sérieux; mais il reste encore à l'inspection obligatoire tant d'avantages, que MM. Delpech et Reynal n'hésiteraient pas à la conseiller dans un pays contaminé de trichinose.

Ils n'hésitent pas non plus à la repousser pour la France, où aucun cas de trichinose humaine ou porcine, né d'une manière certaine sur le sol même, n'a encore été constaté.

4° Malgré les craintes exagérées qui se sont produites en France, MM. Delpech et Reynal affirment l'immunité de notre territoire, en se basant sur les considérations suivantes :

La trichinose humaine est une maladie trop facile à reconnaître maintenant pour qu'aucun exemple en eût pu passer inaperçu dans ces derniers temps.

En Allemagne, où elle règne, on constate l'entrée assez fréquente dans les hôpitaux de malades atteints de cette affection à l'état aigu. On en compta treize à Magdebourg pendant l'année 1865. Un seul succomba.

Les autopsies de malades morts d'autres maladies montrent, en outre, un grand nombre de trichinoses anciennes guéries par l'enkystement des parasites. La proportion en est de quatre à six pour cent autopsies à Leipzig, d'après Wagner.

5° Quoique la trichinose ne soit réellement connue et étudiée que depuis 1860, on peut démontrer qu'elle existe depuis longtemps en Allemagne. Ainsi, l'on remonte à des faits incontestables de cette maladie, datant de 1845 (Langenbeek et Virchow) et de 1848 (Wagner).

6° Rien de semblable ne se rencontre en France, ni la trichinose aiguë, ni la trichinose guérie, ni les commémoratifs de la trichinose ancienne.

De plus, dans les pays où elle règne, les rats des clos d'équarrissage et des abattoirs sont chargés de Trichines, comme cela résulte de recherches de Leisering, de Dresde, et de celles qui ont été faites sur sa demande, à Augsbourg par Adam et à Vienne par Roll.

Ces animaux, examinés à Paris par MM. Delpech et Reynal, depuis leur retour, ne présentent aucune trace de Trichines, non plus d'ailleurs que les porcs qu'ils ont aussi examinés.

Il n'y a donc rien de commun entre l'Allemagne du Nord et la France à ce point de vue, et rien ne justifie jusqu'à présent les terreurs qui ont amené une certaine diminution dans la consommation de la viande de porc.

Les auteurs du rapport vont plus loin : ils affirment qu'il ne pouvait en être autrement, et qu'il en sera de même dans l'avenir, si les habitudes actuelles des populations françaises ne viennent pas à se modifier.

7° La coutume de bien cuire la viande de porc, qui est générale dans notre pays, aura toujours pour conséquence d'empêcher la généralisation épidémique de la trichinose. Tout au plus pourra-t-on observer des faits isolés ou restreints. MM. Delpech et Reynal appuient cette opinion sur des faits dont ils ont été témoins dans le cours de leur mission.

En Allemagne, au contraire, les ouvriers et les habitants des campagnes mangent encore habituellement de la viande crue, entière ou hachée, ou des préparations qui n'ont subi que pendant quelques instants l'action de la fumée et dans lesquelles les Trichines sont encore vivantes.

8° Par tous ces motifs, les auteurs du rapport regardent l'inspection microscopique obligatoire comme inutile en France. Ils proposent toutefois, dans un but d'étude et de contrôle définitif, d'établir, dans quelques villes pourvues d'abattoirs et sur des points variés du territoire, un service d'examen par le microscope.

Le cœur, le foie, les reins, le cerveau, la graisse, le lard gras, ne contiennent jamais de Trichines. Les plus craintifs peuvent donc employer ces parties sans la moindre appréhension.

9° La température généralement considérée en Allemagne comme donnant toute certitude de la mort des Trichines est de $+75^0$, à la condition que toute la profondeur de la viande en ait été pénétrée. C'est, après expérience, le chiffre qu'adoptent MM. Delpech et Reynal.

A plus forte raison affirment-ils que l'ébullition, continué pendant un temps suffisant, les fait infailliblement périr.

La salaison prolongée, et qui a envahi toute l'épaisseur de la viande, produit le même résultat, d'après tous les observateurs. Il en est de même d'une fumigation chaude de vingt-quatre heures au moins, tandis qu'une fumigation froide de plusieurs jours les laisse encore vivantes.

Il y a tout lieu de penser qu'elles sont mortes dans des saucissons fumés, même à froid, et longuement conservés.

Toutefois, comme des incertitudes peuvent exister sur la provenance et la fabrication plus ou moins soignée des préparations diverses de viandes de porc salées et fumées, il est plus sage de leur faire subir la cuisson comme aux viandes fraîches.

10° Les auteurs du rapport, étudiant l'origine de la trichinose chez le porc, seule source de cette maladie pour l'homme, en admettent trois causes :

Les porcs mangent les corps abandonnés sur les fumiers ou dans les champs, des rats, des chats, des hérissons, des fouines, que l'on trouve naturellement trichinés, sans qu'on sache jusqu'à ce jour de quelle manière ils contractent la trichinose. — Ils mangent les excréments des autres porcs ou ceux de l'homme, récemment nourris de chair trichinée et rendant avec leurs matières les femelles fécondées.

Des expériences sont nécessaires pour arriver à la découverte des moyens curatifs de la trichinose et pour élucider certains points de son étude. On doit toutefois recommander de la manière la plus pressante aux expérimentateurs d'enfermer avec soin les chairs trichinées, et de détruire par le feu tout ce qui aura cessé d'être un objet utile d'examen.

Telles sont les judicieuses et rassurantes observations dues à MM. Delpech et Reynal, consignées dans le rapport adressé par ces savants au ministre de l'agriculture et du commerce.

Térétulaires. — L'ordre des Térétulaires se compose de vers plats, à corps souvent fort long et couvert de cils vibratiles, dont le tube digestif n'a, dans certaines espèces, qu'un seul orifice. Les principaux genres sont ceux des *Némertes* ou *Borlasies*, des *Prostomes* et des *Planaires*.

Ces Helminthes vivent dans l'eau, plus rarement sur terre, et dans ce dernier cas ils recherchent les endroits humides. Leurs espèces marines ont souvent des couleurs très-vives. Il en est dont le corps a plusieurs mètres de long.

La figure 5 représente la *Némerte* ou *Borlasie*.

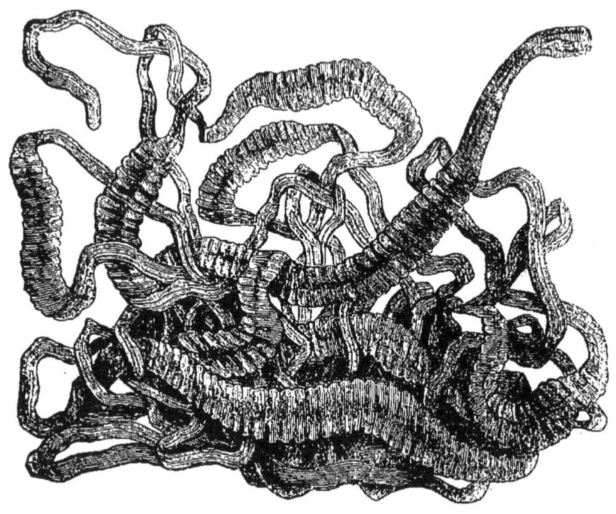

Fig. 5. Némerte.

Trématodes. — Les espèces dont on a formé le groupe des *Trématodes* ont une assez grande analogie avec celles de la division précédente. Leur corps est également plat, mou et inarticulé, mais il manque de cils vibratiles à sa surface. Les vers trématodes sont parasites et vivent tantôt sur le corps de ces animaux, tantôt dans l'intérieur de leurs organes.

La figure 6 représente trois espèces de *Trématodes*.

Les *Polystomes* et les *Douves* appartiennent à ce groupe.

Les *Trématodes épizoïques*, c'est-à-dire ceux qui vivent aux dépens des animaux, mais en restant fixés à la surface extérieure de ces derniers, attaquent plus particulièrement les poissons. Quelques-uns semblent relier l'ordre des Helminthes, auquel ils appartiennent, à la famille des Hirudinées ou Sangsues, qui constituent la division des Annélides apodes.

Une espèce de *Douves* (genre *Distoma*) s'observe assez souvent chez l'homme, dont elle envahit les canaux biliaires; on la retrouve chez le mouton, le bœuf et d'autres vertébrés.

Les vers de ce genre subissent des métamorphoses remarquables, dont l'étude a singulièrement éclairé la théorie de l'infection vermineuse, en fournissant des notions exactes sur la manière dont les Entozoaires s'introduisent dans le corps des animaux, ainsi que sur les différents milieux dans lesquels ils peuvent vivre, ou sur la facilité avec laquelle leurs œufs résistent dans bien des cas aux causes de destruction et ne se développent que quand ils trouvent les conditions qui leur sont favorables.

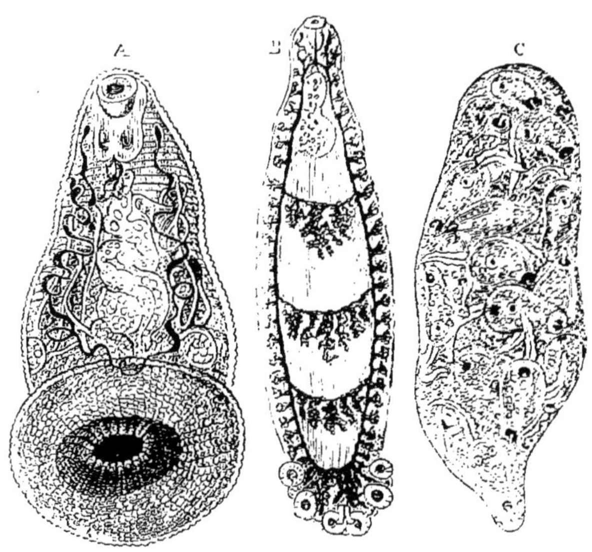

Fig. 6. Trématodes.

A. Amphistome, très-grossi. — B. Polystome des grenouilles, très-grossi. — C. Sac à *Cercaires*, parasite de la paludine, très-grossi.

Cestoïdes. — Ces vers ont le corps allongé, déprimé ou aplati, continu ou articulé, la tête très-rarement pourvue de lèvres simples, le plus souvent de deux ou quatre fossettes en ventouses ou suçoirs. Ils réunissent les deux genres. La tête, ou partie antérieure des *Cestoïdes*, qui est pourvue de lèvres ou de crochets, a la propriété de fournir des articles reproducteurs.

Les espèces principales sont le *Ténia*, le *Bothriocéphale*, la *Ligule*, etc.

Nous parlerons surtout du Ténia, le seul de ce groupe qu'il importe de bien connaître.

Les Ténias ont le corps allongé, déprimé, articulé, avec quatre suçoirs à la tête; ils vivent à l'intérieur des Mammifères et des Oiseaux. L'espèce parasite de l'homme la plus connue est le *Ver solitaire* ou *Ténia à longs anneaux* (*Tœnia solium*), blanchâtre, de six à huit mètres de longueur; il vit dans l'intestin grêle.

Le Ver solitaire n'attaque, paraît-il, que la race blanche; il est surtout fréquent en Angleterre, en Hollande, en France et en Orient.

Les Ténias se distinguent en *Ténias à crochets* et en *Ténias inermes*.

Les principales espèces de *Ténias à crochets* sont : 1° le *Ver solitaire* de l'homme, dont l'état d'hydatide est le cysticerque; 2° le *Ténia en scie* (*Tœnia serrata*), cysticerque des Rongeurs; 3° le *Ténia nain* (*Tœnia nana* ou *Ægyptiaca*); 4° le *Ténia échinocoque* (*Tœnia echinococcus*); 5° *Ténia cénure* (*Tœnia cœnurus*).

Le *Ténia médiocanellé* présente les caractères intermédiaires aux Ténias à crochets et aux Botriocéphales.

Les *tricuspidaria*, ou *trianophora*, ont la tête divisée en deux lobes de chaque côté, et au lieu de suçoirs, deux aiguillons à trois pointes. Les *Ligules*, vers rubanés, vivent dans l'abdomen de quelques oiseaux.

Le mode de reproduction du Ténia, resté si longtemps obscur, a été dévoilé de nos jours. On sait maintenant que cet Helminthe se reproduit par *gemmiparité*, c'est à dire à la suite de l'apparition des deux sexes sur l'individu, après que spontanément il s'est divisé en deux. Cette génération *alternante*, qui n'est en elle-même qu'un cas particulier d'un mode plus général encore de développement des êtres, la *gemmiparité*, explique parfaitement le développement, à l'intérieur des organes des animaux, de ces êtres d'ordre inférieur qui ont reçu le nom d'Entozoaires, d'Helminthes, etc., etc. La découverte de ce mode de génération est d'ailleurs récente. Autrefois, les naturalistes ne pouvaient parvenir à s'expliquer ces singulières migrations des Entozoaires dans la substance du corps de l'homme et des animaux et leur multiplication si rapide. Aujourd'hui, tous ces faits étranges se coordonnent et s'enchaînent. Combien de recherches, par exemple, n'ont pas provoquées les curieuses transformations des Vers instestinaux, et les transmissions successives de ces parasites à des individus divers? On a discuté pendant des siècles sur l'origine du *Tœnia solium*, ce ver prétendu solitaire, que l'on a cru longtemps n'exister que dans l'intestin de l'homme, mais qui se rencontre aussi chez le chien, le loup, le renard, la martre et le putois. Aujourd'hui, grâce à la découverte de la génération *alternante*, les idées des naturalistes sont bien fixées sur l'origine du Ver solitaire et sur le mode de reproduction qui en multiplie les individus dans la cavité de l'intestin de l'homme. Il ne sera pas sans intérêt de résumer ici les travaux récents qui ont servi à éclairer ce coin d'histoire naturelle demeuré si longtemps obscur.

Le Ténia n'est pas un individu unique, comme on l'a cru si longtemps; c'est un assemblage d'individus soudés les uns aux autres et formant chacun des anneaux de cette agrégation totale. Dès qu'arrive l'époque fixée par la nature pour la reproduction de l'espèce, tous les individus adultes, c'est-à-dire ceux qui ont acquis le double appareil sexuel dont ils étaient dépourvus jusqu'alors, se détachent de leurs frères, quittent la communauté, et, entraînés par les déjections de l'hôte qu'ils habitaient, ils apparaissent au jour. Mais ce milieu est mortel pour eux; mais ils ne meurent qu'après avoir pondu leurs œufs, préalablement fécondés. Fort heureusement l'immense majorité de ces œufs, bien que très-vivaces, périt par les nombreuses causes de destruction dont ils sont entourés. Quelques-uns cependant parviennent à éclosion, et il en sort une petite masse vivante, homogène, presque sphérique, où l'on n'aperçoit d'autres organes que trois paires de crochets, dont deux sont destinés à entamer les tissus de l'hôte que l'animal aura choisi, ou plutôt dans lequel l'ingestion des aliments l'introduira d'une manière accidentelle. Cet hôte malheureux peut être un lapin, un porc, un animal de boucherie. Introduit dans le canal digestif, le jeune embryon se fixe à l'intérieur de l'organe qui lui convient, et il s'y nourrit par simple absorption moléculaire. Une tête et un corps de Ténia se forment dans son intérieur par voie de bourgeonnement; bientôt cette tête se renverse à la manière d'un doigt de gant et se montre armée d'une couronne de crochets. Les crochets de l'embryon primitif, devenus inutiles, ne tardent pas à tomber, et l'embryon lui-même n'est plus qu'un appendice en forme de vessie plus ou moins volumineuse attachée à la partie postérieure du Ténia, encore très-incomplet, auquel il a donné naissance. En cet état, le jeune animal se réduit donc à une tête, dépourvue de bouche, et à un cou non segmenté, auquel est appendue une vésicule, qui, à cette époque de son développement, lui a valu le nom de Ver *cystique* ou *cysticerque*.

Tant qu'il demeurera confiné dans le corps de l'hôte où il a atteint ce premier degré d'organisation, le jeune animal ne subira aucune autre transformation, aucun accroissement nouveau. Mais si cet hôte, un lapin par exemple, est dévoré par un autre animal, le jeune Ténia, en passant dans ce nouveau gîte, y trouvera toutes les conditions nécessaires au parachèvement de son organisme. La bouche se formera, le cou se divisera en segments bien distincts, la vésicule qui le terminait disparaîtra, et de nouveaux segments, de plus en plus nombreux, se montreront à la partie postérieure de l'individu primitif, qui, de simple qu'il était, se trouvera dès lors composé d'une multitude d'individus, presque tous aptes à la reproduction. C'est là l'agrégat multiple qui atteint souvent une longueur extraordinaire et qui a reçu le nom vulgaire de *Ver solitaire*. Ce n'est donc pas, comme on le croit généralement, un individu unique, mais bien une réunion d'individus.

Les observations qui ont servi à établir le curieux mode de génération et de développement du *ténia* ont été faites en Allemagne par MM. Siebold, Leuckart et Küchenmeister. Elles ont été confirmées par des expériences faites en France, en particulier par M. Lafosse, professeur à l'École vétérinaire de Toulouse. En faisant avaler à des chiens le *Cœnure cérébral*, espèce de ver cystique qui se trouve chez le mouton, on a vu ce ver se transformer en Ténia. L'expérience inverse, c'est-à-dire celle qui consistait à faire avaler au mouton des fragments de Ténia du chien (*Tœnia cessata*), a produit des Cænures, et par suite la maladie dont ils sont la cause.

Une expérience fort concluante, et qui mérite bien d'être rapportée, fut faite, en 1855, par l'un des physiologistes allemands dont le nom est cité plus haut, par M. Küchenmeister, dans le but de vérifier l'exactitude des observations relatives au développement du Ver dit *solitaire* dans les organes humains. Une femme condamnée à mort allait être exécutée ; M. Küchenmeister obtint de l'autorité la permission d'administrer à cette femme, quelques jours avant sa mort, des *Cysticerques*, ceux qui produisent la ladrerie chez le porc. Ces Cysticerques furent mêlés, pendant quelques jours, à la nourriture de cette femme. Après l'exécution, M. Küchenmeister examina les intestins de cette malheureuse, et il y trouva des *Tœnia solium* en voie de formation et déjà nettement caractérisés. D'un autre côté, M. Van Beneden, de Louvain, en nourrissant des cochons avec des œufs de Ténia humain (*Tœnia solium*), a vu la *ladrerie* se développer chez les animaux soumis à ses expériences. Enfin M. Leuckart est parvenu, en 1855, à déterminer le développement du *Cysticercus fascilaris* dans le foie de la souris, en donnant à manger à cet animal des fragments du *Tœnia crussicollis*, que l'on trouve dans le chat.

A l'inverse, un de nos amis, M. Aloÿs Humbert, conservateur du Musée de Genève, eut le courage, en 1854, d'avaler cinq Cysticerques pris sous la langue d'un porc atteint de ladrerie. M. Aloys Humbert fut bientôt atteint de tous les symptômes du ténia, qui mirent même sa vie en danger. Enfin il rendit, après un traitement approprié, cinq Ténias parfaitement organisés. Jamais expérience ne fut plus concluante, et jamais, ajoutons-le, on ne déploya un tel zèle pour la science. L'expérience dont il s'agit avait déjà été faite, comme nous venons de le voir, sur des animaux. Il restait à la vérifier sur l'homme : c'est ce que M. Humbert exécuta au péril de sa vie.

L'apparition du Ver dit *solitaire* dans le corps de l'homme ou des animaux, sa reproduction et son mode de développement, sont donc bien expliqués aujourd'hui, grâce à ce mode de génération *alternante* qui est une des découvertes récentes de l'histoire naturelle.

L'étude de la reproduction du Ténia a conduit à expliquer beaucoup de faits restés longtemps obscurs, et à découvrir que certains parasites qui avaient reçu des noms particuliers ne sont que l'état jeune d'une autre espèce. Les œufs du Ténia donnent naissance à des sujets incomplets, ressemblant à la tête du ver. Lorsque la tête se fixe dans la substance d'un organe, au lieu d'arriver directement dans le tube digestif où elle doit se compléter et produire dans sa partie supérieure des anneaux reproducteurs, tels qu'on en voit dans la presque totalité du corps des Ténias, elle se transforme provisoirement en *hydatide*, sorte de poche remplie de sérosité, dans laquelle la tête du ver se trouve alors encapuchonnée comme dans une outre remplie d'eau.

« Les hydatides, dit M. Paul Gervais, naissent constamment des œufs des ténias, mais elles ne deviennent à leur tour des Ténias véritables, c'est-à-dire pourvus d'articles produisant des œufs, que lorsqu'elles passent de l'organe dans lequel elles s'étaient enkystées, dans l'estomac d'un autre sujet, par exemple du corps d'un lapin dans celui d'un chien ou d'un loup qui aura mangé ce lapin et avalé les hydatides qu'il nourrissait.

« Cette métamorphose a lieu, pour les hydatides de la ladrerie, lorsque

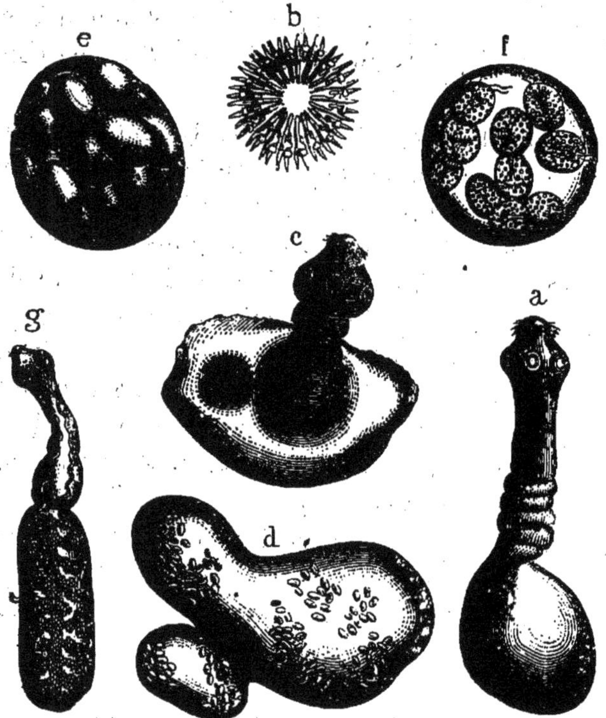

Fig. 7. Hydatides.

a. Cysticerque de la ladrerie sorti de son enveloppe. — *b.* Sa couronne de crochets. — *c.* Position d'un *Cénure de Mouton.* — *d.* Cénure entier, avec les têtes multiples rattachées à sa vésicule. — *e.* Vésicules d'*Échinococque.* — *f.* Une de ces vésicules grossie pour en montrer les têtes multiples. — *g. Ténia nain,* provenant du développement d'une des têtes à crochets de l'Échinocoque.

nous mangeons de la viande de porc ladre dans laquelle elles n'ont pas été tuées par la cuisson, ou de la viande de bœuf ou de mouton renfermant aussi des parasites analogues : ce que les bouchers appellent des *bouteilles.* Le suc gastrique n'agit pas plus sur les larves de Ténias que sur ces Entozoaires eux-mêmes, et ces sortes de larves, c'est-à-dire les hydatides, ingérées dans de semblables conditions, ne tardent pas à se compléter en reproduisant des anneaux qui se chargeront bientôt d'œufs, et à devenir, par suite de leur séjour dans les intestins, les Ténias tels qu'on les connaît.

« C'est de la même manière que les Trichines peuvent passer du porc à l'homme. La cuisson des viandes alimentaires est le plus sûr moyen d'empêcher cette dangereuse propagation.

« Le fait de la transmission du Ténia ou Ver solitaire, des animaux à notre espèce, au moyen des hydatides, paraît avoir été connu des Hébreux; il nous explique pourquoi la loi de Moïse interdit à cette nation l'usage de la viande de porc.

« C'est en vue de cette transmigration, et pour y mettre obstacle, que sur nos marchés on défend sévèrement la vente des cochons ladres. Des

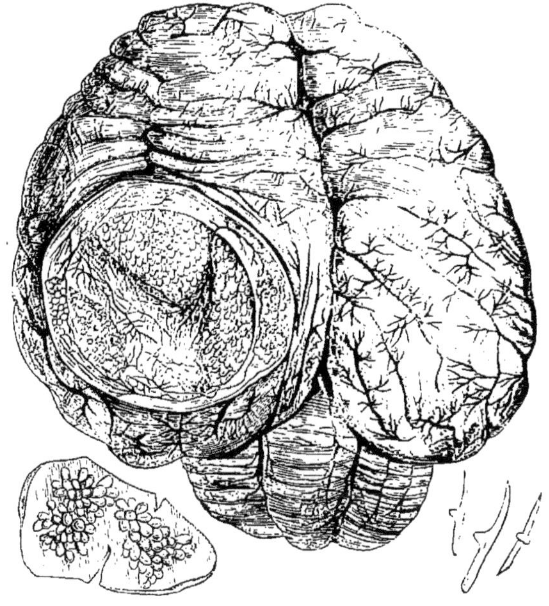

Fig. 8. Cénure dans le cerveau d'un Mouton.

experts appelés *langueyeurs* sont chargés de l'examen des animaux mis en vente; et s'ils les soupçonnent d'être atteints de cette maladie, ils doivent faire rejeter leur viande comme insalubre.

« D'autres larves de Ténias ont été décrites, comme constituant un genre à part d'hydatides, sous le nom d'*Échinocoques*. Une même vésicule de ces Échinocoques renferme un grand nombre de têtes et peut donner naissance à autant de Ténias, mais ceux-ci sont toujours de petite dimension (fig. 7, *e*, *g*). On en a constaté la présence dans les intestins du chien et dans ceux de l'homme. Quant aux Échinocoques encore à l'état d'hydatides, ils peuvent former des masses volumineuses qui se développent dans les différentes parties du corps. On en trouve assez fréquemment dans le foie et dans les reins.

« Les Cénures ont une conformation analogue, mais les têtes portées par leurs vésicules hydatiques sont plus grosses que dans les Échinocoques. C'est particulièrement dans le cerveau des agneaux (fig. 8) qu'ils se développent ; ils y deviennent la cause de la maladie de ces ruminants désignée sous le nom de *tournis*[1]. »

Revenons au Ténia dans son état ordinaire. La figure 9 représente les diverses parties du corps de ce ver.

Les anciens désignaient ce ver sous le nom de *Vitta*, pour

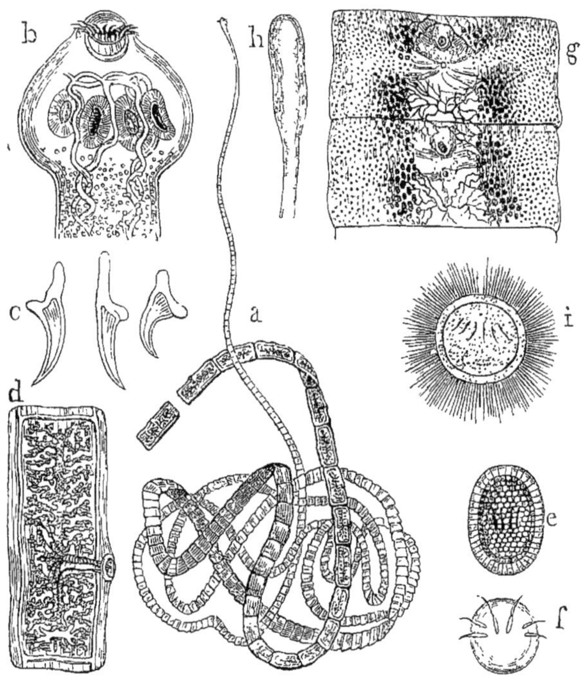

Fig. 9. Ténia et Bothriocéphale.

a. — Ténia ou Ver solitaire. — *b.* Sa partie céphalique. — *c.* Crochets. — *d.* Un des anneaux reproducteurs. — *e.* Œuf. — *f.* Embryon, dit larve hexacanthe. *g.* Deux anneaux reproducteurs du Bothriocéphale. — *h.* Sa tête. — *i.* Œuf cilié du même.

indiquer sa forme aplatie, analogue à celle des bandelettes dont les sacrificateurs ornaient leur tête ; de là est venu le nom de *Ténia*.

Les Ténias vivent dans le tube intestinal des grands animaux, et l'on en rencontre sur ceux qui habitent les climats les plus divers, puisqu'on en a découvert sur des lions, des tigres

1. *Éléments de Zoologie*, 2e édition, Paris, 1871, page 540.

et des girafes, qui ne vivent que dans les contrées brûlantes de l'Afrique et de l'Asie, ainsi que sur des rennes et des ours blancs, qui habitent les régions glacées du pôle.

Les anciens croyaient que l'homme ne pouvait jamais être atteint que d'un seul de ces animaux à la fois. Le nom de *Ver solitaire* qui leur est vulgairement imposé provient de cette erreur d'observation. Il est prouvé actuellement que l'homme et les animaux peuvent en recéler plusieurs en même temps. De Haën en fit rendre dix-huit en peu de jours à une femme, et Bremser en a parfois rencontré deux ou trois sur la même personne.

Ces Entozoaires se multiplient beaucoup plus à l'intérieur de certains animaux que chez d'autres. Bloch en a compté jusqu'à cent dans le tube digestif d'un brochet d'une livre et demie, et Bremser dit en avoir souvent observé de soixante à quatre-vingts dans celui de jeunes chiens.

La *tête*, ou ce que l'on nomme la *tête*, c'est-à-dire la partie antérieure d'un Cestoïde, a la propriété de reproduire l'animal entier. Quand on a rendu un *Ténia* ou *Ver solitaire*, le médecin doit donc toujours constater que la tête fait partie de la portion expulsée.

La tête des Ténias (fig. 10) présente, vers son sommet, une couronne de petits crochets qui paraissent de nature cornée. Au-dessous de la couronne de crochets et sur la partie renflée de la tête, on aperçoit quatre pores, ou *oscules*, qu'Andry considérait à tort comme des yeux, et que Méry prenait pour autant d'ouvertures nasales. De ces quatre pores naissent des canaux étroits qui se dirigent en arrière et qui, presque immédiatement, se réunissent deux à deux, de manière à ne former que deux tubes qui longent l'animal d'une extrémité à l'autre. Chacun de ces tubes est placé vers l'un des bords de l'animal et communique avec son opposé, au niveau de chaque articulation, par un canal transversal qui se trouve vers la région postérieure de celle-ci.

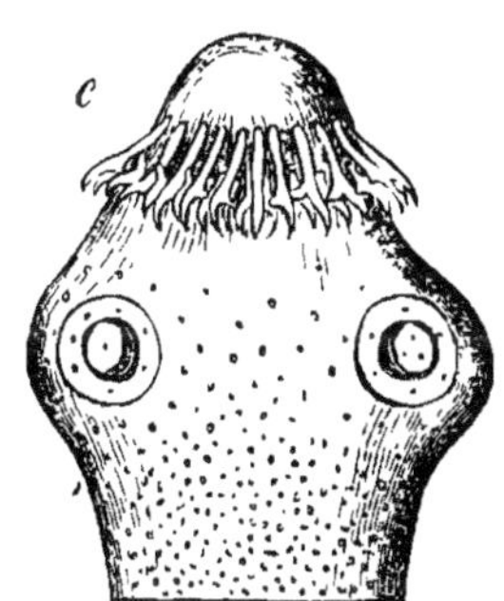

Fig. 10. Tête de Ténia avec ses crochets.

Les Ténias n'ont point d'appareil spécial pour la respiration, et il est probable que cette fonction est dévolue à la peau. On ne connaît pas non plus d'une manière positive comment s'opère chez eux la circulation. De Blainville pensait que les deux vaisseaux latéraux sont en partie affectés à cet acte, et qu'ils servent en même temps de canal intestinal et d'organe de circulation.

Les Ténias, dans l'état normal, se tiennent fixés aux parois de l'intestin de l'animal auquel ils appartiennent, à l'aide des crochets (fig. 11) dont leur bouche est armée dans un grand nombre d'espèces, et de suçoirs seulement dans celles dont la bouche est nue. Il est probable qu'ils peuvent vivre sans être fixés; on conçoit qu'alors leur expulsion soit beaucoup plus facile.

Fig. 11. Crochets du Ténia.

Ainsi plongés, du moins par leur partie antérieure, dans les liquides intestinaux des animaux vertébrés, les Ténias se nourrissent sans doute de ces liquides, qu'ils absorbent par les suçoirs de leur renflement céphalique.

Les mouvements des Ténias ne sont sans doute pas suffisants pour exécuter une locomotion bien considérable, et qui permettrait à l'animal de parcourir la longueur de l'intestin qu'il habite; cependant, d'après Bremser, il paraît que ses contractions, ses ondulations sont encore assez rapides, et qu'elles se font dans toutes les parties du corps. Cet anatomiste a remarqué que les mouvements des suçoirs sont surtout considérables.

On a beaucoup discuté quant à la longueur des Ténias à la suite d'observations mal faites. Il est probable que ces Entozoaires n'ont guère plus de 8 à 10 mètres de long, ce qui est déjà raisonnable. Bremser, qui est une si grande autorité en semblable matière, dit que ceux de 8 mètres ne sont pas rares et que sa collection en possède plusieurs de cette longueur. Il est probable que les médecins qui ont cru observer des

Ténias d'une plus grande taille auront considéré comme appartenant à un seul de ces vers les bouts de plusieurs individus qui étaient évacués successivement par des malades, dans un espace de temps plus ou moins long. Hufeland fait mention d'un enfant de six mois qui rendit peu à peu au moins trente mètres de Ténia, sans altération de la santé. Si cet enfant en eût expulsé une semblable quantité tous les six mois jusqu'à l'âge de la puberté, la longueur du ver se fût alors élevée à environ quinze cents mètres. On aurait donc conclu de là qu'il existe des Ténias de quinze cents mètres!

Le *Ver solitaire*, comme on le nomme vulgairement, a été longtemps considéré comme un parasite redoutable; mais aujourd'hui on est bien revenu de cette idée. Les traitements variés et barbares que l'on faisait autrefois subir aux malades étaient plus dangereux que le ver lui-même. Des hommes chez lesquels on n'avait jamais soupçonné la présence du Ténia, et qui pourtant en étaient affectés, ont vécu aussi longtemps et dans un état de santé aussi complet que ceux qui en sont exempts. Il faut reconnaître pourtant que quelquefois il résulte de la présence du ver des accidents qu'il est nécessaire de combattre.

Généralement, les animaux qui ont un ou plusieurs Ténias dans leur canal intestinal, ont le visage pâle, les chairs molles, de la maigreur, une dilatation des pupilles, de la dyspepsie ou de la boulimie; mais ces phénomènes sont rarement assez intenses pour que la présence des Ténias puisse déterminer des accidents véritablement graves. Des portions de ver expulsées avec les matières fécales décèlent, tôt ou tard, la présence de ce parasite.

On se délivre du Ténia en prenant, à jeun, soit de la racine de fougère mâle en poudre, soit de l'écorce de grenadier en décoction, soit de la mousse de Corse, en décoction ou en poudre. Le *remède de Mme Noufer*, le *remède de Bourdin* furent quelque temps en vogue. On recommande aujourd'hui comme spécifique la poudre de *kousso*, plante africaine. L'administration de cette poudre, suivie d'un purgatif, débarrasse à coup sûr de ce désagréable compagnon.

C'est une opinion générale, et nous l'avons mentionnée plus haut, que, pour être délivré efficacement du Ténia, il faut que la tête de ce ver soit expulsée. Nous devons dire pourtant que le naturaliste allemand Bremser, qui partage avec Rudolphi le mérite des recherches les plus approfondies sur ces Entozoaires, n'admet pas cette opinion. Il dit que sur plusieurs centaines de malades qu'il a traités, aucun n'a vu sortir la tête de son Ténia, et que cependant 99 sur 100 étaient guéris.

TRIBU DES ANNÉLIDES

Les Annélides ont habituellement de chaque côté du corps une série de faisceaux de soies portés sur des tubercules charnus qui leur tiennent lieu de pattes. Leur corps est presque toujours allongé et cylindrique, souvent aminci en avant et en arrière, mou et partagé en un grand nombre de segments transversaux qui sont toujours semblables. Vingt à trente anneaux composent habituellement le corps d'une Annélide; cependant ce nombre peut être de beaucoup dépassé. Les anneaux de la tête diffèrent un peu de ceux de l'extrémité. La tête est rarement distincte, elle est souvent réunie aux anneaux du corps et garnie de petites mâchoires ou *crochets*.

La progression de ces animaux se fait par une sorte de mouvement ondulatoire qui les fait ramper. Rarement ils présentent des pieds, et quand les pieds existent, ils sont tout à fait rudimentaires.

Des faisceaux de soies sont distribués, avons-nous dit, le long de chaque côté du corps, portés sur des tubercules charnus. Deux tubercules sont réunis, et presque toujours à la base de chacun d'eux se trouve un long appendice mou, cylindrique et rétractile, nommé *cirrhe*.

Chez les Annélides dépourvues de soies, ou *apodes*, l'extrémité du corps porte des ventouses. La ventouse placée à l'extrémité du corps sert à la locomotion.

Les soies sont les armes des Annélides. Elles s'implantent dans les corps mous contre lesquels elles frappent.

Comme la tête manque presque toujours aux Annélides, leur bouche est située sous la face inférieure du corps, à l'extrémité antérieure. Une sorte de trompe sort de cet orifice.

Les mâchoires, qui ont la consistance de la corne, ont la forme de crochets cornés.

La figure 12 fait voir la structure d'une Annélide.

Un canal intestinal droit sillonne l'intérieur du corps des Annélides.

Leur sang affecte diverses couleurs. Il peut être rouge, jaune, violet, bleuâtre ou vert. Il circule dans une série de vaisseaux dont les uns, contractiles, tiennent lieu de cœur, et dont les autres remplissent les fonctions d'artères et de veines.

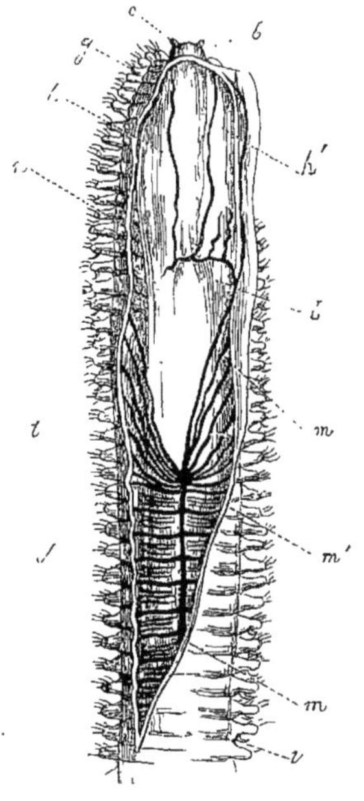

Fig. 12.
Anatomie d'une Annélide.

b. Tête. — *c*. Antennes. — *g*. Pieds. — *h*. Pharynx. — *h'*. Muscles du pharynx. — *n*. Glandes salivaires. — *l*. Muscles rétracteurs du pharynx. — *f*. Intestin. — Vaisseau dorsal. — *m*. Vaisseau central (cœur). — *v*. Vaisseau branchial. — *t*. Vaisseaux latéraux.

Les Annélides respirent par des branchies, qui sont apparentes à l'extérieur et ont la forme de houppes, de panaches ou de filaments. Chez quelques-unes, comme les Sangsues, les branchies sont intérieures et ont la forme de petites vessies. Enfin, chez d'autres, la respiration s'opère par toute la surface cutanée.

Le système nerveux de ces animaux se réduit à une série de petits ganglions. L'un de ces ganglions nerveux, placé dans la partie antérieure, plus développé que les autres, compose le *cerveau*.

Les sens sont très-peu développés chez ces êtres. Leurs yeux ne sont que de petits points lisses, circulaires, en nombre variable.

Le corps des Annélides n'est pas toujours nu; il est quelquefois protégé par une enveloppe calcaire. Les espèces nues ressemblent à des vers ou à des larves; elles se creusent dans la terre ou dans la vase des galeries étroites, dans lesquelles elles se logent; d'autres s'établissent dans des mottes de sable. Les espèces à revêtement solide se renferment dans leur étui comme dans une coquille.

Les Annélides sont timides, et pourtant elles ne vivent que de rapine et sont carnassières. Elles se tiennent en embuscade et attendent, au passage, les insectes et les petits crustacés. Elles les saisissent avec leur trompe ou dans les replis de leur corps.

Certaines perforent les coquilles les plus dures et vont dévorer le mollusque au milieu de son abri. Quelques-unes sucent le sang des animaux; d'autres se nourrissent de matières animales en putréfaction. Cependant quelques espèces mangent des végétaux.

La mer renferme un grand nombre d'Annélides. Certaines espèces habitent les eaux douces, tant fluviatiles que stagnantes; il en est enfin de terrestres. Ces dernières espèces portent des vêtements de couleur sombre, tandis que les Annélides marines sont décorées des plus belles couleurs et font l'ornement du domaine des eaux. Quelques espèces sont phosphorescentes.

L'étude des Annélides, particulièrement des Sangsues, a amené Moquin-Tandon à créer la théorie des *Zoonites*. Selon ce naturaliste, les Annélides seraient, non un individu unique, mais une agrégation d'individus semblables. Quand on examine les *articles*, ou segments, qui composent le corps d'une Annélide, on reconnaît qu'ils présentent les mêmes organes répétés régulièrement. La région dorsale d'une Sangsue, par exemple, présente six bandes longitudinales parallèles, qui se répètent régulièrement de cinq en cinq anneaux. Le même animal montre, de cinq en cinq segments, à la même distance que les taches dorsales, des glandes mucipares et un ganglion nerveux. La peau de la Sangsue présente, de cinq en cinq anneaux, le même groupe de faisceaux musculaires, et l'on retrouve la répétition des parties et une symétrie du même genre dans l'appareil reproducteur.

Moquin-Tandon conclut de ces faits que la Sangsue n'est pas un être simple, mais une réunion d'êtres semblables, et il désigne sous le nom de *Zoonites* les organismes individuels qui composent cet ensemble.

Moquin-Tandon signale des Zoonites de quatre, de trois, de deux et même d'un seul anneau.

Ce genre tout particulier d'organisation explique que les Annélides puissent résister aux plus grandes mutilations. Le tronc d'un ver de terre coupé en deux continue de vivre et répare promptement sa perte. C'est une expérience qui a été faite bien des fois.

« On s'est souvent demandé, dit Moquin-Tandon, pourquoi un quadrupède auquel on coupe la tête mourait presque instantanément, tandis qu'une Sangsue, après une semblable mutilation, vit encore plus d'une anneé. Ce fait est facile à expliquer : le quadrupède n'a qu'un seul centre sensitif, un cerveau, contenu dans la tête. Si vous le retranchez, l'animal doit périr. Chez la Sangsue, il y a plusieurs centres de vie, et vous ne faites mourir que l'organisme sur lequel vous agissez[1]. »

Les Annélides pondent des œufs. Les jeunes individus n'éprouvent pas, en général, de métamorphoses ; cependant certaines espèces éprouvent des transformations. Les *Térébelles*, les *Hermelles* subissent des changements d'organisation ; d'abord voyageurs, ils deviennent plus tard sédentaires.

Chez d'autres Annélides (les *Naïs*, les *Syllis*, les *Myrianes*), la génération est *fissipare;* ce qui veut dire que l'animal se coupe en deux et que chaque moitié isolée se complète en produisant, par bourgeonnement, la queue ou la tête qui lui manque. Ce qu'il y a de curieux, c'est que pendant plusieurs générations ce mode de reproduction par fissiparité se conserve, puis les sexes se montrent et l'espèce se propage de nouveau par des œufs.

On divise en quatre ordres la classe des Annélides : 1° les *Annélides chétopodes;* 2° les *Annélides dorsibranches;* 3° les *Annélides abranches;* 4° les *Annélides apodes.*

Les *Chétopodes* sont pourvus de soies qui servent à la locomotion, et ils ont souvent des branchies. Les animaux qui font partie de ce groupe vivent habituellement dans des tuyaux que leur corps a sécrétés : aussi les a-t-on nommés quelquefois *Annélides tubicoles*. Leur corps se compose d'une tête, d'un thorax et d'un abdomen. Leurs branchies sont insérées sur la tête.

Les *Dorsibranches* ont les anneaux du corps semblables entre eux ; la plupart de ces anneaux possèdent des branchies. Un grand nombre d'Annélides marines appartiennent à cette division. Ces Annélides vivent dans la vase, dans les pierres, etc., mais sans s'astreindre à rester au même lieu : aussi leur applique-t-on souvent la dénomination d'*Annélides errantes.*

Les *Annélides abranches* ont pour caractère principal, ainsi que leur nom l'indique, de manquer de branchies.

Enfin les *Annélides apodes* sont entièrement privées de pieds

1. *Le Monde de la Mer*, 2e édition, page 409, in 8, Paris, 1866.

(d'où leur nom) et se meuvent au moyen de ventouses placées aux deux extrémités de leur corps.

Nous dirons quelques mots des principaux types de chacun de ces ordres.

Chétopodes, ou *Annélides tubicoles.* — Parmi les *Annélides tubicoles*, c'est-à-dire vivant dans un tube calcaire, les plus connues sont les *Serpules*, les *Amphitrites* et les *Térébelles.*

Les *Serpules* ont une parure brillante et sont composées de tubes calcaires blanchâtres, contournés et fixés au fond de la mer sur des coquilles au centre des rochers. Elles vivent au fond de leur étui, comme des mollusques dans leur coquille. La figure 13 représente la *Serpule commune.* Cette espèce vit,

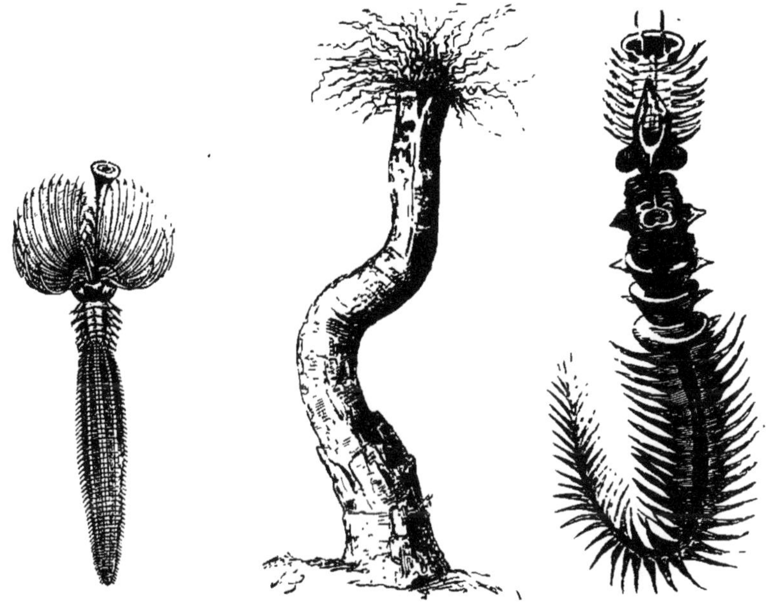

Fig. 13. Serpule retirée de son tube.

Fig. 14. Chétoptère de Valenciennes.
1. L'animal dans son tube. — 2. Le même arraché de son tube.

comme on le voit sur la figure, dans un tube, à l'intérieur duquel elle peut monter et descendre, mais non se retourner. Les branchies, c'est-à-dire les organes de la respiration, forment autour de la tête de l'animal une sorte de diadème de fils, qu'il étale au dehors, pour aspirer l'oxygène de l'air. Au moindre danger, il se retire dans son tube flexueux.

La figure 14 représente une autre Annélide tubicole, la *Chétoptère de Valenciennes*, dessinée dans son tube et retirée de ce tube. Cette Annélide n'est pas rare sur nos côtes; nous en donnons le dessin d'après M. de Quatrefages.

L'*Amphitrite* a un tube non calcaire, mais membraneux.

Le *Spirorbe nautiloïde* (fig. 15), de très-petite taille, vit sur les fucus, les coquillages, les rochers; il sécrète un tuyau plus régulier que celui de la Serpule.

Fig. 15. Spirorbe nautiloïde.

Les *Térébelles* vivent dans un tube protecteur, cylindrique, composé de vase, d'argile, de grains de sable et de fragments de coquilles agglutinés; ces Annélides se distinguent par les nombreux appendices filiformes qui environnent la bouche et par trois paires de branchies qui se ramifient à l'extérieur de leur corps.

La figure 16 représente une Térébelle de nos côtes, la *Térébelle coquillière*.

Fig. 16. Térébelle coquillière.

Dorsibranches, ou *Annélides errantes*. — Parmi les *Annélides errantes*, les plus intéressantes sont les *Arénicoles*, les *Néréides*, vers que les pêcheurs recherchent pour amorcer leurs lignes, auxquelles on peut ajouter les *Eunices* et les *Syllis*.

Les *Néréides* ont les branchies en forme de petites lames et des tentacules en nombre pair, situés de chaque côté de l'extrémité du corps. La figure 17 représente une *Néréide arénicole*, l'*Arénicole des pêcheurs*, et la figure 18 la *Néréide myrianide*.

Nous représentons encore, comme type curieux des Annélides errantes, le *Branchellion* (fig. 19), sorte de sangsue parasite qui

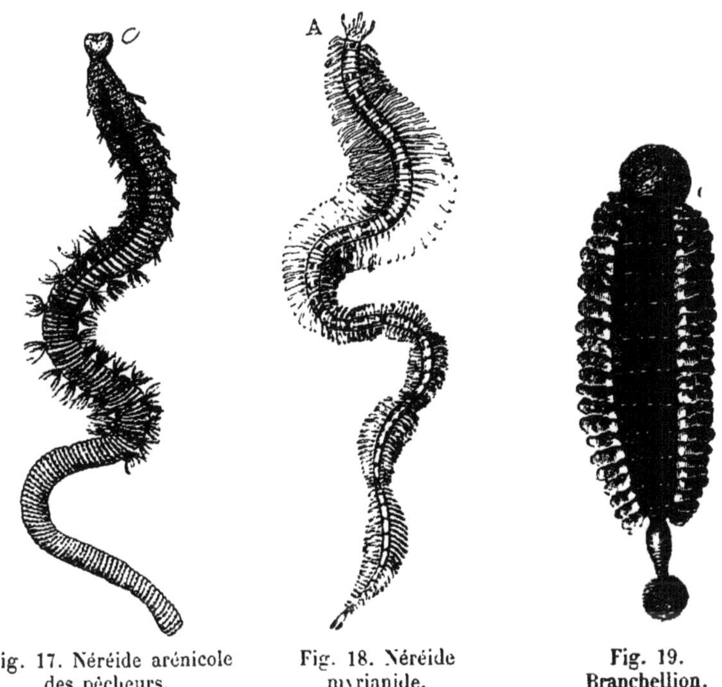

Fig. 17. Néréide arénicole des pêcheurs.

Fig. 18. Néréide myrianide.

Fig. 19. Branchellion.

vit sur les Torpilles, et (fig. 20) l'*Apneuma pellucida*, dessinée d'après M. de Quatrefages.

Les *Eunices* sont de très-beaux vers qui comprennent plusieurs espèces européennes. L'*Aphrodite hérissée*, ou *Chenille de mer*, au corps ovoïde, pointu aux extrémités et déprimé, est une des plus belles espèces d'Annélides propres à nos mers. Nous représentons cette Annélide dans la figure 21. Elle est tout à fait remarquable par les reflets métalliques verts, bruns ou dorés des poils qui l'accompagnent.

Une autre Annélide, la *Syllis* (fig. 22), a été longtemps prise pour une espèce étrangère à l'ordre qui nous occupe.

Abranches. — A l'ordre des *Annélides abranches* appartiennent les *Lombrics* (*Vers de terre*) et les *Naïs*, espèces plus petites.

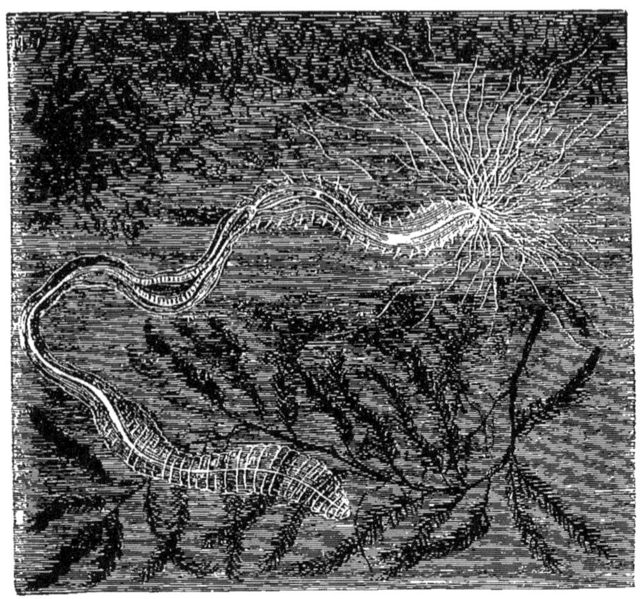

Fig. 20. Apneuma pellucida.

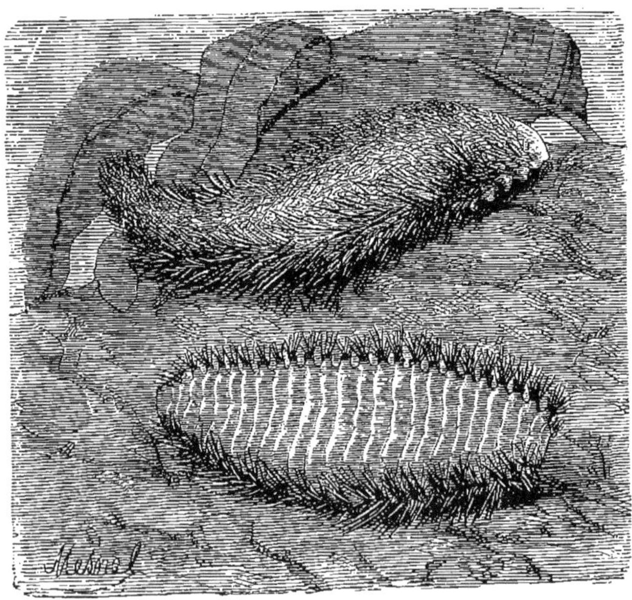

Fig. 21. Aphrodite hérissée (Chenille de mer).

Les *Lombrics* ont le corps allongé et cylindrique, composé de segments, une bouche sans dents, à deux lèvres : la supérieure

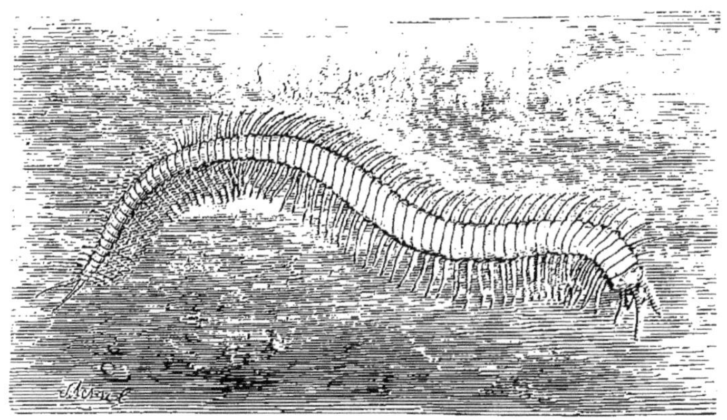

Fig. 22. Syllis.

avancée en trompe et lancéolée, fendue en dessous; l'inférieure

Fig. 23. Lombric (Ver de terre).

très-courte. Entre le vingt-sixième et le trente-septième segment, on remarque à la partie antérieure et supérieure du corps une sorte de ceinture, appelée la *selle*.

Les *Vers de terre* recherchent les sols humides et ont une préférence pour les terres grasses. Ils absorbent la terre et en extraient l'humus, qu'ils rendent sous forme vermiculaire. Pendant les grands froids ou les fortes chaleurs, ils s'enfoncent à d'assez grandes profondeurs dans la terre; mais quand le sol a été ramolli par la pluie, ils se rapprochent de la surface et même sortent pendant les temps humides. Ils nuisent aux récoltes, soit en remuant la terre ensemencée, soit en déchirant les racines des plantes lorsqu'ils sortent de terre.

Les pêcheurs emploient les Lombrics comme appât, et les fermiers les font servir à nourrir la jeune volaille.

Notre *Ver de terre ordinaire* (*Lumbricus terrestris*), gros comme une plume de cygne, a de 20 à 33 centimètres de long; son corps se compose de 100 à 200 anneaux (fig. 23); le *Lombric géant* peut atteindre la longueur de 45 centimètres et la grosseur du petit doigt.

Les *Naïs*, très-petites Annélides, puisqu'elles n'ont pas plus de 1 décimètre de long, abondent dans les eaux douces stagnantes. Les *Siponcles* se tiennent dans les sables de la mer, à peu de distance des côtes. En Chine et dans la Malaisie, une espèce de *Siponcle* (*Sipunculus balanophorus*) sert d'appât pour la pêche et pour la nourriture des habitants.

Annélides apodes. — A l'ordre des *Annélides apodes*, c'est-à-dire *sans pieds*, et à la famille des *Hirudinées*, qui fait partie de cet ordre, appartiennent les *Sangsues*. Cette Annélide étant d'un grand emploi en médecine, et donnant lieu à un commerce important, nous tracerons avec détail son histoire.

La Sangsue était connue dans l'antiquité. Les écrivains latins mentionnent sa propriété de sucer le sang des autres animaux. C'est ce qui lui avait valu chez les Grecs les noms de βδέλλα et de φιλαίματος (qui aime le sang). Les Latins l'appelaient *Hirudo* et *Sanguisuga*, noms qui existent encore dans nos nomenclatures. C'est Linné qui créa le genre *Hirudo*. Depuis les travaux de ce grand naturaliste, le nombre des *Hirudo* s'est augmenté considérablement, mais leur histoire naturelle ne s'est éclaircie que lentement.

Les nombreuses études dont le genre *Hirudo* a été l'objet ont eu pour résultats : la création de plusieurs genres, aux dépens de celui qui avait été formé par Linné ; la distinction des espèces qui avaient été confondues les unes avec les autres ; l'exclusion des animaux qu'on avait mal à propos classés parmi les Sangsues ; enfin la connaissance approfondie de l'organisation et de la physiologie de ces singuliers animaux. Ces questions ont été traitées de nos jours avec étendue dans plusieurs ouvrages : tels sont les *Mémoires sur les Annélides*, de Savigny, insérés dans le grand ouvrage sur l'Égypte (p. 113 et suiv.); la monographie du genre *Hirudo*, par Carena; l'*Histoire naturelle et médicale des Sangsues*, par Derheims (Paris, 1825); enfin la *Monographie des Hirudinées*, par Moquin-Tandon, publiée à Montpellier en 1827, et dont une deuxième édition parut en 1844. C'est ce dernier ouvrage qui nous servira de guide dans la description des espèces médicinales de Sangsues.

Le genre Sangsue a pour caractères : corps allongé, un peu déprimé, obtus en arrière, rétréci graduellement en avant, composé d'un très-grand nombre de segments courts, égaux, très-distincts, saillants sur les côtés; ventouse orale bilabiée, à lèvre supérieure très-avancée, presque lancéolée, formée par les cinq premiers segments; bouche grande relativement à la ventouse orale, mâchoires dures, à deux rangs de denticules, nombreux, très-pointus et très-serrés; deux yeux peu saillants, disposés en ligne courbe, sur le premier segment, deux sur le troisième et deux sur le sixième.

Fig. 24. Sangsue officinale (Sangsue verte).

Ces caractères diffèrent un peu de ceux du genre *Hœmopis* dans lequel se place la *Sangsue de cheval* (*Sangsue noire*), qui ne peut être employée en médecine, car elle ne suce point le sang des animaux vertébrés. Les denticules des *Hœmopis* sont émoussés et non acérés comme ceux des *Sanguisgua*.

La *Sangsue officinale* (*Sanguisuga officinalis*), la plus grosse des espèces connues (fig. 24), est désignée en France sous le nom de *Sangsue verte*. Elle vit dans les étangs et mares des fossés de l'Europe centrale et méridionale. Elle a ordinairement, lorsqu'elle est adulte, de 10 à 13 centimètres de longueur, sur une largeur de 1 centimètre. Quelques individus ont au moins 18 centimètres de long. Le corps est allongé, déprimé, de couleur brun-verdâtre, assez clair, tirant quelquefois sur le roussâtre ou sur le jaune sale, marqué de six bandes longitudinales couleur de rouille. Les *articles*, ou segments, sont très-lisses. Le ventre est de couleur olivâtre, sans aucune tache, mais seulement avec deux raies longitudinales latérales formées de taches noires très-rapprochées. Les yeux sont assez saillants, surtout dans les plus petits individus. Les dents sont acérées et au nombre d'environ soixante paires. Sur le dos sont de petits points diaphanes rangés transversalement, qui correspondent aux organes de la respiration.

La *Sangsue médicinale* (*Sanguisuga medicinalis*) porte en France

Fig. 25. Sangsue médicinale (Sangsue grise).

le nom de *Sangsue grise* (fig. 25). Elle vit dans les eaux douces de l'Europe, particulièrement dans les contrées tempérées et septentrionales. Sa longueur est de 10 à 13 centimètres; elle ressemble beaucoup à la *Sangsue officinale*. Son dos est d'une couleur verte plus ou moins foncée, rayé de six bandes longitudinales couleur de rouille. Les bandes intermédiaires sont marquées, de cinq en cinq anneaux, par des taches noires, irrégulièrement triangulaires ou carrées; dans quelques variétés, ces taches noires sont tellement allongées qu'elles tendent à se confondre. Les segments sont munis d'une multitude de petits mamelons grenus qui se manifestent ou s'effacent à la volonté de l'animal. Le ventre est vert-jaunâtre, tacheté de noir, bordé de deux raies longitudinales noires, très-larges et très-rapprochées dans certains individus.

Ces deux espèces de Sangsues sont les plus fréquemment employées, mais toutes celles qui appartiennent véritablement au genre *Sanguisuga* pourraient au besoin les remplacer. Ces espèces n'offrent pas d'ailleurs de grandes différences entre elles: plusieurs sont confondues chez les pharmaciens avec la *Sangsue verte* ou *grise.*

Outre ces deux espèces consacrées à l'usage médical, il faut citer les espèces suivantes :

1° *Sanguisuga obscura :* corps brun foncé sur le dos; segments garnis sur leur contour de mamelons grenus, ventre verdâtre, avec des atomes noirs, nombreux et peu saillants. Cette espèce vit dans les eaux du midi de la France; elle est longue de 1 à 2 pouces.

2° *Sanguisuga verbana; Hirudo verbana*, Carena. Cette espèce a le corps d'un vert sombre; sur le dos, des bandes brunes, transversales et parallèles, formant dans l'extension deux lignes longitudinales et interrompues; le ventre est vert-jaunâtre, immaculé ou seulement marqué de très-petits points noirs. Cette Sangsue se trouve dans le lac Majeur, en Italie; elle n'est longue que de 6 centimètres sur une largeur de 3 et demi.

3° *Sanguisuga interrupta :* corps verdâtre, marqué supérieurement de taches isolées; segments tuberculeux; ventre jaunâtre, quelquefois largement maculé de noir, ayant sur les côtés deux bandes noires en zigzag. Cette Sangsue a une longueur de 8 à 10 centimètres.

Entrons dans quelques détails sur la structure anatomique de la Sangsue et sur la manière dont les fonctions physiologiques s'exécutent chez cette Annélide.

La figure 26 met en évidence les particularités de son organisation.

Le corps des Sangsues est mou, susceptible de se rouler en boule et de prendre diverses formes. Il est recouvert d'un *épiderme*

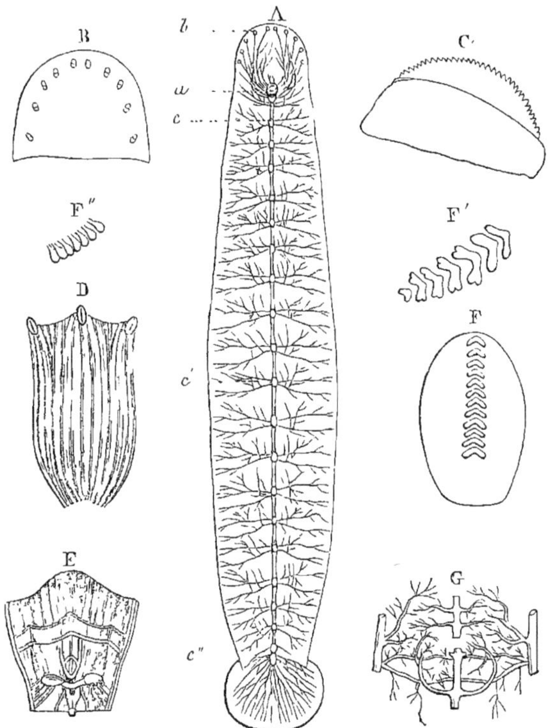

Fig. 26. Structure anatomique de la Sangsue.

A. — Système nerveux : *a.* Cerveau. — *b.* Yeux et nerfs optiques. — *c* à *c''*, La série des ganglions sous-intestinaux. — *B.* La partie antérieure du corps portant les yeux. — *C.* Une des trois mâchoires. — *E.* La bouche ouverte, pour montrer l'emplacement des mâchoires. — *F.* Dents en place. — F, F'. Deux dents isolées, vues en dessus et de profil pour y montrer les denticules en scie. — *G.* Partie du système vasculaire montrant les quatre troncs principaux et leurs divisions. — *D.* Représente la bouche ouverte de la Sangsue dite *Sangsue de cheval* (genre *Hæmopis*).

lisse, mince, transparent, dont l'animal se débarrasse tous les quatre ou cinq jours, en sortant de cette espèce de fourreau à peu près à la manière des serpents. Sous l'épiderme est le *pigmentum*, qui, au microscope, paraît formé d'un tissu spongieux, contenant la matière colorante, et qui est traversé par les extrémités nerveuses qui lui donnent une sensibilité très-vive. Le *derme*, la partie la plus épaisse de l'enveloppe cutanée, est fibreux et renferme une grande quantité de mamelons grenus, quelquefois fort saillants, et excrétant une humeur gluante qui lubrifie la surface extérieure de la peau.

Le canal alimentaire, qui s'étend, sans aucune circonvolution, depuis la ventouse antérieure jusqu'à la ventouse anale, comprend la bouche, l'œsophage, plusieurs estomacs, des cœcums et le rectum (fig. 27).

Fig. 27. Tube digestif de la Sangsue officinale.

a. L'œsophage, suivi de plusieurs chambres stomacales distinctes, dans la *Sangsue médicinale*. — *a'*. Les deux cœcums placés en avant de l'intestin. — *b*. L'intestin.

L'appareil circulatoire se compose de vaisseaux latéraux et d'un vaisseau dorsal, plein d'un sang qui, selon Derheims, peut se séparer en deux parties comme celui des Mammifères, mais dont le caillot ne contient qu'une quantité à peine appréciable de fibrine.

La respiration des Sangsues s'opère par des branchies, ou sacs membraneux, dont le nombre varie de quinze à vingt, et qui sont situées sur les côtés de l'animal. Les Sangsues peuvent vivre plusieurs jours sans respirer. Elles vivent au moins une semaine dans un bocal plein d'eau et hermétiquement fermé. La grande quantité d'organes pulmonaires dont elles sont pourvues leur donne la faculté de résister si longtemps à l'asphyxie.

Les mouvements de la Sangsue s'exécutent au moyen de muscles dont son corps est pourvu et qui forment des couches superposées. Quand l'animal veut s'avancer, il fixe d'abord sa ventouse anale, et par la succion, ou l'aspiration de l'air, il forme une sorte de coupe dont il applique parfaitement les bords, ainsi que tous les points du disque, sur le corps auquel il veut s'attacher. Il en fait autant avec sa ventouse orale, qu'il fixe à un point plus ou moins éloigné. Il détache alors sa ventouse anale, la rapproche de la ventouse orale, l'attache de nouveau, et ainsi de suite. L'adhérence des ventouses contre les corps, même les plus polis, est tellement forte que l'on ne peut que très-difficilement faire lâcher prise aux Sangsues en les tirant par le corps, c'est-à-dire lorsqu'on agit perpendiculairement au plan sur lequel elles reposent. Il faut, pour les détacher, les tirer obliquement et glisser le doigt entre la ventouse et le support auquel elle adhère.

Les mouvements que les Sangsues exécutent dans l'eau se composent de courbes alternatives et très-multipliées. Les Sangsues se tiennent au fond de l'eau, appliquées sur les corps solides (fig. 28). On a observé que leurs mouvements suivent les

Fig. 28. Sangsue vivant au fond de l'eau.

variations atmosphériques, qu'elles s'agitent et montent à la surface de l'eau aux approches de l'orage. Les pêcheurs profitent de cette circonstance pour les prendre à la surface de l'eau. Cependant ce phénomène est loin d'être constant. Les personnes qui consultent un bocal de Sangsues au lieu d'un baromètre, y trouvent de bien fausses prévisions.

Cet oracle est moins sûr que celui de Calchas.

Calchas, pour nous, c'est le baromètre.

Les Sangsues sont hermaphrodites, mais il faut pour la reproduction deux individus. Fécondées, elles pondent des œufs. Ces œufs sont déposés, tantôt à la surface de la terre, tantôt dans des trous arrondis, communiquant avec des galeries où l'on trouve le plus souvent une ou deux Sangsues. Ces œufs, vulgairement nommés *cocons*, sont ovoïdes. Leur poids varie de un gramme à un gramme et demi, selon leur état de vacuité ou de plénitude; leur plus grand diamètre est de un à deux centimètres. L'enveloppe extérieure de ces cocons est une bourre de filaments cornés et transparents. A l'intérieur est un mucus qui contient les ovules.

Dès que les petits ont atteint dans l'œuf leur complet développement, ils brisent l'extrémité du cocon et s'échappent au dehors.

Les petites Sangsues sont rougeâtres et filiformes; les vaisseaux sanguins s'aperçoivent à travers leurs téguments; mais bientôt le nouveau-né revêt la livrée de ses parents.

Le mode de reproduction des Sangsues était connu depuis longtemps des paysans de la Bretagne et d'autres contrées de la France; car de temps immémorial on avait la coutume, dans quelques-uns de ces pays, de repeupler de Sangsues les étangs épuisés par de nombreuses pêches, en y transportant les cocons que l'on retirait de la boue des étangs. Cependant ces faits n'avaient pas été enregistrés dans les recueils scientifiques. Ce ne fut qu'en 1821 que Lenoble, médecin à l'hôpital de Versailles, les fit connaître à la Société d'agriculture du département de Seine-et-Oise. Peu de temps après, Rayer lut à l'Académie de médecine un mémoire contenant de nouvelles informations sur les cocons de Sangsues. A la même époque, un savant de Londres, Rawlins Johnson, publiait la traduction anglaise du mémoire de Lenoble, avec de nouvelles observations. Enfin, plusieurs pharmaciens et médecins français, particulièrement Charpentier, de Valenciennes, Desaux, de Poitiers, Chatelain, de Toulon, Desheims, Pallas, Guyon, Achard enfin, à la Martinique, contribuèrent à éclaircir la question du mode de reproduction des Sangsues. Bientôt l'industrie s'en empara et l'on fit, dans le département de la Gironde, les premiers essais pour la multiplication des Sangsues dans des marais artificiels. Nous reviendrons plus loin sur cette question industrielle.

La pêche des Sangsues se fait à l'aide de filets de toile de crin à mailles larges, tendus sur des cercles, ou en jetant dans les eaux des matières animales, auxquelles ces annélides vont s'attacher. Quelques hommes peu sensibles ne craignent pas de se mettre dans l'eau et de s'exposer aux piqûres des Sangsues, qu'ils se hâtent de détacher après avoir gagné le bord du marais.

Les Sangsues ont une vie très-tenace. Tout le monde sait que si l'on coupe une Sangsue par le milieu, pendant qu'elle suce le sang de l'homme ou d'un animal, la partie antérieure continue à pomper le sang, au moins pendant quelques minutes. Si l'on coupe en morceaux une Sangsue, la vitalité de chacun de ces fragments se prolonge pendant un certain temps. Rayer a même conservé vivantes pendant quatre mois des Sangsues auxquelles il avait enlevé les deux ventouses.

Ces faits s'expliquent par la théorie des Zoonites de Moquin-Tandon, dont nous avons déjà parlé. Moquin-Tandon, avons nous dit, considère chaque espace du corps de la Sangsue occupé par cinq segments comme un animal simple (*Zoonite*), dans lequel l'individualité est fortement caractérisée, car il possède les éléments de l'existence, c'est-à-dire un petit système nerveux, un système digestif, un appareil pour la respiration, pour la circulation, etc. Une série de ces êtres enchaînés comme un collier vivant constituerait la Sangsue. On comprend dès lors que l'on puisse diviser, sectionner une Sangsue sans qu'elle périsse, les fragments séparés continuant de vivre de leur existence propre.

Malgré leur ténacité vitale, les Sangsues périssent en grand nombre et comme par une maladie épidémique lorsqu'on ne les soigne pas avec intelligence. Le pharmacien doit renouveler chaque jour l'eau des réservoirs à Sangsues, s'il ne veut pas voir ces Annélides devenir malades et périr. La putréfaction est ce qu'elles redoutent le plus. Or la putréfaction peut être promptement déterminée par l'accumulation de ces animaux dans des vases étroits et par l'élévation de température de l'eau. Leurs excrétions suffisent à corrompre rapidement ce liquide, qui exhale une odeur infecte. Il ne suffit donc pas que le pharmacien change cette eau chaque jour, il faut qu'il rejette toutes les Sangsues mortes ou malades.

Dans les pharmacies où l'on n'a pas une grande vente, on conserve les Sangsues dans des bocaux de verre, ou dans des jarres de terre, que l'on place à la cave ou dans des lieux d'une température invariable. Mais lorsqu'il s'agit d'en conserver de grandes masses, il serait difficile de les changer d'eau fréquemment. Il convient alors de se servir d'un appareil particulier, qui a été proposé par Derheims. Dans le fond d'un bassin de marbre ou de pierre dure, on dispose une couche de six à sept pouces de mousse, de tourbe et de charbon de bois en petits fragments; on parsème cette couche de menus cailloux dont le poids sert à comprimer doucement la mousse. A l'une des extrémités du bassin et vers le milieu de la hauteur des parois, on assujettit une mince tablette de pierre percée de petits trous et couverte d'une couche de mousse comprimée par de petits cailloux. On met de l'eau dans le bassin jusqu'à ce qu'elle affleure la couche de mousse qui est sur la table, et l'on abrite de la lumière le bassin par une toile de crin. Les Sangsues ont ainsi un libre champ pour nager dans l'eau, se promener sur la mousse extérieure, ou s'enfoncer dans la couche, afin de s'y débarrasser des mucosités qui sont les principales causes de la putréfaction.

Un moyen généralement suivi pour conserver longtemps de grandes quantités de Sangsues consiste à les enfermer dans de l'argile en pâte très-liquide, qui entretient autour d'elles l'humidité et les abrite des variations de la température. Ce moyen de conservation est excellent. Les Sangsues creusent dans l'argile de petites galeries, où elles vivent plusieurs années.

Quand on conserve les Sangsues dans de simples bocaux recouverts d'une toile, il faut que ces vases soient de la capacité de cinq ou six litres par cent à deux cents Sangsues, placer ce vase dans un lieu frais, à l'abri de la gelée, des rayons du soleil, des odeurs fortes, et changer l'eau tous les jours en été et tous les deux jours en hiver. L'eau doit être de source, de rivière ou de pluie, et non de puits ou de citerne, qui est en grande partie privée de l'air nécessaire à la respiration. On vide complétement le bocal aux Sangsues en versant son contenu sur un tamis de crin. On lave exactement le vase à l'intérieur, ainsi que le linge qui le recouvre. On sépare avec soin des Sangsues saines celles qui sont mortes, et même celles qui paraissent malades, ce qu'on reconnaît à l'enflure et au changement de couleur des extrémités, ou à des nodosités séparées par plusieurs étranglements. On remplit le vase d'eau nouvelle et on y remet les Sangsues saines.

A Paris, qui est un grand centre de commerce des Sangsues,

les marchands en conservent des quantités considérables dans des magasins frais, profonds, mais aérés, abondamment pourvus d'eau, et où se trouvent des baquets remplis d'eau et couverts de toile.

La toile qui recouvre les baquets présente au milieu une large ouverture circulaire qui permet de voir l'intérieur du sac, et par laquelle cependant les Sangsues ne peuvent sortir, cette ouverture étant garnie tout autour d'une bande de toile pendante et effilée par le bas, ce qui empêche les Sangsues de s'y fixer.

Quand les Sangsues arrivent dans les magasins, on commence par les verser dans les baquets pleins d'eau, pour rejeter celles qui sont mortes ou malades et pour les séparer selon leur grosseur. On enferme les Sangsues reconnues bonnes dans des sacs, qui en contiennent deux ou trois kilogrammes, et on suspend ces sacs dans le magasin. Seulement il faut, à tour de rôle, les remettre dans l'eau des baquets pendant un jour sur deux ou trois. Quant aux sangsues malades, on les place dans de la boue d'argile délayée, où on les examine tous les deux ou trois jours, en renouvelant l'argile tous les quinze ou vingt jours en été.

Disons enfin que les marchands de Sangsues établis loin de Paris et obligés de conserver chez eux un grand nombre de ces animaux, ont pris le parti de faire établir des bassins à fond d'argile traversés par un faible courant d'eau. On plante sur le bord de ces réservoirs des plantes aquatiques. Les Sangsues, ainsi revenues à leur état presque naturel, se conservent en bon état de santé, et peuvent même se multiplier.

L'emploi des Sangsues dans le traitement des maladies inflammatoires repose sur le prompt et facile dégorgement de sang et de liquides que détermine l'application d'un certain nombre de ces Annélides aux environs de la partie souffrante. La sangsue perce la peau avec ses dents acérées et boit le sang.

La manière d'appliquer les Sangsues n'a rien que de très-simple, mais elle exige de l'habitude et une certaine adresse. Il faut commencer par laver la partie avec de l'eau tiède ou du lait, saisir les Sangsues par le dos et présenter à la peau du patient la ventouse orale de l'animal. Quelquefois on enferme la Sangsue dans un linge mouillé ou dans un verre à liqueur, dont on place l'orifice sur la partie où l'on veut faire mordre la Sangsue. Si la douleur causée par la morsure d'une Sangsue ne peut être supportée par le malade, on fait lâcher prise à l'Annélide en mettant sur son dos une substance irritante, telle que du sel ou du tabac.

Tout le monde sait que les Sangsues ne peuvent plus mordre lorsqu'elles sont gorgées de sang, et l'on a remarqué qu'elles étaient également privées d'appétit à l'époque où elles changeaient de peau. Quelquefois des Sangsues noires (*Sangsue de cheval*) sont mêlées aux vraies Sangsues : elles ne peuvent mordre la peau de l'homme; mais il arrive également que de vraies Sangsues refusent de mordre sans qu'on puisse savoir pourquoi.

Pour se faire une idée précise de la manière dont une Sangsue opère sa morsure, nous citerons Moquin-Tandon, l'auteur de l'ouvrage classique qui a pour titre : *Monographie des Hirudinées*, auquel nous avons emprunté les éléments de l'exposé qui précède.

« Lorsqu'une Sangsue, dit cet auteur, veut appliquer sa bouche pour faire une morsure, elle allonge sa ventouse anale et contracte les deux lèvres, qui se replient en dehors. Le petit corps tendineux qui porte les mâchoires se raidit, et celles ci sont portées en avant. La Sangsue fait alors entrer dans la bouche, en forme de petit mamelon, la peau de l'animal; elle la presse avec ses trois mâchoires; puis, contractant et resserrant alternativement l'anneau musculaire et tendineux, elle parvient à déchirer le mamelon en trois endroits. Les denticules des bords intérieurs commencent l'incision, et ceux qui sont placés vers la partie extérieure, graduellement plus gros et plus aigus, s'enfoncent successivement dans l'enveloppe cutanée. Le point d'appui a lieu sur les anneaux de la ventouse, qui sont alors très-rapprochés, et qui sont fixés, à leur tour, d'une manière extrêmement solide, à la peau de l'animal. »

La blessure laissée par les Sangsues après leur chute se compose de trois traces linéaires, qui se réunissent en un point commun et forment trois petits angles à peu près égaux avec même sommet. Cette petite plaie produit quelquefois de véritables hémorrhagies, que l'on arrête par l'application de l'amadou ou d'une poudre styptique. La gomme arabique arrête également l'écoulement sanguin, et elle a l'avantage de pouvoir être enlevée facilement par un lavage à l'eau.

On n'est pas d'accord sur la quantité de sang que peut tirer une Sangsue. On l'évalue, en moyenne, à 3 ou 4 grammes. Moquin-Tandon estime qu'une *Sangsue officinale*, de petite taille, en absorbe $2^{gr},7$, c'est-à-dire deux fois et demie son poids; une

Sangsue moyenne, 4gr,2, ou deux fois son poids, et une Sangsue fort grosse, 4gr,2, qui est son poids. On voit que la quantité de sang absorbée par les Sangsues de diverses tailles n'est pas toujours proportionnelle à leur grosseur.

Quand elles sont gorgées de sang, les Sangsues tombent dans un état de somnolence qui les rend impropres, pendant longtemps, à rendre de nouveaux services. Autrefois, dans les hôpitaux, on jetait presque toujours, comme inutiles, les Sangsues qui avaient servi; aujourd'hui on les recueille et on les rend propres de nouveau à l'usage de la médecine.

Cette pratique n'est pas d'ailleurs nouvelle. Depuis longtemps, dans les campagnes et dans les petites villes, les ménages conservent les Sangsues qui ont servi, sans autre soin que de les changer très-souvent d'eau. Au bout d'un certain temps, on les emploie de nouveau, soit pour la famille, soit pour les louer à des voisins. Cet usage est très-répandu au Brésil et dans les colonies, où les Sangsues qui sont apportées d'Europe sont d'un prix très-élevé.

Les faits suivants sont cités avec raison comme exemple de l'utilité de cette pratique. En 1825, dans l'hôpital militaire de Bayonne, la réapplication des Sangsues réduisit à 1212 francs la dépense pour l'achat des Sangsues, qui s'était élevée à 3,000 francs en 1824. En 1826, à l'hôpital de Pampelune, la réapplication des Sangsues produisit une économie de 3056 francs. En trois années, de 1845 à 1847, l'Hôtel-Dieu de Paris réalisa, de cette manière, une économie de 61 690 francs.

Guibourt, dans son *Traité des drogues*, donne sur le dégorgement des Sangsues des renseignements très-intéressants, que nous croyons devoir reproduire.

« Deux manières de procéder peuvent être employées, dit cet auteur, pour diminuer la consommation des Sangsues. On peut rendre, autant que possible, les Sangsues à leur vie naturelle et attendre qu'elles aient digéré le sang qu'elles ont pris ; ou bien on peut, par des moyens particuliers, opérer le dégorgement immédiat des Sangsues et les appliquer de nouveau, presque sans retard, à l'usage médical.

« Le procédé du dégorgement naturel peut certainement être employé, même sur une assez grande échelle, ainsi que le prouvent les faits suivants :

« En 1825, les officiers de santé de l'hôpital militaire de Bayonne ont placé dans un bassin neuf mille deux cent quarante cinq Sangsues, provenant des applications de juin et juillet. Vers la fin de l'année, ils ont pu remettre en service sept mille quatre cent quarante-cinq Sangsues, qui ont été jugées de bonne qualité.

« Le 1er avril 1831, dans un bassin alimenté par un filet d'eau et où se trouvaient plusieurs plantes aquatiques, M. Chatelain a fait jeter douze mille Sangsues gorgées de sang. Après quatre mois et demi de séjour, le bassin fut vidé, et l'on en retira quatre mille six cents individus se contractant en olive et très-propres à faire un bon service ; cependant leur digestion n'était pas encore terminée.

« Dans un bassin de deux mètres cinquante carrés, et de trente centimètres de profondeur, en partie rempli d'argile blanche onctueuse, mise en consistance de pâte molle, MM. Bouchardat et Soubeiran ont déposé successivement six mille cinq cents Sangsues. Le sol et l'argile avaient une pente convenable, pour que l'eau, coulant par intervalles à la surface, pût s'écouler par un trop-plein grillé, placé à la partie la plus déclive : de cette manière, l'argile était humectée, mais non couverte d'eau, excepté dans la partie basse. Chaque jour on enlevait les Sangsues qui étaient venues mourir à la surface. L'expérience, commencée au mois de décembre, fut terminée au mois de juin ; les Sangsues retirées de l'argile étaient très-vives ; elles teignirent l'eau immédiatement en vert. Après deux ou trois jours, elles étaient supérieures en qualité aux meilleures Sangsues du commerce ; elles prenaient toutes très-promptement et restaient plus longtemps attachées sur les malades. Cependant ce procédé a été abandonné pour le dégorgement immédiat.

« Bien des procédés ont été conseillés pour le dégorgement immédiat des Sangsues. MM. Petit Ferdinand et Olivier ont proposé de pratiquer une petite ouverture sur le dos (vers l'origine des deux grandes poches digestives, après le soixante-deuxième anneau) et de faciliter la sortie du sang par une légère pression. Ce procédé me paraît peu praticable, surtout en grand, et doit être très-préjudiciable pour les Sangsues.

« M. Tournal, de Narbonne, a imaginé de dégorger les Sangsues en les retournant comme un doigt de gant, à l'aide d'un petit stylet à pointe mousse, en bois, que l'on appuie contre la ventouse anale et que l'on pousse de bas en haut jusqu'à le faire sortir, toujours revêtu de la ventouse, par la bouche. En continuant encore de rabattre la Sangsue sur le petit morceau de bois, on finit par la retourner entièrement, la peau revêtant à l'intérieur, dans toute sa longueur, le morceau de bois, et le canal intestinal se trouvant tout à fait à l'extérieur ; on lave alors l'animal et on replace les organes dans leur situation normale. Suivant M. Tournal, la Sangsue ne paraît pas être très-affectée par cette curieuse opération, et elle est propre à servir immédiatement. Moquin-Tandon pense, au contraire, que les Sangsues ne peuvent être retournées sans déchirures profondes, dont elles doivent souffrir pendant longtemps. Il est évident d'ailleurs que ce procédé ne serait pas praticable en grand.

« D'autres personnes ont conseillé de faire dégorger les Sangsues en les plaçant sur de la cendre, du charbon, de la sciure de bois, du sel, dans de l'eau salée, dans de l'eau mêlée de vin rouge ou blanc, etc. On les lave ensuite dans de l'eau pure et on les change d'eau tous les jours, ainsi qu'il a été dit précédemment pour les Sangsues vierges.

« M. Joseph Martin prescrit de faire dégorger les Sangsues en les pressant entre les doigts, depuis l'extrémité postérieure jusqu'à l'anté rieure, ainsi qu'on le pratique lorsqu'on veut reconnaître le gorgement des sangsues. Seulement il faut pousser la pression jusqu'à faire sortir le sang par la bouche. Mais il est difficile d'arriver à ce résultat sans causer des déchirures intérieures, auxquelles les Sangsues succombent tôt ou tard. C'est cependant ce procédé qui est usité aujourd'hui dans les hôpitaux de Paris, mais combiné avec l'immersion dans de l'eau salée chaude, qui donne au sang plus de fluidité, et dispose les Sangsues à le rendre plus facilement.

« A l'Hôtel-Dieu de Paris, un homme est chargé spécialement de la pose des Sangsues dans les salles d'hommes, et une femme remplit la même fonction dans les salles de femmes. Les Sangsues prescrites sont envoyées de la pharmacie au lit de chaque malade, dans un pot de terre couvert d'une toile percée d'un trou, duquel part un petit conduit de toile ouvert et qui n'arrive pas au fond du pot. Les Sangsues retirées du pot sont appliquées tout de suite, puis, le pot ayant été recouvert, à mesure qu'elles tombent on les remet dans le pot par le conduit de toile resté ouvert. C'est dans ces mêmes pots qu'elles retournent à la pharmacie, où elles sont comptées, puis soumises au dégorgement. Pour assurer la régularité de ce service et intéresser les employés à sa réussite, on accorde une prime de un centime aux infirmiers par chaque Sangsue gorgée qu'ils rendent en bon état, et une autre prime de deux centimes à l'homme chargé du dégorgement, pour chaque sangsue rendue au service et qui produit un effet utile. Le dégorgement a lieu le jour même que les Sangsues ont été posées. A cet effet, on en prend une douzaine que l'on jette dans une eau salée faite avec seize parties de sel marin et cent parties d'eau, chauffée à quarante ou quarante-cinq degrés. On presse successivement ces Sangsues légèrement entre les doigts; elles rendent ainsi sans effort tout le sang qu'elles ont pris. Les Sangsues dégorgées sont mises en repos dans des pots avec de l'eau fraîche qu'on renouvelle tous les jours. Au bout de huit à dix jours, elles sont très aptes à être appliquées de nouveau; elles prennent aussi vite que les meilleures Sangsues du commerce et tirent autant de sang. Les Sangsues qui ont ainsi fourni une seconde piqûre sont dégorgées encore une fois; si elles sont en bon état, on les fait servir de nouveau; si elles paraissent fatiguées, on les porte dans de petits marais.

« M. Ébrard préfère l'emploi de l'eau salée, de l'eau aiguisée d'un quart ou d'un huitième de vinaigre.

« On a pu craindre que l'application de Sangsues qui ont sucé, il y a peu de temps, le sang d'une personne malade, aurait de graves inconvénients; mais depuis que l'emploi des Sangsues dégorgées a lieu dans les hôpitaux de Paris sur une grande échelle, on n'a eu aucun exemple d'accident produit par leur emploi. Antérieurement, le docteur Pallas avait démontré, par des essais entrepris sur lui même, l'innocuité des blessures de Sangsues déjà employées, qui avaient été lavées et conservées pendant quelques jours dans de la terre humide. Il n'a même pas craint de s'appliquer des Sangsues qui s'étaient repues sur un bubon de l'aine et sur les bords d'un ulcère syphilitique : ces Annélides prirent très-bien, et leurs piqûres guérirent avec facilité comme des morsures ordinaires. Néanmoins l'administration des hôpitaux de Paris, pour prévenir toute récrimination, n'a jamais fait employer au dehors des hôpitaux établis spécialement pour les maladies syphilitiques, les Sangsues qui avaient été appliquées sur les malades de ces établissements. »

Passons au commerce des Sangsues.

Au commencement de notre siècle, les Sangsues ne valaient pas plus de trente à soixante centimes le cent; les marais de la France en fournissaient alors une quantité plus que suffisante pour la consommation du pays; le superflu était envoyé à l'étranger. Mais au milieu du siècle, à la suite de la généralisation du système médical de Broussais, qui prescrivait les évacuations fréquentes de sang par les saignées et les Sangsues, la consommation dépassa tellement la production, que la France fut obligée d'emprunter ses Sangsues à la Belgique, à l'Espagne, à la Bohême, à l'Italie et même à l'Afrique. En 1835, le prix des Sangsues s'élevait de 150 à 200 francs le cent. Les marais étaient épuisés en France; et sauf dans quelques parties de la Bretagne et de la Sologne, la pêche commerciale avait cessé en France, ou du moins son produit était absorbé par les besoins de la population locale.

A cette époque, l'Espagne, comme la France, ne fournissait plus de Sangsues. La Toscane en renfermait encore, mais de qualité inférieure. La Bohême était épuisée, et même les marais de la Hongrie commençaient à être dégarnis. Il fallait faire venir les Sangsues des frontières de la Russie et de la Turquie.

Le commerce des Sangsues était alors entre les mains d'un négociant nommé Gallois, dont les grands bassins étaient établis au village des Vertus, près de Paris, et qui avait un vaste établissement en Hongrie, à Palota, près de Pesth. On pêchait ces Annélides dans les marais des frontières de la Russie et de la Toscane. On les rassemblait d'abord dans les réservoirs de Palota, d'où on les expédiait, d'après les demandes, à Paris. Il fallait de grandes précautions pour ce transport. On prenait les Sangsues dans les réservoirs de Palota, on les plaçait dans des sacs de toile pouvant contenir de vingt-cinq à trente kilogrammes de ces Annélides; on rangeait ces sacs les uns à côté des autres, dans une voiture de la forme d'une tapissière, sur des hamacs superposés, et on les confiait à la poste, qui les transportait à Paris en douze ou quinze jours.

Il fallait faire une étape au milieu de ce voyage, pour éviter les maladies et la mort de ces animaux voyageurs. Dans ce but, on avait établi à Kehl, près de Strasbourg, de grands baquets dans lesquels on en plaçait de plus petits. Les grands et les petits baquets étant remplis d'eau, on vidait les sacs pleins de Sangsues dans les petits. Toutes les Sangsues saines s'échappaient des petits baquets et tombaient dans les grands; toutes celles qui restaient au fond des baquets intérieurs étaient malades ou mortes. On les laissait à Kehl. On lavait les sacs, on les remplissait de nouveau, et le voyage recommençait.

Dans l'établissement du village des Vertus, on distribuait les Sangsues dans de grands réservoirs à eau courante, dont les bords étaient garnis de roseaux. Elles y séjournaient un mois et étaient alors livrées aux acheteurs en gros.

Aujourd'hui les Sangsues sont moins employées en médecine que vers l'époque dont nous venons de parler, c'est-à dire vers 1835. La doctrine de Broussais ayant fait son temps et les idées de Bouillaud ayant perdu de leur empire, le nombre des Sangsues demandées par le commerce a sensiblement diminué. Cependant les marais de Sangsues de l'Europe ne sont pas encore repeuplés; les pêcheries de la Hongrie, de la Bosnie, de la Valachie et du bas Danube sont toujours insuffisantes. La Turquie d'Europe, l'Asie Mineure, la Russie méridionale, la Géorgie, l'Arménie, fournissent seules les Sangsues au commerce actuel. On les expédie par les bateaux à vapeur qui se rendent à Trieste par le fleuve, et de Trieste à Marseille par les bâtiments de la Méditerranée. L'Afrique expédie également des Sangsues à Marseille. Kehl et Strasbourg reçoivent celles qui viennent de la Hongrie; enfin Hambourg envoie en Hollande un certain nombre de Sangsues pêchées dans les marais de la Russie et de la Pologne.

La rareté toujours croissante des Sangsues a amené à chercher la multiplication de ces Annélides dans des bassins naturels ou artificiels. Une industrie nouvelle a été créée : la *multiplication artificielle des Sangsues*, ou l'*hirudiniculture*, pour employer le nom scientifique.

Les éleveurs de Sangsues construisent des réservoirs artificiels, qui ne doivent pas avoir moins de 60 à 70 mètres carrés, pour éviter l'encombrement qui fait périr les Sangsues et pour qu'elles trouvent une nourriture suffisante.

On préfère les réservoirs naturels si l'on veut y installer les Sangsues à peu de frais. Il est cependant plus difficile d'empêcher les Sangsues d'en sortir, et leurs ennemis d'arriver jusqu'à elles. En tout cas, il faut commencer par mettre ces réservoirs à sec, afin d'enlever avec grand soin les crustacés voraces qui peuvent s'y trouver.

Nous extrayons d'un rapport de Soubeiran, contenant des *Instructions pour les éleveurs de Sangsues*, la description des bassins naturels destinés à la multiplication des Sangsues.

« Le fond de l'étang, dit Soubeiran, doit être formé par une terre douce et argileuse, pour que les Sangsues puissent s'y enfoncer. Les fonds de tourbe sont aussi favorables. On peut encore avoir recours aux prairies basses; après avoir creusé le sol, on en couvre le fond avec 30 centimètres de terre des marais.

« L'eau doit être assez peu profonde pour que le soleil puisse la réchauffer; cependant il est nécessaire d'avoir sur quelques points des endroits profonds de 2 à 3 mètres, qui servent de refuge aux Sangsues pendant les gelées de l'hiver et pendant les sécheresses de l'été. Sur d'autres endroits, le sol doit se relever en îles couvertes d'herbes, sur lesquelles les Sangsues puissent se promener.

« Une eau trop courante ne vaut rien; mais il est bon qu'elle se renouvelle lentement. Les Sangsues peuvent également réussir dans une eau stagnante, pourvu qu'il y pousse en abondance des plantes aquatiques qui la purifient. Ce qu'il faut surtout chercher à réaliser, c'est un niveau constant, sans lequel les cocons déposés sur les bords sont détruits par la sécheresse ou les inondations.

« Les bords de l'étang doivent s'élever en un talus peu incliné, afin que les Sangsues puissent librement sortir de l'eau pour déposer leurs cocons. M. Faber conseille d'établir sur les bords du marais, au niveau des plus basses eaux, un terrain plat de 1 à 2 mètres de largeur; de charger ce terrain d'une couche de terre bourbeuse sur laquelle on cultive des plantes aquatiques. C'est là que les Sangsues iront se loger au moment de la ponte.

« Il est utile que la partie occupée par l'eau soit le siége d'une abondante végétation. Les plantes purifient l'eau par l'oxygène qu'elles exhalent au soleil; elles abritent les Sangsues et leur facilitent les moyens de se débarrasser de leur épiderme aux époques de la mue. Les massettes, l'acore, les iris, la prêle des marais, la phellanderie, le *caltha*, sur les bords; les *potamogeton*, les myriophylles, les *chara*, au milieu des eaux, sont les végétaux les plus favorables.

« Il reste une dernière précaution à prendre, c'est d'empêcher l'arrivée des ennemis des Sangsues; s'il est à peu près impossible de leur venir en aide contre ceux qui habitent les marais, au moins faut-il les garantir des ennemis du dehors, qui sont principalement les canards domestiques et sauvages, les hérons, les taupes, les musaraignes. A cet effet, les réservoirs doivent être entourés d'un petit mur ou d'une enceinte de planches enfoncées en terre, de soixante centimètres. Il faut également faire la chasse aux oiseaux sauvages dans la saison où ils se montrent.

« Enfin se présente la question de la nourriture. Si les marais ont été peuplés de Sangsues gorgées, on peut se dispenser, pendant quatre ou cinq mois, de leur donner aucune nourriture, mais ce terme passé, et lorsque le marais contient des Sangsues jeunes ou non gorgées, principalement au printemps, lorsqu'on veut pousser à la reproduction, il est nécessaire de jeter aux Sangsues de petits poissons, des salamandres, des grenouilles surtout, dont elles sont très friandes. On peut aussi, avec mesure, étendre du sang coagulé sur des planches que l'on fait flotter sur l'eau. On cesse au mois de juillet et d'août, lorsque les cocons sont formés ; et deux mois plus tard, on peut livrer une partie des Sangsues adultes, non les jeunes, à la consommation. »

L'*hirudiniculture* s'exerce en France dans les environs de Bordeaux. Cette industrie a pris depuis plusieurs années une assez grande importance. On élève des Sangsues soit dans des *marais* ou *étangs naturels*, soit dans ce que l'on appelle *barrails*, et qui sont des étangs en miniature, soit dans des *bassins artificiels* d'un mètre environ de profondeur, soit enfin dans des *fossés en zigzag*.

Pour établir des *barrails*, on choisit des terrains voisins d'une rivière ou d'un fleuve et plus bas que son niveau. On les divise en plusieurs parties, d'un ou deux hectares, qu'on entoure d'une espèce de digue en terre pourvue d'un fossé intérieur et extérieur. Des vannes permettent de faire passer l'eau de l'extérieur à l'intérieur et réciproquement. Au printemps, on introduit dans le *barrail* vingt à trente centimètres d'eau et on y jette les grosses Sangsues qui doivent servir à la multiplication. Vers le 15 juin, on fait écouler les eaux et on laisse le sol à sec ; les Sangsues font alors leur ponte et déposent leurs cocons sur toute la surface du marais.

Pour nourrir les jeunes Sangsues dans les marais, on leur fait sucer de temps en temps le sang d'animaux vivants, tels que chevaux, ânes, et rarement du bétail. A certaines époques, on fait pénétrer ces animaux dans le marais, et les Sangsues se hâtent de venir les piquer.

Dans les *barrails*, les bassins et les fossés, leur procédés de nourriture sont moins barbares. Quelques éleveurs font flotter sur l'eau des planchettes portant du sang en caillot ; d'autres pêchent les Sangsues de temps en temps, pour les plonger dans du sang liquide, ou encore pour les enfermer dans un sac où l'on introduit la jambe d'un cheval vivant. D'autres enfin remplissent de sang liquide des boyaux de veau et les répandent dans les fossés.

Le meilleur de ces procédés, celui qui réussit le mieux, c'est l'emploi des planchettes recouvertes de sang caillé que l'on fait flotter sur l'eau.

Pour élever les Sangsues en petit, M. Méeus, de Paris, a imaginé un *marais domestique*, que M. Vayson, de Bordeaux, a perfectionné, et qu'on appelle aujourd'hui *vaysonnière*.

La vaysonnière est un vase en terre cuite, de la forme d'un cône tronqué renversé. Sa base inférieure est percée de petits trous qui ne peuvent laisser passer les Sangsues. On le remplit de terre bourbeuse et l'on y place ces animaux, l'ouverture supérieure étant fermée par une toile grossière.

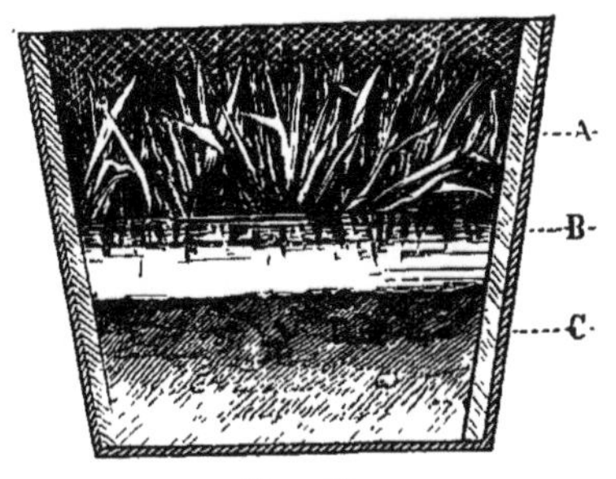

Fig. 29.
Marais domestique pour les sangsue.

La figure 29 représente ce *marais domestique*. C est la terre bourbeuse ; B, l'eau ; A, les plantes aquatiques. Dans cet abri artificiel, les Sangsues se multiplient très-bien. Si on veut expédier les Sangsues, on emballe le vase dans une caisse, après avoir humecté la terre. Si l'on veut, au contraire, les garder sur place, on met le fond du vase dans un baquet dont l'eau a un décimètre de hauteur, et on l'abandonne dans cette eau. La terre se délaye à la partie inférieure, tandis qu'elle reste presque sèche à la surface ; les Sangsues peuvent ainsi choisir la zone qui leur convient le mieux. Non-seulement elles y vivent très-bien, mais elles s'y reproduisent.

TRIBU DES CRUSTACÉS

Les *Crustacés* (du latin *crustatus*, encroûté) sont des animaux articulés, à segments distincts et mobiles, d'une assez grande consistance, qui portent une double série d'appendices articulés composant des antennes, qui ont cinq à sept paires de pattes et qui respirent par des branchies.

Pour faire connaître la structure, l'organisation et les fonctions physiques propres aux Crustacés en général, nous prendrons pour type l'espèce qui a été particulièrement étudiée et qui a servi à éclairer l'histoire de tous les animaux de cette classe : nous voulons parler de l'Écrevisse.

Le squelette de l'Écrevisse est tout extérieur. C'est cette partie que nous brisons pour manger la chair de l'animal. Cette enveloppe, très-dure chez l'Écrevisse, est simplement cornée chez d'autres Crustacés. Elle tombe une fois par an. Alors la peau est molle, et l'animal se cache, pour se soustraire à ses ennemis. Mais elle se solidifie en quelques jours, et le Crustacé reparaît avec tous ses avantages. A cette époque, c'est-à-dire quelque temps avant la chute de l'enveloppe solide, l'estomac de l'Écrevisse a sécrété une certaine quantité de matière calcaire. Ce sont des espèces de boules crétacées, que l'on connaît depuis longtemps sous le nom impropre d'*yeux d'Écrevisses*. Quand la peau est tombée, ces concrétions se dissolvent dans l'estomac, et la chaux qui les composait, se portant sur la nouvelle peau, lui donne rapidement la consistance dont elle a besoin. C'est là assurément un des phénomènes les plus curieux où se manifeste l'admirable prévoyance de la nature et la simplicité de ses moyens.

L'Écrevisse a dix pattes, mais dans d'autres Crustacés ce nombre est plus considérable. Le Cloporte, par exemple, en a quatorze. Quand le nombre des pattes augmente, ces organes sont chargés d'une fonction que l'on ne s'attendait guère à leur voir exercer : ils servent à la respiration. Il est assez étrange de voir un animal respirer par ses pattes ; mais quand on sait que des classes entières d'animaux respirent par la peau, on est moins surpris.

Fig. 30. Écrevisse mâle, vue en dessus.

Si nous examinons la tête de l'Écrevisse, nous apercevons les *antennes*. Ce sont quatre espèces de cornes filamenteuses, très-flexibles, deux longues et deux plus courtes, ces dernières placées intérieurement aux précédentes. Ces organes servent au toucher et peut-être à l'odorat. A la base des antennes externes est creusée une très-petite fossette, fermée par une membrane : c'est l'oreille et la place de l'oreille, qui est réduite, chez les Crustacés, à une simple capsule à peine visible.

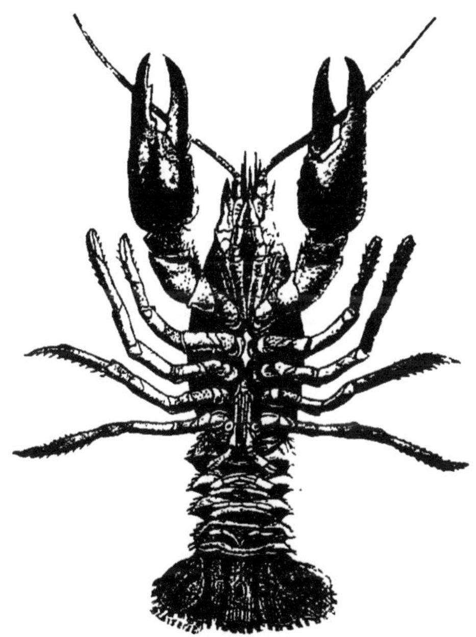

Fig. 31. Écrevisse mâle, vue en dessous.

Derrière les antennes sont les yeux. Les yeux, chez les Crustacés, sont des espèces de grosses boules luisantes portées sur des pédicules mobiles. Ils sont composés d'une multitude de petites facettes qui correspondent à autant d'yeux simples. Dans certains Crustacés, entre autres dans le genre *Gélasin*, les pédicules oculaires sont très-longs. Quand il ne veut pas s'en servir, l'animal les cache dans une rainure du front. Les Crustacés inférieurs ont les yeux *sessiles*, comme disent les naturalistes, c'est-à-dire non portés sur des pédicules. Dans ce cas, les oreilles ne sont plus à facettes : ce sont de simples globes formés par un certain nombre de petites membranes transparentes rapprochées les unes des autres.

Sous la tête on aperçoit la bouche. Près de son orifice sont des lamelles, au nombre de trois paires chez l'Écrevisse, qui se recouvrent les unes les autres et dont la forme rappelle un peu celle des pattes. On les nomme *pattes-mâchoires*. Au-dessous sont deux autres paires de lamelles plus petites qui constituent les mâchoires. Plus loin enfin viennent les *mandibules*, destinées à broyer les aliments. Ces mandibules sont deux tiges cornées, grosses et courtes, rapprochées l'une de l'autre par leur large surface triturante.

Les mandibules sont les agents de la mastication, tandis que les autres appendices ne servent qu'à diriger l'aliment vers la bouche.

Tous les Crustacés ne sont pas pourvus d'un appareil de mastication aussi bien construit. Chez ceux qui vivent en parasites sur les autres animaux, la bouche n'est qu'un suçoir, dans la composition duquel entrent des rudiments de mandibules et de mâchoires. Chez les *Limerles*, il n'y a pas d'appendice buccal. Les bases des pattes garnies d'épines, et rapprochées les unes des autres près de la bouche, en remplissent les fonctions.

La queue de l'Écrevisse, ou ce qui nous apparaît comme sa queue, est, en réalité, son abdomen. Cet abdomen, composé d'anneaux libres, se termine en arrière par des pièces cornées et aplaties, qui sont la véritable queue, c'est-à-dire la nageoire caudale.

Sous l'abdomen se trouvent des appendices garnis de cils ou poils : ce sont les *fausses pattes abdominales*. Ces organes servent à la natation, mais leur usage principal est de donner des points d'attache aux œufs. Dans d'autres espèces de Crustacés, les fausses pattes servent, comme nous l'avons dit, à la respiration.

Les viscères, c'est-à-dire les organes internes de l'Écrevisse placés sous la carapace, se composent de l'estomac, du foie, du cœur, de l'intestin et des branchies.

L'estomac est un large sac placé verticalement selon l'axe de l'animal. Il renferme trois grosses plaques rugueuses, qui se meuvent l'une contre l'autre, comme des meules, pour écraser les aliments. Cette espèce d'estomac mécanique fonctionne donc comme le gésier des oiseaux.

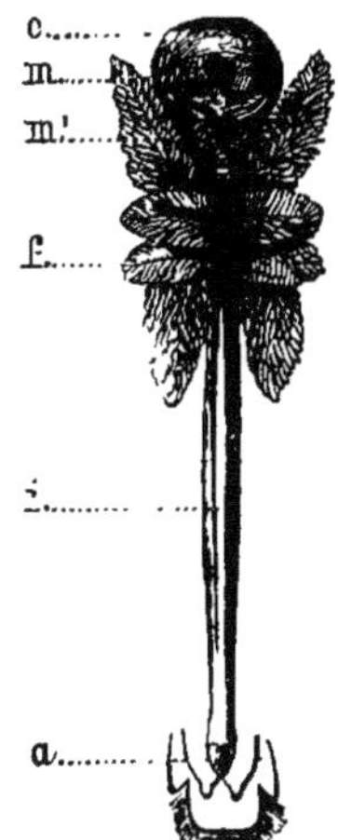

Fig. 32. Tube digestif de l'Écrevisse.

e. Estomac. — *m m'*. Ses muscles. — *f*. Foie. — *i*. Intestin. — *a*. Anus.

Le foie est composé de deux masses jaunâtres, molles, placées sur les côtés de l'estomac. Il est formé de tubes nombreux et courts s'ouvrant les uns dans les autres. La bile qu'il sécrète se déverse à l'origine de l'intestin.

La figure 32 représente le tube digestif de l'Écrevisse.

Les *branchies*, c'est-à-dire les organes de la respiration, sont placées (fig. 33, *br*, *br'*) sur les côtés du corps. Ce sont des espèces de houppes filamenteuses, fixées à la base des pattes et très-rapprochées les unes des autres. Chaque filament est un tube que le sang vient remplir. L'eau pénètre sous la carapace, arrose les branchies, et ressort par une ouverture située sur les côtés de la bouche. Le mouvement des pattes et des *pieds-mâchoires* favorise la respiration. Ces organes ont pour effet d'agiter les branchies, afin que tous les filaments qui les composent soient mis en contact avec l'air.

Ce mode de respiration est propre à l'Écrevisse, aux Crabes, aux Homards et à tous les Crustacés qui leur ressemblent. Mais chez d'autres Crustacés ce sont les *fausses pattes abdominales*, ou même les pattes ordinaires changées en lamelles minces, qui servent à la respiration. Le sang pénètre dans les lamelles toujours en mouvement, et c'est à travers leur mince membrane que l'air contenu dans l'eau vivifie le sang.

Le cœur est placé sur le dos de l'animal, au-dessous du bord postérieur de la carapace. Il distribue le sang par plusieurs artères dans toute la masse du corps.

Les Crustacés portent toujours leurs œufs. Chez les Écrevisses et les Crabes, ils sont agglutinés sous la queue et les fausses pattes abdominales. Les mouvements que l'animal imprime à sa queue les balancent constamment dans l'eau. Au moindre danger, il replie sa queue sur elle-même et cache ses œufs dans une sorte de poche. Chez d'autres Crustacés, tels que les Clo-

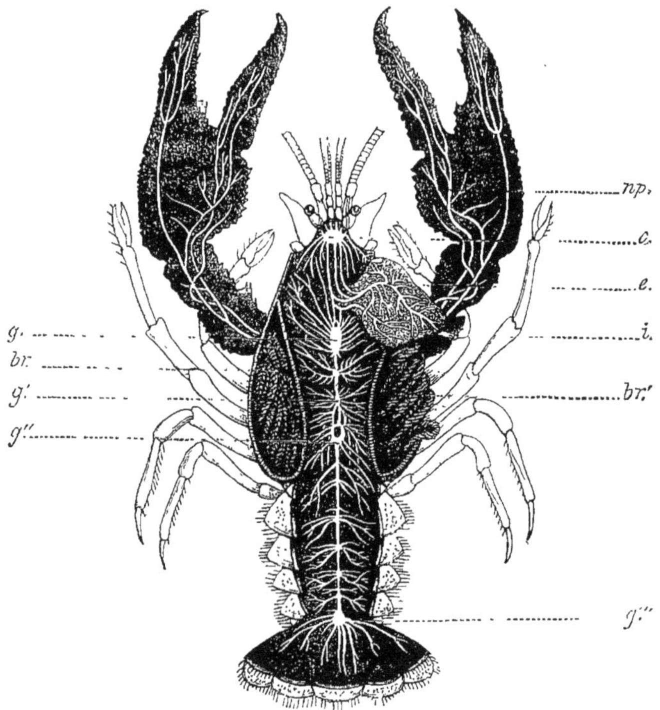

Fig. 33. Système nerveux et branchies de l'Écrevisse.

c. Cerveau, partie sus œsophagienne du système nerveux. *e.* Estomac et nerfs stomaco-gastriques, compares au système nerveux sympathique par certains auteurs, et par d'autres aux nerfs pneumogastriques. — *i.* Intestin également rejeté à droite pour laisser voir la chaîne de ganglions nerveux sous-intestinaux. — *g*, *g'*, *g''*. Ganglions thoraciques. — *g'''*. Le dernier des ganglions abdominaux. — *np.* Nerfs des pattes antérieures appelées pinces. — *br*, *br'*. Branchies visibles dans la cavité respiratoire après l'enlèvement de la partie dorsale de la carapace qui recouvre le céphalo-thorax.

portes, les œufs sont contenus dans une cavité située entre les pattes, sous la partie antérieure du corps, entre les feuillets des branchies. Chez d'autres encore, ils sont renfermés dans des sacs que les femelles traînent après elles.

Les Crustacés peuvent, comme plusieurs Reptiles, reproduire leurs membres mutilés. Les Écrevisses en offrent des exemples assez fréquents.

Chez certains Crustacés, comme l'Ecrevisse, le Homard, etc., la peau devient rouge par la cuisson. Chez d'autres, comme le Palémon (Crevette), la peau devient seulement rose; mais chez la plupart d'entre eux aucun effet de ce genre ne s'observe. Les chimistes ont trouvé que ce changement de coloration par l'effet de la chaleur est dû à une matière jaunâtre contenue dans le test de ces animaux, laquelle se transforme en matière rouge par la simple influence de la chaleur, c'est-à-dire sans changer de composition, ni emprunter aucune substance au milieu dans lequel le phénomène se passe. En d'autres termes, la matière rouge a la même composition chimique que la matière jaune; il s'agit ici du phénomène que les chimistes nomment *isomérie.*

Les Crustacés sont répandus dans les mers et dans les eaux douces; certaines espèces très-petites pullulent dans les eaux stagnantes; quelques-unes vivent hors de l'eau, dans les lieux humides.

A l'exception des grandes espèces qui servent d'aliments, les Crustacés sont des êtres peu importants dans l'ensemble de la nature. Ils ne nous intéressent que par l'étrangeté de leurs formes et par diverses particularités de leur organisation et de leur genre de vie.

La plupart des Crustacés se reproduisent par des œufs, mais il en est d'ovovivipares et même d'hermaphrodites.

La plupart des jeunes Crustacés naissent semblables à leurs parents et n'en diffèrent que par la taille. Certaines espèces seulement éprouvent des métamorphoses; aussi est-il arrivé plus d'une fois que l'on a pris pour des espèces particulières des larves de jeunes Crustacés.

Les *Phyllosonnées*, par exemple, sont les larves des *Langoustes*. Ces jeunes êtres se composent d'un corps aplati, transparent et membraneux. Leur tête a la forme d'un disque ou bouclier, qui adhère en partie au thorax.

Les Langoustes pondent en avril. Les œufs, qui ressemblent à de petits grains, se fixent et se collent aux fausses pattes. Ils grossissent pendant que la mère les porte tous sous son abdomen. Après une vingtaine de jours, la Langouste les détache et les abandonne dans les eaux. Quinze jours après, il en naît un petit être, au corps lamelleux ou en feuillet : c'est la *larve*, ou la première métamorphose de la Langouste, que l'on avait prise pour une espèce particulière. A la suite d'une série de transformations, cette larve devient la Langouste.

Les *Zoés*, qui ont été également longtemps considérées comme des espèces particulières, sont les jeunes des Crabes. Elles portent une carapace épaisse, sous laquelle la tête et le thorax sont confondus. L'abdomen se termine par une pièce large et profondément bifurquée. La bouche, simple, porte deux paires de longues doubles rames ; les vraies pattes sont rudimentaires. Cette véritable larve devient, en grandissant et se métamorphosant, l'animal que nous connaissons sous le nom de Crabe.

Les *Lernées*, parasites à formes bizarres qui vivent sur les Poissons, sont aussi des larves de Crustacés. Elles sont pourvues d'un œil frontal et de lames natatoires. Au sortir de l'œuf, elles nagent à l'aide de leurs pieds terminés par un large bouquet de soie. Pendant la seconde période de sa vie, la jeune Lernée possède en avant trois paires de pattes terminées par des ongles crochus, propres à la marche et qui lui permettent de se cramponner sur les Poissons. Après plusieurs métamorphoses passées, elles deviennent les Lernées, animaux suceurs qui insinuent les appendices de leur bouche dans le corps ou dans les ouïes de Poissons et vivent en parasites.

En général, les Crustacés sont aquatiques et marins. Les uns habitent la haute mer, les autres vivent le long des côtes et descendent même sur le rivage. Beaucoup de petites espèces (Cyclopes, Cypris, Limnadies, Écrevisses) sont fluviatiles et se plaisent dans les eaux tranquilles. Quelques espèces (Cloportes) sont terrestres et habitent les lieux humides.

On rencontre ces animaux dans toutes les latitudes ; cependant ils sont plus abondants dans les régions chaudes et tempérées que dans les contrées froides. Quelques espèces ont un habitat plus ou moins spécial et ne sortent pas de certains climats.

Les Crustacés sont peu intelligents, mais ils sont courageux. Pour échapper à leurs ennemis, ils choisissent une retraite dans les lieux d'un accès difficile. Lorsqu'ils n'ont aucun moyen de salut, ils dressent leurs pinces et cherchent à saisir leur adversaire.

« Grands, robustes, pleins de ruses, dit Michelet[1], les Crabes ou Cancres

1. *La Mer*.

sont un peuple de combat. Ils ont si bien l'instinct de la guerre, qu'ils savent employer jusqu'au bruit pour effrayer leurs ennemis. En attitude menaçante, ils vont au combat les tenailles hautes et faisant claquer leurs pinces. Avec cela, circonspects devant une force supérieure. Ce ne sont pas des Achille, mais plutôt des Annibal. Dès qu'ils se sentent forts, ils attaquent. Ils mangent les vivants et les morts. »

L'*Oxystome* est un voleur de nuit; le *Brigus* quitte la mer et va à la maraude des fruits; le *Bernard l'Ermite*, portant avec lui la coquille qu'il a volée, se rend aux provisions quand le soir arrive.

Les Crustacés sont employés comme aliments: les grosses espèces (Homards, Langoustes, Tourteaux, Étrilles, Crabes, etc.), aussi bien que les petites (Écrevisses, Crangons, Palémons, Salicoques, etc.), sont recherchées. Leur chair est nourrissante, mais d'une digestion un peu difficile.

M. Milne Edwards, d'après ses longues études sur les Crustacés, divise aujourd'hui cette classe d'animaux invertébrés en trois sous-classes : la première sous-classe comprend les *Crustacés ordinaires*, qui ont des pièces buccales distinctes et des membres proprement dits; la deuxième sous-classe renferme les *Hyphosures*, dont la bouche, dépourvue d'organes spéciaux, est entourée de pattes-mâchoires dont la base sert d'appareil buccal; la troisième sous-classe comprend les *Cirrhipèdes*, animaux libres dans le jeune âge, fixes à l'âge adulte et recouverts alors d'une coquille multivalve.

Nous ne suivrons pas cette classification, un peu compliquée pour nos descriptions élémentaires, et qui d'ailleurs embrasse un ordre d'animaux, les *Cirrhipèdes*, que nous avons déjà placés dans les Mollusques et étudiés dans le volume consacré aux *Zoophytes et Mollusques*.

Nous suivrons ici la classification généralement adoptée, qui partage les Crustacés en deux groupes : les *Crustacés masticateurs* et les *Crustacés suceurs*, le tout subdivisé en six ordres.

Le tableau synoptique suivant résume cette classification :

		Caractères	Ordres	Exemples
CRUSTACÉS.	MASTICATEURS.	5 paires de pattes, dont les antérieures terminées par une grande pince; la tête distinguée du corselet par une simple rainure; yeux pédonculés.......	1° Décapodes......	Crabes, Portunes, Écrevisse, Homard.
		4 paires de pattes près de la bouche; branchies attachées aux fausses pattes abdominales...	2° Stomapodes.....	Bernard l'Ermite, Squille, Alémis.
		7 paires de pattes ambulatoires, pattes-mâchoires réunies sur une base commune; yeux sans pédoncules..................	3° Amphipodes....	Talitre.
		7 paires de pattes; absence de palpes aux mandibules; yeux sans pédoncules.............	4° Isopodes.	Cloporte.
	SUCEURS.	Bouche en trompe cylindrique, munie d'appendices propres à percer................	5° Læmodipodes...	Cyame.
		Corps terminé par un appendice long et pointu; tête en forme de bouclier..................	6° Brachiopodes ou Entomostracées..	Calige, Lernée, Daphnée.

Décapodes. — Nous distinguerons trois sections dans l'ordre des Crustacés décapodes : les *Décapodes brachyures* (ou à queue courte), les *Décapodes macroures* (ou à longue queue) et les *Décapodes anomoures* (ou à queue anormale).

Parmi les *Décapodes brachyures*, le genre Crabe (*Cancer*) est le plus important à connaître.

Les Crabes sont conformés pour la course plutôt que pour la nage. Leur abdomen, à l'état presque rudimentaire, ne consiste qu'en une espèce de tablier recourbé sous le thorax. La carapace est très-large et semble, au premier abord, recouvrir tout leur corps, car l'abdomen ne se voit que lorsqu'on renverse l'animal sur le dos.

C'est dans le bouclier inférieur, près de l'origine des pattes de la troisième paire, que sont percées les deux ouvertures destinées au passage des œufs. Les antennes sont courtes; les pattes-mâchoires extérieures recouvrent tout l'appareil buccal; les pattes de la première paire se terminent par une espèce de main armée d'une pince. Les pattes des quatre paires suivantes sont terminées par un tarse styliforme, et l'abdomen ne porte que des appendices rudimentaires fixés sur deux ou quatre des segments qui suivent le premier.

Très-communs sur les côtes de l'Océan, les Crabes sont encore plus abondants dans les régions équatoriales. Ils sont carnassiers et se nourrissent d'animaux marins, vivants ou morts. Amphibies, ils chassent la nuit, et se retirent le jour dans les fentes des rochers. Ils peuvent marcher en avant, en arrière et de côté; mais ils sont craintifs et fuient les endroits fréquentés. Au temps de leurs amours, ces animaux deviennent furieux : on les voit alors, pour se disputer la possession d'une femelle, se heurter tête contre tête, comme les béliers, et s'attaquer avec leurs pinces.

Les Crabes sont comestibles, mais c'est un mets peu estimé.

Fig. 34. Crabe tourteau.

Les espèces de Crabes les plus connues sont :

1° Le *Crabe tourteau* (fig. 34). Cette espèce, qui se trouve en grand nombre sur nos côtes, se fait remarquer par sa grande taille et le bon goût de sa chair. Le *Crabe tourteau* est de forme ovalaire et de couleur brun-rouge en dessus; on en prend souvent dont la carapace a près de 30 centimètres de large.

La synonymie du *Crabe tourteau* est assez embrouillée. On le connaît sur nos côtes sous les noms de *Tourteau*, *Poupart*, *Houvet*, *Pagure*, etc.; les naturalistes l'ont successivement appelé *Cancer mœnas* (Rondelet), *Cancer imbriatus* (Olivi), *Cancer pagurus* (Linné), *Platycarcinus pagurus* (Latreille, Edwards). On le reconnaît facilement à son front tridenté et à sa carapace presque lisse, finement granulée et portant neuf festons de chaque côté sur son bord antérieur. Ses pinces, grosses et terminées par des doigts noirs garnis de tubercules énormes, ont presque autant de force que celles du Homard.

Certains de ces animaux pèsent jusqu'à trois kilogrammes. On les rencontre abondamment dans l'Océan et dans la Manche ; ils sont plus rares dans la Méditerranée. Leur carapace est couverte

Fig. 35. Crabe commun, ou Crabe enragé.

d'un duvet velouté. Au lieu d'écarter leurs pattes et leurs pinces, ils les ramassent sous eux lorsqu'on les touche, et ils font les morts si on les poursuit.

Le *Crabe commun*, ou *Carcin ménade* (*Carcinus mœnas*, fig. 35) est beaucoup moins grand, mais il est plus commun. On le trouve en abondance sur quelques plages, dans les étangs salés, aux embouchures des rivières, etc. On le rencontre depuis la mer Noire jusqu'à la côte de Norvége. Sur les côtes de la Normandie, on l'appelle *Crabe enragé.* C'est le *Cranque* des Provençaux et des Languedociens. Il peut rester longtemps exposé à l'air sans mourir; aussi le transporte-t-on quelquefois jusqu'à Paris et dans quelques autres villes éloignées de la mer. On le mange, quoiqu'il soit bien inférieur en qualité à l'espèce qui précède.

Très-commun sur nos côtes, et particulièrement sur celles de Normandie, ce Crustacé se trouve, à la marée basse, caché sous les pierres ou enfoncé dans le sable. Bien que sa chair ne soit pas très-délicate, on en consomme une grande quantité. Pendant les mois de juin et de juillet, on en expédie beaucoup dans les villes de la Normandie.

Dans son jeune âge, le *Carcin ménade* est orné de couleurs

Fig. 36. Crabe étrille.

variées; sa carapace est alors parsemée de taches blanches, rouges et noires, qui affectent parfois les formes les plus bizarres.

La femelle pond environ cent quatre-vingt-cinq mille œufs, dont la couleur jaune et aurore tourne au brun quelque temps avant l'éclosion.

Ce Crustacé, lorsqu'il est encore mou, par l'effet de son changement de carapace, sert d'appât aux pêcheurs.

Il existe sur nos côtes plusieurs petites espèces de Crabes nageurs qui appartiennent au genre *Portune* et qui sont comestibles. Telle est l'*Étrille* (*Crabe laineux*, *Crabe espagnol*), que Linné appelait *Portunus puber* et Penant *Cancer velutorius*. Le corps de ce Crustacé (fig. 36) est long de sept à huit centimètres. Sa carapace, velue, porte de chaque côté de son bord antérieur cinq dents dirigées en avant. Ses serres sont grenues; mais il se distingue des autres Crabes par la forme de ses pattes postérieures, dont la dernière pièce est ovale, avec une ligne élevée en son milieu. Cet animal est très-commun sur les côtes de France et d'Angleterre.

Citons encore le *Crabe Araignée de mer* (fig. 38), qui doit son

Fig. 37. Crabe Araignée de mer.

nom à son aspect repoussant, et dont le corps, couvert de tubercules velus, est long de 11 centimètres sur 8 de large. Cinq fortes pointes de chaque côté de la carapace, une sixième au-dessous de l'orbite oculaire, deux longues épines en avant du front, complètent son armure.

Il est impossible de se figurer un plus horrible animal. Son corps est hérissé de mamelons, et il ressemble à une immense araignée à pattes inégales, qui serait munie de pinces et couverte d'épines et de bourgeons. Pour comble de laideur, souvent sur sa carapace croissent des algues touffues.

On mange aussi les *Telphuses* ou *Crabes fluviatiles*, dont il y a des espèces en Algérie, en Égypte, dans l'Asie Mineure, en Grèce, en Italie, et même dans l'Inde, ainsi que dans l'Afrique méridionale.

Le *Telphuse fluviatile* (*Cancer fluviatilis*) de P. Belon était connu des anciens. Pline, Hippocrate, Dioscoride en parlent, et on le voit représenté sur certaines médailles antiques. Il est long de 3 centimètres et de même largeur, avec des taches sur la carapace.

Ce Crustacé est très-agile; il habite les lacs et les embouchures des rivières. Il s'écarte souvent des rivières et peut rester un mois sans y revenir.

En Italie on mange le *Telphuse fluviatile*, auquel on attribue des propriétés merveilleuses contre les maladies de poitrine.

C'est à ces Crabes fluviatiles qu'il faut rapporter les *Cancers* dont il est question dans la *Batrachomyomachie* ou *Combat des Rats avec les Grenouilles*, petit poëme qu'on a attribué à Homère.

Les Crabes sont tellement nombreux sur les côtes de l'Océan, qu'on ne saurait soulever une pierre sur la page sans faire fuir un de ces animaux. Ce sont des êtres voraces et féroces; ils se mangent entre eux, et sont si peu sensibles à la douleur que souvent on voit, avec dégoût, un Crabe vaincu et dévoré par son vainqueur, occupé à déchirer et à dévorer un autre Crabe plus petit que lui.

Pour pêcher les Crabes sur nos côtes, on fouille le sable des plages avec des pelles, ou bien on soulève les pierres qui leur servent d'abri. Il faut quelquefois aller les chercher jusque dans les crevasses des rochers, et souvent alors on doit employer un marteau pour briser les roches et un crochet de fer pour en extraire les habitants. Sur les côtes de Bretagne, les enfants, munis de baguettes de coudrier taillées en pointe, cherchent à découvrir le Crabe dans son trou. La place une fois reconnue, un vigoureux coup de pointe atteint l'animal, qui saisit aussitôt avec ses pinces l'arme meurtrière. Il suffit alors de retirer vivement la baguette pour ramener le Crabe, qui rarement lâche prise.

Sur les côtes de la Manche, les pêcheurs se rendent, à la marée basse, dans les environs des rochers, et déposent çà et là sur la plage des morceaux de viande, dont chacun est attaché à une ficelle, liée, d'autre part, à une pierre de moyenne dimension. La mer monte, et les Crabes, sortant de leurs cachettes, se précipitent sur la viande, qu'ils entraînent avec eux dans leurs trous; mais la ficelle suit et la pierre également. A la marée suivante, le pêcheur se remet à la recherche de ses ficelles et va frapper à coup sûr à la porte des larrons.

Cependant ces moyens de pêche sont des procédés d'amateur. La pêche du Crabe se fait dans la mer, avec des filets, comme pour le Homard et la Langouste.

Les grands Crabes qui arrivent sur nos marchés appartiennent à l'espèce *Tourteau.*

Les *Gécarcins* se trouvent en Asie et en Amérique. Ils abondent surtout aux Antilles, où on les connaît sous les noms de *Tourlourous*, de *Crabes de terre*, etc. Au lieu de vivre dans l'eau, comme les Crustacés ordinaires, ils sont terrestres, et quoiqu'ils soient pourvus de branchies, quelques-uns d'entre eux sont asphyxiés par la submersion dans l'eau. Leur respiration est, en effet, trop active pour que la petite quantité d'oxygène dissoute dans l'eau puisse suffire à leurs besoins, tandis que dans l'air ils trouvent de l'oxygène en abondance.

Ces Crabes de terre se tiennent dans les bois humides et se cachent dans des trous, qu'ils creusent dans le sol. Les localités qu'ils préfèrent varient suivant les espèces: les unes vivent dans les terrains bas et marécageux qui avoisinent la mer, d'autres sur les collines boisées, loin du littoral. A certaines époques, ces dernières quittent leur demeure habituelle, pour gagner la mer. Ils se nourrissent principalement de substances végétales et sont nocturnes ou crépusculaires. Ils courent avec une grande rapidité, et c'est surtout au moment des pluies qu'ils quittent leurs terriers. On en a formé plusieurs genres sous les noms de *Gécarcin*, *Uca*, etc.

L'espèce de *Gécarcin*, ou *Crabe de terre*, la plus commune est le *Gécarcin turbinien*, ou *Crabe peint*, qui est propre aux Antilles. C'est un Crustacé de grande taille, qui se nourrit de végétaux. Son corps est d'une couleur rouge de sang, quelquefois violacée. Il habite les bois et les broussailles, se cachant au fond de trous qu'il a creusés dans les terrains marécageux.

Les Tourlourous bouchent, dit-on, leurs terriers pendant la mue. A certaines époques ils rejoignent la mer. Alors ils se réunissent par bandes et franchissent de grandes distances, sans se laisser arrêter par aucun obstacle et dévastant tout sur leur passage.

Les colons recherchent la chair de ces animaux, mais elle est malfaisante dans certains cas. Aux Antilles, on chasse les Tourlourous pendant la saison des grandes pluies, c'est-à-dire pendant les mois de juin, juillet, août et septembre. L'eau envahissant leurs terriers, les Crabes les évacuent par bandes, pour chercher un abri sous les broussailles. C'est à ce moment que les Nègres se mettent à leur poursuite et en prennent de grandes quantités.

Quelques colons élèvent ces Crustacés en captivité, dans de petits parcs construits à cet effet. Ils les engraissent en les nourrissant avec des goyaves et des patates, et parviennent ainsi à améliorer la qualité de leur chair.

Les *Pinnothères*, au contraire (fig. 38), sont essentiellement marins. Ce sont ces petits Crustacés que l'on trouve souvent dans les Moules ou les Huîtres, et auxquels le vulgaire attribue les propriétés malfaisantes que possèdent parfois ces Mollusques. Rien ne justifie cette accusation.

Fig. 38. Pinnothère.

Il y a des Pinnothères dans la Manche, dans l'Océan et dans la Méditerranée. Aux États-Unis on les recherche comme aliment.

Les anciens, toujours disposés à donner aux faits les plus ordinaires des explications poétiques, disaient que les Pinnothères étaient les serviteurs des Moules qui leur donnaient asile. Leur rôle consistait à pincer l'animal pour l'avertir d'un danger et lui faire fermer ses valves.

Le groupe des *Décapodes macroures* (à longue queue) se distingue par la longueur de l'abdomen, qui porte en arrière une véritable nageoire. Beaucoup plus aquatiques que les Crustacés que nous venons d'examiner, ils ne quittent jamais les eaux.

Les principaux types de ce groupe sont : les *Écrevisses*, le *Homard*, la *Langouste* et les *Crevettes* ou *Chevrettes*, nom vulgaire qui sert à désigner deux espèces différentes : le *Palémon* et le *Crangon*.

Nous avons déjà décrit l'organisation de l'Écrevisse, que nous avons prise comme type général, pour faire connaître la structure des Crustacés. Il ne nous reste donc qu'à parler des mœurs de cet habitant des eaux.

Fig. 39. Écrevisse mâle.

L'Ecrevisse (*Astacus fluvialis*) habite les lacs, les rivières, les ruisseaux et tous les cours d'eau douce. Ses pinces sont rougeâtres en dessous. Elle se distingue par ce caractère de deux autres espèces qui vivent en France, l'*Écrevisse longicorne* (*Astacus longicornis*) et l'*Écrevisse pallipède* (*Astacus pallipes*), dont les pinces sont blanchâtres en dessous. Ces espèces portent aussi le nom d'*Écrevisse à pattes rouges* et d'*Écrevisse à pattes blanches*.

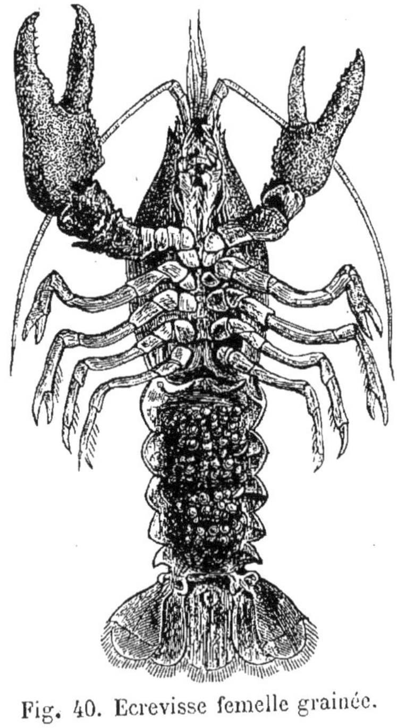

Fig. 40. Ecrevisse femelle grainée.

L'Écrevisse de rivière renouvelle son enveloppe testacée tous les ans, vers le mois de septembre. Réaumur a décrit avec soin cette espèce de mue.

Quelques jours avant le dépouillement de leur peau, dit Réaumur, les Écrevisses cessent de prendre de la nourriture; alors, si on appuie le doigt sur l'écaille, elle plie, ce qui prouve qu'elle n'est pas soutenue par les chairs. Quelque temps avant l'instant de la mue, l'Écrevisse frotte ses pattes les unes contre les autres, se retourne sur le dos, replie et étend sa queue plusieurs fois, agite ses antennes et fait d'autres mouvements, dans le but sans doute de détacher sa peau pour la quitter. Elle gonfle son corps, et il se fait entre le premier anneau de l'abdomen et la carapace une ouverture qui met à découvert le corps de l'Écrevisse. Il est d'un brun foncé, tandis que la vieille écaille est d'un brun verdâtre. Après cette rupture, l'animal reste quelque temps en repos; ensuite il fait différents mouvements, et gonfle les parties qui sont sous la carapace. La partie postérieure de celle-ci est bientôt soulevée, et l'antérieure ne reste attachée qu'à l'endroit de la bouche; alors il ne faut plus qu'un quart d'heure pour que l'Écrevisse soit entièrement dépouillée. Elle tire sa tête en arrière, dégage ses yeux, ses antennes, ses pinces, et successivement toutes ses pattes. Les deux premières sont les plus difficiles à dégainer, parce que la dernière des cinq parties dont elles sont composées est beaucoup plus grosse que l'avant-dernière. Mais on conçoit aisément cette opération, quand on sait que chacun de ces articles écailleux qui forment chaque partie est divisé en deux pièces longitudinales qui s'écartent l'une de l'autre, dans le temps de la mue, par un effort de l'animal. Enfin, ajoute Réaumur, l'Écrevisse se retire de dessous sa carapace, et aussitôt elle se donne brusquement un mouvement en avant, étend la queue et se dépouille de ses anneaux.

L'opération de la mue est si violente que plusieurs Écrevisses en meurent, surtout les plus jeunes; celles qui résistent sont très-faibles. Après la mue, les pattes sont molles et l'animal n'est recouvert que d'une membrane; mais en deux ou trois jours cette membrane devient une nouvelle enveloppe aussi dure que l'ancienne.

Il importe à l'Écrevisse que la nouvelle peau se durcisse bientôt; car si elle était rencontrée dans cet état de mollesse par d'autres Crustacés, n'étant plus défendue par son écaille, elle ne manquerait pas de devenir leur proie. Aussi lorsque le moment de perdre sa carapace approche, l'Écrevisse se retire-t-elle dans des trous et d'autres endroits où elle puisse être à l'abri du danger. Ce test ne grandit pas; c'est pour cela que l'Écrevisse, qui augmente de volume chaque année, se trouve gênée dans son enveloppe et est contrainte d'en sortir.

Les Écrevisses présentent un autre fait non moins remarquable : c'est que les pattes ou les antennes, étant coupées, repoussent.

On doit à Réaumur les premières expériences sur ce sujet. Ce célèbre naturaliste constata que, si l'on casse la patte d'une Écrevisse dans la jointure d'une articulation, on aperçoit, deux jours après, une membrane rougeâtre, qui recouvre les chairs. Cinq jours plus tard, cette membrane fait saillie et paraît renflée, puis elle s'allonge de plus en plus, se déchire, et laisse voir une jambe molle, qui croît en grosseur et en longueur et se recouvre d'une enveloppe solide.

Les pièces calcaires connues sous le nom d'*yeux d'écrevisses*, qui se forment dans l'estomac pendant la mue, étaient autrefois employées en médecine. Elles ne sont maintenant d'aucun usage. On les remplace dans les pharmacies par de la craie en poudre, et mieux encore par du carbonate de magnésie.

La pêche de l'Écrevisse se fait de diverses manières. Le plus souvent on les pêche au filet. On suspend, le soir, le filet au-dessous d'un morceau de chair putréfiée, appât qui attire ces Crustacés voraces. Quelquefois on met de la viande dans un fagot de bois jeté dans l'eau; on retire le fagot lorsque les Écrevisses ont pénétré de toutes parts entre les branches du bois. On pêche également l'Écrevisse avec des baguettes fendues; on met dans la fente un appât, et on le place dans les eaux fréquentées par les Écrevisses. Celles-ci ne tardent pas à s'attacher à l'appât; on retire ensuite les baguettes avec précaution, et on glisse sous chacune d'elles un panier. À peine sortie de l'eau, l'Écrevisse abandonne le corps qu'elle dévorait et tombe dans le panier.

On prend aussi les Écrevisses simplement à la main, dans leurs trous, en suivant le cours des ruisseaux qu'elles affectionnent.

L'Écrevisse se tient, en effet, dans des trous et sous les pierres, dans les eaux vives et courantes. Elle n'en sort que pour chercher sa nourriture, qui consiste en petits Mollusques, petits Poissons et larves d'insectes aquatiques, et en chairs corrompues des animaux morts qui flottent dans les eaux.

L'Écrevisse vit plus de vingt ans, et sa taille augmente en proportion de son âge.

Ce Crustacé est un mets de luxe, parce que le prix en est partout assez élevé. Les Écrevisses ne sont pas aussi abondantes qu'on le désirerait, parce que leur croissance est très-lente et leur multiplication assez restreinte. D'autre part, elles n'ont pas la prodigieuse fécondité des autres Crustacés, moins encore celle des Poissons, car la femelle ne pond qu'environ une centaine d'œufs chaque année.

Le *Homard* était autrefois considéré comme une espèce du genre *Astacus*, c'est-à-dire appartenant au genre Écrevisse, et on lui donnait le nom d'*Écrevisse de mer;* mais on en fait aujourd'hui un genre à part le genre *Homarus.*

Le Homard se distingue de l'Écrevisse par une carapace unie; par ses branchies qui ressemblent à des bras, au nombre de plus de vingt de chaque côté ; par des pattes extrêmement grosses, comprimées, ovalaires et inégales, que terminent des pinces d'une grande force. Ce Décapode est brun verdâtre; les filets des antennes sont rougeâtres, sa carapace devient d'un rouge vif par la cuisson.

On trouve plusieurs espèces de Homards dans la Méditerranée et l'Océan.

Le *Homard commun* (*Homarus vulgaris*), qui atteint jusqu'à 50 centimètres de longueur, se tient près des côtes, dans les lieux remplis de rochers, à une profondeur peu considérable. Sa chair est fort estimée, surtout dans le temps du frai. Il vit sur les côtes de l'Océan, de la Manche et de la Méditerranée. La femelle pond ses œufs au milieu de l'été.

Le Homard habite l'Océan, la Méditerranée et les mers de l'Amérique. On en trouve une espèce sur les côtes du cap de Bonne-Espérance.

Le Homard se pêche dans des *nasses*, c'est-à-dire dans des paniers en osier, d'où il ne peut plus sortir quand il y a pénétré.

La pêche du Homard est une industrie des plus productives pour les habitants de l'île de Helgoland, dans la mer du Nord. Les pêcheurs de cette île vont jusqu'à Hambourg vendre leur récolte. Les Norvégiens pêchent aussi beaucoup de Homards sur leurs côtes. Ils les vendent, pour la plus grande partie, aux Anglais et aux Hollandais, qui se chargent ensuite de les conduire dans divers ports de mer, en les transportant enfermés tout vivants dans des bateaux à double fond construits exprès.

Dans la plupart des ports où arrivent les bateaux de Homards, on cuit ces crustacés et on les marine, pour les envoyer dans l'intérieur du pays, à moins qu'on n'ait à sa disposition un chemin de fer.

La *Langouste* (fig. 41) est une espèce du genre *Homarus* qu'il

Fig. 41. Langouste.

ne faut pas confondre avec le Homard (*Homarus vulgaris*). Ses pattes sont beaucoup moins fortes, elle n'a pas de pinces et ses antennes sont plus longues, plus grosses et plus hérissées.

Les antennes des Langoustes sont cylindriques, les pattes ont un seul doigt. Leur front est armé de deux grosses cornes recourbées et dont la carapace est en général hérissée d'une multitude d'épines.

Ces Crustacés fréquentent pour la plupart les côtes rocailleuses. L'Océan en fournit sur nos côtes une espèce très-abondante. La chair de la Langouste est plus estimée que celle du Homard.

Les *Scyllares*, et quelques Macroures qui s'en rapprochent extrêmement, ont, comme les Langoustes, toutes les pattes monodactyles, disposition qui est assez rare dans cette section; mais ils sont caractérisés par la forme singulière des antennes externes, qui sont très-larges et lamelleuses. La Méditerranée en possède deux espèces.

Les *Galatées*, dont plusieurs espèces vivent également sur nos côtes, ont les pattes de la première paire terminées par une grande main didactyle, et les pattes de la cinquième paire, grêles, impropres à la locomotion et reployées au-dessus des autres.

Le nom de *Crevette*, ou *Chevrette*, est la désignation vulgaire de deux Crustacés décapodes de l'ordre des Macroures, à savoir le *Crangon commun* et le *Palémon à dents de scie* (fig. 42). On reconnaît aisément le Palémon à la crête dentelée qu'il porte sur la tête.

Le genre Palémon présente les caractères suivants : corps recouvert d'un test et de plaques minces beaucoup moins solides que les téguments des autres animaux du même ordre. Ce corps est comprimé, arqué, allongé et rétréci en arrière. Le test se termine de chaque côté, en avant, par deux dents aiguës. De la partie antérieure du milieu du dos s'élève une carène qui se détache et s'avance ensuite à la manière d'un bec comprimé en forme de lame d'épée. La bouche est perpendiculaire, avec une arête ou dent de chaque côté, et les bords supérieurs et intérieurs sont aigus, ordinairement dentelés en scie et ciliés. Les yeux sont assez gros, rapprochés, insérés de chaque côté à l'origine du bec, avancés et reçus, en partie, dans la concavité de la base du premier article du pédoncule des antennes intermédiaires. Les antennes latérales ou inférieures sont plus longues que le corps. Les antennes intermédiaires sont formées de trois filets.

Presque tous les Palémons sont marins; quelques espèces seulement vivent dans les rivières. Ils se trouvent sur nos côtes, en plus grand nombre à l'embouchure des fleuves. Ils nagent assez vite pour échapper aux poissons qui les poursuivent; ils nagent en avant dans leur état naturel, en arrière quand ils sont menacés.

L'arrivée des Palémons sur les côtes et aux embouchures des rivières est toujours suivie d'une infinité de poissons, qui s'en nourrissent et qui, selon Latreille, ne les avalent qu'en les intro-

Fig. 42. Crangon et Palémon (Crevettes).

duisant à reculons dans leur estomac, à cause de la lame tranchante dont leur corps est armé.

La fécondité des Palémons est si grande qu'elle défie tous les ennemis de l'espèce, et même les pêcheurs qui en prennent des quantités considérables.

On pêche les Crevettes à l'aide d'un filet en forme de poche, tenu ouvert par un demi-cercle de bois dont les deux bouts sont joints par une corde, et que pousse à l'aide d'un ou deux manches une femme qui plonge dans l'eau à mi-corps. Elle laboure le sol, et de temps en temps lève son filet et recueille les Crevettes capturées, qu'elle jette dans sa hotte (fig. 43).

La chair des Palémons est estimée à l'égal de celle des Homards, des Langoustes et autres Crustacés. Ces animaux ne vivent pas longtemps hors de l'eau salée; et comme ils se corrompent assez promptement, on a la précaution de les faire cuire au sortir de l'eau. C'est en cet état qu'on les vend sur nos marchés. Leur couleur naturelle est le blanc jaunâtre ou le bleu, mais la cuisson leur donne une teinte rose.

Le *Palémon scie* (*Palæmon serratus*) est l'espèce qui, avec le *Crangon*, porte, comme nous l'avons dit, le nom vulgaire de Crevette. Cette espèce se trouve très-communément sur les côtes de France et d'Angleterre; on la vend à Paris pendant presque toute l'année. Autrefois, en Bretagne, la Crevette valait trois centimes le kilogramme!...

On trouve encore sur nos côtes le *Palémon squille*, très-voisin du précédent, sauf qu'il a le ventre moins large. Le *Palémon long nez* a été pêché à l'embouchure de la Garonne.

Les *Crangons*, qui ressemblent aux Palémons par leur forme générale, sont plus aplatis, manquent de ventre et ont les pattes antérieures terminées par un seul doigt, qui se reploie en manière de griffe contre la main. Leur chair est un peu moins estimée que celle des Palémons. Leurs téguments, de couleur grisâtre, ne deviennent pas roses par la cuisson, comme les Palémons; leur teinte se renforce seulement. Les Crangons sont aussi communs sur nos côtes que les Palémons.

Les Palémons sont au nombre des animaux marins dont la chair peut devenir venimeuse dans certaines occasions.

Au mois de septembre 1857, plus de trois cent cinquante familles d'Amiens furent prises simultanément de coliques violentes, que l'on attribua d'abord à une attaque de choléra. Cette indisposition était due à l'usage de Crevettes qui avaient été apportées de Boulogne, et qui paraissaient aussi fraîches que celles que l'on mange habituellement sans inconvénient.

A Nantes, on observa, à la même époque, des accidents semblables provoqués par les Crevettes.

Les mêmes accidents déterminés par les Palémons ont été observés à Copenhague. L'affection qu'ils occasionnèrent, on ne sait dans quelles circonstances, consistait en une éruption cutanée, une sorte de *pseudo-scarlatine*, accompagnée d'une fièvre légère, sans coliques. On a dit qu'une seule Crevette suffit pour produire cette éruption. M. Eschricht estime que sur cent personnes qui font un usage alimentaire de la Crevette ou du Ho-

Fig. 43. **La pêche aux Crevettes sur une plage de la Normandie.**

mard, il y en a une d'atteinte de cette affection, que M. Eschricht attribue à une idiosyncrasie.

Ordinairement les personnes qui éprouvent des accidents quand elles mangent des Crevettes, ne peuvent pas davantage supporter les Homards ni les Écrevisses.

Le troisième sous-ordre des Décapodes, celui des *Anomoures* (queue anormale), comprend des Crustacés qui ont la forme générale des précédents, mais dont l'abdomen offre des dispositions particulières. Les plus remarquables sont les espèces qui ont la queue molle, entièrement dépourvue d'enveloppe résistante. Ainsi mal défendus, ces Crustacés succomberaient aux attaques de leurs nombreux ennemis. Ils recherchent les coquilles vides et s'y logent, de manière à n'en laisser sortir que les pattes.

L'espèce la plus connue des Pagures est le *Pagurus Bernardus*, ou *Bernard l'Ermite* (fig. 44), qui habite les côtes de l'Océan.

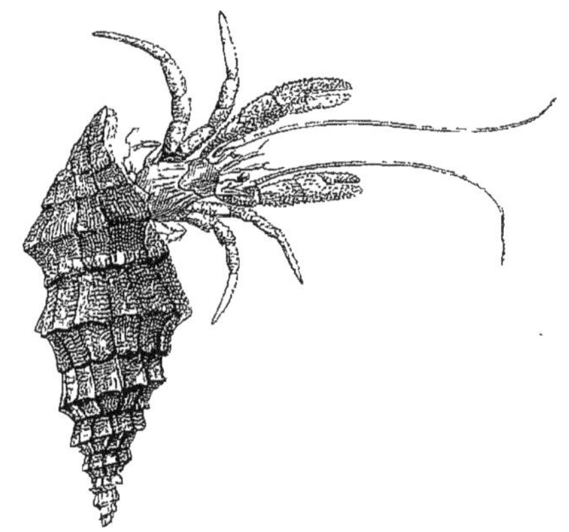

Fig. 44. Bernard l'Ermite dans une coquille de Cérite.

Ce singulier animal vit, comme on vient de le dire, dans la coquille vide d'un mollusque. La partie postérieure de son corps étant dépourvue de cuirasse solide, il la loge dans la coquille d'un mollusque, pour procurer un abri défensif à la partie terminale de son individu. C'est ordinairement dans la coquille choisie par lui sur le rivage qu'il fixe son habitation, mais quelquefois il attaque et tue un Mollusque vivant, s'il trouve sa demeure à sa convenance, puis il y établit son domicile.

Le *Bernard l'Ermite*, retiré dans sa coquille et ne laissant paraître que ses pinces et sa tête, guette les petits Mollusques et Zoophytes qui font sa nourriture. Pour changer de place, il traîne avec lui sa maison, comme un factionnaire qui emporterait sa guérite.

Une ou plusieurs fois par an, c'est-à-dire au moment de la mue, il est obligé de chercher une coquille plus grande, et il court alors le danger d'être dévoré par ses nombreux ennemis.

Il se loge, du reste, dans des coquilles différentes, pourvu qu'elles soient analogues pour la forme. Il échange indifféremment la coquille d'une Hymnée pour celle d'une Cérite.

Lorsque, pressé de changer de logement, un Bernard l'Ermite rencontre un de ses congénères possesseur d'une coquille qui paraît lui convenir, un combat s'engage entre les deux Pagures,

Fig. 45. Bernard l'Ermite dans une coquille de Lymnée.

et le plus faible est contraint de céder la place au plus fort.

Ces Crustacés se meuvent très-bien au fond de la mer ; ils sortent quelquefois de l'eau, mais à terre ils traîneraient avec peine leur maison.

Ils font deux pontes par an ; leurs œufs sont attachés sous la queue, à des petits filets barbus qui n'occupent qu'un seul rang d'un côté de l'abdomen.

Les espèces du genre Pagure vivent habituellement sur la terre, quelquefois même très-loin du rivage, dans les bois ; mais leur démarche est irrégulière, et la moindre éminence devient pour eux un obstacle, qui les fait se heurter, trébucher et rouler avec leur coquille.

Les Poissons sont friands de la chair des Pagures ; ils les guettent sans cesse et en dévorent de grandes quantités.

En étudiant les principaux genres des Décapodes, nous avons fait connaître les Crustacés les plus intéressants par leurs mœurs et par les usages auxquels ils sont consacrés, soit dans l'alimentation soit dans l'industrie. Les autres ordres de Crustacés dont nous avons donné la liste sont beaucoup moins intéressants à connaître, car ils ne sont pas alimentaires et ne donnent lieu à aucune application industrielle. Aussi passerons-nous rapidement sur ces derniers ordres.

Stomapodes. — Les *Stomapodes* (pattes près de la bouche) ont sept paires de pattes. Les deux premières, rapprochées de la bouche, peuvent à la fois servir à prendre les aliments et à marcher.

Les *Squilles* font partie de cet ordre de Crustacés. Leur corps est allongé, leur carapace courte et plate. L'abdomen, très-développé, au contraire, porte en dessous de larges lamelles flottantes, qui servent d'organes respiratoires.

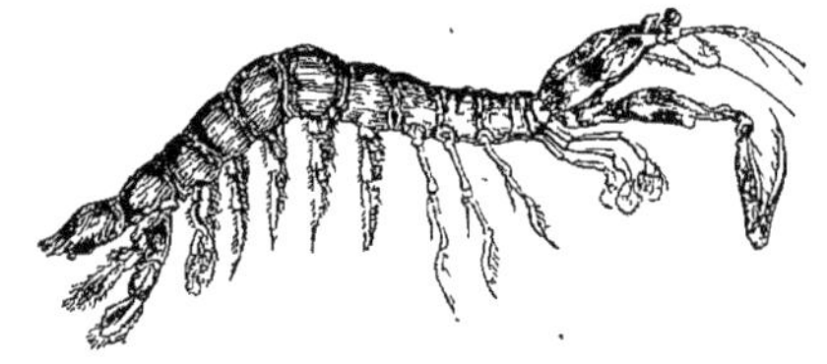

Fig. 46. Squille mante.

La *Squille mante*, ou *Mante de mer* (fig. 46), l'espèce la plus connue, est très-commune dans la Méditerranée. Elle ressemble un peu à l'insecte dont elle porte le nom, surtout par la griffe en forme de serpette qui termine ses pattes antérieures. Cette griffe, se repliant sur le bord tranchant de l'article qui la précède, coupe comme une paire de ciseaux.

Amphipodes. — Les *Amphipodes* sont de petits Crustacés qui manquent de carapace. Leur corps, composé d'anneaux semblables entre eux, est recourbé sur lui-même en forme d'arc. Ils ont quatorze pattes, les postérieures ordinairement plus longues que les antérieures. A la base de chacune de ces pattes sont des vésicules, qui paraissent servir à la respiration.

Les yeux des Amphipodes, comme tous ceux des autres ordres

de Crustacés dont il nous reste à parler, ne sont pas portés sur des pédicules : ils sont *sessiles*, suivant le terme technique, et se composent de granules transparents posés sur les côtés du front.

Les *Amphipodes* sont de petits Crustacés qui nagent de côté. Ils vivent également hors de l'eau, et plusieurs d'entre eux sautent avec agilité.

La plupart de ces animaux sont marins. Les *Talitres*, ou *Puces de mer*, sont l'espèce la plus connue; elles fourmillent sur les rivages sablonneux.

La *Crevette des ruisseaux* (*Gammarus fluviatilis*), qui n'a pas plus d'un centimètre à un centimètre et demi de long, habite nos rivières, et vit au milieu des plantes aquatiques, auxquelles elle aime à s'accrocher. Elle nage rapidement, en imprimant à son corps des mouvements alternatifs de flexion et d'extension.

La *Crevette puce* (*Gammarus pulex*) ne diffère de la *Crevette des ruisseaux* que par son abdomen lisse. Ces deux espèces se trouvent dans les ruisseaux d'Europe, surtout dans les bassins des sources.

Isopodes. — Les Crustacés *isopodes* (c'est-à-dire aux pieds semblables) forment un ordre important, bien qu'il ne renferme que des animaux de petite taille. Leur corps est composé d'anneaux semblables entre eux. Ils ont quatorze pattes, qui ne diffèrent que par leurs dimensions. La plupart de ces petits animaux se roulent en boule quand on les poursuit, ou dès qu'on les touche, comme le font les insectes de l'ordre des Coléoptères.

Les *Isopodes* n'ont pas de pattes abdominales ; elles sont remplacées par des lamelles cornées qui se recouvrent et cachent des vésicules respiratoires. Les femelles portent leurs œufs sous la poitrine dans une poche formée par des productions lamelleuses de la base des pattes.

Les Crustacés isopodes sont aquatiques et terrestres. Citons parmi ceux qui vivent dans la mer : les *Idotées*, au corps étroit et allongé, ordinairement de couleur verdâtre ; — les *Cymothées*, plus bombées et plus larges ; — les *Limnorées*, petits animaux de deux lignes de longueur, qui rongent le bois des vaisseaux et nuisent beaucoup par leur excessive multiplication.

Parmi les *Isopodes* terrestres, nous noterons les *Ligies* et les *Cloportes*.

Les *Ligies* se reconnaissent à deux stylets fourchus qu'elles portent en arrière du corps. Une espèce de Ligie habite les bords de la mer : c'est la *Ligie océanique;* l'autre se trouve dans les mousses humides ; c'est un petit animal qui court très-vite ; on en a fait le genre *Ligidie*. L'espèce la plus commune est la *Ligidie des mousses*.

Les *Cloportes* sont des Crustacés terrestres très-communs dans tous les lieux obscurs et plus ou moins humides, tels que les caves, les cuisines et les greniers. Ils vivent sous les pierres, les morceaux de bois, les pots à fleurs, les écorces, etc., recherchant toujours les lieux privés de lumière. Leur corps est ovalaire et aplati, leur couleur noirâtre ou gris de fer. Ils portent leurs œufs dans leur poche pectorale. Les petits, qui naissent tout blancs, restent dans cette demeure jusqu'à ce qu'ils soient assez forts pour aller à la recherche de leur nourriture.

Le nom de *Cloporte* vient, dit-on, de *clou à porte*, parce que, lorsqu'ils sont appliqués contre une porte, ils ressemblent à des têtes de clous. Cette étymologie paraît un peu forcée. Comme on les désignait autrefois en diverses provinces de France sous le nom de *Cochon de Saint-Antoine*, les naturalistes ont créé, pour le genre auquel ils appartiennent, le mot *Porcellion*. Enfin, comme ils se roulent en boule, on les a appelés *Armadilles*, du nom d'*Armadillo* que les Espagnols donnent aux Tatous, petits Mammifères de l'Amérique méridionale, qui ont l'habitude de se rouler en boule.

Les Cloportes sont très-voraces ; ils mangent indistinctement tout ce qui tombe sous leurs mandibules : fruits murs gisant sur le sol, brins divers de substances végétales, animaux morts. Ils nuisent beaucoup aux jardins, parce qu'ils rongent les jeunes plantes et détruisent les semis.

Quelques Crustacés isopodes sont parasites : tels sont les *Bopyres*, qui se fixent sous la carapace des Palémons. Leur corps est fort plat, ovale, sans yeux, n'ayant que de très-petites pattes qui ne peuvent être d'aucun usage ; la concavité inférieure de leur corps forme une sorte de poche qui contient les œufs.

Une espèce se trouve dans les eaux douces, ruisseaux,

mares, etc.; c'est l'*Aselle* (fig. 47), dont le corps est aplati et un peu allongé; elle nage et marche avec lenteur.

Les naturalistes rangent dans l'ordre des *Isopodes*, et à côté

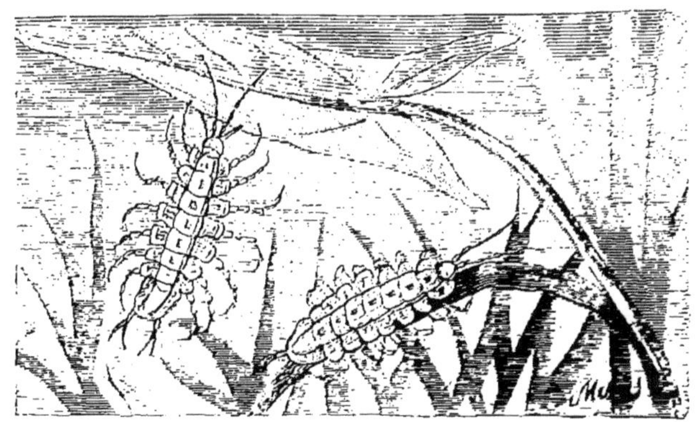

Fig. 47. Aselle des ruisseaux.

des *Cloportes*, les *Trilobites*, animaux dont l'espèce, aujourd'hui éteinte, caractérise les terrains secondaires.

Lœmodipodes et Branchiopodes.—Nous arrivons à la division des *Crustacés suceurs*. Comme leur nom l'indique, ces Crustacés sucent le sang des animaux sur lesquels ils vivent en parasites. Leur organisation est en rapport avec ce mode d'existence. Avec leurs pattes garnies de crochets robustes ou de ventouses, ils se fixent sur le corps de leur victime, se choisissant d'ailleurs les places les moins résistantes et les plus riches en fluide sanguin. On les trouve le plus souvent, en effet, sur les branchies de Poissons ou des Crustacés.

Leur bouche est munie d'un véritable suçoir, espèce de tube membraneux, qui renferme des stylets aigus et dentelés en scie pour percer la peau.

Les espèces de ces Crustacés sont assez nombreuses et se rencontrent presque toutes sur les branchies des Poissons de mer. C'est pour cela qu'on les appelle vulgairement *Poux de poissons*. Les uns ont la partie antérieure du corps couverte d'un bouclier, les autres en sont dépourvus; tous portent en arrière deux longs tubes, qui renferment les œufs.

Les *Caliges* peuvent être pris pour exemple des Crustacés suceurs qui ont un bouclier dorsal. Nous citerons parmi les autres les *Lernées*, dont on connaît un grand nombre d'espèces.

On rencontre dans les eaux stagnantes des Crustacés de forme très-singulière qui ont la région inférieure du corps garnie dans toute sa longueur de pattes foliacées, disposées en grand nombre les unes à la suite des autres. Ces pattes lamelleuses, toujours en mouvement, servent d'organes respiratoires ou de branchies, et les crustacés qui les portent s'appellent, pour cette raison, *Branchiopodes* (pattes branchiales). Cet ordre renferme les *Apus*, les *Branchipes*, les *Limnadies*, les *Daphnies*, les *Cypris* et les *Cyclopes*, tous habitants de nos eaux tranquilles, qu'ils peuplent de leurs innombrables légions.

On reconnaît les *Apus* au bouclier ovale et convexe qui couvre leur corps comme d'une carapace ; ce bouclier présente en avant trois petits yeux, non portés sur un pédoncule. Le corps se termine en arrière par une queue cylindrique, garnie de deux filets. Ces animaux, qui n'ont que trois à quatre centimètres de longueur, apparaissent quelquefois en quantités prodigieuses, nageant sur le dos, dans les eaux stagnantes. C'est un spectacle curieux que de voir les mouvements de leurs nombreuses pattes en forme de feuilles. Leurs œufs résistent au froid et à la dessiccation, ce qui explique l'apparition de ces Crustacés dans des mares qui étaient restées longtemps à sec, ou dans lesquelles on n'avait vu aucun de ces petits animaux depuis plusieurs années.

Les *Branchipes*, encore plus petits et plus minces que les Apus, ont les yeux portés sur un pédoncule. Entre les yeux se dressent deux petits stylets. Leur corps est privé de carapace. Ils vivent comme les Apus dans les mares, et se tiennent presque toujours dans la vase, d'où ils ne sortent que par intervalles, pour nager et respirer.

Les *Astémies* ressemblent aux Branchipes. Elles habitent les marais salants.

Les *Limnadies*, grosses à peu près comme une pièce de vingt centimes, ont le corps enfermé entre deux valves cornées, transparentes, formées par un prolongement du test. Rien de plus gracieux que les mouvements de ces Crustacés, qui nagent les deux valves entr'ouvertes, et font dans l'eau toutes sortes d'évolutions. La transparence des valves laisse apercevoir l'animal enfermé dans cette espèce de coquille et permet d'admirer le jeu de ses pattes membraneuses.

Ces petits Crustacés portent leurs œufs sous la carapace pendant plusieurs jours, puis la Limnadie les distribue dans l'eau.

Les Limnadies ne vivent pas dans les eaux croupissantes, comme les Apus, les Branchipes et les Satémies. Il leur faut une eau calme, mais pure, sur un fond argileux. Aussi ces Crustacés sont-ils assez rares.

Les mêmes eaux qui nourrissent les Apus fourmillent de *Daphnies* et de *Cypris*, Crustacés de très-petites dimensions, également renfermés dans une sorte de coquille bivalve.

Les *Daphnies* se reconnaissent à leur tête courbée vers le bas et allongée en forme de bec ou de museau, ainsi qu'aux longues tiges bifurquées dont l'animal se sert comme de rames.

L'une des plus communes a reçu le nom de *Daphnie-Puce*, à cause de ses mouvements saccadés.

Les formes des *Cypris* sont globuleuses ou ovoïdes. Leurs valves sortent de petits pinceaux de cils qui leur servent à nager.

Les *Cyclopes* doivent leur nom à ce qu'ils n'ont qu'un œil. Ce sont également de petits Crustacés propres aux eaux dormantes, qui sont dépourvus de carapace et de valves. Leur corps s'allonge en arrière en forme de queue effilée. A l'extrémité de la queue chez les femelles s'attachent les deux sacs contenant les œufs.

On peut placer dans l'ordre des *Lœmodipodes* ou des *Branchiopodes* les *Agames* ou *Poux de baleine*, animaux de six à huit lignes seulement de longueur, hideux à voir, avec leur forme ramassée et leur corps muni de grosses pattes que termine un crochet très-aigu. Ces petits Crustacés vivent en parasites sur le corps de la Baleine et de plusieurs Poissons de mer.

Dans nos eaux douces ces Crustacés parasites sont représentés par un petit animal de forme arrondie, de quatre à cinq lignes de longueur, l'*Argule foliacé*. Son corps est recouvert d'un bouclier ovale, transparent, échancré en arrière ; deux grosses ventouses terminent ses pattes de devant. Il vit sur les Épinoches, les Perches, les Truites, les Carpes, et sans doute tous nos Poissons de rivière et de fleuve.

Au tableau de la classification des Crustacés que nous avons mis sous les yeux des lecteurs (page 93), les naturalistes modernes ajoutent un groupe particulier, les *Xiphosures* (queue en forme d'épée), qui ne renferme qu'un seul genre, le genre *Limule*.

La forme de ces Crustacés est assez curieuse. Le corps, très-grand, puisqu'il peut atteindre jusqu'à 35 centimètres de longueur, est divisé en deux parties inégales. La plus grande, composant un disque de forme ovalaire, représente la poitrine. La seconde, plus étroite et plus courte, est l'abdomen. A l'abdomen est attaché un long stylet mobile, de nature cornée, dont l'animal peut se servir comme d'une épée. Deux boucliers couvrent le corps. Le premier, très-bombé, déborde la tête et les pattes; il présente en avant et dans son milieu deux gros yeux à facettes, mais sessiles, rapprochés l'un de l'autre. Le second bouclier protége l'appareil respiratoire, qui se compose de grandes lames branchiales rapprochées les unes des autres comme les feuillets d'un livre. Ces animaux n'ont pas de pièces buccales particulières : les six paires de pattes antérieures, rapprochées de la bouche et garnies de fortes épines, fonctionnent comme des mâchoires pour accrocher et diviser les aliments.

Les *Limules* vivent dans les mers de l'Amérique et de l'Asie, ils se tiennent toujours près des côtes. On les appelle en Amérique *Poissons casseroles*, sans doute à cause de la forme de leur carapace, que l'on peut employer en guise de vase, et qui, en effet, a quelque ressemblance avec un poêlon. On mange sur les côtes de l'Amérique la chair de ces Crustacés.

TRIBU DES ARACHNIDES

Les *Arachnides* (du grec ἀράχνης, araignée) ont la tête confondue avec le corselet, n'ont ni ailes ni antennes, et ont quatre paires de pattes, ce qui leur a valu quelquefois le nom d'*Octopodes*.

Le corps d'une Arachnide est composé d'un petit nombre de segments, ou anneaux, qui forment deux parties bien distinctes : 1° l'*abdomen*, tantôt composé d'une masse molle et sans division, comme dans l'Araignée, tantôt séparé en anneaux, comme dans le Scorpion ; 2° le *céphalo-thorax*, composé de la tête et du corselet réunis, et portant la bouche et les yeux.

La bouche d'une Arachnide est, en général, garnie d'une paire de mandibules terminées par des crochets tantôt mobiles, tantôt disposés en pinces, d'une paire de mâchoires lamelleuses et d'une lèvre inférieure.

Les crochets mobiles des mandibules sont creusés d'un canal qui sert à porter au dehors un liquide sécrété par une glande venimeuse ; ce venin détermine l'engourdissement des insectes piqués par l'Arachnide.

Les pattes fixées au *céphalo-thorax* sont longues et terminées par des crochets.

Le canal intestinal est droit. Près de son orifice inférieur sont placées les glandes qui sécrètent la soie avec laquelle ces animaux tissent les toiles qui leur servent à arrêter les insectes dans leur vol.

Les Arachnides respirent, les unes par de petits poumons, les autres par des trachées. Quelques espèces ont à la fois des poumons et des trachées.

Les Arachnides sont pourvues d'yeux simples, ordinairement au nombre de huit, et d'une organisation très-complète, c'est-à-dire réunissant la cornée transparente, le cristallin, l'humeur vitrée et la rétine.

Les sens de l'ouïe et du toucher existent manifestement chez les

Arachnides. On ne saurait leur refuser une véritable intelligence, quand on voit l'art merveilleux avec lequel elles construisent leur demeure, tissent leurs toiles, et les ruses qu'elles déploient pour faire la chasse aux insectes.

Les Arachnides se nourrissent d'insectes, qu'elles prennent vivants dans leurs toiles, mais qu'elles ne dévorent pas : elles sucent le sang et les liquides contenus dans le corps de leurs victimes.

Le venin des Arachnides est mortel pour les petits animaux, et peut occasionner des accidents aux grands animaux et même à l'homme.

Les Arachnides se développent par des œufs, qui sont presque toujours enveloppés dans un cocon de soie. Tantôt ces œufs sont abandonnés par la mère, tantôt ils sont portés sous son ventre.

Les Arachnides subissent quelques métamorphoses, ou plutôt quelques mues, avant d'arriver à l'état adulte. C'est ainsi que les Acarus n'ont que trois paires de pattes dans le jeune âge, et n'acquièrent la quatrième paire que dans un âge plus avancé.

Le naturaliste Latreille divisait la classe des Arachnides en deux ordres, selon leur mode de respiration et de circulation. Il distinguait les Arachnides en *pulmonaires* et *trachéennes*, les premières respirant par des sacs pulmonaires et ayant un appareil circulatoire complet, les secondes respirant par des trachées et n'ayant que des vestiges d'appareils circulatoires. Mais Dugès, de Montpellier, a prouvé que les Araignées des genres *ségestrie* et *disdère* ont à la fois des poumons et des trachées. Il paraît également que certaines espèces inférieures, comme les *Araignées tardigrades*, sont privées d'organes spéciaux de la respiration, et absorbent l'oxygène atmosphérique par toute la surface de la peau.

Ces découvertes ont fait abandonner l'ancienne division de Latreille. Aujourd'hui on distribue les Arachnides en cinq ordres : les *Aranéides*, les *Scorpionides*, les *Galéodides*, les *Phalangides* et les *Acarides*.

Aranéides. — La vue de l'Araignée inspire la répulsion et le dégoût. On trouve cet animal sale, hideux, venimeux, etc. Ce sont de bien grandes accusations pour un si petit être ! Sans doute les Araignées n'ont pas un aspect agréable. En général, leur vêtement est sombre et leur corps velu ; elles ont de grandes pattes et leur caractère est farouche; enfin elles sont porteuses de venin. Mais certaines espèces brillent de jolies couleurs, et leur venin n'est fatal qu'aux très-petits animaux; l'homme est bien peu sensible à son action. Ne soyons donc pas injuste envers cet être disgracié et disons-nous que la Nature n'a rien fait d'inutile. Elle a créé les Araignées pour nous délivrer d'une quantité immense d'insectes importuns, tels que Mouches, Cousins, etc., qui, sans elles, nous tourmenteraient continuellement. En considération des services qu'elles nous rendent, fermons les yeux sur leur aspect peu agréable, et surtout ne les redoutons pas, puisqu'elles ne peuvent nous faire aucun mal, et que même les plus grosses sont timides et fuient à notre approche. Examinons sans préjugé leurs habitudes et leurs mœurs; l'industrie qu'elles déploient leur fera pardonner leur triste figure.

Les Aranéides se divisent en deux groupes naturels : les *Mygales* et les *Araignées proprement dites.*

Les Mygales sont caractérisées par des membres robustes, les yeux placés devant le *céphalo-thorax*, des pattes très-longues, quatre stigmates et quatre sacs respiratoires.

Les Mygales vivent dans les contrées les plus brûlantes de l'Afrique, de l'Asie et de l'Amérique ; un très-petit nombre habite nos climats. Elles se tiennent en embuscade sur les arbres, parmi les pierres ou dans les fentes de rochers. Certaines Mygales vivent dans des retraites assez commodes qu'elles ont creusées elles-mêmes.

Les Mygales sont les plus grandes Aranéides que l'on connaisse. Leur taille peut sembler colossale si on la compare aux espèces de notre pays. Quelques-unes, dans l'état de repos, occupent avec leurs pattes un espace circulaire de seize à vingt centimètres de diamètre. C'est en raison de ces dimensions extraordinaires qu'on leur donne en Amérique le nom d'*Araignées-Crabes.*

Les Mygales ne chassent guère que pendant la nuit; alors elles se jettent sur les petits Reptiles et les Oiseaux-Mouches. Dans la Colombie les Mygales s'attaquent aux jeunes poulets; cette déprédation les a fait appeler en espagnol l'*Araignée aux Poulets.*

Les petites Mygales ne se nourrissent que d'insectes. Moreau de Jonnès, qui avait fait aux Antilles beaucoup d'observations diverses, dit que l'une des espèces de ce genre, la *Mygale cancéride*, place ses œufs dans des cocons qu'elle porte partout avec

Fig. 48. Araignée de la Martinique (*Araignée aviculaire*) égorgeant un Oiseau-Mouche.

elle, et qu'à l'intérieur de ceux-ci il a compté jusqu'à dix-huit cents ou deux mille petits.

La *Mygale aviculaire* (fig. 48), très-commune à la Martinique, acquiert une très-grande taille. Elle s'établit dans les gerçures des arbres et les interstices des pierres ou des rochers. La retraite qu'elle se ménage dans les creux des arbres ou dans les trous des murailles consiste en un tube rétréci à son extrémité postérieure, formé d'une soie très-blanche. Le nid que la Mygale bâtit dans cette cellule a le volume d'une grosse noix et est composé du même tissu dont est construite la demeure, mais en couche triple ou quadruple, pour assurer une plus efficace protection aux petits. La femelle veille à la sûreté de son cocon, et ne s'en éloigne que pour aller chercher sa nourriture. Son nom de *Mygale aviculaire* signifie qu'elle attaque les petits Oiseaux (de *avis*, oiseau).

Le corps de cette Arachnide est extraordinairement velu; les pattes mêmes sont couvertes de poils. C'est dans la nuit ou au crépuscule que les Mygales chassent, grimpent sur les arbres, pour s'emparer des Oiseaux-Mouches, qu'elles s'embusquent au bord des terriers, dans les fentes des arbres ou sous les feuilles pour attendre les insectes. Leur force est considérable, et il est difficile de leur faire lâcher prise. Leur morsure est redoutée des indigènes.

La fécondité des *Mygales aviculaires* est prodigieuse; elles deviendraient redoutables par leur nombre si les grosses Fourmis du pays ne détruisaient une grande quantité de leurs petits lorsqu'ils viennent d'éclore.

Les Mygales renferment leurs œufs dans un cocon de soie blanche, d'un tissu très-serré. Elles le maintiennent sous leur corselet au moyen des palpes et le transportent avec elles. Si quelque chose les menace, elles l'abandonnent pour un instant, et reviennent le prendre dès que le danger a disparu. Un seul cocon de Mygale contient ordinairement de dix-huit cents à deux mille petits.

Moins remarquable que la précédente par sa force, la *Mygale maçonne* (fig. 49) se fait admirer par son industrie. Elle creuse des galeries souterraines de 30 à 60 centimètres de profondeur, dans les lieux en pente et protégés par leur altitude contre les inondations, puis elle tapisse de soies fines les murailles de cette habitation, et en bouche l'entrée au moyen d'un opercule qui tient par une charnière au contour de l'ouverture. Cette porte se rabat et ferme la cellule. Si un ennemi cherche à l'ouvrir, la

Mygale retient la soupape en dedans, et ce n'est que quand on a vaincu ses efforts qu'elle se réfugie au fond de son terrier.

« Si l'on fixe avec une épingle, dit Walckenaër dans son *Histoire des Insectes aptères*, l'opercule qui ferme la demeure de la Mygale maçonne, on en voit un autre le lendemain, qu'il a fabriqué pendant la nuit; de même, si on enlève cet opercule, on en trouve un autre le lendemain, qu'il a construit à la même ouverture. C'est toujours pendant la nuit que ces Aranéides travaillent à leurs habitations et courent après leur proie. Le

Fig. 49. Mygale maçonne et son terrier.

fond de ces habitations contient des débris de toute espèce d'insectes et même de Coléoptères assez gros; elles les prennent dans des filets qu'elles établissent sur les terrains voisins de leur demeure. Elles vivent, après la ponte, en société avec les mâles. Dorthès a trouvé plusieurs fois, dans la même habitation, le mâle et la femelle avec une trentaine de petits. »

La *Mygale maçonne* vit dans le nord de la France, et dans le

Midi aux environs de Montpellier. On la trouve en Corse, dans les îles Ioniennes et jusque dans l'Inde.

La forme et l'étendue des nids de cette Arachnide varient. En Ionie, on les trouve le plus souvent sur le tronc des oliviers, ordinairement deux ou trois au pied du même arbre.

On a fait sur ces Araignées une observation curieuse. Plusieurs Mygales maçonnes, renfermées dans leurs nids, étaient conservées comme un objet de curiosité, et l'on ouvrait souvent la porte de leur nid pour les examiner. Les Mygales finirent par se fatiguer de ces visites. En conséquence, elles fermèrent leur porte. Pour cela elles tissèrent un morceau d'étoffe de soie, qui leur servit à tapisser l'ouverture de la porte. La tapisserie était si fortement attachée à la porte et aux parois des murs, qu'il était impossible d'ouvrir la trappe sans détruire le nid.

La *Mygale pionnière*, qui vit en Corse, a les mêmes mœurs que la *Mygale maçonne*. Elle se construit, sous le sol, des abris souterrains, qu'elle ferme par une porte. Cette Mygale, qui est d'un brun clair, uniforme, place sa demeure dans un terrain argileux, d'une couleur rouge, et lui donne un diamètre d'environ un centimètre. Audouin, qui a décrit avec détail cette habitation, dit que son intérieur n'a pas été seulement creusé dans le sol, mais que l'Araignée l'a ensuite revêtu d'une sorte de mortier fin, qui en rend la paroi lisse et polie comme si une truelle eût été passée dessus. Une toile fine et satinée en tapisse l'intérieur et s'y trouve apposée avec un soin bien digne d'être remarqué, car, ainsi que le fait observer Audouin, elle n'est pas placée immédiatement sur la paroi de l'excavation, mais, comme nos tentures de prix, elle est posée sur un canevas plus grossier, composé de nombreux fils. La porte se rabat en dehors, et quand l'Araignée veut sortir, elle n'a qu'à la pousser. Cette sorte de couvercle, qui n'a pas moins de 6 millimètres d'épaisseur, résulte d'un assemblage de couches de terre et de couches de toile, au nombre de plus de trente, qui se trouvent emboîtées à peu près comme une série de capsules de plus en plus petites qui seraient placées les unes sur les autres. Cette porte clôt fort hermétiquement. L'animal en revêt l'extérieur avec de la terre, puis le rend rugueux et analogue au sol environnant, de manière à la dérober à la vue de ses ennemis. Mais à l'intérieur ce couvercle est lisse et tapissé d'une toile de soie beaucoup plus consistante que celle qui revêt les parois du souterrain. L'animal y a ménagé une série de petits trous, disposés très-régulièrement. Ces trous ont un usage remarquable et qui forme un des points les plus curieux de l'histoire de cet animal : ils sont destinés à recevoir les crochets qui arment la bouche de l'Araignée. Si de l'extérieur on soulève la porte de ce souterrain, la Mygale pionnière retient l'opercule en fixant ses mandibules dans les trous dont nous parlons, en même temps que ses pattes se cramponnent sur la tapisserie qui revêt le haut de sa cellule.

Les Mygales ne font pas de toiles ; cependant plusieurs espèces tendent çà et là, dit-on, quelques fils, dans lesquels viennent se prendre de gros insectes et des Colibris. Mais la plupart vont à la chasse ; elles rôdent le soir ou la nuit et visitent les nids des Oiseaux-Mouches, dont elles dévorent les petits.

La morsure des Mygales est redoutée aux Antilles. Elle produit, selon quelques auteurs, une douleur très-vive, suivie de fièvre, sans amener d'ailleurs d'autres accidents.

Le genre *Araignée* est caractérisé par des yeux souvent écartés, les crochets des mandibules se fermant latéralement, les palpes insérées à la base des mâchoires, deux stigmates et deux sacs respiratoires.

Le genre Araignée comprend un grand nombre d'espèces et a des représentants dans tous les points du globe. Parmi ces espèces, les plus importantes sont les *Lycoses*, les *Épéires*, les *Sphases*, les *Érèses*, les *Argyronètes*, enfin les *Araignées proprement dites*.

Les *Lycoses* se font remarquer par leurs membres antérieurs, sensiblement plus longs que ceux de la seconde paire. Les yeux sont disposés en quadrilatère, et les deux postérieurs ne sont point portés sur une éminence. Ces Aranéides, connues sous le nom d'*Araignées-Loups*, se tiennent presque toutes à terre. Quelques-unes s'établissent dans les fentes des murailles ; d'autres dans des trous creusés sous le sol et dont les parois sont fortifiées par des fils qui empêchent les éboulements. Les Lycoses passent l'hiver au fond de ces retraites, après avoir eu la précaution d'en boucher l'ouverture pour se défendre du froid.

Les Lycoses sont très-carnassières. Placées à l'entrée de leurs trous, elles épient les petits animaux pour les saisir et les dévorer.

La femelle attache à son abdomen, avec des fils de soie, le cocon qui contient ses œufs, et les porte partout avec elle. Les petits, après l'éclosion, se groupent sur le ventre de la mère et y vivent un certain temps. Cette réunion de famille a quelque chose de hideux.

La *Lycose-Tarentule*, ainsi nommée parce qu'elle abonde dans les environs de Tarente, ville de la Pouille, province de l'ancien royaume de Naples, est depuis longtemps célèbre. Léon Dufour a donné sur la *Lycose-Tarentule* des détails précis, que nous allons rapporter.

« La Tarentule, dit Léon Dufour, habite les lieux découverts, secs, arides, incultes, exposés au soleil. Elle se tient ordinairement, au moins quand elle est adulte, dans des conduits souterrains, dans de véritables clapiers qu'elle se creuse elle-même. Cylindriques et souvent d'un pouce de diamètre ces clapiers s'enfoncent jusqu'à plus d'un pied dans le sol; mais ils ne sont pas simplement perpendiculaires, ainsi qu'on l'a avancé. L'habitant de ce boyau prouve en même temps qu'il est chasseur adroit et ingénieur habile. Il ne s'agissait pas seulement pour lui de construire un réduit profond qui pût le dérober aux poursuites de ses ennemis, il fallait encore qu'il établît là son observatoire pour épier sa proie et s'élancer sur elle comme un trait. La Tarentule a tout prévu : le conduit souterrain a en effet une direction verticale, mais à quatre ou cinq pouces du sol il se fléchit à angle obtus et forme un coude horizontal, puis redevient perpendiculaire. C'est à l'origine de ce coude que la Lycose, établie en sentinelle vigilante, ne perd pas un instant de vue l'entrée de sa demeure. »

La Tarentule recherche les lieux secs et exposés au soleil. Elle se cache dans des trous qu'elle a creusés. Ces trous, qui sont cylindriques, ont jusqu'à 3 centimètres de diamètre et 3 décimètres de profondeur. Cette retraite, qui lui sert d'asile contre ses ennemis, est aussi son poste d'observation, d'où elle peut épier sa proie et fondre sur elle. Le terrier est merveilleusement disposé pour la défense et l'attaque. D'abord vertical, il se recourbe à 1 centimètre et demi de la surface du sol. La tarentule se tient au début de cette courbe, sans perdre un instant de vue la porte. On peut alors voir ses yeux briller comme des diamants, du fond de sa retraite. A l'entrée extérieure du terrier est une sorte de vestibule, véritable embûche pour les insectes, auxquels il offre, en apparence, un lieu de repos, qui n'est que le vestibule de la mort.

La Tarentule, toute grosse et robuste qu'elle soit, s'est laissé apprivoiser. Le Dr J. Franklin nous dit que l'une de ces Araignées fut conservée pendant plus de cinq mois, emprisonnée dans un verre couvert avec du papier. Le verre était placé dans une chambre à coucher, sur une table. La Tarentule s'accoutuma bien vite à sa nouvelle cellule, et devint, avec le temps, si familière, qu'elle venait chercher dans les doigts de son maître une Mouche vivante. Après avoir donné à sa victime le coup de grâce avec ses mâchoires, elle ne se contentait pas, ainsi que le font beaucoup d'autres Araignées, de sucer la tête de sa victime, elle lui meurtrissait tout le corps et plongeait ses antennes dans sa bouche. Elle rejetait ensuite les restes de la Mouche et les balayait loin de sa cachette. Après avoir pris son repas, elle manquait rarement de faire sa toilette, qui consistait à brosser avec les tarses des pieds ses mandibules et ses antennes. Ceci fait, elle reprenait son attitude d'immobile gravité.

Le soir et la nuit, ajoute le Dr Franklin, étaient ses temps de promenade; elle cherchait alors à s'échapper. On l'entendit gratter plusieurs fois le couvercle en papier de sa prison.

Ces habitudes nocturnes ont confirmé quelques naturalistes dans l'opinion que le plus grand nombre des Araignées peuvent distinguer les objets aussi bien pendant la nuit que pendant le jour.

Tout le monde connaît les effets pathologiques que l'on attribue à la piqûre de la Tarentule, effets que l'on a même désignés sous le nom de *tarentisme*. Tout le monde connaît également le singulier traitement que l'on oppose à cette maladie, et qui consiste dans la danse poussée à outrance, avec accompagnement d'une musique au même diapason.

Les personnes qui sont piquées par cette Arachnide éprouvent, dit on, de singuliers phénomènes nerveux. Elles crient, rient, soupirent et font toutes sortes d'extravagances. C'est pendant l'époque de la canicule que l'on voit presque toujours survenir ces accidents chez les paysans de la Pouille alors occupés à la moisson, et qui pendant leur travail sont piqués par cette Arachnide. Le mode de traitement auquel on soumettait autrefois les *tarentulés*, c'est-à-dire les personnes piquées par la Tarentule, était des plus bizarres. Leurs compagnons leur jouaient, avec le tambourin sicilien, différents airs, principalement la *Pastorale* et la *Tarentelle*, dont la musique a été notée dans plusieurs ouvrages, et que le compositeur français Auber a reproduite à peu près littéralement dans la *Tarentelle* de la *Muette de Por-*

tici. Les malades se mettaient aussitôt à danser. Lorsqu'ils étaient accablés de fatigue et baignés de sueur, on les mettait au lit. Ils s'endormaient, et à leur réveil, dit-on, ils se trouvaient guéris.

Nous passerons rapidement en revue les ouvrages anciens et modernes qui ont été consacrés à la *Tarentule* et au *tarentisme*.

Baglivi, en 1696, écrivit sur la *Tarentule* un ouvrage où il exagérait singulièrement les effets du *tarentisme*. Swammerdam contesta les assertions de Baglivi, et prétendit que les effets de la piqûre de cette Araignée se bornent à une enflure de couleur livide, et à des phlyctènes, qui envahissent les environs de la partie mordue, le tout accompagné d'un peu de fièvre.

Après l'ouvrage de Baglivi, celui qui a fait le plus de bruit est le *Traité de la Tarentule*, publié à Naples, en 1709, par Valetta, religieux de Saint-Augustin. L'auteur répond aux objections de ceux qui ont révoqué en doute le phénomène du *tarentisme*, et cite plusieurs personnes qui avaient été mordues de la Tarentule. Quelques-unes, dit-il, appartenaient à de grandes familles, et, bien loin de vouloir faire des contes, elles auraient désiré, pour en éviter la honte, pouvoir tenir caché le malheur qui leur était arrivé.

Robert Boyle, parlant, dans son traité des *Mouvements étourdissants*, de la morsure de la Tarentule et de la cure de cette maladie opérée par la danse et la musique, dit « qu'ayant eu lui-même quelques doutes sur ce sujet, il fut, après un examen attentif, convaincu que la relation était vraie dans son entier. »

Le Dr Mead, dans son *Traité des Poisons*, a donné un *Essai sur la Tarentule*, dans lequel il s'efforce de confirmer par ses propres réflexions les assertions des anciens naturalistes.

Le Dr Serao, médecin italien, dans un ouvrage sur ce même sujet, combattit les préjugés populaires relatifs à la piqûre de la Tarentule. Il montra que les prétendus effets de cette piqûre ne sont que des jongleries des gens du peuple, qui, pour gagner quelque argent, feignent d'avoir été piqués et se livrent à des contorsions affectées. Serao assure qu'il a fait plusieurs expériences sur des Tarentules, et que jamais homme ni animal, après en avoir été mordus, n'ont éprouvé d'autre mal à la partie blessée qu'une très-légère inflammation, semblable à celle qui est produite par la piqûre du Scorpion, et qui disparaît d'elle-même sans avoir occasionné le moindre danger.

En Sicile, où l'été est encore plus chaud que dans la province de la Pouille, la Tarentule, ajoute Serao, n'est nullement dangereuse, et l'on n'a jamais recours à la musique ni à la danse pour la cure du prétendu *tarentisme*.

Le naturaliste anglais Swinburne, dans un voyage qu'il fit en Italie, vers 1778, rechercha avec un soin minutieux toutes les particularités relatives à cette Araignée; mais la saison n'était pas assez avancée : on ne put lui montrer aucun *tarantato* (nom qu'on donne aux personnes mordues par la Tarentule). Il parvint cependant à engager une femme, qui avait été autrefois mordue par cette Araignée, à exécuter la danse de la *tarentelle*. Elle commença par se pencher d'un air de stupeur, sur un fauteuil, tandis que les instruments exécutaient une musique triste. Bientôt elle s'élança en poussant des hurlements. Elle courut çà et là dans la chambre, comme une personne ivre. Tenant un mouchoir des deux mains, elle l'élevait et l'abaissait alternativement, d'un mouvement cadencé. Quand la musique devint plus animée, ses mouvements furent aussi plus rapides; elle sautait de côté et d'autre, avec beaucoup de force et de variété dans ses pas; de temps en temps elle jetait des cris. Cette scène n'avait rien d'agréable, et Swinburne se hâta d'y mettre fin.

Le naturaliste anglais nous apprend que partout où les *tarantati* doivent danser, on tend, à l'entour de la place, des rubans et des grappes de raisin. Les acteurs de cette comédie chorégraphique sont vêtus de blanc et portent des rubans rouges, verts et jaunes. Ils suspendent sur leurs épaules une écharpe blanche, laissent flotter leurs cheveux sur le cou, et rejettent leur tête aussi loin en arrière qu'ils le peuvent.

Swinburne ajoute que cette danse est l'imitation fidèle des danses des anciens prêtres et prêtresses de Bacchus. L'introduction du christianisme aurait fait, selon lui, abolir ces danses, qui tenaient aux rites du paganisme; mais les Italiens auraient ressuscité les danses des Bacchantes avec les prétendus délires déterminés par la piqûre de la Tarentule[1].

A cette explication mythologico-historique, nous préférons

1. *Voyage dans les Deux-Siciles*, 4 vol. in 8, 1785.

l'hypothèse de Serao, c'est-à-dire une simple supercherie des paysans qui se donnent le divertissement de la danse, pour obtenir quelques pièces de monnaie des touristes crédules.

Nous devons pourtant ajouter que, de nos jours, M. Ozanam, bibliothécaire à la Faculté de médecine de Paris, dans une *Étude sur le venin des Arachnides et sur son emploi thérapeutique, suivie d'une dissertation sur le tarentisme*, publiée en 1856 dans le journal homéopathique *l'Art médical*, admet les effets anciennement attribués à la piqûre de la Tarentule. Cet auteur s'exprime ainsi au sujet du tarentisme :

« 1° La piqûre de la Tarentule détermine réellement les phénomènes du tarentisme.

« 2° Le tarentisme nerveux a existé réellement pendant deux siècles en Europe, comme maladie épidémique.

« 3° Il existe encore en Abyssinie, sous le nom de *tigretier*.

« 4° Le venin de la Tarentule, suivant la loi de similitude, devra soulager et guérir le tarentisme, s'il se reproduit en Europe.

« 5° L'action salutaire de la musique sur les malades atteints, soit du tarentisme nerveux, soit de la piqûre de la Tarentule, paraît réelle et démontrée. »

Nous enregistrons ici les témoignages de l'honorable médecin, en lui laissant la responsabilité de ses assertions.

Il faut reconnaître que les Lycoses-Tarentules de la Pouille diffèrent des Tarentules de l'Espagne, du midi de la France, etc. Walckenaer leur reconnaît, en effet, des caractères particuliers. Outre les caractères propres aux Lycoses du sous-genre Tarentule, elles ont le ventre de couleur fauve-rouge traversée par une bande noire, et ont des taches en chevron sur l'abdomen, ainsi que sur le céphalo-thorax. Les yeux de la ligne antérieure sont un peu plus gros que les latéraux de la même ligne, et ils sont noirs comme eux. Ce caractère distingue les Tarentules de la Pouille de celles dites de Narbonne et d'Espagne.

Les Araignées-Tarentules existent en Algérie, en Égypte, en Crimée, en Grèce, dans plusieurs parties de l'Italie, dans plusieurs îles de la Méditerranée, dans le midi de la France, particulièrement auprès de Narbonne, en Espagne, etc. Mais dans aucun pays elles ne donnent lieu aux accidents que l'on a décrits pour celles de la Pouille. Les Tarentules sont-elles plus venimeuses dans ce dernier pays que partout ailleurs? ou faut-il attribuer à l'imagination et aux préjugés les faits singuliers que les auteurs ont décrits avec tant de complaisance? C'est ce que des observations faites avec soin permettront seules de décider. Tout ce qu'il est permis de dire encore, c'est que l'imagination paraît jouer ici le rôle essentiel, et qu'il est bien probable que les tarentulés de la Pouille guériraient parfaitement s'ils étaient abandonnés à eux mêmes ou soumis aux précautions fort simples employées contre les piqûres des Scorpions et des Araignées ordinaires.

Les *Épéires* ont deux yeux de chaque côté de la tête, presque continus, et quatre autres formant un quadrilatère sur le front. Leurs mâchoires, dilatées dès la base, représentent une palette arrondie. Elles se confectionnent une toile tendue verticalement,

Fig. 50. Épéire mâle.

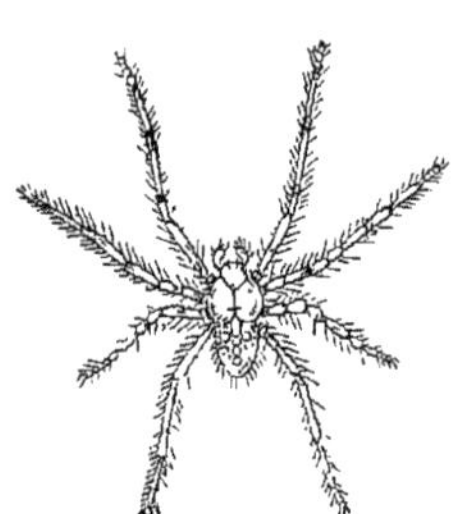

Fig. 51. Épéire femelle.

composée de fils disposés par cercles concentriques et attachés sur de nombreuses soies qui forment autant de rayons partant du centre.

Les Épéires se tiennent au centre de leur toile, pour y guetter la proie, qui s'y prend au vol; ou bien elles se font une retraite d'où elles surveillent tout ce qui se passe à la surface de leur toile. Cette retraite n'est tantôt qu'un simple boyau de soie fortifié par des feuilles rapprochées avec des fils; tantôt une cellule qui ressemble à un nid d'oiseau et qui est ouverte en haut Cuvier dit que la toile de quelques Épéires exotiques est composée de fils si forts, qu'elle arrête de petits Oiseaux et embarrasse même l'homme qui s'y trouve engagé. Les navigateurs qui allèrent à la recherche de Lapeyrouse virent les naturels de l'Australie et ceux de quelques îles de la mer du Sud manger des Épéires lorsqu'ils manquaient d'autre nourriture.

L'*Épéire diadème* est commune en Europe. Elle vit surtout dans les jardins. C'est la plus grande de toutes les Araignées qui se trouvent dans nos contrées. Son abdomen est ovale, cotonneux et d'une couleur jaune rougeâtre, dont les nuances varient dans les diverses saisons. Le dessus est orné de cercles et de points noirs et blancs, disposés de manière à représenter une sorte de bandeau. Le fond sur lequel ce bandeau et ces points blancs se trouvent placés est d'une magnificence sans égale, quand on l'observe avec une loupe à la lumière du soleil. La couleur des jeunes Araignées de cette espèce varie d'ailleurs sensiblement; dans quelques-unes l'abdomen est de couleur pourpre et orné de points blancs, les pieds sont jaunes et les anneaux d'une couleur plus foncée; d'autres ont l'abdomen d'un brun-rouge, orné de blanc; mais les pieds sont d'un vert pâle, avec des anneaux de couleur pourpre ou noire.

Les *Sphases* ont des pattes antérieures plus longues que les autres. Leurs yeux sont rangés, deux par deux, sur quatre lignes, de manière à former un ovale transversal, tronqué aux deux bouts.

Les *Érèses* ont des tarses terminés par trois crochets. Leurs yeux sont au nombre de huit, dont quatre sont rapprochés en trapèze, et les quatre autres situés sur les côtés, de manière à former un quadrilatère beaucoup plus grand; leurs mâchoires sont droites.

Les *Argyronètes* sont caractérisées par leurs yeux, dont deux sont situés, de chaque côté du groupe oculaire, sur une éminence et très-rapprochés, tandis que les quatre autres forment un quadrilatère; leurs mâchoires sont inclinées.

Ces Aranéides vivent dans les marais; c'est ce qui les a fait appeler *Nayades* par Walckenaer.

Ce naturaliste décrit comme il suit les travaux de l'espèce la mieux connue, l'*Argyronète :*

« Elle se construit, dit Walckenaer, au fond des eaux dormantes, une retraite, en forme de cloche, qu'elle attache par ses bords aux filaments des herbes voisines, au moyen d'un très-grand nombre de fils dirigés dans tous les sens; mais les Araignées ne pouvant respirer que dans l'air, il fallait que cette cloche en fût remplie et qu'elle pût le contenir. A cet effet, l'Argyronète compose cette cloche de fils agglutinés, formant un tissu assez serré pour être imperméable, et elle la remplit par un procédé singulier. Elle s'élève à la surface de l'eau en nageant renversée sur le dos; elle en

Fig. 52. Habitation aquatique de l'Argyronète.

fait subitement sortir son abdomen; une bulle d'air vient aussitôt se joindre à la légère couche de ce fluide qui enveloppait déjà cette partie de son corps, et lui donne un éclat argentin; plongeant alors avec vivacité, elle entraîne cette bulle et va la déposer sous la cloche préparée pour la recevoir. Par ce manége suffisamment répété, la cloche se remplit, l'air que la respiration consomme se répare, et l'animal se procure à lui-même le seul milieu au moyen duquel il puisse vivre. »

L'*Argyronète* se place sous cette cloche pour guetter sa proie; elle y dépose son cocon, et s'y renferme pour passer l'hiver.

Le mâle établit pour lui un château d'air particulier, non loin de celui de la femelle. Ensuite il fait brèche à travers les soies qui forment la clôture de la résidence de la femelle; et les deux bulles d'air adhérentes à leur corps, se trouvant réunies ensemble, ne forment plus qu'une seule grande loge, telle qu'on la voit représentée sur la figure 52.

L'*Araignée aquatique*, qui est très-commune parmi les habitants de nos eaux douces, semble, quand elle est dans l'eau, couverte d'un vernis d'argent. Ce manteau n'est autre chose que la bulle d'air qui a transpiré de son corps, et a servi à notre animal pour faire le curieux manége qui vient d'être décrit et qui assure son existence sous l'eau.

La femelle prend soin de ses petits, et elle leur établit des demeures subaquatiques pareilles à la sienne. Pendant l'hiver, le mâle et la femelle se logent dans des cloches vides qu'ils rencontrent. Ils n'ont qu'à les fermer en ourdissant une toile à leur base.

On voit que cette pauvre petite Araignée a réalisé avant l'industrie humaine la *cloche à plongeur* et la respiration artificielle sous l'eau au moyen d'une provision d'air, invention propre à notre siècle. La nature avait devancé le génie de l'homme.

Sa retraite est, en effet, une sorte de cloche à plongeur. Sa maison est un cocon ovale, rempli d'air, doublé de soie et retenu par des fils tendus dans toutes les directions.

Comment la nature a-t-elle enseigné à des animaux qui respirent l'air, le moyen de remplir d'air leur cellule aquatique? Comment leur a-t-elle enseigné à emporter avec eux une bulle d'air sous l'eau? C'est là un mystère qui surpasse la portée de notre esprit. Cette existence aquatique d'un être aérien est une des plus grandes curiosités du règne animal. On ne peut y voir d'ailleurs qu'une intention providentielle. Les insectes qui vivent dans les eaux croupissantes étant très nombreux, leur multiplication demande à être retenue dans certaines limites. L'Araignée d'eau est un des agents auxquels l'Auteur de la nature a confié la charge de mettre un frein aux débordements de la vie aquatique.

Les *Araignées proprement dites* sont celles qui ont donné lieu au plus grand nombre d'observations. On comprend surtout sous ce nom l'*Araignée domestique* et l'*Araignée des jardins*, ou *Araignée géomètre*.

Les *Araignées* proprement dites ont le corps divisé en deux parties : la tête, formant avec le thorax ce qu'on appelle le *céphalo-thorax*, et l'abdomen, qui ne tient à ce dernier que par un pédicule très-étroit. Le céphalo-thorax porte les yeux, les pièces de la bouche et les pattes.

Privées des yeux aux mille facettes des Insectes et des Crustacés, les Araignées ont six à huit yeux simples, disposés sur le devant du front de la manière la plus favorable pour que la vue puisse s'exercer dans toutes les directions. Ces yeux, complets d'ailleurs, ainsi que nous l'avons déjà dit, c'est-à-dire contenant la cornée transparente, le cristallin et la rétine, sont tantôt réunis sur le sommet du front, tantôt rangés sur deux lignes transversales parallèles, près de son bord antérieur et groupés vers ses angles et dans son milieu. Les yeux varient beaucoup chez les Araignées par leurs dispositions et leur grosseur. C'est sur ces différences que les naturalistes fondent les caractères servant à distinguer les genres et les espèces.

La bouche est composée de quatres pièces principales : deux mandibules et deux mâchoires. Les mandibules, toujours très-fortes, se terminent par deux crochets recourbés, excessivement aigus et qui se meuvent tantôt horizontalement, tantôt verticalement. Ces crochets sont les armes qui servent à l'Araignée à tuer les Insectes.

Les mâchoires sont des pièces cornées, placées derrière les mandibules. Elles portent chacune un *palpe*, appendice composé de plusieurs articles et ressemblant assez aux pattes, quoique beaucoup plus petit.

Les pattes, toujours au nombre de huit, sont longues et déliées, munies de griffes et couvertes de poils. Dans les espèces qui filent de grandes toiles, les ongles des pattes postérieures portent des crénelures semblables aux dents d'un peigne. L'Araignée s'en sert avec beaucoup d'adresse pour accrocher son fil. C'est grâce à la flexibilité de leurs pattes que les Araignées courent avec une prodigieuse vitesse, grimpent contre les corps verticaux, sautent ou glissent sur les feuilles, nagent à la surface de l'eau et peuvent même plonger. L'agilité de quelques espèces est telle, que lorsqu'on croit les tenir elles sont déjà loin.

Telle est l'organisation de l'Araignée pour voir, pour sentir, pour mettre à mort sa proie, pour courir, grimper, sauter et nager. Mais là ne se bornent pas ses ressources : elle peut encore dresser des piéges. Pour cela, elle tient de la nature un appareil des plus curieux.

L'Araignée est pourvue de deux sortes de sécrétions : l'une pour la soie qui doit lui servir à tisser sa toile, l'autre pour le venin qui doit lui servir à tuer les Insectes.

La sécrétion du venin se fait dans une vésicule s'ouvrant à la base des mandibules, et pourvue d'un canal excréteur qui amène le liquide venimeux à l'extrémité du crochet, d'où il coule à l'extérieur. Quand une Araignée a saisi un Insecte entre ses pattes, elle le perce avec ses crochets. C'est la pression ainsi exercée contre la glande, qui détermine l'écoulement du venin dans la plaie et qui cause promptement la mort de la victime. C'est absolument la même disposition anatomique que l'on trouve chez les Serpents à venin.

La soie qui sert à l'Araignée à tisser sa toile est sécrétée par une glande placée à l'extrémité du canal intestinal, et composée d'une réunion de vaisseaux contournés et renflés vers le milieu. La matière renfermée dans ces vaisseaux ressemble à une gomme visqueuse, insoluble dans l'eau et l'alcool, se cassant comme du verre, et n'offrant de souplesse que lorsqu'elle est divisée en fils fort minces. Cette matière se fait jour au dehors par quatre filières, qui sont situées vers l'extrémité de l'abdomen et fermées par une petite plaque percée d'une infinité de petits trous. On a évalué le nombre de ces orifices à plus de mille pour certaines espèces. La matière soyeuse, s'écoulant par ces ouvertures imperceptibles, forme, absolument comme dans les filières de nos usines métallurgiques, une quantité de fils d'une ténuité incommensurable, en nombre égal à celui des trous. Ces fils si prodigieusement ténus se réunissent ensemble, à leur sortie, et forment les fils résistants qui sont destinés à construire les toiles. C'est avec ses pattes que l'Araignée dévide ces fils et les réunit en un seul.

Les fils sécrétés par les Araignées sont de différente nature. Dans les Orbitèles, par exemple, les fils disposés en cercle sont agglutinants, tandis que les fils disposés en rayons ne le sont pas. Le sac destiné à contenir les œufs est d'une tout autre texture, et quelquefois une bourre de soie entoure ces œufs.

Il est certain, d'après cela, que les Araignées ont des réservoirs de matière soyeuse pour différentes sortes de fils; mais jusqu'à présent on n'a pu distinguer les différents vaisseaux qui sécrètent tels fils plutôt que tels autres.

Au moment où les fils viennent de sortir des filières, ils sont gluants. Ce n'est qu'au bout de quelques instants que, par l'évaporation de l'eau, ils se dessèchent. En été il suffit d'un moment pour sécher les fils, car, dans cette saison, les Araignées se servent des fils dès qu'ils sont sortis de leurs mamelons.

Tout le monde a observé dans les beaux jours du printemps et de l'automne ces flocons blancs soyeux qui voltigent dans l'air et que l'on désigne sous le nom de *fils de la Vierge*.

Nous avons tous chanté, dans notre jeunesse, l'adorable romance de P. Scudo, le *Fil de la Vierge :*

Pauvre fil qu'autrefois ma jeune rêverie,
Naïve enfant,
Croyait abandonné par la Vierge Marie,
Au gré du vent,
Dérobé par la brise à son voile de soie
Fil précieux,
Quel est le chérubin dont le souffle t'envoie
Si loin des cieux?

Viens-tu de Bethléem, la bourgade bénie,
Frêle vapeur,
De l'encens qu'apportaient les Mages d'Arménie
Pour le Seigneur?
Sous les palmiers du Nil, la ronce te prit-elle
Au manteau bleu
Où la Reine des cieux, fugitive et mortelle,
Cachait un Dieu?

Le souffle de la froide et positive science a dissipé ces rêves charmants de la poésie; à la place de cette origine mystérieuse et céleste, elle a mis une assez décevante réalité. On sait aujourd'hui que les *fils de la Vierge*, dont la nature est restée si longtemps un mystère, que certains naturalistes, tels que Raspail, regardaient comme de l'albumine atmosphérique, d'autres comme

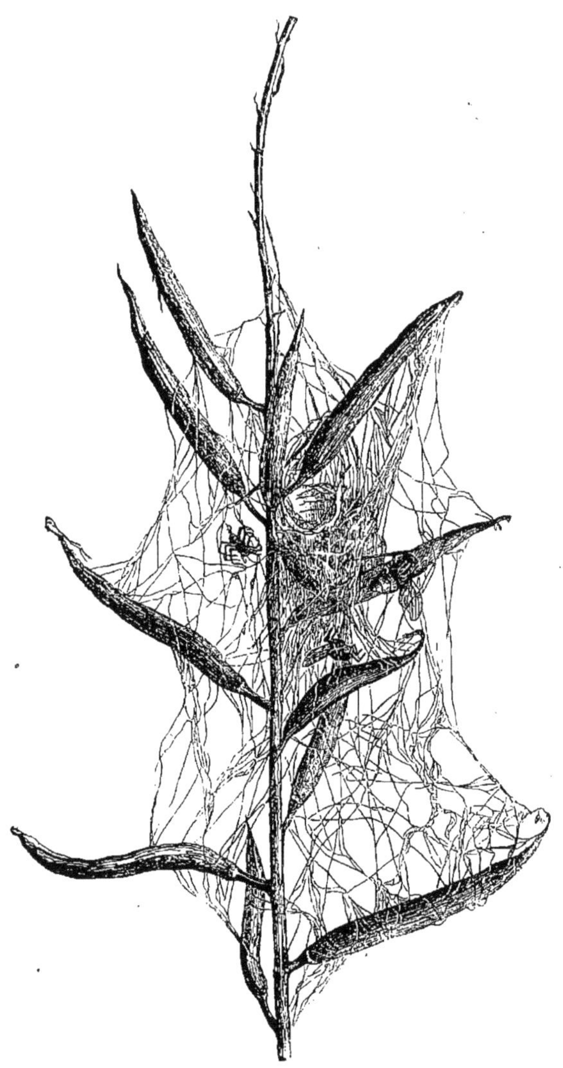

Fig. 53. Nid et fils de l'Araignée.

une poussière fécondante végétale, ne sont qu'une agglomération de fils de jeunes Araignées. L'analyse chimique a prouvé que ces fils ont la même composition que ceux de l'Araignée. D'ailleurs, l'observation attentive faite sur les Araignées dans les lieux où elles se trouvaient en grand nombre et en pleine campagne a confirmé cette découverte. Les *fils de la Vierge* sont les plus grands fils des *Épéires*, ceux qui doivent servir à constituer les rayons de la toile. Ces fils, affaissés par l'humidité, se rapprochent, finissent par se rouler en peloton, et constituent ces productions que le vent emporte et qui flottent dans l'air, en raison de leur prodigieuse légèreté.

Au siècle dernier, on chercha à utiliser la soie des Araignées pour en confectionner des étoffes. On fabriqua avec cette soie des bas et des gants.

Ce fut Bon de Saint-Hilaire, président de la cour de Montpellier, qui eut, au commencement du dix-huitième siècle, la première idée de faire filer et tisser la soie des Araignées et d'en confectionner des gants, des bas et d'autres objets. Cette découverte eut un certain retentissement, et quelques industriels essayèrent d'imiter les procédés du président de Montpellier. On remplaça les cocons dont ce dernier faisait usage, par la soie obtenue directement des filières de l'Araignée. Louis XIV voulut avoir un habit de toile d'Araignée, mais le peu de solidité qu'offrait l'étoffe l'en dégoûta bientôt. Un négociant anglais, nommé Rolt, eut, plus tard, l'idée d'enrouler les fils d'Araignée autour d'un léger dévidoir, qu'il mettait en communication avec un moteur. Le naturaliste Alcide d'Orbigny rapporta au Muséum d'histoire naturelle un échantillon de la soie d'une Araignée, dont il assurait avoir recueilli en Amérique une très-grande quantité. Cette soie lui avait servi à se faire confectionner, en Amérique, un pantalon.

Nous n'avons pas besoin de dire que les essais pour la fabrication des étoffes de toile d'Araignée n'ont jamais eu rien de sérieux.

Arrêtons-nous un instant sur l'art merveilleux que déploie l'Araignée pour tisser sa toile. On ne peut se lasser d'admirer l'adresse, l'intelligence de ce petit être. On est étonné de l'habileté, de la précision mathématique de son travail, des ressources qu'il met en œuvre pour triompher de tous les obstacles, des moyens ingénieux dont il se sert pour raccommoder une maille ou se délivrer d'un objet embarrassant.

Quand elle se dispose à filer sa toile, l'*Araignée domestique* laisse d'abord échapper une petite goutte de sa liqueur gluante, qui est très-tenace ; ensuite, en rampant le long de la muraille, et réunissant ses fils, à mesure qu'elle avance, elle se dirige au côté opposé de la même muraille, où l'autre bout du fil doit être attaché. Un premier fil étant ainsi fixé aux deux côtés du mur par chacune de ses extrémités, l'Araignée court sur ce fil en avant et en arrière, continuant de le doubler et de le renforcer, parce que de ce premier fil dépend la stabilité de tout son ouvrage. Cette base étant complète, elle pose d'autres fils parallèles au premier, et croise ensuite d'autres fils par-dessus cette rangée, la substance visqueuse dont ils sont formés servant à les consolider les uns par les autres. A l'angle de la toile elle ménage une espèce d'entonnoir : c'est la retraite où elle se tiendra cachée pour épier sa proie.

Les toiles de l'Araignée diffèrent, on le voit, de celles que compose l'industrie humaine. Dans nos tissus, il y a une chaîne et une trame : les fils de chaîne sont entrelacés avec ceux qui forment la trame, tandis que les fils de la toile de l'Araignée sont simplement superposés, et ne sont jamais entre-croisés ; ils adhèrent entre eux par les points par lesquels ils se touchent, mais ils ne sont point entrelacés par la navette, ni pressés après l'entre-croisement.

Les fils qui servent de lisière à la toile sont doubles ou triples. Pour faire cette partie de la toile, l'Araignée ouvre toutes ses filières à la fois et colle plusieurs fils les uns sur les autres, parce qu'il est nécessaire que les extrémités de la toile soient ourlées et rendues plus fortes, afin de n'être pas déchirées. L'Araignée a même le soin d'assurer et de soutenir cette partie par des brides, ou fils doubles, qu'elle prend soin de fixer tout à l'entour de sa toile.

De temps en temps, notre industrieuse ouvrière ôte la poussière tombée sur sa toile et la nettoie. Pour cela, elle lui donne une secousse avec une de ses pattes ; mais elle proportionne si admirablement la force du coup à la délicatesse de la toile, qu'il n'y a jamais rien de rompu dans le tissu.

De toutes les parties de la toile partent différents fils, qui se réunissent, comme autant de rayons, en un centre au lieu qui sert de retraite à l'animal. Il est ainsi averti, par les vibrations de la toile, de la présence de sa proie, et il peut aussitôt la saisir. Sa retraite au fond de sa cachette a un autre avantage : c'est la facilité qu'elle lui donne de se nourrir de sa proie en lieu de sûreté. Elle peut, en outre, dérober à la vue les cadavres d'Insectes, et ne laisser à découvert aucune trace qui pourrait faire connaître sa retraite, ou dont la vue inspirerait à d'autres Insectes la crainte de s'en approcher.

Il arrive quelquefois que la Mouche capturée est très-grosse; alors une lutte s'engage, la Mouche s'agite violemment; mais l'Araignée, loin de lâcher prise, l'enlace avec la soie qu'elle tire de ses filières, puis elle l'emporte, ainsi garrottée, dans son trou. Quand les Insectes sont trop gros, on assure que l'Araignée aide elle-même le captif à rompre les fils de la toile et à s'échapper.

L'*Araignée des jardins*, ou *Araignée géomètre*, façonne sa toile d'une autre manière. Elle fixe un bout de ses fils par l'humeur gluante qui l'imprègne à l'endroit où elle se tient, et ensuite, à l'aide de ses pieds de derrière, elle tire plusieurs autres fils de ses mamelons; elle les allonge indéfiniment. Le vent les jette sur un arbre voisin, ou sur un autre objet, auquel ils s'attachent par leur nature visqueuse. Quand un premier fil est attaché, elle s'en fait un pont, sur lequel elle passe et repasse, rendant le fil toujours plus fort par d'autres fils qu'elle ajoute. Ensuite, et à une petite distance du premier fil, elle en tend un second, puis un troisième. Alors elle fixe obliquement d'autres fils en travers, de manière à former un filet, au centre duquel elle finit par s'établir.

Dans la formation de sa toile, l'Araignée se dirige surtout par le sens du toucher, qui est très-développé chez cet animal. Elle sent, pour ainsi dire, chaque fil. Elle reconnaît que le nombre des rayons est complet en se plaçant au centre du réseau et en touchant ensuite chacun de ces rayons les uns après les autres, avec ses pattes. S'il y a dans le tissu des lacunes ou des défauts, elle répare son ouvrage. Notre industrieux animal agit donc à la manière des aveugles, qui voient, pour ainsi dire, par leurs doigts. Aussi les Araignées tissent-elles leur toile aussi bien dans les ténèbres qu'en plein jour. On en a vu qui, enfermées dans les lieux les plus obscurs, produisaient des filets d'une perfection achevée.

La plupart des Araignées tissent leur toile dans des lieux d'un accès facile pour elles; mais il en est d'autres qui choisissent des situations où l'on ne s'attendrait guère à les rencontrer. Il n'est pas rare de voir des toiles d'*Araignée géomètre* fixées à des objets entre lesquels l'animal ne peut avoir marché, tels que des tiges de plantes vivant dans l'eau et qui sont séparées par d'assez grandes distances. Comment fait alors l'Araignée pour étendre ses fils? Pour répondre à cette question, nous n'aurons point recours à des arguments, nous rapporterons un fait.

Une grande Araignée de jardin avait été placée sur un bâton long d'environ 4 décimètres et posé perpendiculairement dans un vase rempli d'eau. Après avoir attaché son fil (comme font toutes les Araignées avant de se mouvoir) au bout supérieur du bâton, elle glissa, en descendant sur un des côtés du bâton, jusqu'à ce qu'elle sentît l'eau avec ses pattes de devant. L'Araignée s'éloigna immédiatement du bâton, et remonta avec l'aide du fil au bout de son mât. Elle répéta près de vingt fois cet exercice, se laissant glisser de temps en temps du côté différent du bâton, mais le plus souvent le long du même chemin qu'elle avait parcouru tant de fois sans succès.

« Fatigué de la monotonie de ces opérations, dit l'observateur, M. Kirby, je quittai la chambre pour quelques heures. A mon retour, je fus surpris de trouver ma prisonnière évadée, et ce ne fut point un médiocre plaisir pour moi de découvrir, après ample information, un fil qui s'étendait du bord supérieur du bâton à une armoire éloignée de sept ou huit pouces. Curieux de voir moi même le procédé à l'aide duquel cette corde avait été faite et jetée sur l'abîme, je replaçai l'Araignée dans sa situation primitive. Après être montée plusieurs fois et être descendue comme elle avait fait précédemment, elle se laissa glisser à la fin du bout du bâton, soutenue, non comme la première fois par un fil, mais bien, cette seconde fois, par deux fils qui n'étaient point de la même longueur. L'un de ces deux fils était éloigné de l'autre, — il y avait entre eux environ la valeur d'un douzième de pouce. — L'animal se dirigeait, comme c'est son usage, par une des pattes de derrière. Quand l'Araignée eut presque atteint la surface de l'eau, elle s'arrêta tout court et coupa près des dévidoirs le plus petit fil.

« Ce fil coupé adhérait encore par un bout au haut du bâton et flottait en l'air, si léger, que le moindre souffle le portait çà et là. En présentant un crayon au bout détaché de cette corde volante, je reconnus que ce bout de corde n'adhérait point au simple contact; je l'enroulai donc une ou deux fois autour du crayon et je le tirai raide à moi. L'Araignée, qui avait d'abord grimpé au sommet du bâton, tira de son côté avec une de ses pattes, et, trouvant la corde suffisamment ferme, elle se hasarda à marcher le long de ce pont aérien, le fortifiant par un autre fil à mesure qu'elle avançait, et arriva ainsi jusqu'au crayon. »

Un autre observateur, Rennie, avait placé plusieurs Araignées dans des verres à boire vides, puis il avait mis ces verres dans des soucoupes remplies d'eau. Les Araignées ayant bien constaté, en descendant plusieurs fois le long de l'extérieur du verre, qu'elles étaient dans une tour environnée d'eau, se mirent toutes au travail, pour jeter un pont de soie par-dessus l'étendue d'eau qui les emprisonnait. Elles commencèrent par s'assurer de la direction du vent. Pour cela, elles élevaient leurs pattes en l'air, afin de sentir d'où venaient les courants d'air. Ne trouvant aucun courant d'air à aucun bord du verre, elles parurent un instant perdre toute espérance. Comment, en effet, construire un pont par-dessus l'eau sans point d'appui? Chacune se plaça, avec philosophie, dans une attitude de repos, et attendit patiemment une brise favorable. M. Rennie ayant, quelque temps après, produit un courant d'air, en soufflant doucement avec la bouche, l'une des Araignées qui était sur le bord du verre se montra fort agitée. Bientôt elle fixa un fil au bord du verre; et le courant d'air ayant poussé vers un meuble voisin le fil qui flottait, l'extrémité de ce fil s'y colla, et l'Araignée put se sauver en se dirigeant le long de ce fil et le renforçant à mesure qu'elle avançait sur ce pont chancelant.

Dans ses *Promenades d'un naturaliste aux environs de Paris*, M. Aristide Roger décrit ainsi le travail d'un de ces étranges tisserands, dont il suivit, pendant une heure, les admirables manœuvres dans la forêt de Marly :

« C'était, dit M. Aristide Roger, une grosse Araignée de l'espèce appelée *Epéire diadème*, reconnaissable à la tache régulièrement festonnée qui pare son abdomen, et très-commune à la fin de l'été dans les jardins et les bois. Elle avait choisi pour tendre sa toile un espace large d'un mètre environ, entre le tronc d'un jeune bouleau et la cime d'un coudrier. Immobile à l'extrémité de celui-ci, elle paraissait réfléchir et chercher de ses huit yeux les divers bouts de branches où elle pourrait attacher ses fils. Je me cachai derrière un arbrisseau voisin pour ne pas lui donner d'inquiétude, et je l'examinai avec attention. Tout à coup je la vis se jeter du haut de son observatoire ; mais, au lieu de tomber à terre, elle s'arrêta, suspendue par un fil, à soixante centimètres au dessus du sol. Peu à peu alors elle se donna un mouvement de va-et-vient, et se mit à osciller comme un pendule dans l'espace libre où elle voulait s'établir. Au bout de quelques secondes, les oscillations s'agrandirent de plus en plus, et bientôt l'Araignée put toucher le tronc du bouleau et s'y cramponner solidement à l'aide de ses pattes. L'espace était franchi, un premier pont de soie réunissait l'arbre et le coudrier.

« L'industrieux tisserand fixa solidement son fil sur l'écorce du bouleau, à la même hauteur de ce côté que de l'autre, et s'élança soudain sur cette corde transversale avec une audace et une agilité à faire mourir de jalousie le plus intrépide funambule. Sur plusieurs points de cette corde, il noua ensuite une multitude d'autres fils qu'il attacha par leur extrémité inférieure, les uns au tronc du bouleau, les autres aux feuilles du coudrier, d'autres enfin à la cime des plantes qui croissaient entre les deux arbustes. Ces fils, entre-croisés en un même point, devaient composer les rayons de la toile. Aussitôt qu'ils furent terminés, la fileuse se porta en effet au point d'entre-croisement, et, le choisissant comme centre, se mit à relier les rayons par des fils transversaux.

« Pour cela, à mesure que le cordon soyeux sortait de la filière, elle le prenait avec une de ses pattes et, sautant rapidement d'un rayon à l'autre, le collait successivement à chacun d'eux. En peu de temps, elle construisit ainsi une série de polygones concentriques d'une régularité parfaite, et dont les plus extérieurs étaient aussi les plus larges.

« La toile lui paraissant alors suffisamment développée, elle retourna brusquement au milieu, allongea de tous côtés ses pattes hideuses, et secoua de toutes ses forces le réseau de soie qu'elle venait de tisser, dans le but évident d'éprouver sa résistance et sa solidité.

« Tout à coup, une feuille sèche détachée d'un arbre voisin tourbillonna dans les airs et vint malencontreusement s'embarrasser dans les mailles du piége où nul Insecte encore n'était venu se prendre. L'Araignée, étonnée d'abord, frémit de colère; elle ébranla plus fortement que jamais sa toile pour en détacher la maudite feuille qui la trahissait; mais, malgré ses efforts, elle ne put y parvenir. S'élançant alors vers l'endroit encombré, elle essaya vainement encore de le débarrasser à l'aide de ses pattes, et dut se résigner à rompre quelques mailles pour que la feuille tombât sur le sol. Les fils rompus furent promptement rajustés, et l'Araignée revint au centre de sa toile.

« Pour la payer de sa peine et aussi du curieux spectacle qu'elle m'avait donné, je saisis une grosse Mouche qui, depuis quelques instants, bourdonnait désagréablement à mes oreilles, et je la lui jetai. L'Araignée courut sur elle, la prit entre ses pinces, l'emprisonna dans un fourreau de soie et, comme après une journée si fatigante elle devait avoir bon appétit, elle fit sans doute, ce soir-là, le meilleur des repas qu'elle eût faits de sa vie.

« La forme et la disposition des toiles qu'ourdissent les Araignées varient beaucoup avec les différentes espèces. L'*Épeire diadème*, dont je viens de parler, l'*Araignée scalaire*, remarquable par sa couleur d'un beau jaune citron, et toutes les Araignées globuleuses qui leur ressemblent, tissent une toile verticale et croisée par des fils en rayons; l'*Araignée réticulée* et l'*Antriade* fixent obliquement les leurs à l'entrée des soupiraux des caves; l'Araignée qui vit sur les orties se borne à tendre irrégulièrement ses fils sur plusieurs plans; l'*Araignée triangulaire* trame une toile pleine, serrée, horizontale et surmontée d'un réseau plus petit et plus lâche; l'*Araignée domestique* ajoute à la sienne une retraite cylindrique où elle se cache; l'*Araignée des pierres* et la *Ségestrie perfide* se construisent seulement des cellules soyeuses; l'*Émeraudine* ne fait usage de ses filières que pour attacher entre elles les feuilles sous lesquelles elle cherche un abri.

« La grosseur et la résistance des fils de soie produits par les Arachnides sont ordinairement proportionnelles au volume et à la force de l'animal. Les toiles d'une Araignée de l'Amérique méridionale arrêtent des Oiseaux;

celles des plus grosses Araignées de nos climats résistent à peine au choc d'une Abeille. On a cependant pu fabriquer avec des fils de ces dernières des étoffes assez résistantes, mais beaucoup trop coûteuses pour que leur emploi puisse se généraliser. Les fils que sécrètent les Arachnides leur servent non-seulement à tisser leurs toiles, mais encore à se faire des abris et à fabriquer des cocons pour envelopper leurs œufs. »

L'*Araignée des jardins* (*Araignée géomètre*), dont nous venons de décrire l'industrieux travail, occupe le centre de sa toile, ou le plus souvent se tient cachée au fond de sa retraite. Immobile et les pattes étendues, elle guette l'instant où une Mouche viendra se prendre dans son réseau. Dès qu'un insecte est pris, elle se précipite sur le malheureux animal, le perce de ses crochets, l'emmaillotte dans les tours nombreux d'une soie épaisse et l'emporte dans sa retraite pour le sucer à son aise. Ensuite elle jette le corps de la victime et vient réparer les dégâts que l'insecte, en se débattant, a occasionnés dans sa toile. Enfin, elle se remet à l'affût.

L'*Araignée domestique* (*Tégénaire*) dresse son piége dans les angles des murs, et se tient à l'intérieur d'un tube au devant duquel sa toile s'étend horizontalement. D'autres jettent des fils entre les branches et les feuilles des arbres et construisent d'inextricables labyrinthes, ou couvrent de leurs toiles les herbes, les fleurs, les arbustes.

Il arrive souvent que le vent, ou quelque gros animal, détruit en une minute le travail pénible de l'Araignée, qui est forcée d'assister, impassible, à l'accomplissement de sa ruine. Le danger une fois passé, elle cherche à réparer sa toile, autant qu'elle le peut, car la réserve de matière visqueuse qu'elle possède étant une fois employée, ne peut être renouvelée qu'au bout d'un temps très-long.

Ce réservoir s'épuise quelquefois totalement. Alors le pauvre animal est exposé à tous les hasards. Quand ce malheur arrive à une vieille Araignée, elle est réduite à la plus triste extrémité. Sa toile est détruite et elle n'a plus de matériaux pour en former une nouvelle. Cependant notre animal, depuis longtemps accoutumé à ne vivre que de ruses, ne désespère pas de son sort. Il cherche à découvrir la toile d'une autre Araignée plus jeune et plus faible que lui-même, et il lui livre bataille. Ordinairement c'est l'usurpateur qui triomphe; la jeune Araignée, battue et chassée de son logis, est forcée de se fabriquer une nouvelle toile, tandis que la vieille demeure maîtresse de la position. Si elle a eu le dessous dans le combat, et qu'elle n'ait pu conquérir une toile, elle se contente de ce qu'elle peut obtenir par une chasse accidentelle; mais cette existence est très-précaire, et au bout de deux ou trois mois la vagabonde meurt de faim.

Les situations que choisissent les Araignées pour tisser leur toile varient selon les espèces et sans doute selon les climats. Quelques-unes préfèrent le grand air; elles aiment à s'établir au milieu des buissons et des plantes, c'est-à dire dans les lieux où les Mouches volent à ciel ouvert. D'autres se logent dans les coins des fenêtres, aux angles des chambres. Elles sont assurées d'y trouver leur nourriture, ainsi qu'une retraite ou des moyens de fuite. Beaucoup d'Araignées tissent leur toile dans les étables, dans les hangars, dans les celliers et dans des places désertes où il semble qu'elles ne doivent pas rencontrer la moindre Mouche. En général, elles choisissent de préférence les lieux solitaires, les recoins obscurs ou inaccessibles où ne pénètrent ni l'agitation du travail humain, ni les soins de la ménagère.

Il est dit dans la Bible que si Saül, à la poursuite de David et de ses hommes de guerre, n'entra pas dans la cave d'Adallam, c'est qu'une Araignée avait rapidement tissé sa toile devant l'ouverture de la cave où ces fugitifs étaient cachés. Saül, ayant vu cette toile, pensa qu'il était inutile de pousser ses recherches dans un endroit qui portait des preuves si évidentes de l'absence de tout être humain.

C'est à la fin de l'été et en automne que les Araignées pullulent et que les petits sortent de leurs innombrables œufs. C'est à cette époque qu'on voit souvent voltiger dans les airs ces légers fils de la Vierge, qui ne sont autre chose, comme nous l'avons dit, que des amas de fils provenant des toiles d'Araignées, que le vent emporte, amoncèle les unes contre les autres et fait flotter dans l'air.

Le même appareil qui sert à produire les fils donne aussi la substance dont l'Araignée entoure ses œufs pour les protéger.

Cette matière est tantôt une sorte de cocon, formé d'une substance aussi résistante que la bourre de soie, tantôt une bourre d'un tissu comparable au taffetas, mais tellement serré qu'il est impossible d'en distinguer les éléments. D'autres fois, l'Araignée rapproche deux feuilles, entre lesquelles elle fabrique un petit nid soyeux d'une éclatante blancheur; ou bien elle réunit les tiges de plusieurs herbes, les attache les unes aux autres, et se fait une cellule dans laquelle elle s'enferme avec ses œufs.

Toutes les Araignées, même celles qui ne font pas de toiles, possèdent des réservoirs de matière soyeuse, qu'elles emploient pour réunir leurs œufs en un petit paquet. Quelques-unes, les Lycoses par exemple, portent toujours avec elles ce précieux dépôt, qu'elles tiennent entre les pattes de devant ou qu'elles attachent à leur filière. Il est curieux de suivre au printemps, par un beau soleil, la *Lycose à sac* errant sur les chemins, son cocon vert collé à l'abdomen. Si l'on essaye de la prendre et de lui ôter son cocon, en lui donnant en même temps la liberté, elle ne s'enfuit pas. Elle cherche ses œufs avec sollicitude, court dans toutes les directions; et si elle a le bonheur de les retrouver, elle les saisit aussitôt et se sauve à toutes jambes.

L'observateur que nous avons déjà cité, M. Aristide Roger, dans ses *Promenades d'un naturaliste*, fait les remarques suivantes sur la manière dont les différentes espèces d'Araignées entourent leurs cocons d'une matière visqueuse :

« L'*Araignée apoclise*, qu'on trouve dans les bois humides, met une double enveloppe autour de ses œufs; la *Cucurbitine* entoure les siens de soie et de feuillages; le *Phalangiste*, qui vit dans nos caves, agglutine ceux qu'il a pondus en une boule ronde qu'il porte attachée à ses mandibules; le *Sisyphe* et la *Crypticole* tiennent entre leurs pattes le cocon où leurs œufs sont enfermés, luttent jusqu'à la mort pour le défendre, et l'ouvrent avec leurs mandibules pour en faire sortir leurs petits. Toutes les *Araignées chasseuses* traînent constamment le leur après elles; les *Coureuses* le hissent et le suspendent au sommet d'une plante, l'abritent sous un dôme de soie, et restent auprès de lui jusqu'à ce que les œufs soient éclos. La *Clubione nourrice* demeure enfin plusieurs jours auprès de ses petits, les protége et les surveille comme une Poule ses Poussins, et les porte sur son dos quand ils ne sont pas encore assez forts pour marcher eux-mêmes.

« Les Araignées aquatiques présentent à peu près les mêmes mœurs que celles qui vivent sur la terre sans faire de toile, et qu'on a désignées à cause de cela sous le nom générique d'*Araignées-Loups*. Pendant qu'à la surface des étangs nagent les *Trombidions* et les *Hydrachnés* aux couleurs vives, l'*Argyronète* construit au sein des eaux, avec un art admirable, une coque soyeuse qu'elle remplit d'air et transforme en une véritable cloche à plongeur. Elle l'attache solidement aux plantes aquatiques, y pond ses œufs qu'elle entoure d'un cocon d'un blanc éclatant, et dispose en tous sens de longs fils qui viennent aboutir à son nid. »

Quelques Araignées placent leurs œufs sur un arbre ou sur un mur; d'autres les portent enveloppés dans un cocon arrondi, très-serré, et on les voit souvent traîner après elles ce cocon, au moyen d'un fil qui le tient attaché à la mère.

Les Araignées sont éminemment carnassières. Tout insecte à leur portée est saisi et dévoré; la guerre et la rapine font toute leur existence. Dans leur cruauté, elles vont jusqu'à se manger entre elles. Si deux Araignées, à la recherche de leur nourriture, viennent à se rencontrer, aussitôt s'engage un combat, qui ne finit qu'avec la vie de l'une d'elles. Celle qui a succombé est toujours sucée et dévorée par son adversaire.

Quand deux Araignées d'une grosseur égale se rencontrent et combattent, ni l'une ni l'autre ne veut céder. Elles se saisissent par les griffes et se tiennent avec tant de force qu'il faut que l'une des deux périsse.

Leeuwenhoek a vu une Araignée qui, étant seulement blessée au pied par une ennemie, et ne pouvant plus se servir de son pied, se sauva en le portant en l'air; bientôt après, le membre entier tomba de son corps.

Quand les Araignées sont blessées à la tête, ou aux parties supérieures du corps, elles en meurent toujours.

L'Araignée, solitaire et farouche, qui attaque et dévore sa propre espèce, est pourtant animée pour ses petits d'un vif sentiment d'amour.

Un naturaliste raconte qu'un soir le hasard amena sur ses pas une mère Araignée chargée de son précieux fardeau. La curiosité porta notre observateur à s'emparer du cocon que traînait la mère. La pauvre Araignée, qui d'abord fuyait avec rapidité malgré sa charge, montra alors que ce n'était pas pour elle qu'elle éprouvait des craintes. Privée de son précieux fardeau, elle s'arrêta interdite et désolée, puis, allant et revenant sur ses pas, elle cherchait de tous côtés, sans plus songer à fuir Le cocon rempli d'œufs lui ayant été rendu, elle s'en saisit avidement, le serra dans ses pattes, et s'éloigna avec promptitude.

Notre naturaliste voulut savoir jusqu'à quel point il y avait du discernement dans cette singulière conduite. Le cocon fut donc enlevé de nouveau à la mère Araignée, et remplacé par une petite boule de coton de même forme et de même grandeur.

L'Araignée la rejeta avec dédain. Une boulette de mie de pain fut également présentée, mais tout fut également repoussé. La malheureuse bête n'eut de repos et ne songea à fuir que lorsqu'elle eut reconquis le seul bien auquel elle attachait un prix inestimable[1].

Tous les auteurs font mention de l'attachement des Araignées pour leurs petits. Les *Araignées-Loups* déchirent le cocon qui renferme leurs œufs, pour faciliter la sortie des jeunes, au moment de l'éclosion. Ensuite les petits montent sur le dos de la mère, qui les porte partout de cette manière et qui partage avec eux le butin qu'elle rencontre.

Les Mouches constituent la nourriture la plus générale des Araignées. Elles prennent souvent dans leur toile des Mouches plus grosses qu'elles : ce qui ne les empêche pas de les tuer ; mais des Insectes plus petits qu'elles, particulièrement les Fourmis, les effrayent à ce point qu'elles abandonnent leur toile et s'enfuient.

Il paraît, du reste, que toutes les Araignées n'ont de courage que sur leur toile. Quand elles courent sur la terre, elles sont timides et fuient devant les insectes qu'elles prennent si bien dans leur filet.

Les Araignées peuvent vivre fort longtemps privées de toute nourriture. Le plus grand nombre s'enferment dans leur retraite au commencement de l'hiver, et n'en sortent qu'au printemps suivant. Avant l'hibernation, ces Araignées, qui ont pris en abondance une nourriture succulente, sont très-grasses ; mais le printemps venu, elles ont vécu, comme tous les animaux hibernants, aux dépens de leur propre substance, et elles sont extrêmement maigres.

On peut juger, d'après ce qui précède, de l'utilité des Araignées. Ces animaux, loin de nuire à l'agriculture, détruisent, au contraire, une foule d'insectes nuisibles aux végétaux. Aussi Walckenaer a-t-il nommé une espèce d'Aranéide *Théridien bienfaisant* (*Theridion benignum*), parce que cette petite espèce se tient ordinairement dans les grappes de raisin et s'empare des menus insectes qui vivraient aux dépens de ce fruit.

C'est, avons-nous dit, en automne que les Araignées abondent.

1. *Histoire naturelle des Insectes et des Mollusques*, par Antelme, 1841, in-12 tome II, pages 126-128.

A cette époque, les insectes voltigent encore, mais leur mort doit arriver avant l'hiver, et l'Araignée semble alors envoyée tout exprès pour que les insectes, au lieu de périr par le froid et ne servir à rien, entretiennent l'existence des Arachnides qui les dévorent, et qui ont eux-mêmes leur rôle marqué dans les lois de la nature, car la nature, cette mère souveraine, ne détruit jamais que pour créer de nouveau. Le cercle des animaux qui se dévorent les uns les autres a toujours une raison, qui, pour nous être quelquefois cachée, n'en existe pas moins.

La chasse perpétuelle que les Araignées font aux insectes doit donc les faire considérer comme des animaux utiles.

C'est, du reste, la seule qualité qu'on puisse leur reconnaître.

Disons maintenant que quelques excentriques déclarent l'Araignée bonne à manger. Le célèbre astronome Delalande avait constamment dans sa poche une petite boîte pleine d'Araignées et de Cloportes, qu'il croquait en guise de pastilles.

Dans la Nouvelle-Calédonie et dans l'Australie, on trouve une grosse Épéire comestible, que la Société d'Apiculture a mentionnée en 1874 dans son règlement sur l'Exposition des Insectes. Se passera-t-on un jour la fantaisie d'acclimater en France et de servir sur les tables cette Araignée comestible? Il est permis d'en douter.

Un trait de mœurs curieux chez les Araignées se rapporte à leurs amours. En temps ordinaire, nul lien, nulle affection, partant nulle recherche, ne se manifestent entre ces animaux. Chacun vit à part. Un mâle habite parfois une des extrémités d'une même toile occupée déjà par une femelle, mais il se tient toujours à une distance respectueuse : il craint d'être dévoré par sa voisine. Ce n'est que dans la saison de la propagation que le mâle se met en devoir de chercher une compagne. S'il en rencontre une, il use de la plus grande circonspection avant de se montrer à elle. Quand la femelle ne paraît pas d'humeur trop querelleuse, le mâle rôde, se hasarde à se présenter sur sa toile, mais non sans avoir eu la précaution de se ménager une voie de salut, en tendant un fil qui puisse l'aider à se sauver, si la femelle lui fait un mauvais accueil. Il s'avance lentement et s'approche peu à peu ; si elle reste immobile, il commence à la toucher avec une de ses pattes antérieures et il recule aussitôt. Peu à peu il semble se rassurer : il se rapproche et la touche de nouveau de sa patte. Quand l'entrevue s'est terminée à la satisfaction mutuelle, le mâle se hâte de fuir, pour n'être pas tué par sa farouche amante. Il est certain que si le mâle était tombé brusquement sur la toile de la femelle, un combat terrible se serait engagé, et que l'un des deux aurait occis l'autre.

Les Araignées ont de nombreux ennemis. Un grand nombre d'Oiseaux et de Reptiles, quelques Mammifères, tels que les Singes et les Écureuils, leur font une guerre à outrance. Les Scolopendres et plusieurs insectes sont pour elles des ennemis aussi redoutables. Des espèces de *Sphégiens* et de *Craboniens* (Insectes hyménoptères) font la chasse aux Araignées, pour en approvisionner leurs petits. Le *Sphex* et le *Pompile* percent l'Araignée de leur aiguillon et l'emportent dans leur nid, complétement engourdie et dans un état de torpeur qui fait qu'elle sert de pâture aux petites larves de ces deux Insectes. Certains Ichneumonites et Chalcidites, autres petits Insectes de l'ordre des Hyménoptères, sont des ennemis terribles pour les Araignées, car ils percent leurs œufs avec l'extrémité de leur tarière et déposent un œuf dans son intérieur.

On peut attribuer aux Araignées une certaine intelligence, car elles se laissent apprivoiser et sont parfois sensibles à la musique.

On connaît l'histoire de Pellisson, célébrée par Delille dans le poëme *l'Imagination*[1]. Pellisson, enfermé à la Bastille comme prisonnier d'État, avait pour compagnon un Basque stupide, qui ne savait que jouer de la musette. Ayant remarqué une Araignée qui faisait sa toile contre le soupirail de sa prison, Pellisson entreprit d'apprivoiser le petit animal. Pour cela, il mettait des Mouches sur le bord du soupirail, pendant que le Basque jouait de son instrument. L'Araignée s'accoutuma au son de la musette, s'aventura à sortir de son trou et à courir sur la proie qu'on lui offrait. Après un exercice de plusieurs mois, Pellisson parvint à discipliner si bien son Araignée, qu'elle partait au premier signal de la musette, pour aller prendre une Mouche au fond de la chambre et jusque sur les genoux du prisonnier. On a dit que le geôlier de Pellisson aurait écrasé l'Araignée mélomane, en haine du prisonnier; mais ce trait odieux est de pure invention.

1. Chant VIe.

Léon Dufour avait aussi accoutumé une Araignée tarentule à venir prendre entre ses doigts une Mouche vivante.

Ce fait n'est pas le seul qui prouve que ces Arachnides sont sensibles à la musique. Grétry avait apprivoisé une Araignée, qu'il faisait descendre de sa toile, à volonté, aux accords de son piano.

Une jeune fille de dix ans s'était amusée à mettre dans un flacon une petite Araignée noire, qu'elle avait prise sur sa toile. Elle la nourrit de Mouches et l'habitua à venir les prendre sur le bord du vase, et pour ainsi dire entre ses doigts. Quand la jeune fille prenait sa leçon de piano, elle plaçait à côté d'elle le flacon où l'Araignée était enfermée, et elle ouvrait le flacon; l'Araignée, sans qu'on lui offrît de Mouche, sortait alors, et se tenait sur le piano tant qu'on jouait. Elle rentrait dans sa bouteille dès qu'on avait cessé de jouer.

Walckenaer a été témoin du fait suivant.

Une dame, occupée à pincer de la harpe dans une chambre située près d'un jardin, aperçoit une Araignée fixée au plafond, au-dessus d'elle. Aussitôt la dame transporte la harpe à l'autre extrémité de la chambre; mais à peine a-t-elle fait retentir les sons de son instrument, que l'Araignée commence à se mouvoir et vient s'arrêter encore au-dessus de la harpe. Là, elle reste sans mouvement et comme attachée au plafond. La dame, dont la curiosité est excitée par ce phénomène, change de nouveau la harpe de place et reste quelques moments sans jouer; l'Araignée ne la suit pas, et attend, immobile; mais à peine les sons harmonieux ont-ils repris, que l'Arachnide court se placer de nouveau au-dessus de l'instrument qui les produit.

La dame répéta plusieurs fois l'expérience; elle parvint à attirer l'Araignée dans chaque partie de la chambre, et à s'en faire suivre comme Orphée se faisait suivre par Amphion.

Certaines Araignées paraissent douées du singulier privilége de prédire le temps. Le fait semble vrai pour les Épeires et pour les Araignées domestiques. Quand on voit, dès le matin, les Épeires travailler sans relâche à ourdir leur réseau, on peut compter sur une belle journée; et si l'on connaît la retraite de quelque Araignée domestique, on la verra en arrêt, les pattes tendues, prête à s'élancer sur la première Mouche qui viendra se prendre dans sa toile. Mais, au contraire, si les Épeires ne travaillent pas, et surtout si les *Araignées domestiques* (*Tégénaires*) se trouvent dans une position retournée, l'abdomen en avant de leur cellule, c'est l'annonce à peu près certaine d'un mauvais temps.

L'histoire des guerres de notre première Révolution a conservé un exemple curieux du fait de la prédiction du temps par les Araignées. C'est à une prévision météorologique ainsi recueillie que la France dut la résolution prise par ses généraux, en 1792, de poursuivre et de terminer dans la même campagne la conquête de la Hollande.

Lorsque, à travers les glaces, les troupes françaises envahissaient les Provinces-Unies, un dégel apparent semblait annoncer aux généraux la perte totale de l'armée, s'ils ne faisaient retirer promptement leurs troupes. Cent mille hommes et une nombreuse artillerie étaient en pleine marche sur le terrain protégé par les digues : le dégel, qui paraissait imminent, allait anéantir ce corps d'armée. On comprend l'anxiété des chefs. L'adjudant général, Quatremère-Disjauval, les rassure. Il leur promet qu'il s'écoulera avant le moment du dégel un espace de temps suffisant pour terminer leur conquête. Pendant une longue captivité à Utrecht, comme prisonnier de guerre, Quatremère-Disjauval avait observé et étudié les Araignées de sa prison ; il savait reconnaître par leurs mouvements, et plusieurs jours d'avance, les variations du temps. Dans ce moment critique, il eut donc recours à ses oracles ordinaires. Le dégel était commencé, et pourtant notre adjudant général, les yeux fixés sur les mouvements des Araignées, prédit avec assurance qu'il allait survenir un froid des plus rigoureux. Il envoya, dans un verre à boire, quelques Araignées qui garantissaient son pronostic, au général Vandamme, qui les expédia au général en chef, à la Haye. Ce dernier crut devoir s'en rapporter à ces singuliers prophètes, et l'ordre fut de continuer à s'avancer sur les glaces. La prédiction se réalisa, et la Hollande fut conquise.

Les Araignées sont répandues sur la presque totalité du globe ; mais c'est principalement sous les tropiques que vivent les espèces d'une grande taille, et celles aux formes bizarres, aux couleurs éclatantes et variées. C'est là que vivent ces belles Épéires dont on a formé le genre *Argyope*, qui se font remarquer par l'éclat de leurs couleurs argentées et dorées, et ces autres espèces hérissées de longues et fortes épines (les *Gastéracanthes*), qui ne se trouvent que dans les parties les plus chaudes de l'Amérique, de l'Asie et de l'Afrique. Celles qui construisent des toiles paraissent devenir moins nombreuses quand on se dirige vers le nord ; elles semblent, au contraire, être de plus en plus abondantes dans le sud.

Dans le nord, les espèces qu'on rencontre le plus fréquemment sont des *Thomises*, des *Lycoses*, des *Clubiones*, des *Tégénaires*, toutes espèces vivant dans les cavernes, sous des pierres ; ce sont aussi celles qu'on retrouve encore sur les hautes montagnes ; mais les Araignées qui ont les plus belles couleurs sont celles qui, comme les Épéires, font leur toile au grand air ; celles, comme les Thomises, les Sparases, etc., qui fréquentent les fleurs. Au contraire, les Clubiones, les Tégénaires, les Lycoses, qui ont des couleurs brunes ou grisâtres, sont celles qui vivent dans les endroits les plus sombres et les plus retirés.

Les Araignées ont été partagées par Latreille, dans son *Règne animal*, en plusieurs divisions, fondées sur les mœurs et les habitudes de ces animaux, ce qui permet de grouper plus facilement les genres et les espèces. Walckenaer, dans son *Histoire naturelle des Insectes aptères*, classe les Araignées d'après le même système, mais il en fait une application un peu différente et qui a reçu l'approbation des naturalistes. Il divise les Araignées en *terrestres* et en *aquatiques*. Il partage ensuite les *Terrestres* en *Vagabondes* (courant pour chercher leur proie), en *Errantes* (errant à l'entour de leurs nids), et en *Sédentaires* (construisant des toiles pour attraper leur proie). Les *Vagabondes* sont ensuite divisées en *Tubicoles*, vivant dans des tubes soyeux : celles-ci renferment les genres *Dysdère* et *Segestrie;* en *Cellulicoles*, se composant des genres *Uptides* et *Scytodes;* en *Coureuses*, comprenant les genres *Lycosa*, *Dolomèdes*, *Sterena*, *Ctenus*, *Hersilia*, *Sphasus*, *Dyctien*, *Dolophones;* en *Voltigeuses*, renfermant les genres *Myrmecia*, *Eresus*, *Chersis*, *Attus ;* et en *Marcheuses*, se composant des genres *Arkys*, *Delena*, *Thomisus*, *Lelenops*, *Eripus*, *Philodromus*, *Olios*, *Sparassus*, *Clastes*. Puis Walckenaer partage les *Araignées errantes* en *Miditèles*, se composant des genres *Clubiona*, *Desis*, *Drassus;* et en *Filitèles*, comprenant les genres *Clotho*, *Euyo*, *Latrodectus*, *Pholcus* et *Artema*. Il divise ensuite les *Sédentaires* en *Tapitèles*, renfermant les genres *Tegenaria*, *Lachesis*, *Agelena*,

Nyssus ; en *Orbitèles*, comprenant les genres *Epeira, Plectane, Tetragnatha, Uloborus, Zosis ;* en *Napitèles*, se composant d'un seul genre, *Linyphia;* et en *Rétitèles*, comprenant les gens *Argus, Episina, Theridion.*

Viennent enfin les *Aquatiques*, nommées encore *Nageuses*, ne renfermant que le genre *Argyroneta.*

La division donnée par Walckenaer est très-bien ordonnée et facile à saisir.

Les toiles d'Araignées étaient vantées autrefois comme remède contre les fièvres intermittentes, à la condition de manger ces toiles entre deux tranches de pain beurré. Nous n'avons pas besoin de dire que ce spécifique est depuis longtemps bafoué. On ne se sert des toiles d'Araignées que pour arrêter le sang des coupures ou des petites blessures.

Scorpionidés. — La famille des *Scorpionidés* comprend des animaux qui, extérieurement, ressemblent très-peu aux Araignées, quoiqu'ils en aient l'organisation interne. Leur principal caractère, c'est d'avoir des pattes fixées aux mâchoires, et tenant lieu des palpes des autres Arachnides. C'est ce qui fait quelquefois donner le nom de *Pédipalpes*, c'est-à-dire pattes en forme de palpes, à la famille des *Scorpionidés.*

Les Scorpions sont les principaux représentants de la famille des *Scorpionidés*, ou *Pédipalpes*, qui ne renferme que peu de genres.

Le corps des Scorpions, en général, est allongé et terminé brusquement par une longue queue, composée de six nœuds, dont le dernier finit en pointe arquée, aiguë, et constitue une espèce de dard. Au bout de ce dard s'ouvrent deux petits orifices qui servent d'issue à une liqueur vénéneuse contenue dans un réservoir intérieur. Les palpes des Scorpions sont très-grandes. Sous les palpes sont situés deux organes singuliers, en forme de *peignes*, dont l'usage n'est pas connu.

Les Scorpions ont huit pieds égaux, six yeux et les palpes en forme de serres d'Écrevisses. Ils respirent par des organes qui ressemblent à des poumons; leur tube digestif est droit; il traverse le foie, qui remplit presque toute la capacité de l'abdomen et du céphalo-thorax. Les Scorpions sont ovipares.

La figure 54 donne les détails de structure anatomique des Scorpions.

Les Scorpions habitent les pays chauds des deux hémisphères, et leur taille varie selon les contrées. Ceux d'Europe n'ont pas plus de 2 centimètres et demi de long, tandis que ceux d'Afrique et de l'Inde ont jusqu'à 12 et 16 centimètres. Ils vivent dans les lieux sablonneux et se cachent sous les pierres, dans les lieux sombres et frais. Ils courent très-vite, en recourbant leur queue sur le dos en forme d'arc et la dirigeant dans tous les

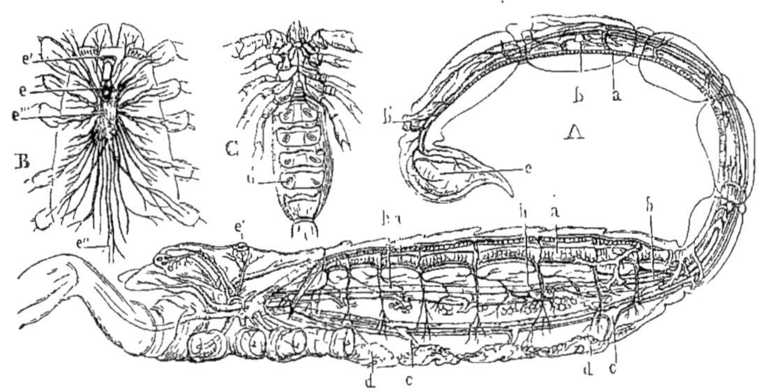

Fig. 54. Anatomie du Scorpion.

A. Corps du Scorpion disséque pour en montrer les différents organes.

a. Le vaisseau dorsal et les principales artères auxquelles il donne naissance. — *b*. Tube digestif. — *b'*. Anus. — *c*. La chaine des ganglions nerveux. — *c'*. Un des deux yeux principaux et son nerf optique venant du cerveau ; les yeux latéraux sont placés plus en avant. — *d d*. Sacs pseudo pulmonaires. — *e*. Aiguillon et sa glande venimeuse.

B. Le système nerveux céphalo thoracique.

e. Partie sous œsophagienne du cerveau. *e'*. Yeux principaux et leurs nerfs optiques. *e''*. Ganglions nerveux du thorax réunis en une masse unique. — *e'''*. Premiers ganglions nerveux de l'abdomen.

C. Le dessous du corps montrant les appendices buccaux, ainsi que la base des pattes, et en *d* l'un des huit orifices des sacs pseudo-pulmonaires.

sens comme une arme offensive et défensive. Et en effet, c'est par l'extrémité de sa queue que le Scorpion pique, tandis que les autres Arachnides piquent par les mandibules. Ils saisissent entre leurs serres les insectes qui leur servent de nourriture, et qui sont des Charançons, de petits Coléoptères, ainsi que des Crabes et des Cloportes. Après les avoir piqués avec l'aiguille venimeuse de leur queue, ils les portent à la bouche et les dévorent.

Ces animaux ont dans l'abdomen deux glandes qui sécrètent un fluide venimeux, et qui offrent chacune une petite vésicule, d'où naît un conduit allant aboutir au dard de l'animal. Le venin sort par une petite fente située de chaque côté de la pointe de ce dard. C'est la même disposition anatomique que chez l'Araignée, et la même encore que chez les Serpents venimeux.

Le Scorpion a, comme le Serpent, le triste privilége de répandre autour de lui la terreur. Disons toutefois qu'il est surtout redouté de ceux qui n'ont eu que de rares occasions de le voir. Il inspire beaucoup d'appréhension aux habitants du nord de la France, où cet animal n'est connu que par les récits qu'on en fait; mais il est moins redouté des habitants du Midi, où il est commun. Comme j'ai eu, dans mon enfance, des Scorpions dans la paillasse de mon lit, et que dans ma jeunesse je ne pouvais, sur la montagne de Cette, déranger une pierre sans en faire sortir un Scorpion, je n'ai jamais eu le moindre sentiment de crainte pour ce petit Arachnide, dont on a singulièrement exagéré les propriétés venimeuses. Malgré tout ce qu'on en a dit, ses piqûres n'ont pas de suites sérieuses ; les remèdes qu'on leur oppose aggravent le mal, au lieu de le dissiper.

Les anciens, qui ont connu le Scorpion, puisque la figure de cet animal est un des signes du zodiaque céleste, ne le redoutaient aucunement. Élien raconte que les prêtres d'Isis, à Coptes, en Égypte, foulaient impunément aux pieds les Scorpions, qui étaient fort abondants autour de cette cité. En Grèce, on s'inquiétait si peu de leurs piqûres, que Plutarque nous apprend qu'il a vu des hommes en manger.

En Égypte, un de ces animaux, représenté près d'un Crocodile, désignait, dans le langage hiéroglyphique, deux ennemis égaux en force.

Les naturalistes qui se sont occupés de l'étude de la famille des Scorpions, en ont distingué plusieurs espèces, malgré l'uniformité de leur physionomie. Nous ne citerons ici que les espèces les plus connues, en commençant par celles qui sont propres à notre pays.

Il n'y a en France que deux espèces de Scorpions, qui toutes deux vivent dans le Midi. La plus commune, qui est la plus petite et la moins redoutable, est le *Scorpion flavicaude* (à queue fauve). Cet Arachnide, qui n'a pas plus de 4 centimètres de long, vit sous les pierres ou dans les trous des murs. Il s'introduit dans les maisons et se réfugie souvent dans la paillasse des lits. Il est brun, ses pattes et sa queue sont d'une couleur fauve. Sa piqûre n'est pas plus dangereuse que celle de l'Abeille.

La seconde espèce est le *Scorpion occitanien*, qui se trouve en grande quantité sur la montagne de Cette, à Souvignargues (département du Gard), aux environs de la source du Lez (à deux lieues de Montpellier), et au Vernet (Pyrénées-Orientales).

Un naturaliste de Montpellier, le docteur Maccary, publia, en 1810, une brochure intitulée *Mémoire sur le Scorpion qui se trouve sur la montagne de Cette*. Avant lui, Maupertuis avait étudié les Scorpions de cette espèce, et il avait montré que leur action est quelquefois nulle sur des Chiens et sur des Poulets. Mais Maupertuis vit, d'autres fois, succomber les Chiens piqués.

Voici le résumé des observations de ce naturaliste :

Maupertuis excita un *Scorpion occitanien* à piquer un Chien sur trois parties du ventre : une heure après, le Chien était enflé ; il devint très-malade : on le vit bientôt rendre ce qu'il avait dans l'estomac, et pendant près de trois heures il continua de vomir une liqueur blanchâtre ; cette évacuation parut diminuer le gonflement, qui augmenta et diminua alternativement pendant trois heures successives. Ensuite le pauvre animal tomba dans des convulsions, se traîna péniblement sur ses pattes de devant, et mourut environ cinq heures après le moment où il avait été piqué.

Quelques jours après, la même expérience fut faite sur un autre Chien, qu'on fit même blesser plus grièvement que l'autre. Cependant il n'en parut nullement affecté. Comme il continuait d'être alerte, on le mit en liberté, et il ne donna pas la plus légère marque de douleur.

La même expérience fut faite par Maupertuis avec d'autres Scorpions sur sept Chiens et sur trois Poules, sans qu'on remarquât chez aucun de ces animaux le moindre accident.

Un naturaliste de Montpellier, Amoreux, a constaté, comme Maupertuis et Maccary, que le venin du Scorpion ne produit pas toujours des effets morbides chez les mêmes animaux. On explique cette différence d'action par les variations que présente l'intensité du venin selon les saisons : les morsures sont moins dangereuses en hiver qu'en été. Il faut ajouter que les Scorpions paraissent avoir besoin de réparer les pertes qu'ils ont faites en piquant. C'est pour cela que leurs premières piqûres sont plus douloureuses que les autres.

Le *Scorpion occitanien*, inconnu en France, est très-répandu en Italie, en Espagne et dans le nord de l'Afrique. En Algérie, il pique souvent nos soldats dans les camps ; mais ses piqûres n'ont aucune gravité. Des lotions avec un peu d'eau ammoniacale neutralisent le venin. Le seul effet qui résulte de la piqûre, c'est une douleur assez persistante dans la partie blessée ; mais la souffrance disparaît sans aucun traitement. Il n'existe aucun exemple de piqûre de *Scorpion occitanien* ayant occasionné la mort de l'homme.

Outre le *Scorpion flavicaude* et le *Scorpion occitanien*, il existe en Algérie deux autres espèces : 1° le *Scorpion palmé*, dont les pattes sont élargies et granuleuses ; 2° le *Scorpion tunisien*, à queue large, à bords taillés en dents de scie et qui passe pour le plus dangereux de ce genre d'animaux.

Le *Scorpion tunisien* (*Scorpio tunetanus*, *Scorpio funestus*, fig. 55) se trouve en différentes contrées de l'Algérie, dans le Sahara algérien et dans la Haute-Égypte. Bien qu'au dire des indigènes la piqûre du *Scorpion tunisien* puisse occasionner la mort, aucun des médecins de notre armée d'Afrique, aucun des voyageurs qui ont visité la Nubie, n'ont pu constater le fait.

Cependant les Arabes du sud de l'Algérie redoutent beaucoup ce Scorpion. Quand ils en sont piqués, ils arrivent dans le camp français, au grand galop de leur cheval, pour faire traiter leurs piqûres par nos médecins, qui les guérissent bien vite avec des compresses imbibées d'ammoniaque. Rien ne confirme le dire des Arabes, que la piqûre du *Scorpion tunisien* soit mortelle pour l'homme. Ce qui est certain seulement, c'est qu'elle fait mourir promptement des Chiens et des Oiseaux de basse-cour.

L'Amérique méridionale renferme plusieurs espèces de Scorpions ; aucune n'est bien redoutable. On a dit qu'une espèce du Mexique, de couleur blanchâtre, produit des piqûres mortelles. Mais aucun fait authentique ne confirme cette assertion.

Truter et Sommerville, qui ont parcouru le midi de l'Afrique, assurent que les indigènes s'exposent impunément aux piqûres du *Scorpion noir*, qui n'est autre chose que le *Scorpion tunisien*.

Dans l'Inde on ne craint pas beaucoup les Scorpions, puisqu'on les consacre à un jeu qui rappelle les combats de Coqs. On prend deux gros Scorpions et on les place sous deux grands verres à boire; on laisse sous le verre un petit passage par lequel on insuffle dans le verre de la fumée de tabac. Les deux Scorpions se mettent à courir çà et là, et quand ils viennent à se rencontrer, ils se livrent bataille. La lutte ne se termine que par la mort de l'un d'eux. Les spectateurs parient pour le Scorpion bleu clair ou pour le Scorpion bleu foncé, comme on parie en Angleterre,

Fig. 55. Scorpion tunisien.

dans les combats de Coqs, pour l'un des deux champions emplumés.

Une fable très-accréditée c'est que le Scorpion se perce de son dard et se suicide, quand il ne voit aucun moyen d'échapper à ses ennemis. Cette fable a pour conséquence un jeu très-cruel. Dans le midi de la France, les enfants entourent d'un cercle de charbons ardents un Scorpion, afin de voir si, pour échapper à ce supplice, il se percera de son dard. Le Scorpion parcourt avec angoisse la ceinture de feu qui l'environne de toutes parts; il tourne et retourne et fait des bonds désespérés, en élevant en l'air son aiguillon impuissant; puis il est tout simplement brûlé vif.

On userait inutilement son encre à démontrer que cette distraction est stupide, autant que barbare, car elle persistera sans doute tant qu'il y aura dans le midi de la France des Scorpions et des enfants.

Le Scorpion est d'un naturel farouche. Quand il est pris, il entre en furie, il s'élance contre les parois du vase dans lequel il est enfermé, et il cherche à piquer avec son aiguillon tout ce qui l'approche. Maupertuis mit trois Scorpions et une Souris ensemble dans le même vase, et à l'instant chacun des trois Scorpions piqua la Souris sur différentes parties du corps. La Souris, assaillie de cette manière, se tint pendant quelque temps sur la défensive, mais elle finit par se fâcher et tua ses trois ennemis. Elle survécut d'ailleurs aux blessures qu'elle avait reçues.

Walckenaer essaya le courage du Scorpion contre une grosse Araignée. Il plaça dans un verre plusieurs animaux de l'une et de l'autre espèce. L'Araignée commença par essayer d'embarrasser le Scorpion dans une toile qu'elle fila à la hâte; mais le Scorpion évita le danger en blessant à mort l'Araignée. Bientôt après, le Scorpion lui arracha les pattes et suça le corps à loisir.

Les Scorpions s'entre-tuent souvent. Maupertuis en mit une centaine dans le même bocal; à peine s'étaient-ils touchés, que déjà ils commencèrent à exercer toute leur rage pour s'entre-détruire. C'était un carnage général. Au bout de très-peu de jours, il n'en resta que quatorze, qui avaient tué et dévoré tous les autres.

Mais la méchanceté de cet animal se montre surtout par sa cruauté envers ses petits. Maupertuis ayant enfermé dans un verre à boire une femelle de Scorpion qui était pleine, la vit dévorer ses petits à mesure qu'ils venaient au jour; un seul échappa au massacre, en se plaçant sur le dos de sa mère. Ajoutons, comme dénoûment à ce drame zoologique, que le nouveau-né vengea ses frères en donnant la mort à la mère dénaturée. Notre naturaliste vit jouer dans un verre à boire la scène d'Oreste et de Clytemnestre de la tragédie de l'*Électre* de Sophocle et de l'*Agamemnon* d'Euripide.

On prescrivait autrefois contre la piqûre des Scorpions de l'huile dite de Scorpion; c'était de l'huile dans laquelle on avait fait infuser des Scorpions. On a depuis longtemps renoncé à ce remède de bonne femme; les effets qu'il peut produire ne tiennent qu'à l'ammoniaque provenant de la décomposition du corps du Scorpion. L'huile seule, avec ou sans Scorpion infusé, est d'ailleurs un bon remède contre l'inflammation résultant de ces piqûres.

Après la famille des Scorpions, on range deux autres familles, celles des *Phrynes* et des *Télyphones*, qui sont également propres aux pays chauds.

Les *Phrynes* sont d'assez grosses espèces d'Arachnides, dont le céphalo-thorax porte huit yeux disposés à peu près comme ceux des Télyphones, et dont l'abdomen en forme de disque est inséré par un pédicule rétréci. Leurs palpes sont longs, mais à un seul doigt, et leur première paire de pattes est fort allongée, surtout dans les parties qui répondent à la jambe et au tarse des autres Arachnides. Leur corps est divisé en segments nombreux et très-petits. Ils respirent par des espèces de poumons, comme les Télyphones et les Scorpions.

Les *Télyphones* sont de la taille des Scorpions, auxquels ils ressemblent par la structure. Leur queue est grêle et ils n'ont pas d'aiguillon. Ces petits animaux habitent les régions les plus chaudes de l'Afrique, de l'Amérique et de l'Asie.

Galéodes. — Les Galéodes sont des Arachnides d'assez grande taille, qui atteignent jusqu'à près de 5 centimètres de longueur et dont la forme rappelle celle des Araignées. Leur aspect a quelque chose de hideux et d'effrayant. Leur corps est couvert de poils, leur bouche armée de tenailles robustes, garnies elles-mêmes de dents aiguës. Elles courent avec agilité sur les sables brûlants du désert et font une guerre acharnée à tous les Insectes qu'elles trouvent sur leur chemin. Leur morsure est, dit-on, venimeuse.

Les *Galéodes* ont beaucoup d'analogie de structure avec les *Pinces.* On connaît très-peu leurs mœurs; on sait seulement qu'elles courent avec une extrême vitesse et qu'elles recherchent généralement l'obscurité. On les trouve dans les pays chauds et sablonneux de l'ancien continent, en Asie, en Afrique et dans le midi de l'Europe. De Humboldt en a rencontré une très-petite espèce dans les contrées équatoriales de l'Amérique.

Phalangides. — Les Phalangides, ou Faucheurs, se reconnaissent à leurs pattes longues et grêles, qui tombent avec une extrême facilité et remuent longtemps encore après avoir été séparées du corps. L'espèce ordinaire, appelée *Faucheur des murailles*, aime, en effet, à se tenir contre les murs ; elle étale autour d'elle ses longues pattes, comme autant de sentinelles qui l'avertissent de l'approche d'un Insecte.

Leur nom de *Faucheurs* leur vient de la ressemblance qu'on a cru trouver avec le corps de ces animaux et celui des ouvriers qui fauchent l'herbe dans les champs. Cependant ces animaux marchent quelquefois avec agilité et parcourent beaucoup de terrain en peu de temps, ce qui leur permet même d'éviter les dangers qui les menacent. Quand un Faucheur est dans l'état de repos, son corps est sur le sol et ses pattes étalées autour de lui ; si quelque petit animal vient, par hasard, à le toucher, aussitôt il suspend son corps en l'air, au moyen de ses longues pattes qu'il redresse, mais il ne se décide à fuir que lorsque le danger devient trop imminent.

Les Faucheurs se nourrissent d'insectes, comme les Araignées et les Scorpions.

Bien qu'ils ressemblent aux Araignées, ils n'ont pas de soie et ne filent pas.

Acarides. — On a réuni sous le nom d'*Acarides* un assez grand nombre d'animaux parasites dont la bouche est garnie d'un suçoir. Cependant quelques-uns ont des mandibules et des mâchoires, comme les précédents, et vivent sur la terre et dans l'eau. Tels sont les *Trembidions*, jolies petites bêtes d'un rouge vif, que l'on voit au printemps se traîner en grand nombre sur les plates-bandes, et les *Hydrachnes* ou Araignées d'eau. Celles-ci ont le corps globuleux, souvent orné de belles couleurs, et les pattes garnies de cils qui leur permettent de nager facilement dans les eaux stagnantes, leur séjour habituel.

Lorsqu'on examine avec un microscope une sorte de poussière que l'on voit sur le vieux fromage, sur la viande sèche enfumée des garde-mangers, sur le vieux pain, sur les confitures sèches gardées depuis longtemps, sur les Oiseaux ou sur les Insectes conservés dans les cabinets d'histoire naturelle, on voit s'agiter par milliers de petits animaux semblables à des Araignées : c'est ce que l'on appelait autrefois *Cirons*, nom qui a été remplacé de nos jours par celui d'*Acarus* et de *Mite*.

Parmi les Acarides, nous citerons les genres *Ixode* et *Acarus*.

Les *Ixodes*, plus connus sous le nom de *Mites* ou de *Tiques*, ont un suçoir, qu'ils enfoncent dans la peau des animaux ou de l'homme. Fixés à la place qu'ils ont choisie, ils sucent le sang et grossissent au point de devenir globuleux comme des pois. On éprouve une certaine résistance quand on veut les enlever, tant leur suçoir est enfoncé dans la peau. Les *Tiques* vivent dans les bois, cramponnées aux arbustes et aux plantes, et se laissent tomber sur les animaux qui viennent à passer près d'elles.

Les Mites qui vivent sur les provisions de bouche, ou *Mites domestiques*, sont des animaux presque invisibles à l'œil nu. Ils sont très-agiles. Leur couleur est d'un blanc sale, un peu rembruni. Leur peau, très luisante, est tendue et ne forme ni plis ni rides. Les pattes sont assez longues et égales. Si on les examine au microscope, on aperçoit sur leur corps de grands poils recourbés. L'animal peut mouvoir à volonté de côté et d'autre ces espèces de piquants qui rappellent les soies de certaines Annélides.

Les *Mites de la farine* diffèrent des *Mites domestiques*. Elles sont imperceptibles à l'œil nu; leur corps est blanc, mais la tête et les pattes sont un peu roussâtres. Ces pattes ne se terminent pas par une petite vessie, comme on l'observe chez les *Mites domestiques*. Toutes les parties de leur corps sont garnies de poils. Ces Mites marchent rapidement dans la farine, milieu qu'elles habitent toujours. Leur nombre est quelquefois immense; le pain peut en contenir des milliers, surtout lorsqu'il est fait avec de la farine un peu vieille.

Les *Acarus*, animaux fort laids et presque microscopiques, se reconnaissent à la forme ovale de leur corps et à leurs pattes écartées les unes des autres, deux paires en avant et deux paires en arrière. L'extrémité de ces pattes est munie de ventouses. Ils vivent sur une foule de substances végétales ou animales en décomposition. On les trouve, par exemple, en quantités innombrables sur la croûte des vieux fromages, particulièrement sur la croûte du vieux fromage de Roquefort ou sur celle du fromage de Gruyère. Nous représentons (fig. 56) le *Tyroglyphe*, espèce d'Acarus propre au fromage de Gruyère.

L'*Acarus* des Poules et autres oiseaux de basse-cour (fig. 57) appartient au genre *Dermanyse.*

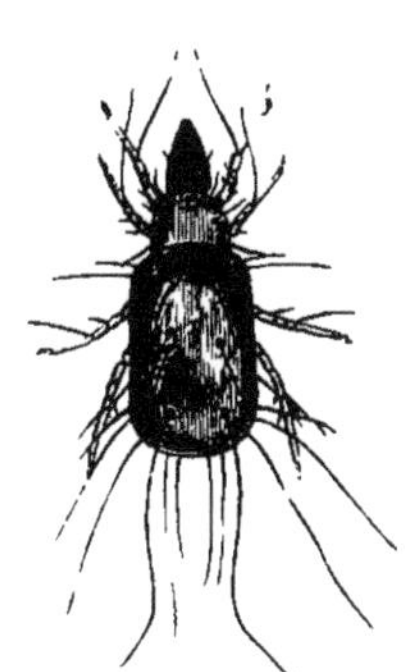

Fig. 56. Tyroglyphe du fromage de Gruyère.

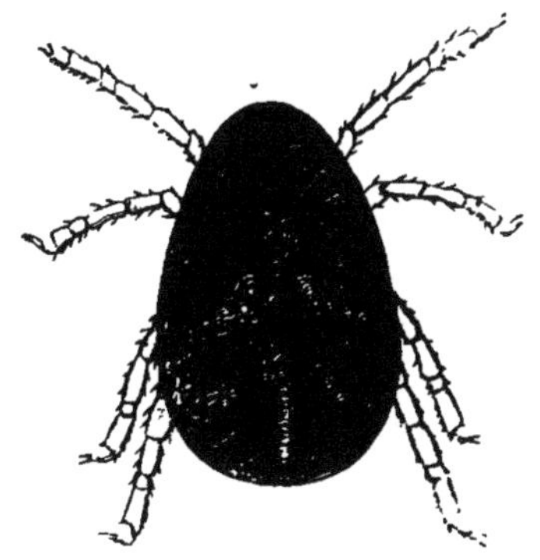

Fig. 57. Dermanyse des Poules.

C'est une espèce de ce genre, très-semblable à l'*Acarus du fromage*, mais plus petite, qui produit la dégoûtante maladie connue sous le nom de *gale.* L'imperceptible *Acarus* se glisse sous l'épiderme et détermine la production d'une vésicule autour de laquelle il se creuse des galeries. C'est dans ces dernières qu'il pond ses œufs; et sa fécondité est telle, que bientôt la vermine a envahi le corps tout entier et provoqué la maladie galeuse.

Quelques détails sur les observations faites de nos jours sur cet *Acarus* et les effets qu'il produit ne seront pas ici déplacés.

On donne à l'*Acarus* qui produit la gale chez l'homme le nom de *Sarcopte de l'homme* (de σάρξ, chair, et κόπτω, je coupe).

Le *Sarcopte de l'homme*, c'est-à-dire l'être microscopique qui produit la gale chez l'homme, a été connu des médecins du moyen âge, mais ce n'est que dans notre siècle qu'il a été étudié d'une manière approfondie.

La première mention de l'Insecte de la gale se trouve dans les œuvres de l'Arabe Avenzoar, qui vivait au douzième siècle :

« Il y a, dit ce médecin, une chose connue sous le nom de *Soab*, qui laboure le corps à l'extérieur; elle existe dans la peau, et lorsque celle-ci s'accroche à quelque endroit, il en sort un animal extrêmement petit et qui échappe presque aux sens. »

Malgré cette désignation positive, il s'écoula un temps fort long avant que l'on poussât plus loin les recherches. Ce fut Jules Scaliger qui en reparla le premier, en 1557, dans sa critique du *Traité de la Subtilité* de Cardan :

« Les Padouans, dit il, nomment l'Acarus *Pedicelli*, les Turiniens *Scirerie*, les Gascons *Brigaut*. Il est si petit qu'on peut à peine l'apercevoir. Il se loge sous l'épiderme, en sorte qu'il brûle par les sillons qu'il se creuse. Extrait avec une aiguille et placé sur l'ongle, il se met peu à peu en mouvement, surtout s'il est exposé aux rayons du soleil. En l'écrasant entre deux ongles, on entend un petit bruit et on en fait sortir une matière aqueuse. »

Ces remarques avaient fait admettre à plusieurs médecins qu'un Insecte parasite occasionnait la gale, mais aucun fait précis n'était formulé à cet égard. Ce fut le médecin italien Aldrovande qui, en 1596, fit faire un grand pas à cette question, en constatant que le Sarcorpte se creuse des galeries entre la peau et l'épiderme. Quarante ans après, Mouffet étendit encore ces observations. Dans son *Theatrum Insectorum*, il dit que les gens du peuple qui sont attaqués de la gale retirent les Cirons de leur peau avec la pointe d'une épingle, et que ces animaux se glissent sous l'épiderme, y creusent des galeries et occasionnent durant ce travail une démangeaison fort incommode.

Durant la dernière moitié du dix-septième siècle, plusieurs médecins allemands s'occupèrent de ce sujet et publièrent des figures de l'Acarus de la gale, ou ils en firent des descriptions plus ou moins exactes. Hauptmann le représenta avec six pattes et quatre crocs, et Müller en donna une planche plus correcte dans les *Acta eruditorum* de 1682.

En 1687, un naturaliste italien, Certoni, donna sur l'*Acarus* de la gale de bien plus longs détails qu'on ne l'avait fait jusqu'alors, et les enrichit d'une meilleure figure que celles qui étaient connues. Certoni rapporte avoir plusieurs fois vu de pauvres femmes retirer avec une épingle des Cirons de la peau de leurs enfants affectés de la gale. Il ajoute qu'à Livourne les galériens se rendaient réciproquement ce service.

Au dix-huitième siècle, Linné s'occupa de l'Acarus de la gale. Il lui donna d'abord le nom d'*Acarus humanus subcutaneus*, puis celui d'*Acarus scabiei*. Mais plus tard Linné confondit l'animal de la gale avec la Mite de la farine, et alla même jusqu'à prétendre que l'on déterminait souvent la gale chez les enfants en les saupoudrant avec de la farine remplie d'Acarus. De Geer rectifia l'erreur de Linné; il traça les caractères de l'Acarus de la gale, de la farine et du fromage, et il les figura tous les trois avec une remarquable exactitude.

Malgré toutes ces observations, l'existence de l'Acarus dans les vésicules de la gale était encore contestée, lorsque, en 1820, un pharmacien de l'hôpital Saint-Louis, Galès, annonça que l'Acarus était positivement la cause de cette affection. Il prétendit avoir recueilli plus de trois cents de ces Arachnides microscopiques et s'être inoculé un commencement de gale en plaçant sur le dos de sa main trois Acarus qui y étaient retenus par un verre de montre fixé à l'aide d'un bandage. Dans sa thèse sur ce sujet, Galès donna le dessin de l'animal.

Le monde savant avait accueilli avec la plus grande faveur les découvertes de Galès. Aussi fut-on surpris, six ou huit ans après les recherches du pharmacien de l'hôpital Saint-Louis, de les voir contester. Alibert, Biett, Rayer et d'autres médecins qui s'occupaient des maladies de la peau, n'ayant pu trouver l'Acarus, en vinrent à nier son existence. Le docteur Lugol offrit même un prix de trois cents francs à celui qui lui ferait voir cet animal. D'un autre côté, Raspail prétendait que Galès s'était trompé, et qu'il avait dessiné la Mite du fromage pour l'Acarus de la gale.

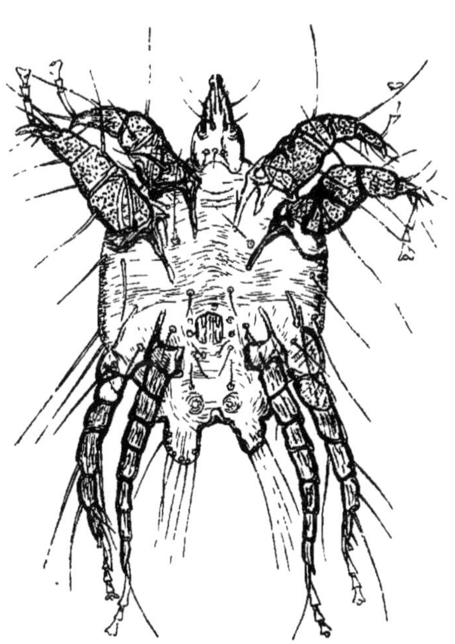

Fig. 58. Sarcopte de la gale (grossi).

Le doute et l'incertitude en étaient à ce point lorsque Renucci, étudiant en médecine, natif de la Corse, pays où la gale est extrêmement répandue, s'exerça lui-même à trouver cet animal et annonça, en 1839, qu'il extrairait des Sarcoptes à des galeux en présence d'un nombreux auditoire. Devant une réunion de médecins, parmi lesquels étaient Alibert, Lugol et Raspail, Renucci démontra de la manière la plus évidente l'existence du Sarcopte; il en recueillit plusieurs sous les yeux de ces médecins.

L'histoire de l'*Acarus scabiei*, ou *Sarcopte de l'homme*, fut bientôt complétée par des observations minutieuses du docteur Albin Gras. Ce médecin, dans des expériences analogues à celles de Galès, s'inocula la gale à diverses reprises, à l'aide de Sarcorptes maintenus en contact avec sa peau. En un temps assez court, ceux-ci s'enfoncèrent sous l'épiderme, et l'on vit se développer les pustules caractéristiques de cette maladie. Enfin, dans des expériences faites à l'hospice général de Rouen, et poursuivies avec autant de courage que de constance, le docteur Pillore a vu l'Acarus donner naissance à des pustules analogues à celles de la gale.

On ne met donc plus en doute aujourd'hui que le *Sarcopte de l'homme* ne soit la cause essentielle de la gale et l'élément contagieux de cette affection dont il est le signe reconnaissable.

Quand on sait que l'affection galeuse est due à l'invasion du Sarcopte, on s'explique toutes les circonstances que présente cette maladie. Personne n'ignore que la gale se communique facilement, soit par le contact, soit par la cohabitation, soit par l'usage des mêmes vêtements et du même linge.

L'homme peut communiquer cette maladie, non-seulement à des individus de son espèce, mais aussi à des animaux d'espèces très-différentes, et il peut la reprendre ensuite de ces derniers.

On sait que l'affection galeuse se guérit avec la plus grande facilité par le soufre administré sous différentes formes, savoir : frictions avec une pommade soufrée, bains sulfureux, vapeurs de soufre, etc. Delpech faisait usage, à l'hôpital Saint-Éloi de Montpellier, d'un moyen très-efficace pour la guérison des galeux. Il ordonnait un bain d'eau pure, et une fois dans le bain, le malade se frottait la peau avec un morceau de toile un peu rude et imprégnée de savon noir, assez fortement pour ouvrir les ampoules et entraîner l'Insecte dans le lavage. Après le bain, on se frotte avec de l'huile d'olives; celle-ci, en bouchant les trachées respiratoires de l'animal, le prive d'air et le fait périr.

L'emploi du soufre a pourtant prévalu; ce moyen est aujourd'hui le seul employé comme agent curatif de la gale.

Une autre espèce de Mite habite dans les bois et se fixe sur les Chiens, les Bœufs, et particulièrement sur les Chiens de chasse : c'est la *Tique*. Elle s'attache fortement à la peau des animaux sur lesquels elle se fixe, et la perce avec sa trompe, pour sucer leur sang.

Les *Tiques* n'ont pas le corps velu, il y a tout au plus quelques poils sur les pattes. Leur couleur est ordinairement grise; on en trouve cependant de rouges sur les Moutons.

TRIBU DES MYRIAPODES

La tribu des *Myriapodes* (du grec ποῦς, ποδός, pied, et μύριοι, dix mille) ne renferme qu'un petit nombre d'animaux, eux-mêmes de peu d'importance.

Cette tribu comprend des animaux articulés, à segments nombreux, presque toujours égaux et semblables, n'ayant point d'abdomen distinct du thorax, ayant la tête pourvue de deux antennes, et deux paires de pattes à chaque anneau du corps.

La tête et le thorax, voilà donc à quoi se réduit le corps d'un Myriapode. Le nombre des anneaux qui composent le corps et le nombre de pattes qui en dépendent varient considérablement : il n'est pourtant jamais moindre de six. Les deux antennes servent au toucher. Les yeux sont simples ou composés, quelquefois ils manquent totalement. Le tube digestif est tout à fait droit.

On remarque à la bouche deux mandibules épaisses, sans palpes, formées de deux pièces articulées ; au-dessous d'elles est une sorte de lèvre, divisée en quatre pièces, également articulées, et qui, avec deux paires de petits pieds recourbés et rapprochés de la bouche, représentent les pieds mâchoires des Crustacés.

Les Myriapodes respirent au moyen de trachées, qui s'ouvrent sur les côtés de leur corps par des stigmates ; chaque segment est partagé en deux demi-segments, dont un seul offre deux stigmates.

D'après de Geer, Savi et P. Gervais, qui ont étudié leur développement, ces animaux éprouveraient certaines métamorphoses. En sortant de l'œuf ils seraient dépourvus de pieds, et ce ne serait que plus tard que leurs pattes se développeraient. Selon de Geer et Paul Gervais, les jeunes Iules sont pourvus de pieds en sortant de l'œuf ; mais avec l'âge le nombre des pieds, et par conséquent des segments du corps, va en augmentant.

Les Myriapodes vivent ordinairement dans les lieux humides et ombragés, sous les pierres, les feuilles, les écorces, et même dans nos habitations. Leurs mœurs varient selon la nature des familles auxquelles ils appartiennent. Certaines espèces, telles que l'*Iule glomeris*, sont frugivores; d'autres, comme les Scolopendres, sont carnivores. La plupart craignent la sécheresse et succombent rapidement dans l'air très-sec.

Les Myriapodes, et en particulier les Scolopendres, résistent merveilleusement aux plus grandes mutilations. Quand on arrache la tête à un Géophile, on le voit aussitôt marcher dans le sens de la queue, et il peut vivre ainsi pendant quelque temps. Si on lui enlève ensuite l'extrémité anale, il recommence d'abord à marcher en sens contraire, comme pour fuir l'objet qui vient de le blesser; mais on peut bientôt remarquer qu'il n'a plus alors de direction bien déterminée, car il s'avance tantôt d'avant en arrière, et tantôt d'arrière en avant.

Les Iules résistent moins à la mutilation que les autres animaux de cette classe.

Les Myriapodes jouissent d'une existence assez longue. D'après Savi, ce n'est qu'après deux ans que quelques-uns d'entre eux arrivent à l'état adulte. Ils acquièrent souvent des dimensions assez considérables, et il n'est pas rare d'en trouver de 16 à 20 centimètres de long. M. Lebas, entomologiste qui a longtemps habité la Colombie, assure avoir rencontré une Scolopendre qui était aussi longue et aussi grosse que son avant-bras. L'ayant pesée, il reconnut que son poids s'élevait à quatre kilogrammes.

La classe des Myriapodes ne comprend que deux familles : les *Chilognathes* (lèvres-mâchoires), représentés par le genre *Iule*, et les *Chilopodes* (lèvres-pattes), qui ont pour type le genre *Scolopendre*.

Les *Iules* ont le corps cylindrique, allongé, composé d'anneaux étroits et par conséquent très-nombreux. Chaque anneau porte deux paires de pattes courtes et minces, rapprochées les unes des autres par leurs bases, qui sont insérées tout près de la ligne médiane. Leur bouche se compose de deux mandibules et d'une grande lèvre cornée, qui représente les mâchoires : d'où le nom de *Chilognathes* donné à ce premier groupe. Ces Myriapodes marchent en rampant; ils s'avancent lentement et semblent glisser sur le sol; dans l'état de repos, ils se tiennent ordinairement enroulés comme de petits Serpents.

Les Iules sont assez communs; on les rencontre sous les pierres, sur les arbustes, les fleurs, les fruits tombés des arbres. On les accuse de ronger les fruits et de nuire aux récoltes; mais on doit reconnaître qu'ils n'attaquent le plus souvent que les fruits tombés des arbres, et toujours ceux qui sont déjà fendillés.

Un des phénomènes les plus remarquables de leur existence, c'est leur mue, qui est une sorte de métamorphose. Au sortir de l'œuf, leur corps a la forme d'une sorte de petite fève; il est par-

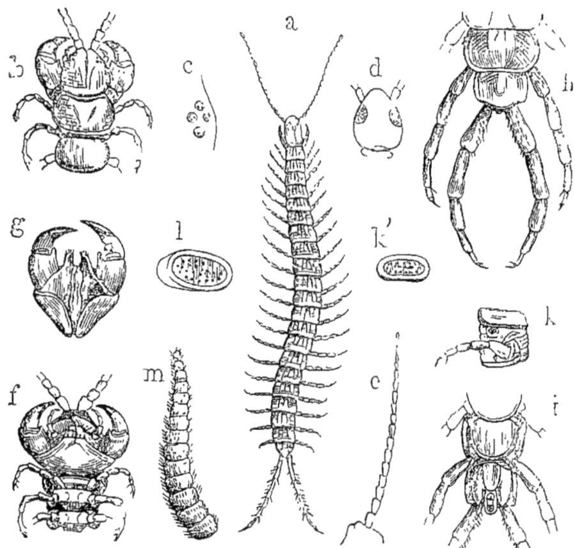

Fig. 59. Scolopendre et genres voisins.

a. Cryptops des jardins, grossi. — *b. Scolopendre*, partie antérieure du corps, vue en dessus. — *c.* Yeux du côté droit. — *d. Scutigère*, tête. — *e. Scolopendre*, antenne. — *f. Scolopendre*, partie antérieure du corps et bouche, vues en dessous. *g. Id.*, ses pinces buccales; — *h. Id.*, partie postérieure du corps, vue en dessus. — *i. Id.*, en dessous. — *k.* Un des anneaux montrant le stigmate trachéen et une patte. — *k'.* Stigmate isolé. — *l.* Stigmate en forme de crible d'une Scolopendre du genre *Hétérostome*. — *m.* Antenne de *Géophile*.

faitement uni et sans appendices. Dix-huit jours après la naissance, il subit une première mue, et alors seulement les jeunes prennent la forme des adultes; mais ils n'ont encore que vingt-deux segments en tout, et vingt-six paires de pattes, dont dix-huit seulement servent à la locomotion. Un mois après, une seconde mue a lieu; le corps acquiert alors vingt-trois segments et trente-six paires de pattes, et ces nouvelles parties semblent s'être développées à la partie postérieure du corps. Un mois plus tard, vient une troisième mue, dans laquelle l'animal prend trente segments et trente-six paires de pattes, et ainsi successivement; de telle sorte que chez les adultes le corps est composé de cinquante-neuf segments dans les mâles et de soixante-trois dans les femelles.

Auprès des Iules se placent les *Gloméris*, qui ont la forme et l'apparence des Cloportes et se roulent en boule comme ces Crustacés. Ils vivent sous les pierres, dans les régions montagneuses exposées au soleil.

Les *Scolopendres* ont le corps allongé et aplati, composé d'anneaux larges parfaitement distincts les uns des autres, et ne portant chacun qu'une paire de pattes attachées près du bord de l'anneau : aussi leurs mouvements sont-ils d'une grande rapidité.

La bouche des Scolopendres est munie de deux mandibules et de deux sortes de lèvres, dont l'une, divisée en quatre parties, porte des appendices semblables à des pattes, ce qui explique le nom de *Chilopodes*, tandis que l'autre est formée de deux pièces cornées, élargies, soudées à leur base et terminées par une pointe aiguë, percée d'une petite ouverture. Cette dernière pièce est en communication avec des glandes à venin, et constitue un appareil venimeux, qui est très-énergique dans les Scolopendres de grande taille.

Les Scolopendres sont des animaux de proie qui habitent surtout les pays chauds. Ils fuient la lumière et se tiennent cachés pendant le jour sous les pierres ou dans le creux des arbres. Les grandes espèces ont jusqu'à deux décimètres de longueur. Leur morsure est réputée dangereuse.

Dans nos pays, les Scolopendres sont petites et inoffensives. Telle est la *Litholie fourchue*, Scolopendre en miniature, de couleur brune, qui se tient sous le bois, les pierres, les pots à fleurs, etc.; elle court avec une extrême agilité.

D'autres espèces à corps mince et très-allongé, muni d'un grand nombre de pattes, vivent dans la terre.

Mais si les Scolopendres de nos climats sont de petits et insignifiants animaux, il en est autrement de ceux qui habitent les Indes et l'Afrique. On trouve dans ces pays des espèces de Scolopendres qui ont 3 décimètres de long.

Les Scolopendres de l'Inde se tiennent dans les bois et se nourrissent de Serpents. Elles pénètrent quelquefois dans les maisons, et l'on assure qu'elles sont si communes dans quelques districts particuliers, que les habitants sont obligés de tenir les pieds de leurs lits dans des vases remplis d'eau, pour ne pas être incommodés pendant la nuit par ces animaux. Elles varient beaucoup pour la couleur et la grosseur. Quelques-uns sont d'un brun rougeâtre foncé; d'autres d'une couleur jaune d'ocre, jaune livide ou légèrement nuancé de rouge. On en voit, mais rarement, qui ont plus de 32 centimètres de long. Leurs pattes, qui sont très-nombreuses, sont terminées par un crochet, ou ongle, très-aigu, d'un noir brillant et d'inégale grandeur. Leurs yeux, au nombre de huit, sont très-petits. Le nombre des anneaux de leur corps augmente avec l'âge.

Toutes les pattes de cet animal sont envenimées; mais ses véritables armes sont deux sortes de crochets aigus, qui sont placés sous sa bouche et au moyen desquels il détruit sa proie. Chacun de ces crochets est percé d'une petite ouverture, communiquant par un conduit avec la glande qui sécrète le fluide venimeux qui s'écoule de la plaie faite par l'animal avec ses griffes.

Pour connaître les propriétés de ce venin, Leeuwenhoek mit une grosse Mouche à la portée d'une Scolopendre, qui la saisit à l'aide de deux de ses pattes du milieu, et la passa d'une paire de pattes à l'autre, jusqu'à ce que la Mouche se trouvât sous ses griffes, qu'elle lui enfonça dans le corps. La Mouche mourut à l'instant.

Bernardin de Saint-Pierre dit que, dans l'Ile-de-France, son Chien fut mordu par une Scolopendre qui avait plus de 16 centimètres de long. Le Chien fut malade pendant trois semaines. Bernardin de Saint-Pierre ajoute qu'il se divertit beaucoup à observer une Scolopendre vaincue par un grand nombre de Fourmis. Les Fourmis l'attaquèrent toutes à la fois; après l'avoir saisie par ses innombrables pattes, elles l'emportèrent, comme font plusieurs ouvriers qui se réunissent pour transporter une longue poutre.

Le venin de la Scolopendre n'est guère plus dangereux que celui du Scorpion; il est rare qu'il soit fatal aux grands animaux.

Les espèces principales de Scolopendre, tant exotiques qu'Indigènes, sont :

1° La *Scolopendre mordante*, dont nous venons de parler, que l'on trouve aux Antilles et qui est même commune dans toute l'Amérique méridionale.

2° La *Scolopendre à pinceau*, dont le corps est formé de quinze anneaux, portant chacun une paire de pieds, et recouvert en dessus par huit plaques ou demi-segments en forme d'écussons. Ses pieds, allongés; ses yeux, grands et à facettes. On la voit, principalement dans les temps pluvieux et pendant la nuit, courir sur les murs avec une grande vitesse, pour chercher les Insectes, qu'elle tue sur-le-champ avec ses crochets à venin.

3° La *Scolopendre à trente pattes*, longue de 2 centimètres seulement, lisse, luisante, tantôt d'un brun de poix, tantôt d'un roux qui tire sur l'ambre. Elle se trouve fréquemment, en été, dans les jardins du midi de la France et de Paris.

4° La *Scolopendre électrique*, qui est, en effet, quelquefois électrique et lumineuse pendant la nuit, et qui se distingue surtout par le nombre considérable de ses pattes, qui peut aller jusqu'à cent quarante et plus. On la trouve aux environs de Paris.

Nous venons de terminer, avec les *Animaux articulés*, la description des quatre premières classes du règne animal, qui composent l'embranchement des *Invertébrés*. Nous arrivons maintenant au second embranchement du règne animal, c'est à-dire aux *Vertébrés*.

Bien que le Créateur ait paru suivre un même plan général dans l'organisation de tous les *Vertébrés*, les naturalistes les ont divisés, pour faciliter leur étude, en un certain nombre de classes, fondées sur les différences de leur structure ou de leurs fonctions vitales. Ces classes sont :

1° Les Poissons ;
2° Les Batraciens et les Reptiles ;
3° Les Oiseaux ;
4° Les Mammifères.

On donne à ces animaux supérieurs le nom de *Vertébrés*, à cause du squelette osseux que renferme leur corps, et dont la colonne vertébrale, surmontée du crâne, son appendice, forme la partie principale. L'existence d'une charpente solide chez ces animaux leur permet d'atteindre à une taille que ne pourraient posséder les Zoophytes, les Mollusques, les Insectes et les Articulés. Ce squelette est organisé de manière à donner aux mouvements une vigueur et une précision remarquables.

Chez les animaux vertébrés, le système nerveux est plus développé, et par conséquent la sensibilité plus exquise, que chez les êtres dont nous avons déjà fait l'histoire.

Ils sont pourvus de cinq sens : la vue, l'ouïe, le toucher, le goût et l'odorat.

Leur canal digestif est plus ou moins allongé, et renflé de distance en distance par les viscères qui servent à la digestion.

Le cœur est double, et sans communication directe des cavités droite et gauche, chez les Mammifères et les Oiseaux. Chez les Reptiles, les deux cavités du cœur communiquent entre elles. Enfin, chez les Poissons, le cœur est unique et ne contient que du sang veineux.

La respiration se fait, chez les Vertébrés, par des poumons ou par des branchies.

Le sang est toujours rouge chez les Vertébrés. Il est généralement chaud, excepté chez les Batraciens et les Reptiles, dont la respiration est incomplète.

Les Vertébrés ont quatre membres au plus et deux au moins. Chez les Serpents, les membres manquent entièrement.

Les yeux sont toujours séparés chez les Vertébrés.

La reproduction se fait par des œufs chez les Oiseaux, Poissons, Batraciens et Reptiles, et par des petits vivants chez les Mammifères.

Nous traiterons, dans cette seconde partie du présent volume, des Poissons, des Batraciens et des Reptiles.

POISSONS

CLASSE DES POISSONS

Avant de parler de la vie, des mœurs et des habitudes des principales espèces de Poissons de mer et d'eau douce, il est indispensable de jeter un rapide coup d'œil sur leur organisation et sur la manière dont s'exécutent leurs fonctions physiologiques.

Les Poissons sont destinés à vivre dans l'eau, et cette circonstance imprime à toute leur organisation un cachet particulier. Bien que leurs formes soient très-variées, ils sont généralement oblongs, comprimés latéralement, un peu évidés aux deux extrémités. Ils n'ont pas de cou, et leur tête est en continuité avec le tronc. Le plus souvent, leur corps est couvert d'écailles, qui généralement sont minces, enchâssées dans des replis de la peau, *imbriquées* comme les tuiles d'un toit, et qui ressemblent parfois à des grains ou à des tubercules.

Rien de plus remarquable que la variété et l'éclat des couleurs du corps des Poissons. Ces couleurs rappellent l'or et l'argent, et présentent les teintes les plus éclatantes, avec les dégradations infinies du bleu, du vert, du rouge et du noir.

Les Poissons sont essentiellement conformés pour la natation. Leurs membres antérieurs, qui correspondent aux bras de l'homme et aux ailes de l'oiseau, sont fixés de chaque côté du tronc, immédiatement derrière la tête, et constituent les *nageoires pectorales*. Les membres postérieurs occupent la face inférieure du corps et constituent les *nageoires ventrales*. Les Poissons possèdent, en outre, des nageoires impaires. Les nageoires qui s'élèvent sur le dos s'appellent *dorsales;* celle qui est située au bout de la queue est dite *caudale;* enfin il en existe souvent une autre, attachée à la face inférieure et à l'extrémité du corps, et qu'on nomme la nageoire *anale*.

Ces nageoires ont, au reste, à peu près la même structure. Elles consistent presque toujours en un repli de la peau, qui est soutenu par des tiges grêles, formées de substance cartilagineuse ou osseuse.

Les muscles destinés à infléchir la colonne vertébrale sont tellement développés chez les Poissons, comme chez la plupart des animaux supérieurs, qu'ils constituent à eux seuls la plus

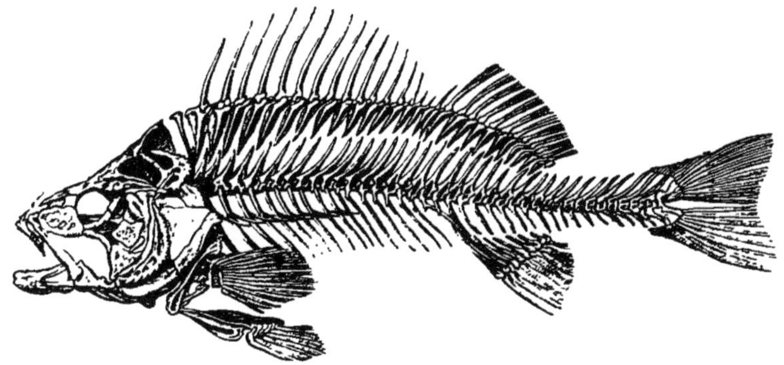

Fig. 60. Squelette de la Perche.

grande partie du corps. Les nageoires caudale, dorsale et anale servent à augmenter l'étendue de l'espèce de rame que forme le corps d'un poisson. Les nageoires pectorales et les ventrales concourent à la progression. Elles servent aussi à maintenir

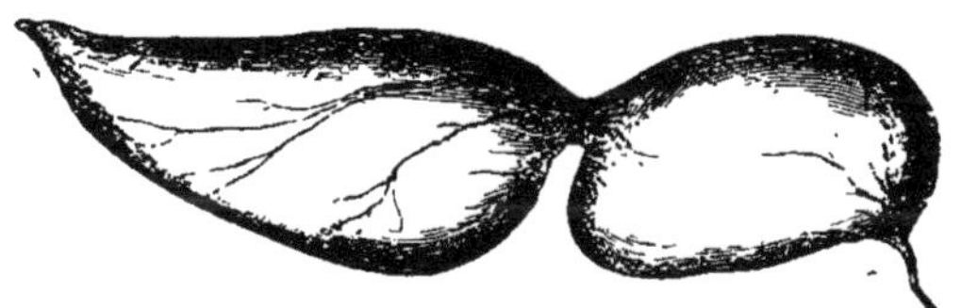

Fig. 61. Vessie natatoire de la Carpe.

l'animal en équilibre et à influer sur la direction de ses mouvements, qui sont d'ordinaire d'une étonnante rapidité.

Un organe propre aux Poissons, et que l'on considère généralement comme leur étant d'un grand secours dans la natation, c'est la *vessie natatoire*, espèce de poche remplie d'air, placée dans l'abdomen sous l'épine dorsale, et qui peut être plus ou moins comprimée par les mouvements des côtes. Suivant le volume que présente la vessie natatoire, l'animal peut augmenter ou diminuer le poids spécifique de son corps, c'est-à-dire peut rester en équilibre, descendre ou monter au sein des eaux. Mais cet organe manque parfois, et l'on a remarqué qu'il est très-petit dans les espèces qui nagent au fond de l'eau, ou se cachent dans la vase.

Immédiatement derrière la tête, se voient de grandes fentes . ce sont les *ouïes*. Leur bord antérieur est mobile et se soulève et s'abaisse comme un battant de porte, pour servir à la respiration.

Sous cette espèce de couvercle sont situées les *branchies*, oaganes de la respiration de ces animaux aquatiques.

Les branchies sont des lamelles étroites, longues et aplaties, disposées en séries parallèles, à la manière de dents de peigne, et qui sont attachées sur des tiges osseuses, que l'on désigne sous le nom d'*arcs branchiaux*. Elles flottent ainsi dans l'eau aérée, qui doit servir à la respiration de l'animal.

Voici comment s'exécute la fonction respiratoire chez les Poissons. L'eau entre par la bouche, passe, par un mouvement de déglutition de l'animal, sur les fentes que les arcs branchiaux laissent entre eux, arrive aux branchies, dont elle inonde la large et multiple surface, et s'échappe enfin au dehors, par les ouvertures des *ouïes*. Tout le monde a vu un poisson rouge, dans son bocal, ouvrir la bouche et soulever son opercule, alternativement : ces deux mouvements sont ceux de la respiration et de l'expiration.

Pendant le contact de l'eau et des branchies, le sang qui circule dans la trame de cet organe, et qui leur communique la coloration rouge qu'on leur connaît, se combine chimiquement avec l'oxygène de l'air, que l'eau tient toujours en dissolution, quand elle coule librement, à la température ordinaire, en présence de l'air. Le sang devient ainsi oxygéné, ou *artériel*.

Le cœur des Poissons, placé entre les parties inférieures des arcs branchiaux, se compose d'un ventricule et d'une oreillette. Il correspond à la moitié droite du cœur des Mammifères et des Oiseaux, car il reçoit le sang veineux venant de toutes les parties du corps et l'envoie aux branchies. De cet organe, le sang se rend dans une grosse artère qui rampe le long de la colonne vertébrale.

L'œil des Poissons est ordinairement très-grand, on peut même dire énorme, relativement au volume de la tête. Cet œil est dépourvu de véritable paupière; le plus ordinairement la peau passe au devant du globe oculaire, et devient en ce point si

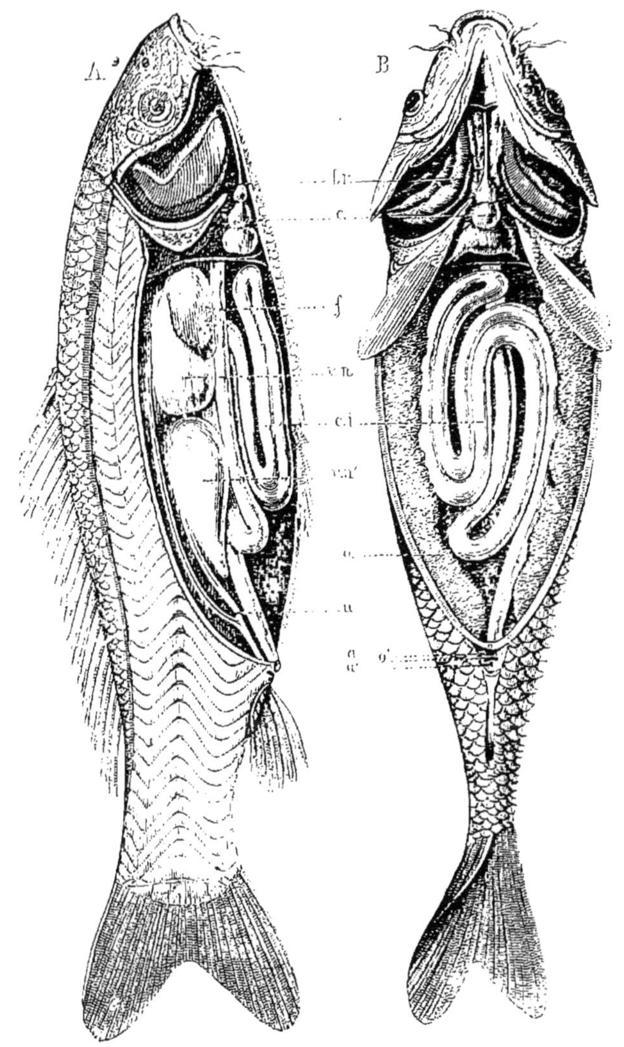

Fig. 62. Anatomie de la Carpe.

br. Branchies. — *c*, Cœur. — *f*. Foie. — *v. n*. Vessie natatoire. — *c. i*. Canal intestinal. — *v. n'*. Vessie natatoire. — *o*. Ovaire. — *u*. Urètre. — *a*. Anus. — *o'*. Oviducte. — *u'*. Urètre.

transparente, que les rayons lumineux la traversent. Ce léger revêtement est toute la paupière de l'œil des Poissons. L'intérieur de l'œil est tapissé par la membrane dite *choroïde*, dont le feuillet externe, fort mince, offre, par suite de la présence d'innombrables cristaux microscopiques, l'aspect d'un enduit argenté ou doré, qui donne à l'iris cet éclat extraordinaire propre aux yeux des Poissons.

Le cristallin de l'œil est volumineux, sphérique, diaphane. Lorsque le poisson est cuit, le cristallin de l'œil constitue cette sorte de petite bille blanche, opaque et dure, que l'on trouve souvent sous la dent quand on mange du poisson d'une certaine taille.

Quoi qu'en ait pensé Cuvier, la vision est très-nette chez les Poissons. Ces agiles chasseurs du domaine aquatique voient de loin et fort bien, c'est ce que tous les pêcheurs savent parfaitement.

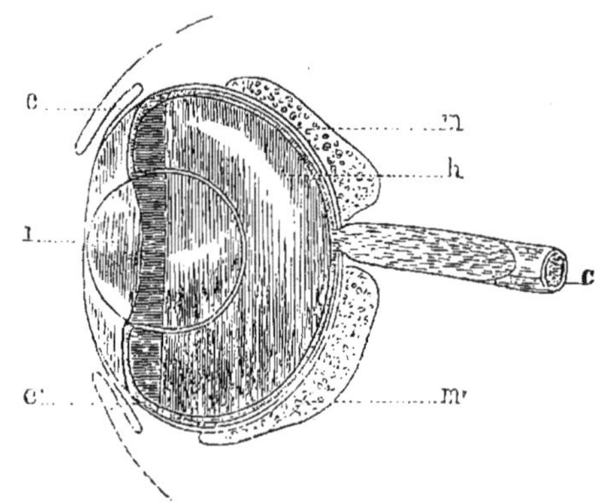

Fig. 63. Œil de Poisson.

i. Cristallin et pupille. — *ee'*. Cornée. — *mm'*. Choroïde. — *h*. Chambre postérieure de l'œil. — *c*. Nerf optique.

Si les Poissons ont de grands yeux, en revanche ils ont de bien petites oreilles. Cet organe manque à l'extérieur. Il existe seulement dans une cavité du crâne une oreille interne, qui est loin de présenter la structure compliquée de l'oreille chez les Mammifères et les Oiseaux. En dépit de cette imperfection de structure, les Poissons sont sensibles au moindre bruit. Le silence est de rigueur pour la pêche, dans les rivières ou dans les mers : aucun pêcheur n'ignore cette circonstance.

Les dimensions de la bouche et des dents sont très-variables chez les Poissons ; elles sont en rapport avec leur voracité, qui est excessive chez beaucoup de ces êtres.

Les formes et le développement des pièces buccales sont tellement variés, que nous ne saurions songer à en donner une idée. Quelques espèces sont dépourvues de dents ; mais chez la plupart des Poissons les dents sont très-nombreuses. On en trouve non-seulement aux deux mâchoires, mais au palais, à la langue, sur le bord intérieur des arcs branchiaux, et jusque dans l'arrière-bouche, c'est-à-dire sur les os pharyngiens qui entourent l'entrée de l'œsophage.

Les formes de ces dents sont très-variables. Certaines sont si petites et si serrées qu'on les a nommées *dents en velours*. Il est des *dents en râpe* et des *dents en carde ;* il en est qui ressemblent

Fig. 64. Dents de Truite.

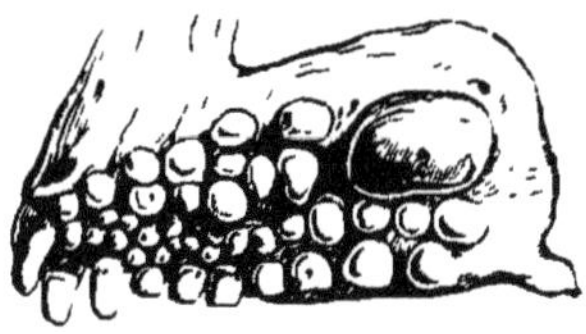

Fig. 65. Dents de Dorade.

aux canines des Mammifères ; d'autres qui sont en forme de tubercules ronds ou coniques.

L'œsophage qui fait suite à la bouche est court chez les Pois-

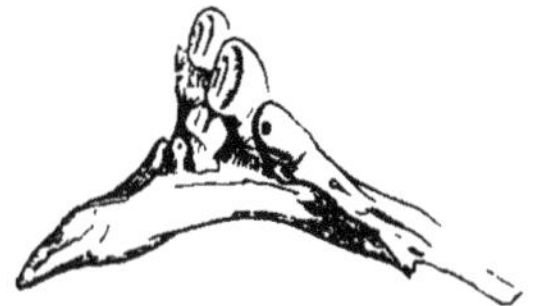

Fig. 66. Dents pharyngiennes de la Carpe.

Fig. 67. Dents pharyngiennes de la Brème.

sons. L'estomac et les intestins varient de forme et de dimension. La digestion se fait très-rapidement chez ces êtres.

La plupart des Poissons se nourrissent de chair ; mais il est un nombre très-considérable d'espèces dont la bouche est dépourvue de dents et qui ont un régime végétal.

L'accroissement des Poissons se fait avec lenteur ou avec rapidité, selon l'abondance de leur nourriture. Ils peuvent supporter, sans mourir, un jeûne prolongé. Seulement, on les voit alors diminuer peu à peu de volume, et périr enfin d'épuisement.

A une certaine époque, un irrésistible entraînement pousse les Poissons des deux sexes à se rapprocher, à se réunir. Plusieurs espèces, dont la livrée est terne ordinairement, se parent alors des plus brillantes couleurs. Bientôt les femelles pondent des œufs.

Le nombre des œufs que recèle le corps des femelles dépasse toute imagination. La nature a accumulé dans leur corps des myriades d'œufs, parce que les causes de destruction qui les menacent, et qui auraient rapidement anéanti l'espèce, sont innombrables.

Les œufs, abandonnés par les femelles au sein de l'eau, sont fécondés, après la ponte, par la laitance des mâles. C'est ainsi que s'accomplissent la fécondation et la reproduction chez les êtres qui nous occupent.

Une découverte importante faite de nos jours, la *fécondation artificielle des Poissons*, est venue donner le moyen de parer aux innombrables chances de destruction des œufs de ces animaux.

La *fécondation artificielle*, qui est mise en pratique aujourd'hui sur une échelle immense, et qui a créé toute une industrie nouvelle et précieuse, consiste à récolter les œufs quand ils sont en état de maturité, et à les arroser avec la laitance du mâle, de manière à les féconder.

La figure 68 montre la manière d'opérer. On prend un baquet

Fig. 68. Récolte des œufs de la femelle d'un poisson, pour la fécondation artificielle.

d'eau pure, et en pressant le ventre de la femelle on fait tomber les œufs contenus dans l'oviducte. L'eau doit avoir la température de $+3^0$ à $+10^0$, et il faut tenir la femelle aussi près que possible de la surface de l'eau. Quand on a fait sortir les œufs du corps de la femelle, on la rejette à l'eau, et on prend le mâle, sur lequel on répète la même opération, c'est-à-dire que l'on presse doucement son ventre, pour en faire couler la liqueur fécondante (fig. 69), puis on rejette le Poisson à l'eau, et l'on agite doucement l'eau du baquet, pour mettre bien en contact les œufs et la laitance fécondante.

Pour faire naître le Poisson des œufs ainsi fécondés artificiellement, on les place dans un *appareil à éclosion*, composé d'une

Fig. 69. Fécondation artificielle des œufs d'une femelle de poisson par la laitance du mâle.

simple claie, dans laquelle coule sans cesse un filet d'eau vive: ou bien on les place dans l'eau d'un ruisseau en les semant dans les interstices de cailloux et de graviers, et les recouvrant d'autres graviers.

Au bout du temps qu'exige le développement naturel, l'alevin éclôt. Il ne reste qu'à fournir, par une nourriture convenable et appropriée à son jeune âge, au développement du poisson.

Après cette revue sommaire de l'organisation des Poissons, nous dirons quelques mots de la classification de ces animaux.

Les Poissons se divisent en deux séries, d'après la composition de leur squelette intérieur. Ce squelette est ordinairement osseux; cependant, chez tout un groupe de ces Poissons, il reste constamment à l'état cartilagineux, ou fibro-cartilagineux. Chez quelques-uns même, cette charpente offre encore moins de résistance et demeure presque membraneuse.

C'est précisément sur cette particularité de structure que l'on se fonde pour diviser la classe des Poissons en deux grandes tribus : les *Poissons cartilagineux* et les *Poissons osseux*.

Dans chacune des deux grandes tribus des Poissons *cartilagineux* et *osseux*, les naturalistes ont établi un certain nombre de familles, que nous passerons successivement en revue dans les descriptions qui vont suivre.

POISSONS CARTILAGINEUX

Les Poissons cartilagineux (*Chondroptérygiens*) sont beaucoup moins nombreux en espèces que les Poissons osseux. Ils habitent presque exclusivement les eaux de la mer, bien que certaines espèces soient toutes fluviatiles.

Les Poissons cartilagineux sont, en général, des animaux de grande taille, dont les formes varient depuis celle des Poissons ordinaires jusqu'à celle des Anguilles.

On divise les Poissons cartilagineux en deux ordres, selon que les branchies sont libres à leur bord externe (*Chondroptérygiens à branchies libres*), ou attachées par ce bord, aussi bien que par leur bord interne (*Chondroptérygiens à branchies fixes*).

Le premier ordre comprend deux familles : les *Suceurs* et les *Sélaciens*. Le second ordre ne comprend qu'une seule famille : les *Sturioniens*.

Famille des Suceurs ou Cyclostomes. — Cette famille de Poissons, caractérisée par la conformation singulière de la bouche, qui n'est propre qu'à la succion, se compose des plus imparfaits de tous les animaux vertébrés.

Le corps des Poissons suceurs, allongé, nu, visqueux, rappelle, par la forme extérieure, celui des Serpents. Ils n'ont ni nageoires pectorales ni nageoires ventrales. Leurs vertèbres sont réduites à de simples anneaux cartilagineux, à peine distincts les uns des autres, traversés par un cordon tendineux, et surmontées d'un second anneau plus solide, qui entoure la moelle épinière. Leurs branchies, au lieu de présenter la forme de peignes, ont l'apparence de bourses.

Les *Lamproies* sont le type de cette famille. Nous parlerons de la *Lamproie de mer*, de la *Lamproie fluviatile* et de la *Lamproie de Planer*.

La *Lamproie de mer*, ou *grande Lamproie* (fig. 7), est propre à l'Océan et à la Méditerranée. Elle remonte, au printemps, les embouchures des fleuves, où on la pêche quelquefois en abondance. C'est un animal long quelquefois d'un mètre, au corps cylindrique, marbré de brun sur un fond jaunâtre, et dont les nageoires dorsales sont séparées l'une de l'autre par un assez long intervalle. Sa bouche, complétement circulaire, est entourée d'une lèvre charnue, garnie de cirrhes, ayant une lame cartilagineuse pour support; elle est pourvue, sur toute sa face interne, de plusieurs rangées circulaires de fortes dents, les unes simples, les autres doubles. Sept ouvertures branchiales se voient de chaque côté du cou, formant deux lignes longitudinales.

Fig. 70. Lamproie de mer, ou grande Lamproie.

Ce poisson, dont l'aspect et la structure sont si étranges, se nourrit de Vers, de Mollusques et d'autres Poissons. Sa bouche, si puissamment armée, est un vaste suçoir, une énorme ventouse, à l'aide de laquelle l'animal peut s'attacher au corps de Poissons souvent de grande taille et les sucer à la manière des Sangsues.

On le prend au moyen de filets. On se sert aussi, pour le pêcher, de la *fouane*, espèce de fourche à trois pointes barbelées, semblables au trident que l'on donnait au mythologique Neptune. On darde avec cet instrument le Poisson, lorsqu'on l'aperçoit au fond de l'eau.

La chair de la Lamproie, grasse et délicate, est estimée. Au douzième siècle, le roi d'Angleterre Henri Ier mourut, aux environs d'Elbeuf, pour en avoir absorbé une trop royale quantité. Mieux vaut encore, à tout prendre, la mort du duc de Clarence, qui se fit noyer dans un tonneau de Malvoisie!

La *Lamproie fluviatile* ressemble beaucoup à la *Lamproie de mer* par sa conformation générale; mais elle en diffère par l'armature de sa bouche, qui n'offre qu'une seule rangée circulaire de dents, et par sa taille, qui est beaucoup plus petite. C'est principalement à cette espèce que doivent se rapporter les individus que l'on voit sur les marchés de Paris. Noirâtre en dessus, argentée en dessous, la *Lamproie fluviatile* se trouve assez fréquemment dans la Seine.

La *Lamproie de Planer* ne quitte pas les eaux douces. On la

Fig. 71. Petite Lamproie, ou Lamproie de Planer.

connaît sous les noms de *petite Lamproie de rivière*, *Sucet*, *Chatouille*. Elle est longue de vingt-cinq à trente centimètres, présente les mêmes couleurs que les précédentes, mais ses deux nageoires dorsales sont continues. Elle vit dans les eaux de presque toutes les rivières de l'Europe, dans les ruisseaux peu profonds, au milieu des pierres, où elle rencontre les petits animaux dont elle fait sa nourriture.

Ce poisson n'a pas dans le jeune âge les caractères de l'adulte. Il présente des métamorphoses. Sa larve avait été longtemps considérée comme le type d'un genre particulier, l'*Ammocète*, le *Lamprillon* des pêcheurs. Cette larve n'arrive à l'état adulte, c'est à-dire ne se métamorphose, qu'au bout de deux ou trois années d'existence passées sous sa forme imparfaite.

Famille des Sélaciens. — Cette famille comprend le plus grand nombre des Poissons cartilagineux. Leur forme extérieure est variable. Ils ont des nageoires pectorales et ventrales. De chaque côté du cou, ou à sa face inférieure, sont cinq ouvertures branchiales, en forme de fentes. Beaucoup de ces Poissons ont à la partie supérieure de la tête deux *évents*. C'est à cette famille qu'appartiennent les *Raies*, les *Roussettes*, les *Torpilles*, les *Marteaux*, les *Requins*, les *Scies*.

Raies. — Il y a plusieurs espèces de *Raies*. Nous signalerons seulement la *Raie blanche* ou *cendrée* (*Raia batis*) et la *Raie bouclée* (*Raia clavata*).

La *Raie blanche* (fig. 72) a un corps dont la forme générale rappelle celle d'un losange. La pointe du museau est placée à l'angle antérieur. Les rayons les plus longs de chaque nageoire pectorale occupent les deux angles latéraux, et l'origine de la queue se trouve au sommet de l'angle de derrière. Tout cet ensemble est très-aplati ; on distingue pourtant un léger renflement tant sur le côté supérieur que sur le côté inférieur, qui trace, pour ainsi dire, le contour du corps proprement dit, c'est-à-dire des trois cavités de la tête, de la poitrine et du ventre. Ces trois cavités réunies n'occupent que le milieu du losange, laissant de chaque côté un espace triangulaire moins épais, qui compose les nageoires pectorales. La surface de ces nageoires est plus grande que celle du corps proprement dit, et quoiqu'elles soient recouvertes d'une peau épaisse, on peut y distinguer un grand nombre de rayons cartilagineux composés et articulés.

La tête de la Raie blanche, terminée par un museau un peu pointu, est engagée par derrière, dans la cavité de la poitrine. L'ouverture de la bouche placée dans la partie inférieure de la tête, et même assez loin de l'extrémité du museau, est allongée ; ses bords sont cartilagineux et garnis de plusieurs rangs de dents, très-aiguës et crochues. Les narines sont placées au devant de la bouche. Les yeux s'ouvrent à la partie supérieure de la tête ; ils sont à demi saillants et garantis en partie par une continuation de la peau qui recouvre la tête et qui est souple, rétractile.

Immédiatement derrière les yeux, sont deux trous, ou *évents*, qui communiquent avec l'intérieur de la bouche. L'animal a la faculté d'ouvrir ou de fermer ces trous, au moyen d'une membrane très-extensible, sorte de soupape. C'est par ces deux orifices que la Raie admet ou rejette l'eau nécessaire ou surabondante à ses organes respiratoires, lorsqu'elle ne veut pas employer l'ouverture de sa bouche pour porter l'eau de la mer dans ses branchies ou pour l'en retirer.

La couleur générale de l'animal est, sur le côté supérieur,

Fig. 72. Raie blanche.

d'un gris cendré, semé de taches irrégulières ; sur le côté inférieur, d'un blanc mat, avec plusieurs rangées de points noirâtres.

Sa queue, longue, souple et menue, qui peut se fléchir et se contourner en différents sens, et qu'elle agite comme un fouet, est pour la Raie une arme offensive et défensive. Elle s'en sert particulièrement lorsque, en embuscade au fond de la mer, presque entièrement cachée sous le limon, et voyant passer à sa portée les animaux dont elle doit se nourrir, elle ne veut ni changer sa position, ni se débarrasser de la vase et des algues qui la couvrent. Elle emploie alors sa queue. La fléchissant avec force et promptitude, elle atteint sa victime, la blesse ou la tue avec les deux piquants droits et forts dont la racine de cette queue est armée, et avec les aiguillons crochus qui hérissent sa partie supérieure.

Les Raies peuvent parvenir à une taille assez considérable pour peser près de 100 kilogrammes. Leur chair peut alors suffire à rassasier plus de cent personnes. Les plus grandes

Fig. 73. Raie bouclée.

sont celles qui s'approchent le moins des rivages habités, même dans le temps où le besoin de pondre ou celui de féconder les œufs entraîne les femelles vers les côtes maritimes.

Les œufs des Raies ont d'ailleurs une forme singulière, très-différente de celle de presque tous les œufs de Poissons, et particulièrement des œufs de presque tous les Poissons osseux. Ils sont quadrangulaires, un peu aplatis, terminés dans chacun de leurs quatre coins par un petit cordon cylindrique. Ce sont des sortes de poches formées d'une membrane forte et demi-transparente.

On pêche un très-grand nombre de *Raies blanches* sur plusieurs côtes du nord de l'Europe. Leur chair est délicate. Dans plusieurs pays du Nord, particulièrement dans le Holstein et le Schleswig, on les fait sécher à l'air, et on les envoie ainsi séchées dans plusieurs contrées de l'Europe, particulièrement en Allemagne.

La *Raie bouclée* (fig. 73), à laquelle on a donné ce nom à cause des gros aiguillons dont elle est armée, et qu'on a comparés à des boucles ou à des crochets, habite presque toutes les mers de l'Europe. Elle peut atteindre une longueur de quatre mètres ; et comme elle est très-bonne à manger, elle est recherchée par les pêcheurs. On la voit fréquemment avec la Raie blanche sur les marchés d'Europe. Un rang d'aiguillons grands, forts et recourbés, règne sur le dos et s'étend jusqu'au bout de la queue. Deux piquants semblables sont au-dessus et au-dessous du bout du museau. Deux autres sont placés devant les yeux et trois derrière. Chaque côté de la queue est garni d'une rangée d'aiguillons moins forts. Il y a encore une foule d'autres aiguillons plus petits. Telles sont les *boucles* de cette Raie : ce ne sont pas, on le voit, des ornements, mais des moyens de défense.

La couleur de la partie supérieure de son corps est ordinairement brune, avec des taches blanches. La queue, plus longue que le corps, présente, vers le bout, deux petites nageoires dorsales et une nageoire caudale qui la termine.

C'est toujours au milieu des mers que vivent les différentes espèces de Raies ; mais elles s'y déplacent suivant les époques de l'année. Pendant que la mauvaise saison règne encore, elles se cachent dans la profondeur des mers. Elles s'y tiennent en embuscade, appliquant leur large corps sur le fond de la mer, et rampant sur ce même fond.

Mais les Raies ne demeurent pas toujours couchées au fond des eaux. Souvent elles s'élèvent à la surface, et vont loin des côtes chasser avec fureur les autres habitants de la mer. Recourbant leur queue, agitant leurs nageoires, elles relèvent leur corps au-dessus des flots, et se laissent retomber sur l'eau, qui écume et rejaillit sous leur poids.

Quand elles poursuivent leur proie, les Raies tiennent toujours déployées leurs nageoires pectorales, qui ressemblent alors à de grandes ailes. Grâce à leur queue très-déliée et très-mobile, elles fendent les eaux, pour tomber à l'improviste sur les animaux qu'elles poursuivent, comme l'Aigle se précipite du haut des airs sur sa victime. Aussi a-t-on comparé la Raie au roi des airs, à l'Aigle. Les Raies figurent, en effet, au nombre des plus forts et des plus grands Poissons, comme l'Aigle est le plus grand et le plus fort des Oiseaux. Elles ne poursuivent les autres Poissons plus faibles que par le besoin de nourrir leur corps volumineux, et n'immolent pas de victimes à une cruauté inutile. Elles sont douées d'ailleurs d'un instinct supérieur à celui des autres Poissons osseux ou cartilagineux ; et par toutes ces considérations on a pu les appeler les *Aigles de la mer.*

La *Torpille* (fig. 74) a beaucoup d'analogie avec la Raie. Son corps aplati s'arrondit en disque. Cet élargissement est dû, comme

Fig. 74. Torpille.

dans les Raies, à la grandeur des nageoires pectorales; mais ici la ceinture humérale qui les porte, loge dans une grande échancrure un appareil organique extrêmement remarquable, car il possède la propriété de produire de violentes commotions électriques. Ce merveilleux appareil est placé dans l'intervalle qui existe entre le bout du museau et l'extrémité de la nageoire : il complète le disque du corps. La tête offre une bouche petite, fendue en travers, dont les mâchoires portent des dents disposées en quinconce. Les yeux sont petits. En arrière de ces yeux sont deux évents étoilés. Sous la poitrine sont deux rangées de petites fentes transversales, ouvertures des poches branchiales, comme cela a lieu dans les Raies. La queue est grosse, courte, conique, terminée par une nageoire. Elle porte une partie des nageoires ventrales. Au delà, c'est-à-dire sur le dos, sont deux petites nageoires, molles et adipeuses. La peau est entièrement lisse; sa couleur varie suivant les espèces. Ordinairement elle est rousse avec des ocelles larges, à centre bleu foncé, quelquefois azuré et chatoyant, et entouré d'un grand cercle brunâtre. Ces taches sont ordinairement au nombre de cinq ou six.

On trouve ces curieux Poissons sur nos côtes, dans la Méditerranée et dans l'Océan.

Les commotions qu'ils font éprouver au pêcheur qui veut les saisir furent signalées de très-bonne heure. Redi, naturaliste italien du dix-septième siècle, les étudia le premier scientifiquement. On venait de pêcher une Torpille, que l'on avait tirée avec précaution sur le rivage.

« A peine l'avais-je touchée et serrée avec la main, dit le naturaliste italien, que j'éprouvai dans cette partie un picotement qui se communiqua dans le bras et dans toute l'épaule et qui fut suivi d'un tremblement désagréable et d'une douleur accablante et aiguë dans le coude, en sorte que je fus obligé de retirer aussitôt la main. »

Réaumur a également fait quelques observations sur les effets de la Torpille.

« L'engourdissement est très-différent, dit-il, des engourdissements ordinaires. On ressent, dans toute l'étendue du bras, une espèce d'*étonnement* qu'il n'est pas possible de bien peindre, mais lequel (autant que les sentiments peuvent se faire connaître par comparaison) a quelque rapport avec la sensation douloureuse que l'on éprouve dans le bras lorsqu'on s'est frappé le coude contre quelque corps dur. »

Redi remarqua, en outre, que la douleur et le tremblement résultant des attouchements diminuent à mesure que la mort de la Torpille approche, et qu'ils cessent dès que l'animal est mort.

Au temps de ce naturaliste, tous les pêcheurs affirmaient que la vertu de la Torpille se communique au bras de celui qui la pêche, par l'intermédiaire de la corde du filet, et même par l'intermédiaire de l'eau de mer. Redi ne nie pas la réalité de ce phénomène; mais il ne put le vérifier. Il constata que l'action de l'animal n'est jamais plus active que lorsqu'il est serré fortement avec la main, et qu'il fait des efforts pour s'échapper. Il fit, de plus, la découverte de l'organe dans lequel réside la force électrique, et dont nous décrirons bientôt la structure.

Mais la physique n'était pas alors assez avancée pour que le naturaliste italien pût déterminer avec exactitude la cause de l'engourdissement produit par la Torpille, car c'est à peine si les phénomènes de l'électricité commençaient alors à être connus de quelques savants. Redi publia vers 1670 ses principaux ouvrages; or à cette époque rien n'avait encore attiré l'attention sur les phénomènes électriques.

Réaumur, qui publiait vers 1740 ses immortels travaux sur les Insectes, n'était pas mieux en état que Redi de comprendre la nature du phénomène de la contraction de la Torpille, car l'électricité ne faisait pas encore parler d'elle. Réaumur fit toutefois une expérience qui peut donner une idée de la force de l'électricité de la Torpille. Il mit ensemble une Torpille et un Canard, dans un vase contenant de l'eau de mer et recouvert d'un linge, pour que le Canard ne pût s'envoler. L'oiseau pouvait respirer librement; néanmoins, au bout de quelques heures de cette désagréable entrevue avec la Torpille, on trouva le Canard passé de vie à trépas.

Cependant la science de l'électricité commençait à se constituer, et bientôt elle fit des progrès rapides. Le docteur Bancroft soupçonna le premier que la Torpille empruntait sa puissance à quelque appareil de nature électrique. Enfin Walsh, membre de la Société royale de Londres, démontra cette vérité par de belles et nombreuses expériences qu'il fit à l'île de Ré. Voici quelques-unes des expériences de ce physicien.

On posa une Torpille vivante sur une serviette mouillée. On suspendit au plancher, au moyen de cordons de soie servant à les isoler, deux fils de laiton. Auprès de la Torpille étaient huit personnes, montées sur des tabourets isolants. Un bout des fils de laiton était appuyé sur la serviette mouillée, qui soutenait la Torpille; l'autre aboutissait dans un premier bassin plein d'eau, liquide qui conduit faiblement l'électricité. La première personne avait un doigt d'une main dans le bassin où était le fil de laiton, et un doigt de l'autre main dans un second bassin, également rempli d'eau; la seconde personne tenait un doigt d'une main dans le second bassin et un doigt de l'autre main dans un troisième; la troisième plongeait un doigt d'une main dans le troisième bassin et un doigt de l'autre main dans un quatrième, et ainsi de suite. Les huit personnes communiquaient donc l'une avec l'autre, au moyen de l'eau contenue dans neuf bassins. Un bout du second fil de laiton était plongé dans le neuvième bassin. Walsh ayant pris l'autre bout de ce second fil métallique, et l'ayant fait toucher au dos de la Torpille, un cercle conducteur de plusieurs pieds de long se trouva ainsi établi. Au moment où l'expérimentateur toucha la Torpille, les huit acteurs de cette expérience intéressante ressentirent une commotion subite, qui ne différait en rien de celle que fait éprouver la bouteille de Leyde, et qui présentait seulement une intensité moindre.

Lorsque la Torpille était placée sur un support isolant, elle faisait éprouver à plusieurs personnes, également placées sur un tabouret isolateur, quarante ou cinquante secousses, qui se succédaient dans l'espace d'une minute et demie. Chaque effort que faisait l'animal pour donner ces commotions était accompagné d'une dépression de ses yeux, qui, très-saillants dans leur état naturel, rentraient aussitôt dans leurs orbites, le reste du corps demeurant immobile.

Si l'on ne touchait que l'un des deux organes de la Torpille, il arrivait qu'au lieu d'une secousse forte et soudaine, on n'éprouvait qu'une sensation plus faible et, pour ainsi dire, plus lente: un engourdissement plutôt qu'un coup.

Toutes les substances propres à laisser passer le fluide électrique transmettaient rapidement la commotion produite par l'animal; tous les corps non conducteurs arrêtaient les secousses. Si l'on touchait l'animal avec un bâton de cire ou de verre, on ne ressentait aucun effet; mais si on le touchait avec un fil ou une tige de métal, on était violemment atteint.

Voilà les phénomènes qui furent constatés par Walsh. On ne pouvait mettre en doute leur identité avec ceux que produit l'électricité de la bouteille de Leyde, ou des machines électriques.

Les phénomènes électriques de la Torpille ont été soumis, de nos jours, à un grand nombre de nouvelles expériences par MM. Melloni, Matteucci, Becquerel et Breschet.

M. Matteucci a reconnu que l'intensité de la commotion produite par la Torpille peut être comparée à celle que donne une pile voltaïque, dite *à colonne*, de cent à cent cinquante couples.

Arrivons à la structure de l'appareil organique qui sert à produire, au sein de la Torpille, ce dégagement d'électricité.

C'est un organe en forme de demi-lune. Il est double et placé de chaque côté de la bouche et des organes respiratoires. Il est composé d'une multitude de petits prismes, disposés parallèlement les uns aux autres et perpendiculairement au sol. On a compté jusqu'à onze cent quatre-vingt-deux de ces prismes dans l'un des deux organes électriques d'une Torpille longue d'un mètre.

Sans vouloir reproduire ici toutes les descriptions anatomiques qui ont été données par Stannius, Max Schultze, Breschet, etc., de l'appareil électrique de la Torpille, nous dirons seulement que tous les petits parallélépipèdes qui entrent dans leur constitution sont séparés les uns des autres par des cloisons de tissu cellulaire, dans lesquelles se distribuent des vaisseaux et des nerfs. Les filets nerveux que chaque appareil reçoit sont partagés en quatre troncs principaux.

Selon les auteurs modernes, l'électricité s'élabore dans le cerveau, sous l'influence de la volonté. Elle est ensuite transportée, au moyen de filets nerveux, dans l'organe principal, où elle sert à charger ces espèces de petites piles voltaïques, qui semblent constituer l'organe commoteur.

Cependant il ne faudrait pas se laisser aller à une comparaison tout à fait sans fondement entre l'organe électrique de la Torpille et les piles de nos laboratoires, auxquelles cet organe n'est comparable en aucune façon. L'appareil électrique ressemble à un corps bon conducteur qui serait fortement électrisé; il suffit de toucher une des surfaces de cet organe pour recevoir la commotion. Si les petits prismes qui le composent étaient chargés comme nos piles voltaïques, il faudrait toucher leurs deux surfaces pour recevoir la commotion. Aucune analogie ne saurait donc exister entre cet appareil naturel et l'instrument scientifique qui porte le nom de Volta.

On peut, à l'aide de la chaleur, ranimer jusqu'à un certain point l'activité éteinte ou suspendue des fonctions électriques de la Torpille. Maintenue dans une masse d'eau de mer d'un mètre de hauteur et de 30 centimètres de diamètre, et à une température de 22°, une Torpille conserva ses facultés pendant cinq ou six heures. Au contraire, une autre, qui était restée pendant dix heures dans une très-petite quantité d'eau de mer, à une température de 10 à 12° centigrades, et qui semblait morte, se ranima peu à peu quand on la plaça dans de l'eau à 20°, et elle donna des commotions pendant une heure. Si l'on tient fortement l'animal par la queue, et qu'on le presse en dessus et en dessous avec des lames de platine, pour recueillir les deux électricités, l'animal se contracte fortement; mais ces mouvements violents ne sont pas toujours accompagnés de décharges électriques : ce qui démontre une fois de plus que les jets de matière électrique ne sont pas le résultat de simples contractions musculaires, mais qu'ils sont soumis à l'influence de la volonté de l'animal.

Ainsi l'électricité est l'arme donnée à ce poisson pour étourdir ses ennemis et pour engourdir sa proie. Combien est admirable la variété des ressources dont la nature dispose, et qu'elle concède à ses créatures, pour assurer leur existence!

Squales. — Par leur forme générale, les Squales se rapprochent plus que les Raies des Poissons ordinaires. Les ouvertures des branchies répondent aux côtés du cou et non au dessous du corps, comme dans les Raies. Les rugosités de leur peau les protègent contre leurs ennemis.

Les Squales comprennent en plusieurs genres : les *Requins*, les *Roussettes*, les *Marteaux*, les *Scies*, etc.

Le *Requin* peut atteindre une longueur de plus de dix mètres, il pèse quelquefois plus de 500 kilogrammes. Mais la grandeur de sa masse n'est pas son seul attribut. Il a reçu en outre la force et des armes terribles. Féroce, vorace, impétueux, insatiable, répandu dans tous les climats et dans toutes les mers, il poursuit avec acharnement le poisson, qui fuit à son approche. Menaçant de sa gueule largement ouverte les malheureux navigateurs victimes d'un naufrage, il semble leur fermer toute voie de salut, et leur montrer en quelque sorte leur tombe prête à les recevoir. Ce sentiment est même, sans doute, ce qui a valu au poisson redoutable qui nous occupe, le nom sinistre qu'il porte, et qui rappelle la mort dont il est le cruel ministre. Le mot *requin* vient, en effet, de *requiem*, le chant lugubre de la cérémonie des funérailles chez les peuples catholiques.

Le corps du Requin est allongé, et sa peau garnie de petits tubercules très-serrés. Cette peau est tellement dure, qu'on l'emploie pour polir différents ouvrages de bois et d'ivoire, pour faire des courroies et des liens, pour couvrir des étuis et des petits meubles. L'extrême résistance de cette peau garantit le Requin contre la morsure de plusieurs habitants des mers pourvus de dents puissantes.

Le dos et les côtés du Requin (fig. 75) sont d'un brun cendré, le dessous du corps est d'un blanc sale. Sa tête est aplatie et terminée par un museau un peu arrondi. Sa bouche, en forme de demi-cercle, est énorme. Le contour de la mâchoire supérieure d'un Requin de dix mètres est de deux mètres environ, et

Fig. 75. Requin.

son gosier étant d'un diamètre proportionné à cette monstrueuse ouverture, on ne doit pas s'étonner de lire dans Rondelet et dans d'autres auteurs qu'un Requin de grande taille peut avaler un homme d'une bouchée.

Lorsque la gueule de l'animal est ouverte, on voit, au delà des lèvres, qui sont étroites et de la consistance du cuir, des dents plates, triangulaires, dentelées, blanches comme de l'ivoire. Si le Requin est adulte, il y a dans le haut comme dans le bas six rangs de ces armes meurtrières, arsenal tout prêt à déchirer les victimes.

Ces dents se prêtent aux différents mouvements que leur impriment, selon la volonté de l'animal, les muscles placés autour de leur base. Le Requin couche en arrière ou redresse les divers rangs de ses dents; il peut même relever une portion d'un rang et abaisser l'autre portion. Ainsi ce bourreau prévoyant sait mesurer le nombre et le degré des armes dont il a besoin pour déchirer sa proie : à l'ennemi faible et sans défense, un rang de dents; à l'adversaire redoutable, l'arsenal tout entier.

Les yeux du Requin sont petits et presque ronds, l'iris d'un vert foncé, la prunelle taillée en une fente transversale, bleuâtre. Son odorat est très-subtil. Ses nageoires sont fermes et raides.

Les nageoires pectorales, triangulaires, plus grandes que les autres, s'étendent de chaque côté, et aident beaucoup à la rapidité de la natation. La nageoire de la queue se divise en deux lobes très-inégaux, le supérieur étant deux fois plus long que l'autre. Cette queue est, du reste, d'une force incroyable. Elle peut d'un seul coup casser la jambe de l'homme le plus robuste.

Pendant la saison chaude le mâle et la femelle se recherchent; ils s'approchent des rivages et voguent de concert, oubliant leur férocité. Les œufs éclosent à diverses époques, dans le ventre de la mère, et les petits en sortent, au nombre de deux ou trois à la fois.

Le Requin, à peine né, est le fléau des mers. Tout ce qui vit lui est bon : il mange des Sèches, des Mollusques, des Poissons, entre autres des Thons et des Morues. Mais de toutes les proies celle qu'il recherche principalement, celle qu'il tient dans la plus haute estime, c'est l'homme. Le Requin aime l'homme, mais c'est d'une affection toute gastronomique. Il manifeste même, selon quelques auteurs, une préférence pour certaines races. A en croire quelques naturalistes ou voyageurs, lorsque trois ou quatre variétés de viandes humaines lui sont offertes, le Requin préfère l'Européen à l'Asiatique, et l'Asiatique au Nègre. Cependant, quelle qu'en soit la couleur, le Requin cherche avidement la chair humaine. Il fréquente avec persévérance tous les parages où il espère trouver ce friand morceau. Il le poursuit, et fait pour l'atteindre des efforts extraordinaires. Il saute dans un bateau, pour y saisir les pêcheurs consternés; il se jette au travers d'un navire voguant à toute vitesse, pour happer quelque malheureux matelot, qui se laisse voir au dehors, occupé à quelque travail dans les agrès; il suit les vaisseaux négriers, les escorte avec constance, attendant, pour les engloutir, les cadavres des noirs jetés à la mer, et qui ont succombé aux fatigues de la traversée.

Commerson rapporte, à ce sujet, un fait significatif. Un cadavre de Nègre avait été suspendu au bout d'une vergue, élevée à plus de vingt pieds au-dessus du niveau de la mer. On vit alors un Requin s'élancer, à plusieurs reprises, vers cette dépouille, l'atteindre enfin, la dépecer, membre à membre, sans craindre les cris et les attaques de l'équipage, réuni sur le pont pour assister à cet étrange spectacle. Pour qu'un animal aussi gros et aussi pesant puisse s'élancer à une telle hauteur, il faut que les muscles de sa queue et de la partie postérieure de son corps aient une étonnante puissance.

La bouche du Requin étant placée à la partie inférieure de la

Fig. 76. Requin saisissant un homme.

tête, il faut qu'il se retourne pour saisir les objets qui ne sont pas placés au-dessous de lui (fig. 76). Il se rencontre des hommes assez hardis pour profiter de cette conformation, et faire la chasse à ce poisson redoutable et féroce. Sur les côtes d'Afrique, on voit des Nègres s'avancer en nageant vers un Requin, et profitant du moment où l'animal se retourne, lui fendre le ventre avec un couteau.

Cet acte inouï de courage et d'audace ne saurait être considéré comme un moyen de pêche du Requin. Voici en quoi consiste cette pêche, dans presque toutes les mers.

On choisit une nuit obscure. On prépare un hameçon garni d'une pièce de lard, et attaché à une longue et solide chaîne de fer. Le Requin se jette sur cette proie, puis il la quitte. On le tente en retirant l'appât. Il le suit et l'avale gloutonnement. Il essaye alors de s'enfoncer dans l'eau; mais, retenu par la chaîne, il s'agite et se débat. Lorsque ses forces commencent à s'épuiser, on tire la chaîne, de manière à amener sa tête hors de l'eau. On fait alors descendre une corde, terminée par un nœud coulant. On engage dans ce nœud le corps du monstre que l'on serre étroitement, surtout vers l'origine de la queue. Après l'avoir ainsi entouré de liens, on l'enlève, et on l'amène sur le bâtiment (fig. 77). C'est là seulement qu'on le met à mort, non sans de grandes précautions contre ses terribles morsures et ses effroyables coups de queue. L'animal a du reste la vie dure et résiste longtemps aux blessures les plus profondes.

La chair du Requin est coriace, de mauvais goût, difficile à digérer. Cependant les Nègres de la Guinée s'en nourrissent. Ils la rendent plus tendre en la conservant très-longtemps.

Sur plusieurs côtes de la Méditerranée, on mange les petits Requins trouvés dans le ventre de leur mère. Le dessous du ventre de l'animal adulte, auquel on ôte ses mauvaises qualités par diverses préparations, sert quelquefois aussi à l'alimentation des pêcheurs de nos côtes.

En Norvége et en Islande, on fait sécher à l'air pendant plus d'une année cette dernière partie de l'animal. Les Islandais font d'ailleurs un grand usage de la graisse du Requin. Le foie d'un de ces Squales de vingt pieds de longueur peut, selon Pantoppidan, fournir deux tonnes et demie d'huile.

Nous venons de faire, avec tout le soin qu'il mérite, le portrait du Requin. L'original n'est pas beau. Mais si affreuse qu'elle soit, notre description serait incomplète si nous n'ajoutions qu'on a décerné les honneurs divins à ce monstre des eaux. L'homme a toujours aimé et adoré la force ; il baise la main qui l'écrase ou la dent qui le déchire. Il respecte le maître ou le roi qui le frappe, et il vénère le Requin!

Les habitants de certaines côtes d'Afrique adorent le Requin.

Fig. 77. Pêche du Requin.

Ils l'appellent leur joujou, et considèrent son estomac comme la voie la plus directe pour aller au ciel. Trois ou quatre fois l'an, ils célèbrent la *fête du Requin*. Voici en quoi consiste cette fête sinistre :

On amène tous les canots au milieu de la rivière ; on invoque, dans de bizarres cérémonies, la protection du *Requin-Dieu*. On lui offre des volailles et des Chèvres pour satisfaire son appétit sacré. Mais cela n'est rien encore. Un enfant est chaque année désigné, dès sa naissance, pour servir à un sanglant sacrifice. L'enfant voué à cette fin lugubre a été fêté et choyé jusqu'à l'âge de dix ans. Le jour de la *fête du Requin*, on le lie à un pieu, sur une pointe de sable ; la marée monte ; l'enfant jette des cris. On l'abandonne aux flots, et les Requins arrivent. La mère n'est pas loin. Elle pleure peut-être, mais elle sèche ses larmes en pensant que son fils entre au ciel par cette terrible porte !

La *grande Roussette* (fig. 78), qui atteint 1 mètre à 1m,30, est très-vorace. Se nourrissant surtout de Poissons, elle en détruit

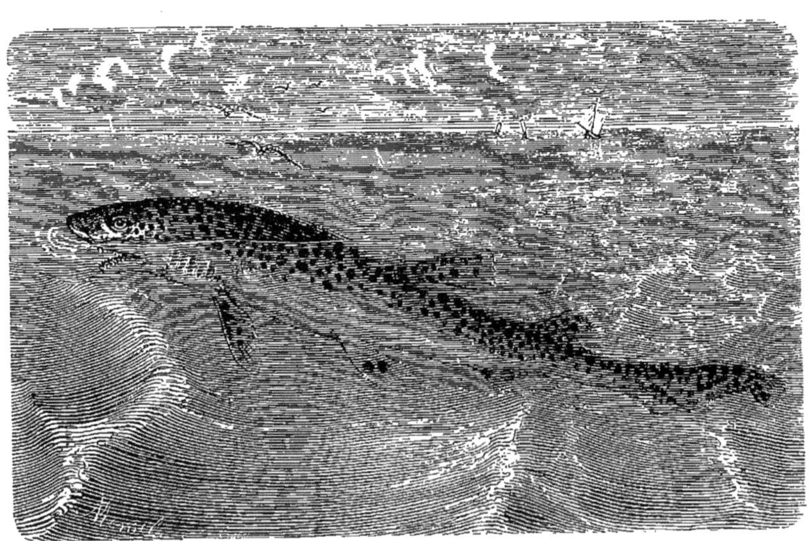

Fig. 78. Grande Roussette.

une grande quantité. Elle se jette même sur les pêcheurs et sur ceux qui se baignent dans la mer. Placée en embuscade comme les Raies, elle surprend ainsi ou attaque sa proie. Sa chair, dure et sentant le musc, est rarement mangée ; mais sa peau est répandue dans le commerce. On la connaît sous le nom de *peau de chagrin*. La peau de Roussette s'emploie, comme celle du Requin, à faire des étuis, des courroies, à couvrir des malles. Quand elle a été peinte en vert ou autre couleur, on l'appelle *galuchat*, et on en garnit des étuis.

La *Roussette-Rocher*, ou *petite Roussette*, est plus petite que la précédente. Ses taches sont plus larges et plus rares, ses nageoires ventrales sont coupées carrément. Son nom de *Rocher* lui vient de ce qu'elle aime à habiter les rochers, où elle se nourrit de Mollusques, de Crustacés et de Poissons.

Le *Squale-Marteau* (fig. 79) est caractérisé par la conformation singulière de sa tête, qui est aplatie horizontalement, tronquée en avant, et dont les côtés se prolongent transversalement en deux branches qui la font ressembler à la tête d'un marteau.

Les yeux de ce poisson sont placés à l'extrémité des prolongements latéraux de la tête; ils sont gris, saillants, et leur iris présente une couleur d'or. Quand l'animal est irrité, les couleurs de cet iris deviennent flamboyantes et effrayent les pêcheurs.

Au-dessous de la tête, et près de l'endroit où commence le tronc, se trouve la bouche, semi-circulaire et garnie dans chaque mâchoire de trois ou quatre rangs de dents larges, aiguës et barbelues de deux côtés.

L'espèce de Squale-Marteau la plus commune de nos mers a le corps étroit, grisâtre, et la tête noirâtre. Ce poisson atteint communément la longueur de trois mètres et le poids de 250 kilogrammes. Sa hardiesse, sa voracité et son ardeur pour le sang sont bien au-dessus de sa taille: si le Squale-Marteau n'a pas la force des grands Requins, il les surpasse quelquefois par sa fureur. Peu de poissons sont aussi connus des marins, à cause de sa conformation *frappante*, c'est le cas de le dire. Sa voracité l'entraîne souvent autour des navires, jusqu'au milieu des rades et près des côtes. C'est une visite qui reste dans le souvenir des marins; on aime à raconter que l'on a pu échapper au danger d'une telle rencontre.

La *Scie* se sépare de toutes les espèces de poissons connues par l'arme terrible qui arme sa tête. Cette arme est une prolongation du museau, qui, au lieu d'être arrondi ou de finir en pointe, se termine par une extension ferme, très-longue, étroite et aplatie de haut en bas. Elle est revêtue d'une peau très-résistante, et garnie des deux côtés d'un grand nombre de dentelures fortes, grandes et allongées, qui ne sont que des prolongements de la substance dure qui forme ce museau, terminé en lame d'épée.

Ainsi armé, ce Squale, dont la longueur peut atteindre jusqu'à quatre mètres et demi, attaque sans crainte et combat avec avantage les plus dangereux habitants de la mer. Avec cette véritable scie, souvent longue de deux mètres, il ose se mesurer avec la Baleine. Tous les pêcheurs qui fréquentent les mers du

Fig. 79. Squale-Marteau.

Nord assurent que la rencontre de ces deux potentats des eaux est toujours suivie d'un combat singulier, et que presque toujours la Scie a donné le signal du duel. La Baleine pourrait d'un coup de sa queue terrasser son adversaire; mais le Squale est agile, il bondit, s'élance au-dessus de l'eau, et retombe sur le colosse, en lui enfonçant dans le dos son arme aiguë et dentelée. Dans cette lutte étrange, la Baleine est exposée à perdre sa vie avec son sang.

La Scie habite les deux hémisphères et se trouve dans presque toutes les mers. Elle n'est pas rare sur les côtes d'Afrique, où les Nègres, frappés de sa forme et de la grandeur de ses armes l'ont presque divinisée. Ces peuples naïfs conservent comme de précieux amulettes les plus petits fragments du museau dentelé de la Scie.

La Scie se jette parfois avec fureur contre la carène des navires, et y enfonce son épée, qui se brise dans le bois. On voit au Muséum d'histoire naturelle de Paris une lame de Squale-Scie qui fut trouvée implantée dans le flanc d'une Baleine.

Famille des Sturioniens.—Dans une seconde division des *Poissons cartilagineux*, c'est-à-dire dans la famille des *Sturioniens*, les branchies sont libres, comme dans les Poissons ordinaires. Les *Sturioniens* se rattachent encore à ces derniers poissons par leurs ouïes, qui n'ont qu'un seul orifice très-ouvert et garni d'un opercule, mais sans rayons à la membrane.

Ce sont des poissons de grande taille, qui vivent dans la mer, mais remontent dans les fleuves et peuvent habiter les eaux douces. Nous parlerons seulement ici des *Chimères*, des *Polyodons* et des *Esturgeons*.

Chimère arctique. — Les naturalistes Clusius et Aldovrande ont baptisé ce poisson du nom de *Chimère arctique* à cause de sa singulière conformation. Sa forme étrange, la manière dont il remue inégalement les différentes parties de son museau, la façon dont il montre les dents, ses contorsions ou ses grimaces de singe, sa longue queue, qui rappelle celle d'un Reptile, et que l'animal agite avec rapidité, tout cela avait beaucoup frappé le vulgaire et les anciens naturalistes. Clusius et Aldovrande avaient comparé ce poisson à la Chimère, monstre de l'antiquité mythologique, que les anciens représentaient avec un corps de chèvre, une tête de lion, une queue de dragon et une gueule béante, qui vomissait des flammes. Plus tard, on se contenta d'y voir un poisson à tête de lion; et comme le lion était alors regardé comme le roi des animaux et qu'il fallait chercher un empire à la Chimère, on décida qu'elle régnait sur les Harengs, dont elle poursuit les gigantesques colonnes: on la nomma donc le *roi des Harengs*.

Ce roi des populations aquatiques (fig. 80) est long de $1^{m},65$ à 2 mètres, d'une couleur argentée, tachetée de brun. Il habite les mers européennes et se tient presque toujours dans l'Océan septentrional, où il se nourrit de Crabes, de Mollusques et d'animaux à coquilles. Seulement, comme pour justifier le titre de *roi des Harengs*, que les naturalistes lui ont décerné, il lève souvent un tribut sur ses frétillants sujets.

La *Chimère antarctique*, qui se trouve dans les mers de l'hémisphère méridional, ressemble beaucoup, par sa conformation et par ses habitudes, à la Chimère arctique. Le bout de son museau se termine par un appendice cartilagineux, qui s'étend en avant et se recourbe ensuite sur la bouche. Cette extension, que

Fig. 80. Chimère arctique.

l'on a assimilée à une crête, a fait nommer cet animal *poisson-coq*. D'autres, assimilant le même organe à une trompe, l'ont nommé *poisson-éléphant*. Les anciens naturalistes avaient la manie inutile de chercher entre tous les êtres de la création des ressemblances et des analogies auxquelles la nature ne songe guère.

Polyodon-feuille. — Ce poisson, connu autrefois sous le nom de *Chien de mer*, est aisé à distinguer par l'excessif prolongement de son museau, presque aussi long que sa tête. Ce museau est élargi par deux bandes membraneuses qui laissent voir, à leur surface, une grande quantité de petits vaisseaux ramifiés, dont l'assemblage peut être comparé au réseau fibrillaire des feuilles: de là le nom de *Polyodon-feuille* donné à ce poisson.

Esturgeons.—Les Esturgeons sont au nombre des plus grands poissons connus. Sous ce rapport, aussi bien que par leur conformation extérieure, ils se rapprochent des Squales, dont nous venons de faire l'histoire. Mais ils sont loin de partager leur force et leur vigueur. Leurs muscles sont moins fermes, leur chair p'us délicate, et partant leur force musculaire beaucoup moindre. Leur bouche n'est point armée de plusieurs rangs de dents aiguës: dès lors leurs appétits sont moins violents et leurs mœurs moins farouches.

Les Esturgeons sont des poissons de mer qui remontent périodiquement les fleuves. On en connaît un assez grand nombre d'espèces en Europe. Ils abondent surtout dans la mer Noire et dans la mer d'Azof. C'est dans le Volga et le Danube que vivent les différentes espèces de ce genre. L'énorme consommation du *caviar*, en Russie, amène une poursuite acharnée de l'Esturgeon dans beaucoup de fleuves de l'Europe, et elle finira par entraîner l'entière disparition de cette espèce.

L'*Esturgeon commun* (fig. 81) est répandu à la fois dans la mer du Nord, l'Océan, la Méditerranée; il apparaît quelquefois dans le Rhin, la Seine, la Loire et la Gironde. Il est ordinairement long de 2 mètres à 2^{m},30; mais il peut atteindre la taille de 5 à 6 mètres. Sa couleur générale est jaunâtre, avec le ventre blanc. Il est remarquable par le nombre et par la forme des plaques osseuses qui couvrent son corps, comme autant de boucliers. Sur le dos et sur le ventre sont 12 à 15 plaques rugueuses, relevées d'une saillie qui, pointée dans le jeune âge, s'émousse chez les vieux individus; sur les côtes est une série de 30 à 35 boucliers triangulaires. Ces rangées de plaques seraient une excellente défense pour l'Esturgeon et le rendraient un des mieux cuirassés des Poissons, si elles n'étaient séparées l'une de l'autre par de trop grands intervalles.

La forme de la tête est également caractéristique. Large à la base, elle se rétrécit insensiblement jusqu'au bout en un museau conique. La bouche, qui est très-large, est située fort en arrière de l'extrémité du museau, et ses mâchoires, au lieu de dents, sont garnies de cartilages. Entre la bouche et le museau se trouvent quatre barbillons menus, très-mobiles et semblables à de petits vers. On a prétendu que ces barbillons attirent de petits poissons malavisés jusqu'auprès de la gueule de l'animal, qui cache sa tête au milieu des plantes aquatiques.

Dans la mer, l'Esturgeon se nourrit de poissons de taille moyenne, tels que les Harengs, les Maquereaux, les Gades. Quand il s'est engagé dans les fleuves, il attaque les Saumons, qui les remontent à peu près en même temps que lui. L'Esturgeon mêlé

Fig. 81. Esturgeon commun.

aux bandes des Saumons semble un géant. C'est en le comparant à un chef de ces bandes voyageuses qu'on l'a nommé le *Conducteur des Saumons*.

L'Esturgeon dépose dans les fleuves une immense quantité d'œufs, que l'on recueille, comme nous l'avons dit, pour en composer le *caviar*. Sa chair est délicate et d'un goût très-exquis. Dans les pays où l'on prend des Esturgeons en abondance, on le sèche pour le conserver.

Les rivières qui se jettent dans la mer Noire et dans la mer Caspienne enferment, outre l'*Esturgeon commun*, plusieurs autres espèces du même genre, entre autres le *Sterlet* ou *petit Esturgeon* et le *grand Esturgeon*.

Le premier ne dépasse pas 0m,65 de longueur. Sa chair est encore plus délicate et plus recherchée que celle de l'*Esturgeon commun*. Chez les anciens, ce poisson était estimé à un degré véritablement inouï. Dans la Rome avilie des empereurs, en ces temps de corruption qui précédèrent et amenèrent sa ruine, on vit des Esturgeons portés en triomphe au son des instruments sur des tables fastueusement décorées et couvertes de fleurs.

Le *grand Esturgeon*, qui peut dépasser le poids de 5 à 600 kilogrammes, ne se trouve guère que dans les fleuves qui se déversent dans la mer Caspienne et dans la mer Noire. Le Volga, le Don et le Danube renferment les plus grands sujets.

On doit au naturaliste russe Pallas des renseignements sur la manière dont on pêche le grand Esturgeon dans le Volga et dans le Jaïck.

On construit en travers de ces fleuves une digue, composée de pieux, qui ne laissent aucun intervalle assez grand pour laisser passer l'animal. Cette digue forme, vers son milieu, un angle opposé au courant, et, par conséquent, opposé au poisson qui remonte le fleuve et s'avance vers le sommet de cet angle. En ce point est une ouverture qui conduit dans une espèce d'enceinte, composée avec des filets sur la fin de l'hiver et des claies d'osier pendant l'été. Les pêcheurs s'établissent sur une sorte d'échafaud placé par-dessus cette ouverture. Le fond de ce réservoir peut être élevé par les pêcheurs à la surface de l'eau.

Quand le poisson s'est engagé dans le réservoir, les pêcheurs placés sur l'échafaud laissent tomber une porte qui lui interdit le retour vers la mer. On lève alors le fond mobile de la chambre, et on se saisit facilement du poisson (fig. 82).

Les pêcheurs sont avertis, pendant le jour, de l'entrée des Esturgeons dans la grande enceinte, par le mouvement que ces poissons communiquent à des cordes suspendues à de petits corps flottants sur l'eau. Pendant la nuit, les Esturgeons entrés dans l'enceinte agitent, par leurs mouvements, d'autres cordes disposées dans cette enceinte, et ils tiraillent assez ces cordes pour faire tomber derrière eux la porte dont nous avons parlé. Les Esturgeons sont emprisonnés par la chute de cette porte,

Fig. 82. Pêche de l'Esturgeon dans le Volga.

qui, en tombant, fait sonner une cloche, pour avertir et éveiller au besoin le pêcheur endormi sur l'échafaud

N'est-ce pas là un parfait ensemble des moyens les mieux combinés, et la pêche de l'Esturgeon sur le Volga n'est-elle pas une pêche admirablement organisée?

Aux embouchures des fleuves, c'est-à-dire sur les rivières de la mer Caspienne, au point où vient se jeter le Volga, la pêche des Esturgeons se fait autrement. Le voyageur Gmelin, qui a parcouru diverses contrées de la Russie, a décrit les pêches des

Fig. 83. Pêche de l'Esturgeon sous la glace.

Esturgeons qui se font au commencement de l'hiver dans les cavernes et les creux des rivages voisins de la ville d'Astrakan, située sur la mer Caspienne, à l'embouchure du Volga.

On réunit un grand nombre de pêcheurs; on rassemble plusieurs petits bâtiments, et l'on se prépare comme pour une opération militaire bien ordonnée. Toute cette flottille s'approche en silence et avec précaution des retraites au fond desquelles les poissons se sont retirés. On tend des filets autour de ces parages; puis tout à coup on pousse de grands cris. Les poissons effrayés se précipitent hors de leurs cavernes et vont tomber dans les filets.

Dans les contrées septentrionales les pêcheurs vont chercher les Esturgeons jusques sous la glace (fig. 83).

Le volume considérable de ce poisson, la bonté et les qualités nourrissantes de sa chair, saine et agréable au goût, l'immense quantité d'œufs que l'on retire du corps des femelles, ont excité le commerce et l'industrie des habitants des rives de la mer Caspienne et de la mer Noire. Nous donnerons une idée de l'abondance des œufs du grand Esturgeon, en disant que le poids des deux ovaires égale presque le tiers du poids total de l'animal; or ces ovaires ont pesé jusqu'à 400 kilogrammes, dans une femelle du poids de 1400 kilogrammes.

C'est avec ces œufs, mais non uniquement avec ce produit, que l'on prépare le *caviar*, aliment plus ou moins estimé, suivant que les œufs qui en font la base ont été plus ou moins bien choisis, puis nettoyés, maniés, pressés et mêlés avec du sel ou d'autres ingrédients. Le caviar a fait, non les délices, mais l'étonnement de beaucoup de visiteurs de l'Exposition universelle de 1867, dans ce restaurant russe qui restera comme un de leurs plus *chers* souvenirs.

Un autre produit important du grand Esturgeon, au point de vue industriel, c'est la vessie natatoire, située au-dessus de l'épine dorsale de ces poissons cartilagineux. Ces organes, détachés de l'animal, plongés dans l'eau et séparés de leur peau extérieure, coupés en long, renfermés dans une toile, ramollis entre les mains, façonnés en tablettes ou en petits cylindres recourbés, et exposés enfin à une chaleur modérée, constituent la presque totalité de la *colle de poisson* qui se consomme en Europe, et qui est connue sous le nom élégant d'*ichthyocolle*. Mêlé avec la colle forte, ce produit jouit d'une puissance d'adhésion considérable. On peut s'en servir pour réunir les morceaux cassés de la porcelaine et du verre. On le nomme *colle à bouche*, quand il a été mélangé d'une substance de saveur agréable, qui permet d'en ramollir sans dégoût les fragments dans la bouche.

La graisse du grand Esturgeon, quand elle est fraîche, remplace l'huile et le beurre. Elle est d'une grande ressource pour les habitants des contrées méridionales de la Russie.

La peau du grand Esturgeon peut remplacer le cuir de plusieurs animaux. Celle des jeunes individus, quand elle a été bien débarrassée de toutes les matières qui pourraient la rendre opaque, et bien desséchée, remplace les carreaux de vitre dans une partie de la Russie et de la Tartarie.

Ainsi tout est bon, tout devient utile à l'homme et à son industrie dans la grande et féconde espèce d'Esturgeon dont nous venons de parler.

POISSONS OSSEUX

On comprend en général sous cette dénomination les *Poissons proprement dits* ou les *Poissons ordinaires*. Nous avons fait remarquer en commençant que ce groupe naturel d'animaux est caractérisé par la constitution du squelette solide.

Les Poissons osseux se divisent en six ordres, fondés, il faut le dire, sur des caractères d'une faible importance organique, et que les savants ont, hélas! baptisés des noms les plus barbares. Nous nous hâterons de prononcer ces noms, pour n'avoir plus à y revenir.

En remontant la série de perfection des êtres, nous trouverons d'abord les *Plectognathes*, en français les poissons dont la mâchoire supérieure est attachée au crâne (πλεκτός, entrelacé, γνάθος, mâchoire).

Viennent ensuite ceux dont la mâchoire supérieure est mobile. Les uns ont les branchies disposées en houppes rondes : ce sont les *Lophobranches* (λόφος, crête, aigrette, βράγχια, branchie).

Dans les autres poissons, les branchies sont disposées en peignes. Ces derniers se divisent en deux grands groupes. Dans le premier de ces groupes, tous les rayons des nageoires sont mous, excepté quelquefois le premier des nageoires dorsales ou pectorales : ce sont les *Malacoptérygiens* (μαλακός, mou, πτερύγιον, nageoire), qui forment le troisième groupe des Poissons osseux.

Dans un dernier groupe, les Poissons ont des rayons osseux à la nageoire dorsale antérieure, quelques rayons osseux à la nageoire anale et ordinairement un à chaque nageoire ventrale : ce sont les *Acanthoptérygiens* (ἄκανθα, épine, πτερύγιον, nageoire), qui forment le dernier groupe des Poissons osseux.

Nous devons ajouter que les *Malacoptérygiens* se subdivisent eux-mêmes en trois ordres, ce qui porte à six le nombre des ordres des Poissons osseux, à savoir : les *Plectognathes*, — les *Lophobranches*, — les *Malacoptérygiens apodes*, — les *Malacopté-*

rygiens subbranchiens, — les *Malacoptérygiens abdominaux*, — les *Acanthoptérygiens*.

ORDRE DES PLECTOGNATHES

Par leur organisation, les poissons de cet ordre établissent le passage des *Poissons cartilagineux* aux *Poissons osseux*. Leur squelette, qui demeure quelque temps plus ou moins mou, finit par se durcir. Le principal caractère distinctif des poissons de cet ordre, c'est que l'os maxillaire est soudé ou fixement attaché sur le côté de l'os intermaxillaire, qui forme seul la mâchoire, et que l'arcade palatine s'articule avec le crâne, de manière à ne conserver aucune mobilité.

En outre, les opercules et les rayons des branchies sont cachés sous une peau épaisse, qui ne laisse à l'extérieur qu'une petite fente branchiale. Ces poissons n'ont pas de vraies nageoires ventrales, et n'ont que des vestiges de côtes.

Cet ordre comprend deux familles très-naturelles, caractérisées par la manière dont leurs mâchoires sont armées : les familles des *Gymnodontes* et des *Sclérodermes*.

Gymnodontes. — Chez les poissons de cette famille, les mâchoires n'ont point de dents apparentes, mais sont garnies d'une espèce de bec d'ivoire qui les représente. On range dans cette famille les *Diodons*, les *Tétrodons*, les *Môles*, etc.

Les *Tétrodons* (fig. 84) sont ainsi nommés parce que leurs mâchoires larges, dures, osseuses, saillantes, sont chacune divisées sur le devant par une fente verticale, en deux portions, qui simulent deux dents. Ces quatre portions de mâchoires osseuses qui débordent les lèvres ressemblent aux mâchoires dures et dentelées des Tortues. Leur partie antérieure se prolonge parfois en pointe, comme les mandibules du bec d'un Perroquet. Elles sont parfaitement disposées pour écraser les coquillages des Mollusques et l'enveloppe résistante des Crustacés. La peau de ces poissons est hérissée de petites épines peu saillantes, dont le nombre compense la brièveté, et qui éloignent leurs ennemis ou blessent la main qui veut les retenir. Ils jouissent en outre d'une singulière faculté : ils peuvent enfler la partie inférieure de leur corps, et lui donner une extension si considérable, qu'elle devient comme une grosse boule soufflée, au haut de laquelle disparaît, pour ainsi dire, le corps proprement dit. C'est en introduisant une énorme quantité d'air dans son estomac que le poisson se gonfle ainsi à volonté, lorsqu'il veut s'élever vers la surface de l'eau pour résister à une attaque. En effet, dans cet état de tension des téguments, les aiguillons qui garnissent sa peau sont aussi tendus qu'ils le peuvent être.

On connaît plusieurs espèces de ce genre. Nous citerons le *Ta-*

Fig. 84. Tétrodon et Poisson-lune.

haca, poisson assez commun dans le Nil. Le fleuve jette souvent sur les terres pendant les inondations beaucoup de *Tahacas*, qui servent alors de jouet aux enfants des fellahs.

Les *Diodons* (fig. 85) ne diffèrent des *Tétrodons* que par la forme de leurs mâchoires osseuses, dont chacune ne forme qu'une seule pièce : ils semblent donc avoir deux dents : de là leur nom (δίς, deux, ὀδούς, ὀδόντος, dent); ils en diffèrent encore par leurs piquants, qui sont beaucoup plus gros et plus forts que ceux des Tétrodons.

Tous ces poissons sont, pour ainsi dire, les Porcs-Épics et les

Hérissons des mers. Comme les Tétrodons, ils redressent leurs aiguillons en se gonflant.

On connaît un assez grand nombre d'espèces de Diodons qui sont répandues dans toutes les mers, surtout dans celles des pays chauds.

Le *Poisson-lune*, ou *Môle* (fig. 84), se distingue aisément de ceux que nous venons de nommer, par son corps comprimé, sans épines, et qui n'est pas susceptible de s'enfler. Comme il est très-arrondi dans le contour vertical qu'on aperçoit quand on regarde un de ses côtés, on l'a comparé à un disque, et plus poétiquement, à la lune, dont sa grande surface circulaire rappelle en quelque

Fig. 85. Diodon pilosus.

façon l'éclat blanchâtre et argenté. Mais c'est surtout pendant la nuit qu'il mérite le nom qu'on lui a donné. Alors, en effet, il brille de sa propre lumière, d'une lueur phosphorescente. Cette apparence paraît d'autant plus vive, que la nuit est plus obscure. Quand on le regarde sous une eau un peu profonde, la lumière qui émane de son corps, et qui est rendue ondulante par les couches d'eau qu'elle traverse, ressemble à la clarté tremblante de la lune à demi voilée par la brume. On éprouve une véritable surprise quand on voit nager au plus profond des eaux ce disque doucement lumineux; et sans y songer, on le prend pour l'image de la lune, qui pourtant est absente du ciel. Quand plusieurs de ces poissons voguent ensemble et confondent leurs sillons argentés, on croit assister à la danse des étoiles.

Le Poisson-lune se trouve assez fréquemment chez les marchands de comestibles de Paris; il est commun dans la Méditerranée. Il atteint, dans cette mer, 1m,30 de longueur et un poids considérable. Il se nourrit de petits Poissons, de Vers, de Mollusques; sa chair grasse et visqueuse n'est pas bonne à manger.

Sclérodermes. — Les poissons qui font partie de cette famille se distinguent aisément à leur museau conique ou pyramidal, prolongé depuis les yeux, et terminé par une petite bouche armée de véritables dents. Leur peau est généralement âpre et revêtue de dures écailles.

Nous signalerons ici les *Balistes* et les *Coffres*.

Les *Balistes* (fig. 86) ont le corps comprimé. Leur mâchoire est

Fig. 86. Baliste.

pourvue de huit dents, disposées en une seule rangée à chaque mâchoire et couvertes de véritables lèvres. Leurs yeux sont presque à fleur de tête. Leur bouche est petite, et leur corps enveloppé d'écailles très-dures qui sont réunies par groupes, distribuées par compartiments plus ou moins réguliers et fortement attachées à un cuir épais. L'animal est ainsi caché sous une sorte de cuirasse et de casque très-difficile à entamer.

Les diverses espèces de Balistes présentent les couleurs les plus vives, les plus agréables à l'œil. Elles habitent les climats les plus chauds. A l'exception d'une espèce, elles n'ont été vues que dans les contrées équatoriales.

Ces brillants habitants des eaux s'assemblent en troupes nombreuses et produisent d'admirables effets quand ils se jouent au sein des mers équatoriales, faisant reluire, comme des pierres précieuses et des diamants, les mille reflets de leur corps azuré. Leur chair, en général, est peu estimée; elle devient même, dit-on, dangereuse à certaines époques de l'année.

Les *Coffres*, ou *Ostracions* (fig. 87), n'ont pas le corps écail-

Fig. 87. Coffre.

leux, mais couvert de compartiments osseux et réguliers. Ces compartiments sont si bien joints les uns aux autres, que le corps est comme enfermé dans une espèce de boîte ou de coffre allongé, qui ne laisse à découvert que les organes extérieurs du mouvement, les nageoires et une partie plus ou moins grande de la queue. Il y a des Coffres à corps triangulaire avec ou sans épines, d'autres à corps quadrangulaire avec ou sans épines, etc.

Ces singuliers poissons se trouvent dans les mers des Indes et de l'Amérique. Ils sont de taille médiocre et ne sont jamais recherchés pour l'alimentation de l'homme, car leur chair est peu abondante et quelquefois malsaine.

ORDRE DES LOPHOBRANCHES

Cet ordre ne comprend qu'un petit nombre de types, mais des espèces fort nombreuses. Ici, les branchies, au lieu d'être en forme de lames ou de peignes, se divisent en petites houppes rondes, disposées par paires, le long des arcs branchiaux. C'est une structure toute particulière et dont on ne trouve d'exemple dans aucun autre poisson. Ces branchies sont enfermées sous un grand opercule, attaché de toutes parts par une membrane qui ne laisse qu'un petit trou pour la sortie de l'eau ayant servi à la respiration.

Ces petits poissons peu charnus et cuirassés comprennent deux genres : les *Syngnathes* et les *Pégases*.

Les *Syngnathes* présentent une très-curieuse particularité organique. Leur peau, en se boursouflant, forme sous le ventre ou sous la base de la queue, suivant les espèces, une poche dans laquelle les œufs glissent, éclosent, et qui se fend pour laisser sortir les petits.

Les *Syngnathes proprement dits*, ou *aiguilles de mer* (fig. 88), ont le corps très-mince, très-allongé, et d'un diamètre à peu près égal dans toute la longueur. La plupart des espèces sont étrangères à l'Europe ; quelques-unes seulement habitent nos côtes.

Le *Syngnathe-trompette* a la tête petite, le museau très-allongé, presque cylindrique, un peu relevé par le bout. A ce bout est une bouche très-petite, sans dents. L'animal, long d'un demi-mètre, est enveloppé dans un étui d'une couleur jaune variée de brun. Il vit dans l'Océan et la Méditerrannée, où on le pêche pour l'employer à amorcer les hameçons.

Le *Syngnathe-aiguille* habite les mêmes parages, et se distingue de l'espèce précédente par la longueur de son corps et surtout de sa tête.

A ce même genre appartiennent les *Hippocampes*.

Les Hippocampes, tous de petite taille, présentent un aspect particulier, surtout après leur mort. Le tronc et la tête se recourbent par la dessiccation et prennent quelque ressemblance avec l'encolure d'un cheval. D'autre part, les anneaux qui composent l'étui du corps et celui de la queue ont très-vaguement rappelé la structure d'une Chenille. Leur nom vient du mot grec (*Hippocampe*, ἵππος, cheval, κάμπη, chenille), nom donné par les anciens aux chevaux de Neptune. Ce petit être singulier parvient à la longueur de trois ou quatre décimètres et ses couleurs sont très-variables. On le trouve dans l'Océan, la Méditerranée, la mer des Indes. La figure 89 représente l'*Hippocampe pointillé*.

L'*Hippocampe au nez court* est connu de ceux qui ont visité

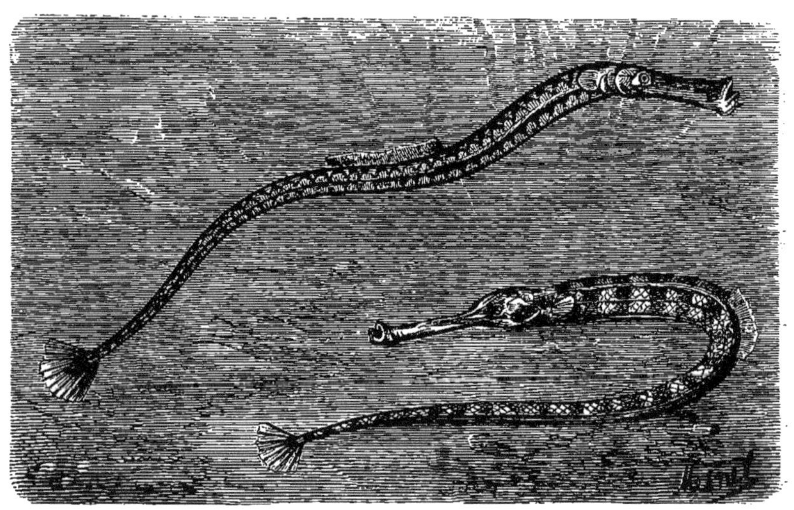

Fig. 88. Syngnates.

Naples et la Sicile, où on le nomme *Cheval marin*. Quand nous parcourions les rivages de Pouzzoles, aux environs de Naples, les petits paysans de la contrée n'avaient à nous offrir, comme curiosité naturelle, que les petits *Cavalli di mare* secs et ratatinés, avec leur cou recourbé et leur aspect quelque peu hideux.

Les Hippocampes vivent dans l'Océan, autour des côtes d'Espagne ; ils visitent même de temps à autre les rivages de la Manche.

M. Lukis a élevé en captivité deux femelles d'Hippocampes, et a constaté chez eux une certaine intelligence.

« Quand les Hippocampes nagent, dit cet observateur, ils conservent une position verticale ; mais leur queue cherche à saisir tout ce qui peut se rencontrer dans l'eau. On les voit alors s'enlacer autour des tiges des roseaux. Une fois fixé, l'animal observe attentivement tous les objets qui l'entourent, et il s'élance sur sa proie avec une grande dextérité. Quand l'un s'approche de l'autre, ils entrelacent souvent leurs queues, et c'est ensuite une lutte lorsqu'il s'agit de se séparer. Pour en venir à bout, ils s'attachent aux roseaux par la partie inférieure des joues ou du menton. Ils se servent de la même manœuvre lorsqu'ils ont besoin d'un point d'appui pour soulever leur corps, alors qu'ils désirent entortiller leur queue autour de quelque objet nouveau. Leurs yeux se remuent indépendamment l'un de l'autre, comme cela a lieu chez le Caméléon. Les iris sont brillants et bordés de bleu.

Les *Pégases* ont les nageoires pectorales conformées et éten-

Fig. 89. Hippocampe pointillé.

dues de manière à les soutenir aisément, non-seulement dans les eaux, mais encore au milieu de l'atmosphère. Ce sont en effet des poissons volants ou du moins ailés. Dans sa fureur de chercher des analogies, le vulgaire a comparé ces petits êtres tout à la fois au coursier fameux de la mythologie, qui habitait la double colline, et au monstre fantastique connu sous le nom de Dragon. De là le nom de *Pégase-Dragon* donné à l'espèce principale de ce genre.

Le *Pégase-Dragon* n'atteint guère qu'un décimètre de longueur. Couvert d'écailles triangulaires et communément bleuâtres, il vit tout simplement de vers, d'œufs de poissons et de débris de substances organisées qu'il trouve dans la terre grasse du fond des mers. De telles habitudes ne sont ni poétiques ni féroces, et le *Pégase-Dragon* ne mérite guère que par ses ouïes et ses écailles le double nom qu'on lui a donné.

MALACOPTÉRYGIENS

Le caractère principal des Poissons qui composent l'ordre des Malacoptérygiens, c'est, comme nous l'avons dit, d'avoir tous les rayons des nageoires mous, excepté quelquefois le premier rayon de la nageoire dorsale ou des nageoires pectorales.

Ces poissons habitent l'eau de mer ou l'eau douce. C'est dans cet ordre que nous trouverons des poissons de la plus grande utilité pour l'homme, c'est-à-dire le Hareng, la Morue, le Saumon, la Carpe, le Brochet, et bien d'autres.

Les naturalistes modernes, d'après Cuvier, partagent les Malacoptérygiens en trois ordres : les *Apodes*, qui sont dépourvus de nageoires ventrales; les *Subbranchiens*, qui ont les nageoires ventrales sous les branchies; les *Abdominaux*, qui ont les nageoires ventrales suspendues sous l'abdomen.

Nous passerons successivement en revue les types les plus curieux ou les plus utiles qui appartiennent à chacun de ces trois ordres.

ORDRE DES MALACOPTÉRYGIENS APODES

Une seule famille compose cet ordre, qui comprend des poissons assez nombreux en genres et en espèces. C'est la famille des *Anguilliformes*.

Les poissons de cette famille ont tous une forme allongée, une peau épaisse et molle, qui laisse peu paraître les écailles très-petites, et point de nageoires ventrales.

Nous signalerons parmi les genres intéressants de cet ordre les *Équilles*, les *Gymnotes*, les *Murènes*, les *Congres* et les *Anguilles*.

Les *Équilles*, ou *Ammodytes*, ont le corps très-allongé, semblable à celui d'un Serpent et pourvu d'une nageoire qui règne sur une grande partie du dos, d'une autre nageoire à l'extrémité du corps, et d'une troisième nageoire fourchue au bout de la queue. Leur museau est allongé; la mâchoire inférieure est plus longue que la supérieure.

L'*Équille-appât*, que nous représentons (fig. 90), a l'habitude de s'enfoncer dans le sable de la mer; aussi l'appelle-t-on *Anguille de sable*, en Suède, en Danemark, en Angleterre, en Allemagne et en France.

C'est avec son museau que l'Équille creuse le sable fin des rivages et y pénètre jusqu'à la profondeur d'environ deux décimètres. Elle y cherche les dragonneaux et les autres vers dont elle aime à se nourrir, et se dérobe dans cette retraite à la dent

Fig. 90. Équille-appât.

de plusieurs poissons voraces, qui la poursuivent et en sont friands. Aussi l'Équille sert-elle d'appât dans beaucoup de pêches.

Ce poisson est d'un bleu argentin, plus clair sur la partie inférieure du corps que sur la supérieure. Des raies blanches et bleuâtres sont alternativement placées sur l'abdomen.

Les *Gymnotes* ont le corps très-allongé, presque cylindrique et serpentiforme; la queue est très-longue relativement aux autres parties du corps. Au-dessous de la queue est une longue et large nageoire. Ce poisson n'a pas d'autre nageoire, et c'est cette nudité de son dos qui lui a fait donner le nom qu'il porte (γυμνός, nu, νῶτος, dos).

Les Gymnotes sont des poissons d'eau douce, propres à l'Amérique du Sud. Ils peuvent atteindre une grande taille. On en connaît plus d'une espèce; mais la plus célèbre, en raison de ses singulières propriétés physiques, est le *Gymnote électrique.*

Ce poisson avait tout ce qu'il faut pour frapper l'imagination des voyageurs et pour étonner les physiciens. N'est-il pas bien surprenant, en effet, de voir le Gymnote arrêter soudainement la poursuite de son ennemi ou la fuite de sa proie, suspendre à l'instant tous les mouvements de sa victime, et la dompter par une invisible puissance? comme aussi de voir les pêcheurs eux-mêmes, subitement frappés et engourdis, au moment de le saisir, sans que rien à l'extérieur trahisse l'arme mystérieuse dont ce poisson dispose?

Les propriétés électriques du Gymnote furent constatées pour la première fois, auprès de Cayenne, par Van Berkel. L'astronome Richer, qui avait été envoyé à Cayenne, en 1678, par l'Académie des sciences de Paris, pour s'y livrer à des opérations géodésiques, fit connaître en Europe les propriétés singulières de ce poisson d'Amérique :

« Je fus très-étonné, dit-il, de voir un poisson long de trois ou quatre pieds, ressemblant à une Anguille, priver de tout mouvement pendant un quart d'heure le bras et la partie la plus voisine du bras de celui qui le touchait avec son doigt ou avec son bâton. Je fus non-seulement un témoin oculaire de l'effet que produisait son attouchement, mais je l'ai senti moi-même en touchant un jour un de ces poissons encore vivant, quoique blessé par un crochet au moyen duquel des sauvages l'avaient tiré de l'eau. Ils ne purent me dire comment on l'appelait, mais ils m'assurèrent qu'il frappait les autres poissons avec sa queue pour les engourdir et les dévorer ensuite : ce qui est très-probable lorsqu'on considère l'effet de son attouchement fait sur les hommes. »

L'observation si nette et si intéressante de Richer fit pourtant peu d'impression sur les savants de Paris, qui pensaient trop au proverbe : *A beau mentir qui vient de loin.* Les choses en restèrent là pendant près de soixante-dix ans. Au bout de ce temps, le naturaliste voyageur La Condamine parla, dans ses *Voyages en Amérique*, d'un poisson qui produisait les mêmes effets que celui qui avait été décrit par Richer.

En 1750, un physicien nommé Ingram fournit de nouvelles notions sur ce poisson, qu'il croyait entouré d'une atmosphère d'électricité.

En 1755, un autre physicien, le Hollandais S'Gravesande, écrivait :

« L'effet produit par ce poisson est le même que celui de la bouteille de Leyde, avec cette seule différence qu'on ne voit aucune étincelle sortir de son corps, quelque fort que soit le coup qu'il donne ; car si le poisson est grand, ceux qui le touchent en sont terrassés et sentent la secousse par tout le corps. »

Vers 1773, plusieurs voyageurs naturalistes publièrent le résultat de leurs recherches. Nous croyons inutile de rapporter leurs assertions, dont plusieurs ont été contredites par des observateurs venus après eux.

Le docteur Williamson fit quelques expériences sur les Gymnotes mis en présence d'autres poissons. Ayant jeté de petits

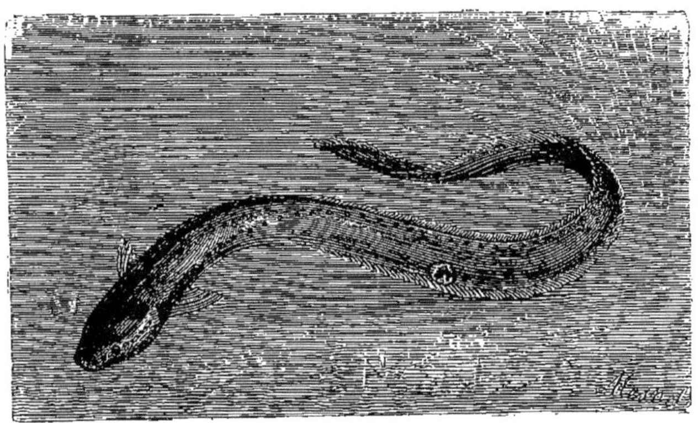

Fig. 91. Gymnote, ou Anguille électrique.

poissons dans un bassin où vivait un Gymnote, il vit ces poissons bientôt engourdis et tués.

Mais c'est à Alexandre de Humboldt que l'on doit la première description précise de ce curieux poisson. Ce naturaliste célèbre lut en 1806, à l'Institut de France, un important mémoire sur l'*Anguille électrique*, d'après les observations qu'il avait faites en Amérique avec A. Bonpland. Nous extrairons de ce mémoire les renseignements qui nous paraîtront devoir offrir quelque intérêt au lecteur.

« En traversant les plaines immenses (*llanos*) de la province de Caracas, pour nous embarquer à San Fernando de Apure et pour commencer notre voyage sur l'Orénoque, nous nous arrêtâmes pendant quinze jours, dit Alexandre de Humboldt, à Calabozo. Le but de ce séjour fut de nous occuper des Gymnotes, dont une innombrable quantité se trouve dans les environs. On m'a assuré que près d'Uritucu une route jadis fréquentée a été abandonnée à cause des poissons électriques. Il fallait passer à gué un ruisseau dans lequel annuellement beaucoup de Mulets se noyaient, étourdis par les commotions électriques que les Gymnotes leur faisaient éprouver.

« .... Après trois jours de vaines attentes dans la ville de Calabozo, nous résolûmes de nous transporter nous-mêmes sur les lieux et de faire des expériences en plein air, au bord de ces mares dans lesquelles les Gymnotes abondent. Nous nous rendîmes d'abord au petit village appelé Rustro de Abasco. De là les Indiens nous conduisirent au Cano de Bera, bassin d'eau bourbeuse et morte, mais entouré d'une belle végétation de *clusia rosea*, de l'*hymenæa courbaril*, des grands figuiers des Indes et de quelques mimosas à fleurs odoriférantes. Nous fûmes bien surpris lorsqu'on nous dit qu'on irait prendre une trentaine de Chevaux à demi sauvages dans les savanes voisines pour s'en servir à la pêche des Anguilles électriques. L'idée de cette pêche, que l'on appelle *embarbascar con caballos* (enivrer par le moyen des chevaux), est en effet bien bizarre. Le mot de *barbasco* désigne les racines du lacquinia, du piscidia ou de toute autre plante vénéneuse, par le contact desquelles une grande masse d'eau reçoit dans un instant la propriété de tuer ou du moins d'enivrer et d'engourdir les poissons. Ces derniers viennent à la surface de l'eau quand ils ont été empoisonnés par ce moyen. Comme les chevaux chassés çà et là dans une mare causent le même effet sur les poissons alarmés, on embrasse, en confondant la cause et l'effet, les deux sortes de pêches sous la même dénomination.

« Pendant que notre hôte nous expliquait cette manière étrange de prendre le poisson dans ce pays, la troupe de chevaux et de mulets arriva. Les Indiens en avaient fait une sorte de battue, et en les serrant de tous les côtés, on les força d'entrer dans la mare. Je ne peindrai qu'imparfaitement le spectacle intéressant que nous offrit la lutte des anguilles contre les chevaux. Les Indiens, munis de joncs très-longs et de harpons, se placent autour du bassin ; quelques-uns d'entre eux montent sur les arbres, dont les branches s'élancent au-dessus de la surface de l'eau : tous empêchent par leurs cris et la longueur de leurs joncs que les chevaux n'atteignent le rivage. Les Anguilles, étourdies du bruit des chevaux, se défendent par les décharges réitérées de leurs batteries électriques. Pendant longtemps elles ont l'air de remporter la victoire sur les chevaux et les mulets; partout on en vit de ces derniers qui, étourdis par la fréquence et la force des coups électriques, disparurent sous l'eau; quelques chevaux se relevèrent, et, malgré la vigilance active des Indiens, gagnèrent le rivage; excédés de fatigue et les membres engourdis par la force des commotions électriques, ils s'y étendirent par terre tout de leur long. J'aurais désiré qu'un peintre habile eût pu saisir le moment où la scène était le plus animée. Ces groupes d'Indiens entourant le bassin; ces chevaux qui, la crinière hérissée, l'effroi et la douleur dans l'œil, veulent fuir l'orage qui les surprend; ces Anguilles jaunâtres et livides qui, semblables à de grands Serpents aquatiques, nagent à la surface de l'eau, et poursuivent leur ennemi : tous ces objets offraient sans doute l'ensemble le plus pittoresque.

« En moins de cinq minutes deux chevaux étaient déjà noyés. L'Anguille, ayant plus de cinq pieds de long, se glisse sous le ventre du cheval ou du

Fig. 92. Pêche des Gymnotes électriques par les Indiens des bords de l'Orénoque.

mulet; elle fait dès lors une décharge dans toute l'étendue de son organe électrique : elle attaque à la fois le cœur, les viscères et surtout le plexus des nerfs gastriques. Il ne faut donc pas s'étonner que l'effet que le poisson produit sur un grand quadrupède surpasse celui qu'il fait sur l'homme, qu'il ne touche que par une extrémité. Je doute cependant que le Gymnote tue immédiatement les chevaux; je crois plutôt que ceux ci, étourdis par les commotions électriques qu'ils reçoivent coup sur coup, tombent dans une léthargie profonde. Privés de toute sensibilité, ils disparaissent sous l'eau; les autres chevaux et les mulets leur passent sur le corps, et peu de minutes suffisent pour les faire périr.

« Je ne doutais pas de voir noyés peu à peu la plus grande partie des mulets; mais les Indiens nous assurèrent que la pêche serait bientôt terminée, et que ce n'est que le premier assaut des Gymnotes qu'il faut redouter. En effet, soit que l'électricité galvanique s'accumule par le repos, soit que l'organe électrique cesse de faire ses fonctions lorsqu'il est fatigué par un trop long usage, les Anguilles, après un certain temps, ressemblent à des batteries déchargées. Leur mouvement musculaire est encore également vif, mais elles n'ont plus la force de lancer des coups bien énergiques.

« Quand le combat eut duré un quart d'heure, les mulets et les chevaux parurent moins effrayés; ils ne hérissaient plus la crinière : leur œil exprimait moins la douleur et l'épouvante. On n'en vit plus tomber à la renverse; aussi les Anguilles, nageant à mi corps hors de l'eau, et fuyant les chevaux au lieu de les attaquer, s'approchèrent elles-mêmes du rivage.... Elles sont prises avec une grande facilité. On leur jeta de petits harpons attachés à des cordes; le harpon en accrochait quelquefois deux à la fois. Par ce moyen on les tira hors de l'eau sans que la corde, très-sèche et assez longue, communiquât le choc à celui qui la tenait.... Quand on a vu que les Anguilles renversent un cheval en le privant de toute sensibilité, on doit craindre sans doute de les toucher au premier moment qu'on les a sorties de l'eau. Cette crainte est effectivement si forte chez les gens du pays qu'aucun d'eux ne voulut se résoudre à dégager les Gymnotes des cordes du harpon ou à les transporter aux petits trous remplis d'eau fraîche que nous avions creusés sur le rivage du Cano de Bera. Il fallut bien nous résoudre à recevoir nous mêmes les premières commotions, qui certainement n'étaient pas très douces. Les plus énergiques surpassaient en force les coups électriques les plus douloureux que je me souvienne jamais d'avoir reçus fortuitement d'une grande bouteille de Leyde complétement chargée. Nous conçûmes dès lors que sans doute il n'y a pas d'exagération dans le récit des Indiens lors qu'ils assurent que des personnes qui nagent se noient quand une de ces Anguilles les attaque par la jambe ou par le bras. Une décharge aussi violente est bien capable de priver l'homme pendant plusieurs minutes de tout l'usage de ses membres. Si le Gymnote se glissait le long du ventre et de la poitrine, la mort pourrait même suivre instantanément la commotion. Il existe peu de poissons d'eau douce qui soient aussi nombreux que les Gymnotes électriques. Dans les plaines immenses ou savanes que l'on désigne du nom de Llanos de Caracas ou des Llanos de Apure, chaque lieue carrée contient au moins deux ou trois étangs des réservoirs naturels dans lesquels les Gymnotes électriques se trouvent dans la plus grande abondance; ils appartiennent surtout à cette partie de l'Amérique méridionale que l'on embrasse sous les noms très-vagues de Guyane espagnole, hollandaise, française et portugaise, depuis l'équateur jusqu'au 9e degré de latitude boréale. »

Le Gymnote surpasse en grandeur et en force tous les autres poissons électriques. Humboldt en a observé de cinq pieds trois pouces de long. Ce poisson varie de couleur selon l'âge, la nourriture, et selon la nature de l'eau bourbeuse dans laquelle il vit. Le dessous de sa tête est d'un beau jaune mêlé de rouge; la bouche est large et garnie de petites dents disposées en plusieurs rangées.

Les Gymnotes font sentir les commotions électriques dans quelque partie du corps qu'on les touche; mais on les excite plus facilement en les touchant sous le ventre et aux nageoires pectorales. Le Gymnote donne les commotions les plus effrayantes sans que l'on puisse constater le moindre mouvement musculaire dant les nageoires, dans la tête ou dans toute autre partie de son corps. La commotion dépend uniquement de la volonté de l'animal, qui n'est pas, comme on l'a souvent admis, une bouteille de Leyde qu'on décharge, en faisant communiquer les deux pôles opposés. Il arrive quelquefois qu'un Gymnote gravement blessé et tourmenté pendant longtemps ne donne plus que des commotions extrêmement faibles; on le croit épuisé, on le touche sans crainte, et tout à coup il lance une décharge terrible. Le phénomène dépend tellement de la volonté de l'animal que, selon de Humboldt, si on l'irrite avec deux baguettes métalliques, la commotion se propage, tantôt par l'une, tantôt par l'autre de ces baguettes, quoique leurs extrémités soient très-voisines.

Ce qui met parfaitement hors de doute la nature électrique de l'organe qui produit ces commotions, c'est l'expérience suivante, qui avait déjà été faite dans le même but sur la Torpille, et que nous avons rapportée. Si l'on monte sur un support isolant, on éprouve de vives secousses, quand on touche l'animal, en tenant à la main une tige métallique. Mais on ne reçoit aucune commotion si l'on touche le poisson avec un tube de verre, un bâton de cire d'Espagne, un canon de soufre ou une tige de bois sec. De Humboldt et Bonpland ont répété plusieurs fois cette expérience décisive.

Ces mêmes observateurs ont essayé en vain de sentir l'effet du Gymnote à travers l'eau, sans toucher immédiatement le poisson, par l'intermédiaire d'un corps solide. Une couche d'eau d'un millimètre d'épaisseur suffisait pour intercepter la commotion la plus vive. Ce résultat établit encore la nature électrique du phénomène.

De Humboldt et Bonpland ont donné la description de l'organe dans lequel réside la vertu électrique du Gymnote. Cet organe règne tout le long du dessous de la queue, dont il occupe près de la moitié de l'épaisseur. Il est divisé en quatre faisceaux longitudinaux : deux grands en dessus, deux plus petits en dessous et contre la base de la nageoire anale. Chaque faisceau est composé d'un grand nombre de membranes parallèles, très-rapprochées entre elles, et à peu près horizontales. Ces lames aboutissent d'une part à la peau, de l'autre au plan vertical moyen du poisson. Elles sont unies l'une à l'autre par une infinité de lames plus petites, verticales ou dirigées transversalement. Les petits canaux prismatiques et transversaux interceptés par ces deux ordres de lames sont remplis d'une matière gélatineuse. Tout cet appareil organique reçoit beaucoup de nerfs. En résumé, l'organe électrique du Gymnote présente des dispositions analogues à celles que nous avons décrites dans celui de la Torpille.

Les *Murènes* sont des poissons qui ressemblent aux Serpents par leur forme cylindrique et leurs proportions déliées. Très souples, très-fortes, flexibles et agiles, les Murènes nagent comme la Couleuvre rampe ; elles ondulent dans l'eau, comme le Serpent sur la terre.

Les Murènes n'ont point de nageoire pectorale ; la dorsale et l'anale sont réunies à la nageoire de la queue. Une ouverture branchiale se trouve de chaque côté du corps.

On a décrit un assez grand nombre d'espèces de Murènes qui vivent dans toutes les mers.

La *Murène Hélène* de la Méditerranée n'a qu'une seule rangée de dents aiguës sur chaque mâchoire. Elle peut atteindre 1 mètre 35 centimètres à 1 mètre 75 centimètres de long. Elle aime à se loger dans le creux des rochers, et elle s'approche des rivages au printemps. Elle se nourrit de Crabes et de petits poissons, et recherche surtout avec avidité les Polypes. La voracité de ces poissons est telle, que lorsqu'ils manquent de nourriture, ils se mettent à se ronger la queue les uns des autres.

On pêche les Murènes avec des filets et avec des lignes de fond; mais leur instinct les fait souvent échapper à tous les piéges. Lorsqu'elles ont mordu à l'hameçon, souvent elles l'avalent et coupent la ligne avec leurs dents, ou bien elles se renversent et se roulent sur cette ligne pour l'entraîner et la rompre. Quand on les a saisies dans un filet, elles choisissent bien vite les mailles par lesquelles leur corps glissant pourra, en quelque sorte, s'écouler.

Quand on a lu les écrivains latins, on connait l'amour extraordinaire que les Romains avaient voué à ce poisson, et ce n'était

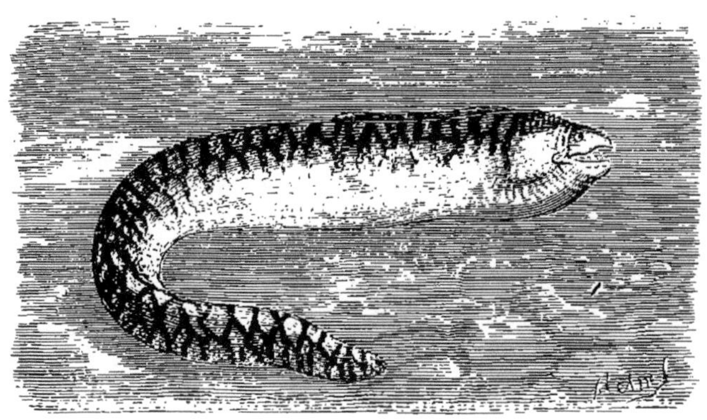

Fig. 93. Murène Hélène.

pas une affection purement gastronomique. Aux temps dégénérés de l'Empire, on vit faire de véritables folies à l'occasion des Murènes. On consacrait des sommes énormes à l'entretien des viviers qui les renfermaient, et elles s'étaient tellement multipliées, que César, à l'occasion d'un de ses triomphes, en distribua six mille à ses amis.

Licinius Crassus était célèbre, à Rome, par la richesse de ses viviers de Murènes. Elles obéissaient, dit-on, à sa voix, et quand il les appelait, elles s'élançaient vers lui pour recevoir leur nourriture de sa main. Ce même Licinius Crassus et Quintus Hortensius, autre riche patricien de Rome, pleuraient la perte de leurs Murènes lorsqu'elles mouraient dans leurs viviers.

Fig. 94. Esclave romain jeté dans le vivier des Murènes.

Tout ceci n'était qu'une affaire de goût, de mode ou de passion; mais voici ce qui est affaire de cruauté et de corruption.

On s'imaginait, chez les Romains, que les Murènes nourries de chair humaine étaient plus délicates et plus savoureuses. Un riche affranchi, nommé Pollion, qu'il ne faut pas confondre avec un orateur célèbre du même nom, avait la cruauté de faire jeter dans la piscine de ses Murènes les esclaves qu'il jugeait avoir mérité la mort, et quelquefois même ceux qui n'avaient en rien excité son courroux.

Un jour qu'il recevait à dîner l'empereur Auguste, un pauvre esclave qui le servait eut le malheur de briser un vase précieux. Aussitôt Pollion ordonna qu'on le jetât aux Murènes. Mais l'empereur indigné donna la liberté à l'esclave; et pour manifester à Pollion l'indignation qu'il ressentait de sa conduite, il fit briser tous les vases précieux que le riche affranchi avait réunis dans sa maison.

Aujourd'hui ces poissons sont bien déchus au point de vue gastronomique. Cependant on les recherche encore sur les côtes d'Italie. Seulement les pêcheurs ont grand soin d'éviter la morsure de leurs dents acérées.

L'*Ophisure serpent* se range à côté des Murènes. Il habite les eaux salées de la campagne de Rome et plusieurs parties de la Méditerranée. L'*Ophisure serpent* arrive quelquefois à la longueur de deux mètres. On le nomme souvent *serpent de mer*. Ses mouvements sont agiles, ses inflexions multipliées, sa natation est rapide. Il est de la grosseur du bras, brun en dessus, argenté en dessous, à museau grêle et pointu.

Les *Anguilles* ont pour caractères principaux de présenter des nageoires pectorales sous lesquelles les ouïes s'ouvrent de chaque côté, et d'avoir les nageoires dorsale et anale s'étendant jusqu'à la caudale et se confondant avec cette dernière qui se termine en une extrémité pointue.

On partage les Anguilles en deux groupes, les *Anguilles* proprement dites et les *Congres*.

Qui n'a pas vu, qui ne connaît pas, qui n'a pas mangé l'Anguille? Essayons pourtant d'esquisser son portrait.

Le corps de l'Anguille est très-allongé, presque cylindrique, comprimé vers la queue. Sa tête est menue, le museau pointu dans la plupart des espèces, la mâchoire inférieure plus avancée que la supérieure. Sa peau est enduite d'une mucosité gluante, qui la fait paraître comme vernie, et qui permet à l'animal de glisser entre les doigts.

Cette peau, qui paraît nue, est en réalité garnie d'écailles; mais ces écailles sont très-petites et attachées de telle sorte que le toucher le plus délicat ne les fait pas reconnaître sur l'animal vivant. Un œil perçant ne les découvre que lorsque l'Anguille est morte et la peau assez desséchée.

Les couleurs de ce poisson sont toujours agréables, mais elles varient beaucoup. Lorsque l'Anguille vit dans une eau limoneuse, le dessus du corps est d'un beau noir, et le dessous d'un gris jaunâtre. Mais si l'eau est limpide et coule sur un fond de sable, les teintes qu'offre l'Anguille sont plus vives et plus riantes. La partie supérieure du corps est alors d'un vert nuancé, quelquefois même rayé d'une teinte brune; d'autres fois, une teinte argentée brille à la partie inférieure de l'animal. Les nageoires dorsales sont si basses qu'elles s'élèvent à peine au-dessus du corps. Elles sont d'ailleurs réunies à celles de la queue, si bien que l'on a peine à déterminer la fin de l'une et le commencement de l'autre.

Malgré la petitesse de sa bouche, l'Anguille est vorace. Elle mange des vers, des mollusques, le frai et les alevins des autres poissons.

On la trouve à peu près dans toutes nos eaux douces, courantes ou stagnantes. S'accommodant facilement à toutes les circonstances, elle aime le mouvement et le bruit du moulin, comme elle se plaît dans l'eau d'un fossé. Le jour, elle se tient blottie dans les touffes des plantes aquatiques, ou même se retire dans des trous, le long des berges, à moins que les eaux, devenant troubles, ne la déterminent à quitter sa retraite, par l'appât de l'abondante curée que charrient ces eaux limoneuses.

On pêche les Anguilles à la ligne, en se servant pour appâts de gros vers rouges et de petits poissons. Mais on peut dire que l'Anguille n'est prise que quand elle est bien et dûment renfermée dans un panier ficelé. Nul poisson de nos rivières ne s'échappe plus aisément, aucun n'occasionne aux pêcheurs de déceptions plus cruelles.

Combien de fois n'a-t-on pas vu un pêcheur, assis à l'ombre tranquille d'un hêtre, à dix pas d'un moulin gai et sonore, qui charmait son âme par le bruit uniforme de son tic-tac joyeux, et remplissait son panier en attirant les Anguilles; combien de fois n'a-t-on pas vu le même pêcheur, d'abord tranquille et fier, tout d'un coup frissonner et pâlir! Hélas! ces Anguilles si bien renfermées en apparence, sous le couvercle du panier, ont soulevé cette barrière insuffisante et trompeuse. D'un bond de leurs

Fig. 95. Anguille à large bec.

convulsions ou de leur colère, elles se sont élancées, toutes à la fois, vers l'onde qui les rappelait, à deux pas de leur prison; et comme nos rampantes et frétillantes commères ont encore assez bon pied sur le sol des humains, elles ont eu vite fait de regagner leur élément naturel, tandis que le malheureux pêcheur stupéfait regardait avec désespoir son déjeuner sautant dans la rivière.

L'Anguille se trouve partout en Europe, excepté peut-être dans le Danube et dans les cours d'eau qui se déversent dans la mer Noire ou dans la mer d'Azow. Dans les eaux courantes, elle nage avec facilité contre le courant; mais en descendant, elle se laisse entraîner au fil de l'eau sans faire d'efforts. On la rencontre souvent dans des étangs desséchés depuis plusieurs années.

Malgré leur souplesse, leur vivacité et la vitesse de leur fuite, les Anguilles échappent difficilement aux ennemis qui les guettent. Les Loutres, plusieurs oiseaux de rivage, comme les Grues, les Hérons et les Cigognes, les pêchent avec adresse. Le Brochet et l'Esturgeon en font aussi leur proie.

Un trait fort remarquable dans l'histoire de ce poisson, et qui a été trop de fois constaté pour qu'on puisse le mettre en doute, c'est qu'il aime à sortir de l'eau, pour aller chercher dans les prés humides les petits vers de terre, et même les plantes légumineuses nouvellement semées. L'Anguille rampe alors à terre, comme une Couleuvre, et lorsqu'elle a satisfait son appétit, elle retourne à sa demeure liquide.

Il paraîtra assurément fort singulier que les naturalistes ignorent le véritable mode de développement de ce poisson, ou du moins qu'ils soient profondément divisés sur cette question. D'après les naturalistes modernes, et notamment d'après M. E. Blanchard, l'Anguille ne serait que la larve, c'est-à-dire le premier état d'un autre poisson, qui ne serait pas connu à son âge adulte.

Beaucoup de savants partagent cette opinion, mais d'autres, fort autorisés, ne l'ont jamais admise. Voici, par exemple, comment un ichthyologiste célèbre, Valenciennes, expliquait le développement de l'Anguille.

D'après cet observateur, l'Anguille se rend à la mer, pour frayer. Toutes les jeunes Anguilles, ou *montée*, sont réunies de manière à former comme de petites pelotes. Ce sont, pour le dire en passant, ces mêmes pelotes que les riverains de l'Océan, près de Nantes, ainsi que les pêcheurs de la Loire-Inférieure, vont recueillir, pour les jeter dans les étangs qu'ils veulent peupler d'Anguilles.

Après leur éclosion, les *jeunes* restent, pendant quelques jours, réunis dans ces pelotes. Quand ils ont atteint la longueur de quatre à cinq centimètres, les petits se débarrassent des liens qui les entourent, et semblent adhérer à la plage, qu'ils paraissent sucer, ce qui a fait dire qu'ils naissent du limon. Quand ces jeunes poissons ont acquis quelques forces, ils remontent, en bande serrée, l'embouchure du fleuve principal ou de ses affluents, et se répandent dans toutes les eaux avoisinantes. La quantité de jeunes Anguilles est si grande dans certaines rivières, qu'on ne saurait s'en faire une idée. Sur les bords de la Loire, on en prend une charge de cheval. Quand les petites Anguilles ont dix à douze centimètres, elles sont grosses comme un tuyau de plume et d'un jaune de soufre. A ce moment de leur croissance, il est impossible de rien dire de précis sur leur manière de vivre et leur mode de dispersion dans différentes eaux. Ce point de leur histoire est encore très-obscur.

Fig. 96. Congre commun.

Ce n'est que dans les ports de mer, ou dans leur voisinage, que l'on voit arriver sur les marchés des Anguilles de vingt à trente centimètres de longueur et ayant déjà les couleurs des adultes. On commence à les trouver dans nos eaux douces lorsqu'elles ont atteint la taille d'un demi-mètre environ, mais on ne voit jamais dans nos eaux douces d'Anguilles avec des laitances ou des ovaires pleins. Elles grandissent encore beaucoup, et, quoique leur taille soit habituellement d'un mètre, elles peuvent atteindre un mètre soixante-dix centimètres et plus. On en a même vu du poids de quatorze kilogrammes.

Les Anguilles peuvent pénétrer dans les lacs intérieurs, même quand ils sont situés à de grandes hauteurs au-dessus du niveau de la mer. Elles s'y rendent en voyageant par terre, ainsi qu'on l'a bien des fois constaté.

Les Anguilles sont si fécondes, qu'elles sont d'un très-grand rapport dans certains pays. Le marché de Londres, par exemple, est approvisionné d'Anguilles par deux compagnies hollandaises qui disposent chacune de cinq vaisseaux capables de contenir huit à dix mille kilogrammes d'Anguilles vivantes. Les lagunes salées de Commachio, qui reçoivent les crues du Pô, et d'autres rivières, ont été célèbres de tous temps par les grandes quantités d'Anguilles qu'on y élève pour les vendre sur tous les marchés de l'Italie.

Les *Congres* diffèrent des Anguilles par leur nageoire dorsale, qui commence très-près des nageoires pectorales, et par leur mâchoire supérieure, plus longue que l'inférieure.

Les Congres sont des poissons de grande taille, qui se trouvent dans les mers des pays chauds comme dans celles de l'Europe septentrionale. Le type de cette famille, c'est le *Congre commun*, ou *Anguille de mer* (fig. 96), qui habite notre océan et qui peut atteindre la grosseur de la jambe et une longueur de deux mètres. Le *Congre commun* se trouve fréquemment sur nos marchés, mais sa chair est loin d'être délicate

ORDRE DES MALACOPTÉRYGIENS SUBBRANCHIENS

Les poissons de cet ordre sont caractérisés par leurs nageoires ventrales attachées sous les pectorales et immédiatement suspendues aux os de l'épaule. Exclusivement marins, ils habitent toutes les régions du globe. Cet ordre comprend trois familles : les *Discoboles*, les *Pleuronectes* ou *poissons plats*, et les *Gadoïdes*.

Discoboles. — Cette famille se compose d'un petit nombre d'espèces, caractérisées par leurs nageoires ventrales en forme de disque. Ici se rangent les *Porte-écuelle* (fig. 97), les *Cycl ptères*

Fig. 97. Porte-écuelle.

(fig. 98), chez lesquels le disque formé par les nageoires ventrales

Fig. 98. Cycloptère ou Lump.

est pour l'animal une sorte de ventouse ou de suçoir pour se fixer aux rochers, et les *Échènes*, poissons remarquables entre tous par le disque-suçoir dont ils sont pourvus.

L'*Échène rémora* ou *Sucet* habite la mer Méditerranée. Il est pourvu d'une sorte de disque aplati qui recouvre sa tête, et qui est formé d'un grand nombre de lames cartilagineuses transversales et mobiles. A l'aide de cet organe, il adhère très-fortement aux rochers et même aux navires. Il s'attache aux grands poissons, surtout aux Squales qu'il rencontre sur sa route. Cette adhérence est si forte, que la force d'un homme ne peut parvenir à la vaincre. Le Rémora se fixe quelquefois au ventre du Requin, et fait de longs voyages sous cette monstrueuse locomotive animale. Il se transporte ainsi au loin, sans fatigue et sans danger, car ses ennemis sont tenus à distance par le monstre redouté qui le voiture contre son gré.

L'Échène était célèbre dans l'antiquité; on lui prêtait des facultés merveilleuses et diverses. On croyait qu'il pouvait arrêter à lui seul la marche d'un vaisseau, et l'on prétendait sérieusement qu'à la bataille d'Actium le vaisseau d'Antoine fut retenu par cet obstacle invisible, ce qui donna la victoire aux vaisseaux d'Auguste. On croyait encore que ce poisson peut entraver le cours de la justice, arrêter la balance de Thémis, comme il arrête la marche des vaisseaux. Pline s'est fait le complaisant rapporteur de beaucoup d'autres fables ridicules concernant le Rémora.

Oppien, dans ses *Halieutiques*, décrit l'épouvante des matelots qui voient leur navire arrêté par cet étrange ennemi. C'est d'ailleurs cette circonstance qui a fait donner à ce poisson les noms d'*Échénéis* ou *Remora*, qui, l'un en grec, l'autre en latin, signifient *arrête-vaisseau*.

Le Rémora n'arrête point les vaisseaux, nous n'avons pas besoin de le dire; seulement il s'attache à leur quille, tant pour se reposer que pour se faire transporter, sans dépense de forces, à des distances plus ou moins grandes. Il se fixe de la même manière à toutes sortes de corps, immobiles ou flottants, à des rochers, à des troncs d'arbres emportés par les courants, et même à des êtres vivants, comme des Requins et des Tortues.

En 1867, un naturaliste français, M. Baudelot, a publié des observations anatomiques très-intéressantes sur le disque du Rémora. Comme nous l'avons dit, ce poisson ne s'attache point par la bouche, comme les lamproies, qui sont armées d'une sorte de suçoir, mais par un organe spécial, le *disque céphalique*. Cet organe, placé, comme son nom l'indique, sur la tête de l'animal, est formé de lames cartilagineuses, dentelées à leur bord postérieur, et qui sont mobiles. M. Baudelot a trouvé dans ce disque les pièces osseuses et les petits muscles qui existent dans les nageoires des Poissons. Le jeu de ces petits muscles suffit à expliquer l'effet de succion qui produit sa mystérieuse adhérence contre les corps.

Pleuronectes ou *poissons plats*. — Ces poissons ont le corps plat et déprimé, mais dans un sens différent de celui des Raies et autres êtres analogues. Chez les Raies, le corps est aplati de

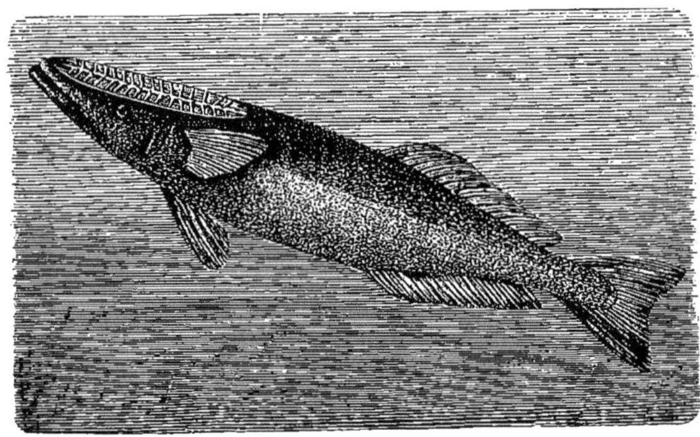

Fig. 99. Échène.

haut en bas, tandis que chez les poissons qui forment le groupe des *Pleuronectes*, le corps est déprimé latéralement. La tête des poissons de cet ordre n'est pas symétrique. Les deux yeux sont placés d'un même côté, les deux côtés de la bouche sont inégaux.

Ces particularités de structure, sur lesquelles nous reviendrons à l'occasion des types que nous examinerons de plus près, correspondent à des habitudes et à des allures propres à ces êtres singuliers. Dans l'inaction comme dans le mouvement, les Pleuronectes sont toujours renversés sur le côté; et le côté tourné vers le fond de la mer est celui qui est privé d'yeux. C'est précisément cette habitude de nager sur le côté qui leur a valu leur nom scientifique (de πλευρά, côté, et νεκτός, nageur).

L'organe principal de leur natation, c'est la nageoire caudale. Mais ils se distinguent des autres poissons par la manière dont ils se servent de cette rame. Quand ils sont renversés sur un côté, cette rame n'est point horizontale, mais verticale : elle frappe l'eau de haut en bas et de bas en haut. Ils peuvent avancer ainsi, mais moins vite que les autres poissons. Ils montent ou descendent dans l'eau avec plus de promptitude, seulement ils ne tournent pas à droite ou à gauche avec la même facilité que les poissons à rame horizontale. Cette faculté de s'abaisser et de s'élever rapidement dans les eaux leur est d'autant plus utile qu'ils passent une grande partie de leur existence dans les plus grandes profondeurs, sur des fonds bas. Ils se traînent sur la vase du fond de la mer, et s'y cachent souvent pour échapper à leurs ennemis.

Nous signalerons dans la famille des Pleuronectes, les *Soles*, les *Turbots*, les *Flétans* et les *Plies*.

Les *Soles* ont le corps oblong, le côté de la tête opposé aux yeux généralement garni d'une sorte de villosité, le museau rond, presque toujours plus avancé que la bouche. Cette bouche est contournée du côté opposé aux yeux, et garnie de dents seulement de ce côté. La nageoire dorsale commence sur la bouche et règne jusqu'aux nageoires caudale et terminale.

La *Sole commune* (fig. 100) habite principalement la Méditerranée, mais on la trouve aussi dans l'océan Atlantique et la mer Baltique. Elle est brune du côté des yeux, blanchâtre de l'autre côté. Ses nageoires pectorales sont tachées de noir; ses écailles raboteuses et dentelées. Sa taille semble varier suivant les côtes qu'elle fréquente : on prend quelquefois auprès de l'embouchure de la Seine des Soles qui ont un demi-mètre de longueur.

On pêche la Sole de plusieurs manières. On emploie des hameçons dormants, auxquels on attache, pour appât, des fragments de petits poissons. On peut aussi, selon Lacépède, quand le soleil est brillant et la mer tranquille, chercher auprès des côtes et des bancs de sable des fonds unis, sur lesquels le pêcheur puisse apercevoir nettement le poisson. Alors on lance un plomb attaché à l'extrémité d'une corde et garni de crochets, à l'aide desquels on harponne et retire le poisson.

Si la profondeur de l'eau n'est que de deux ou trois brasses, on peut le harponner avec une perche dont l'extrémité est armée de pointes recourbées.

On prend encore la Sole dans des filets tendus au bord de la mer, et qui se découvrent à la marée basse.

Tout le monde connaît la délicatesse et la finesse de la chair de ce poisson. Selon Lacépède, la Sole a le privilége de se conserver plusieurs jours, non-seulement sans se corrompre, mais

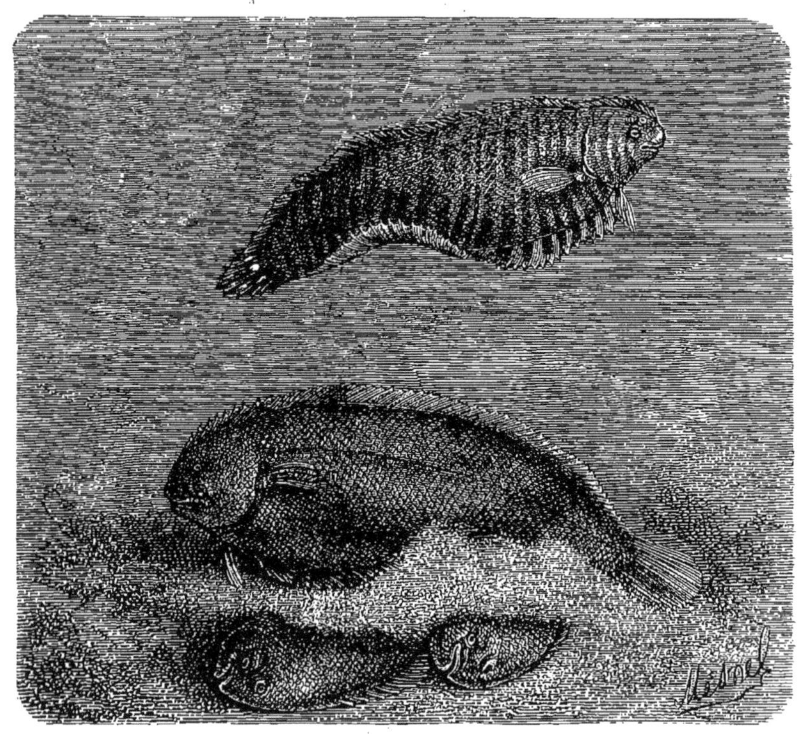

Fig. 100. Sole zébrée et Sole ordinaire.

en acquérant un goût plus fin. C'est pour cela que, toutes choses égales d'ailleurs, les Soles de l'Océan seraient meilleures à Paris qu'au Havre, et celles de la Méditerranée à Lyon qu'à Marseille.

Par sa forme générale, le *Turbot* (*Rhombus maximus*) ressemble à un losange. Cette figure lui a valu le nom latin de *Rhombus* (rhombe, ou losange). Sa mâchoire inférieure, plus avancée que la supérieure, est garnie, comme cette dernière, de plusieurs rangées de petites dents. Ses na eoires sont jaunâtres, avec des taches et des points bruns. Le côté gauche est marbré de brun et de jaune; le côté droit, qui est l'inférieur, est blanc, avec des taches brunes.

On pêche le Turbot sur les côtes de l'Océan. C'est aux embouchures de la Seine et de la Somme que l'on prend presque tous ceux que l'on consomme à Paris. Ce poisson, de grande taille, a une chair ferme et un goût exquis.

Les Turbots sont très-voraces. Ils se nourrissent de jeunes

Fig. 101. Turbot.

poissons, et se tiennent en embuscade pour guetter leur proie.

Le *Flétan*, qui habite les mers septentrionales de l'Europe, est un énorme poisson, car il peut, dit-on, atteindre deux mètres ou deux mètres trente-cinq centimètres de hauteur, et un poids de cent cinquante à deux cents kilogrammes. Il est d'un brun noirâtre, couvert supérieurement d'écailles solidement attachées et lubrifiées d'une humeur visqueuse.

On pêche de grandes quantités de ce poisson sur les côtes du

Fig. 102. Pêche du Flétan sur les côtes maritimes du Groenland.

de la surface, on les tue à coups de trident. Ajoutons que, pour

Fig. 104. Plie, ou Carrelet

Fig. 105. Limande.

attaquer ainsi corps à corps ces énormes poissons, il faut attendre qu'ils soient affaiblis, car ils renverseraient, en se débattant, la barque du pêcheur.

Les Groenlandais dépècent l'animal, salent les morceaux, puis les exposent à l'air, sur des bâtons, pour les sécher et les envoyer au loin.

Malgré sa grande taille, le Flétan a pour ennemis acharnés les Dauphins et les oiseaux de proie qui vivent sur les rivages. C'est, du reste, un poisson très vorace, qui dévore les Crabes, les Gades et même les Raies. Il n'épargne même pas les individus de sa propre espèce : les Flétans s'attaquent les uns les autres, et se mangent les nageoires ou la queue.

Les *Plies* (fig. 104) ont le corps en losange, les yeux généralement placés à droite, une rangée de dents tranchantes à chaque mâchoire, la nageoire dorsale ne s'avançant que jusqu'au-dessus de l'œil supérieur et laissant, ainsi que la nageoire terminale, un intervalle nu entre elle et la nageoire caudale.

Les *Plies* habitent presque toutes les mers. Parmi les espèces de nos côtes, nous citerons le *Carrelet*, ou *Plie franche*, l'espèce la plus estimée du genre, et que l'on trouve communément sur les marchés de Paris. La *Limande* (fig. 105), qui doit son nom aux écailles dures et dentelées de son corps, est une autre espèce qui figure avec honneur sur nos tables.

Ganoïdes. — Tous les poissons qui composent cette famille se reconnaissent à leurs nageoires ventrales attachées sous la gorge et aiguisées en pointe. Leur corps est allongé et peu comprimé, leur tête bien proportionnée Leurs nageoires sont molles et leurs écailles également molles et petites. Leur mâchoire est armée de plusieurs rangs de dents, coniques et inégales. Leurs ouïes sont grandes et garnies de sept rayons. Ces poissons, qui vivent dans les mers froides ou tempérées des deux hémisphères, fournissent un aliment sain, léger et agréable. Ils donnent lieu à d'importantes pêches et à un commerce considérable.

Les *Morues*, les *Merlans*, les *Merluches* et les *Lotes* seront pour nous les représentants de cette famille.

La tête de la Morue (*Gadus morrhua*) est comprimée. Les yeux, placés sur les côtés, sont très-rapprochés l'un de l'autre, très-gros et voilés par une membrane transparente. Lacépède suppose que cette dernière conformation donne à l'animal la faculté de nager à la surface des mers du nord de l'Europe, au milieu des montagnes de glace, auprès des rivages couverts de neige resplendissante, sans que leurs yeux soient éblouis par cette vive lumière. Mais cette opinion est assez gratuite.

Les mâchoires de la Morue sont inégales et tout armées de plusieurs rangées de dents fortes et aiguës, dont plusieurs sont mobiles et peuvent être cachées ou relevées selon la volonté de l'animal.

Le corps de ce poisson est allongé, légèrement comprimé. Il porte trois nageoires dorsales, deux nageoires anales, des nageoires jugulaires étroites et terminées en pointe et une caudale fourchue. Sa couleur est d'un gris cendré tacheté de jaunâtre sur le dos, blanc et quelquefois rougeâtre en dessous.

Pourvue d'un vaste estomac, la Morue est très-vorace. Elle se nourrit de poissons, de Crabes et de Mollusques. Elle est si goulue qu'elle avale même des morceaux de bois et autres objets qui ne sauraient la nourrir. Mais elle peut se débarrasser aisément des corps qui l'incommodent.

C'est un poisson essentiellement marin. On ne le voit jamais dans les fleuves ni les rivières, et pendant presque toute l'année il se tient dans les profondeurs des mers. Son séjour habituel, c'est la portion de l'Océan septentrional qui est comprise entre le 40e et le 66e degré de latitude.

Dans la vaste étendue de l'Océan que fréquente la Morue, on peut distinguer deux grands espaces qu'elle semble préférer. Le premier est limité d'un côté par le Groenland et de l'autre par l'Islande, la Norvége, les côtes du Danemark, de l'Allemagne, de la Hollande, de l'est et du nord de la Grande-Bretagne, ainsi que des îles Orcades; il comprend les endroits désignés par les noms de *Dogger-banck*, *Vell-banck* et *Cromer;* et l'on peut y rapporter les petits lacs d'eau salée des îles de l'ouest de l'Écosse où des troupes considérables de grandes Morues attirent, principalement vers Gareloch, les pêcheurs des Orcades, de Peterhead, de Portsoy, de Firth et de Murray.

Le second espace, moins anciennement connu, et plus célèbre parmi les marins, renferme les plages voisines de la Nouvelle-Angleterre, du Cap-Breton, de la Nouvelle-Écosse, et surtout de l'île de Terre-Neuve, auprès de laquelle est ce fameux banc de sable désigné par le nom de *grand banc*, qui a près de deux cents lieues de longueur sur soixante-deux lieues de largeur, et au-dessus duquel on trouve depuis vingt jusqu'à cent mètres d'eau. C'est là que les Morues vivent en phalanges innombrables, parce qu'elles y rencontrent en abondance les Harengs et les autres animaux qui servent à leur nourriture.

Telle est, d'après Lacépède, la distribution géographique des Morues.

Les Français, les Américains, les Anglais, les Hollandais, les

Fig. 106. Morue.

Norvégiens se livrent, avec une égale ardeur, à la pêche de la Morue. C'est principalement sur le banc de Terre-Neuve que s'exécute cette pêche.

L'île de Terre-Neuve avait été découverte et visitée par les Norvégiens dès le dixième et le onzième siècle, c'est-à-dire avant la découverte de l'Amérique; mais ce ne fut qu'en 1497, après la découverte de Christophe Colomb, que le navigateur Jean Cabot, ayant visité ces parages, les baptisa du nom qu'on leur connaît, et signala l'existence des bandes de Morues qui les occupent. Tout aussitôt l'Angleterre et d'autres nations s'élancèrent pour moissonner ces champs féconds de matière vivante. En 1578, la France envoyait 150 navires au banc de Terre-Neuve, l'Espagne 125, le Portugal 50, l'Angleterre 40.

Pendant la première moitié du dix-huitième siècle, les Anglais, les Français et les Américains exploitèrent seuls la pêche de la Morue.

De 1823 à 1831, la France a envoyé à Terre-Neuve 341 navires montés par 7085 matelots. Ces navires ont exporté 25 718 466 kilogrammes de poisson, dont 8 974 238 de poisson salé, 16 744 288 de Morue verte et 1 217 008 d'huile. Tout cela a donné en moyenne un chiffre de plus de six millions chaque année.

Aujourd'hui plus de 2000 navires et environ 30 000 marins sont envoyés annuellement par l'Angleterre à la pêche de la Morue. La Hollande n'est pas en arrière des autres nations : elle a exporté en 1856, 1 172 203 kilogrammes de poisson diversement préparé; en 1857, 1 297 666 kilogrammes; en 1858, 1 702 431, et en 1859, 1 507 788.

Sur les côtes de la Norvége, depuis la frontière de la Russie jusqu'au cap Lindesness, la pêche de la Morue est la source d'un commerce et d'une industrie considérables. Elle occupe plus de 20 000 pêcheurs, montés sur 5000 bateaux, et l'on évalue à plus de 20 millions le nombre de poissons qu'elle fournit à la consommation de ces contrées.

En 1860, la France a fourni pour la pêche de ce poisson 210 bâtiments et 3275 hommes; en 1861, 222 bâtiments et 3602 hommes; en 1862, 232 bâtiments et 3741 hommes.

Les Morues se prennent soit au filet, soit à la ligne. Le filet employé à Terre-Neuve, et dont on ne se sert que le long des côtes, est rectangulaire, garni de plomb au bord inférieur, et de liége au bord supérieur; une des extrémités est fixée à la côte; l'autre se place en pleine mer, suivant une courbe formée par des bateaux. On entraîne le poisson en tirant sur les deux extrémités du filet, et d'un coup on en prend quelquefois la charge de plusieurs bateaux (fig. 107).

Quant aux lignes, elles sont de deux sortes : les *lignes de main*, que chaque pêcheur tient à gauche et à droite du bateau, et les *lignes de fond*, qui consistent en des cordes très-fortes, sur lesquelles on fixe un certain nombre de lignes partielles. A l'un des bouts de cette corde est attaché un grappin, qui l'en-

Fig. 107. Pêche de la Morue devant l'île de Terre-Neuve.

traîne au fond de l'eau; une ancre est fixée à l'autre bout. Chaque ancre tient à un petit câble amarré à une bouée de liége. On dispose de cette façon jusqu'à trois mille hameçons.

L'appât destiné à garnir les lignes est frais ou salé. La chair fraîche est fournie par le Hareng, l'Encornet ou le Capelan, petit poisson qui, au printemps, descend des mers du Nord, poursuivi par des bandes de Morues. Dans la terreur que leur causent les bandes innombrables de leurs ennemis, les Capelans

Fig. 108. Pêcheurs de Morue.

se répandent dans toutes les mers qui avoisinent Terre-Neuve, en masses tellement épaisses que le flot les rejette et les accumule parfois sur le sable des grèves.

La pêche principale du Capelan destiné à servir d'appât aux lignes de fond se fait sur la côte de Terre-Neuve. Les habitants de ces parages apportent leur butin aux pêcheurs qui se rendent à Saint-Pierre pour la pêche de la Morue.

Les goëlettes, avec une bonne provision de ces appâts, quittent Saint-Pierre, prennent la direction du nord-est, et s'avancent sur le banc de Terre-Neuve. Lorsque le capitaine a choisi sa place de pêche, il *mouille*, c'est-à-dire fixe les navires au moyen de longs câbles de chanvre. La mer n'ayant en ce point que quarante à soixante brasses, on peut de cette façon mouiller à de pareilles profondeurs. C'est alors que l'équipage tend les lignes. A chaque instant on les relève, on en détache le poisson pris, on remet de l'appât et on recommence.

On s'occupe immédiatement de faire subir au poisson une première préparation, qui permet de le conserver. On l'ouvre, on le vide, on le fend en deux; puis on empile en tas les poissons ouverts et on les sale.

Ce travail dure autant que la pêche. Le matelot demeure jour et nuit sur le pont, mouillé jusqu'aux os, couvert d'huile et de sang, entouré de toutes sortes de détritus, qui répandent une odeur infecte.

Mais la pêche ainsi faite n'est pas suffisante. Des embarcations, montées par deux ou trois hommes, se rendent tous les jours plus au large pour tendre d'autres lignes. L'équipage rayonne ainsi fort loin autour du navire.

Une partie des Morues est expédiée en Europe, sans autre préparation que la salure qu'elles ont reçue sur le pont du navire. Le reste, et c'est la plus grande partie, est préparé et séché sur les lieux. C'est aux îles Saint-Pierre et Miquelon que se fait surtout cette sécherie.

On trouve dans le journal *le Tour du Monde* (année 1863) une description des diverses opérations de la sécherie des Morues à Terre-Neuve, que l'auteur, M. le comte de Gobineau, a observée à l'*île Rouge*, située non loin du banc de Terre-Neuve, et qui n'est qu'une sorte de roc placé en face de la *Grande Terre*.

« Les maisons de commerce françaises qui se livrent à l'exploitation de la côte occidentale de Terre-Neuve appartiennent surtout, dit M. de Gobineau, aux ports de Granville et de Saint-Brieuc; elles composent de deux éléments très-distincts les équipages de leurs navires. La minorité des hommes se recrute parmi les marins, les pêcheurs proprement dits : c'est l'aristocratie du bord. Puis on y ajoute un nombre plus grand de travailleurs, qui portent le nom de *graviers*.... Arrivés sur la côte, on les débarque; pendant toute la campagne ils ne naviguent plus, et leurs fonctions se bornent à recevoir le poisson que les pêcheurs leur apportent, à le décoller dans le chauffant, à l'ouvrir, à mettre à part les foies pour en extraire l'huile, à étendre les chairs entre des couches de sel, enfin à les soumettre aux différentes phases du desséchage sur les *graves*.

« Un *chauffant*, expression normande qui répond au mot échafaud, est une grande cabane sur pilotis établie moitié dans l'eau, moitié à terre, construite en planches et en rondins; on a cherché à ce que l'air pût y circuler librement. Quelques grandes toiles de navire le recouvrent.

« Une partie du plancher, celle qui est au-dessus de l'eau notamment, est à claire-voie; et dans cette partie sont rangés des espèces d'établis où l'on décolle la Morue. Rien ne peut donner une idée de l'odeur infecte du chauffant; c'est le charnier le plus horrible à voir. Une atmosphère chargée de vapeurs ammoniacales y règne constamment; les débris de poissons à moitié pourris ou en décomposition complète accumulés dans l'eau finissent par gagner l'intérieur du lieu, et comme les graviers ne sont pas gens délicats, ils ne songent guère à se débarrasser de ces horribles immondices.

« Ils sont là le couteau à la main, dépeçant les cadavres, tranchant et arrachant les intestins, déchirant les vertèbres et prenant soin de ne pas se

Fig. 109. Séchage de la Morue.

piquer eux-mêmes, c'est le plus réel danger qu'ils aient à courir;... mais ceci mis à part et l'habitude contractée, le gravier vit, sans le moindre dommage pour sa santé ni même pour son bien-être, au milieu d'une odeur propre à asphyxier les gens qui n'y sont pas faits de longue main.

« Un *cageot* est une installation en planches qui peut avoir deux à trois mètres de côté et la forme d'un cône renversé; le fond est à claire-voie et domine une large cuve enfoncée dans la terre. On monte au cageot par un sentier tournant. C'est là qu'on verse les foies de Morue pour les faire fermenter. L'huile découle par la claire-voie dans la cuve, où on la recueille ensuite afin de l'enfermer dans des barils....

« Tout établissement de pêche, à l'île Rouge comme ailleurs, a surtout besoin, outre les chauffants et les cageots, de ce qu'on appelle les *graves*, puisque c'est là qu'on sèche le poisson. Sans les graves, il n'y aurait point d'exploitation possible, et c'est pour ce motif que nous jouissons du droit d'occuper la côte pendant la saison de la pêche.

« Les graves n'étaient à l'origine que les grèves mêmes, dont le nom est prononcé ici à la normande. On construit maintenant en pierre et dans tous les lieux bien découverts particulièrement exposés à l'action du soleil et surtout du vent des graves artificielles. Le soleil, dit-on, ne sèche pas, il brûle; le vent, au contraire, remplit merveilleusement l'office, et afin d'éviter l'un et de favoriser l'autre, on a aussi inventé ce qui s'appelle des *vigneaux*. Ce sont de longues tables de branchages mobiles que l'on peut incliner dans tous les sens, suivant que l'on veut soumettre directement la Morue à l'influence du vent ou la soustraire à celle des rayons solaires, ce qui du reste est rarement redoutable.

« Voilà la moisson de Terre-Neuve! »

La plus grande partie des Morues séchées à Terre-Neuve s'expédie et se consomme en Amérique et en Afrique, c'est-à-dire aux îles de la Martinique et de la Guadeloupe (Amérique), aux îles de la Réunion et Saint-Maurice (Afrique). La Morue séchée est, comme tout le monde le sait, le fond de la nourriture des Nègres.

Mais tous les produits de la pêche de la Morue ne sont pas préparés et séchés à Terre-Neuve. La moitié environ des navires métropolitains sont armés pour la *pêche sans sécherie;* ce qui veut dire qu'ils remportent eux-mêmes en France leurs produits, préalablement salés, ou qu'ils en expédient une certaine quantité, après la première pêche, par des navires qui viennent leur apporter du sel, et prennent du poisson en retour. Les envois sont principalement dirigés sur les ports de la Rochelle, de Bordeaux et de Cette (Hérault).

Arrivés au port français, les navires chargés de Morues salées les débarquent, et on les entasse dans de vastes magasins. On s'occupe aussitôt de les dessaler et de les sécher. Cette opération se fait à Cette au mois d'août ou de septembre environ, époque à laquelle sont revenus les navires, partis au mois de janvier pour Terre-Neuve.

Voici comment cette opération s'exécute. Après avoir fait tremper les Morues dans l'eau douce un temps convenable pour les débarrasser de la plus grande partie du sel, mais non de sa totalité, on suspend à des cordes les poissons, ouverts et bien étalés, en pinçant leur queue entre deux liteaux. Le tout forme une série de galeries entre lesquelles un ouvrier peut toujours passer. L'exposition à un soleil ardent produirait une dessiccation trop prompte, qui nuirait à la qualité de la Morue. Quand le soleil est trop chaud, on dispose au-dessus des galeries des claies d'osier, qui laissent passer l'air et n'arrêtent que les rayons solaires.

Les *Merluches* vivent dans la Méditerranée, ainsi que dans l'océan Septentrional, et peuvent atteindre huit décimètres à un mètre de longueur. Elles vont par troupes nombreuses et sont l'objet d'une pêche abondante et facile. Leur chair est blanche et lamelleuse. Lorsqu'on prend une grande quantité d'individus, on les sale et on les sèche comme les Morues.

Le *Merlan* (fig. 110) a le corps allongé, revêtu d'écailles très-petites, minces et arrondies. Ses nageoires dorsales sont au nombre de trois. Il n'a pas de barbillons, et sa mâchoire supérieure est plus avancée que l'inférieure. Il est blanc comme de l'argent. L'éclat de cette couleur est encore relevé par la teinte

Fig. 110. Merlan.

olivâtre qui règne quelquefois sur le dos, par la teinte noirâtre qui distingue les nageoires pectorales ainsi que la caudale, et par une tache également noire que l'on voit sur quelques individus à l'origine de ces mêmes pectorales.

Le Merlan habite l'océan qui baigne les côtes européennes. Il se nourrit de vers, de mollusques, de crabes, de jeunes poissons. Il approche souvent des rivages ; et c'est pour cela qu'on le prend pendant presque toute l'année. On le pêche ordinairement au moyen d'une vingtaine de lignes, dont chacune, garnie de deux cents hameçons, est longue de plus de cent mètres, et qu'on laisse au fond de l'eau environ pendant trois heures. On le pêche aussi quelquefois avec des filets.

Ce poisson est très-gras lorsque, les Harengs ayant déposé leurs œufs, il a pu en dévorer une certaine quantité. Sa chair est agréable au goût et légère à l'estomac.

La *Lotte*, connue sous le nom de *Morue longue*, a de un mètre à un mètre trente-cinq de long. Elle est de couleur olivâtre en dessus, argentée en dessous. Elle est aussi abondante que la Morue dans les mers septentrionales, se conserve aussi aisément et donne lieu à une pêche très-importante.

Une autre espèce qui se trouve dans nos rivières d'Europe, la *Lotte commune*, ou *de rivière*, est longue de trente-cinq à soixante-dix centimètres, d'un vert olivâtre clair, marbré de brun. Son corps, imprégné d'une humeur mucilagineuse, est couvert de petites écailles arrondies, peu discernables à la vue simple. De tous les poissons de nos eaux douces, c'est un de ceux dont l'aspect est le plus étrange.

La *Lotte de rivière* (fig. 111) est répandue dans la plus grande partie des eaux douces de la France. Cependant sa pêche n'est abondante dans aucune de nos rivières. Introduite il y a quelques siècles dans le lac de Genève, elle y pullule aujourd'hui.

« Pendant un séjour à Thonon, dit M. Blanchard, j'accompagnai souvent des pêcheurs qui, le matin, allaient relever des centaines de lignes de fond tendues la veille au soir : souvent on tirait sans interruption trente ou quarante lignes auxquelles était accrochée une Lotte[1]. »

Ce poisson est extrêmement vorace. Il consomme une énorme quantité de vers, d'insectes aquatiques, de mollusques et d'œufs. Blotti dans les trous, au fond de l'eau, il attire les petits animaux, en agitant l'appendice charnu, ou barbillon, qui tombe de sa mâchoire inférieure, et lui donne une si singulière physionomie. Sa chair est du reste fort estimée. Les gourmets apprécient particulièrement son foie, qui atteint un volume remarquable.

On raconte qu'un amateur ayant mis une Lotte dans un bocal, et lui ayant donné, pour lui tenir compagnie, cinq ou six Goujons, la Lotte, dépaysée, éblouie par la lumière, et ne pouvant

1. *Les Poissons des eaux douces de la France*, in-8°, Paris, 1 6.

se mettre, comme à l'ordinaire, en embuscade, se laissa manger le barbillon par ses compagnons de captivité, et mourut.

Fig. 111. Lotte de rivière.

On pourrait faire de ce petit drame aquatique une nouvelle littéraire, qui aurait pour titre : *La revanche des Goujons.*

ORDRE DES MALACOPTÉRYGIENS ABDOMINAUX

Les Poissons qui appartiennent à cet ordre ont les nageoires ventrales suspendues sous l'abdomen, placées en arrière, et non attachées aux os de l'épaule.

C'est le plus considérable et le plus important des trois groupes formés dans la grande division des Malacoptérygiens. Il renferme la plupart de nos poissons d'eau douce et un grand nombre d'espèces marines.

Cuvier a divisé cet ordre en cinq familles : les *Salmonés*, les *Clupes*, les *Ésoces*, les *Cyprins* et les *Silures*.

Salmonés. — Les Poissons qui constituent cette famille ont un corps écailleux et une première nageoire dorsale à rayons mous, suivie d'une seconde nageoire petite et adipeuse, c'est-à-dire formée simplement d'une peau remplie de graisse et non soutenue par des rayons osseux. Ils habitent la mer, et remontent, à certaines époques, les rivières, ou bien se trouvent exclusivement dans les grands fleuves et dans les autres cours d'eau. On les trouve jusque dans les ruisseaux des montagnes les plus élevées.

Nous mentionnerons dans cette famille les *Ombres*, les *Éperlans*, les *Lavarets*, les *Truites* et les *Saumons*.

Les *Ombres* ont la bouche peu fendue, armée de dents fines, la première nageoire dorsale longue et haute, le corps de forme élégante et couvert de grandes écailles. On en connaît six ou huit espèces, appartenant surtout au nord de l'Europe, et dont

Fig. 112. Ombre commun.

le type est l'*Ombre commun*, qui se trouve dans les eaux du Rhin, de la Moselle, de l'Ain, des affluents du Rhône, des rivières de l'Auvergne, etc., comme dans les eaux douces de la Suisse et de l'Allemagne. C'est un des beaux Poissons de nos eaux douces.

« Rien n'est gracieux, dit M. E. Blanchard, comme sa forme allongée, s'atténuant d'une manière graduelle jusqu'à l'origine de la queue ; rien n'est plus élégant que sa nageoire dorsale, magnifique voile fort longue et d'une hauteur remarquable. Il suffit d'apercevoir un tel animal pour juger combien il est heureusement conformé pour une natation facile et rapide. Les pêcheurs sont souvent habiles à suivre les mouvements des poissons traversant des eaux limpides, mais l'Ombre échappe à leurs yeux exercés ; il a passé, il a fui comme une ombre, et l'Ombre est devenu le nom vulgaire du poisson doué d'une si merveilleuse agilité[1]. »

Les écailles de l'*Ombre commune* figurent une sorte de mosaïque sur les parties supérieures du corps. Sa couleur est d'un bleu d'acier éclatant, rehaussé de points noirs ; il est argentée sur les parties inférieures. Ces couleurs s'effacent quand le Poisson vieillit. La taille de l'Ombre ne dépasse guère trente à quarante centimètres. Il vit dans les rivières et les ruisseaux limpides roulant sur un fond sablonneux, et se nourrit de petits Mollusques, de larves d'Insectes, ou de frai de Poisson. Sa chair, blanche et délicate, exhale une faible odeur de thym.

Si l'*Ombre* sent le thym, l'*Éperlan* est remarquable par l'odeur douce qu'il répand lorsqu'il est frais, et que l'on a comparée au parfum de la violette. Ce charmant petit Poisson n'a environ que seize à dix-huit centimètres de longueur. Son dos et ses

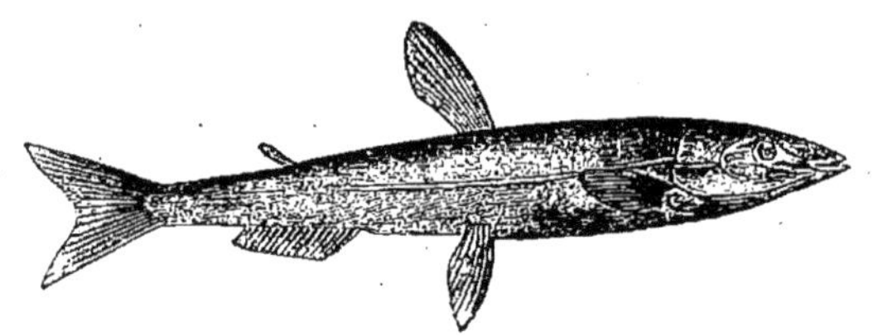

Fig. 113. Éperlan.

nageoires sont d'un joli gris ; ses côtes et sa partie inférieure sont argentées. Ces deux nuances sont relevées par des reflets verts, bleus et rouges. Les écailles et ses autres téguments sont si diaphanes, qu'on peut vaguement distinguer à travers la peau les vertèbres et les côtes. Suivant Rondelet, le nom de ce petit animal vient de ses belles couleurs, de son éclat inusité, qui rappelle celui des perles. Sa forme générale est celle d'un fuseau ; sa tête est petite, ses yeux grands et ronds.

Les Éperlans habitent plus particulièrement les eaux saumâtres, car on les trouve sur les côtes de l'Océan, et ils ne re-

1. *Les Poissons des eaux douces de la France.*

montent pas dans les fleuves au delà des points où la marée se fait sentir. Ils vivent en troupes et se suivent à la file. Leur chair est fine et délicate. C'est dans la basse Seine, et principalement près de Caudebec, que sont pêchés les Éperlans que l'on mange à Paris.

Le corps des *Lavarets* est comprimé latéralement, couvert d'écailles faciles à détacher, grandes et arrondies. Leur bouche est petite, mal armée, souvent privée de dents. Leur nageoire dorsale, haute en avant, très-oblique en arrière, s'élève moins en ce point que les nageoires ventrales. Certaines espèces de Lavarets sont marines et remontent périodiquement les fleuves; les autres vivent dans les eaux du nord de l'Europe; la plupart dans les lacs des régions alpines.

Le *Lavaret* habite les lacs du Bourget (Savoie), de Neuchâtel, de Constance, de Zug (Suisse). On le trouve aussi dans les lacs de la Bavière et de l'Autriche.

« L'étranger venu pour la première fois à Aix en Savoie, ou dans quelque autre localité voisine du lac du Bourget, ne manque pas d'entendre bientôt parler du Lavaret. Vous ne connaissez pas le Lavaret? vous n'avez jamais mangé du Lavaret? lui répètent à l'envi les indigènes. Comme bien souvent l'étranger tend une oreille frappée d'un mot nouveau, l'habitant de la Savoie jouit de sa surprise, et heureux d'en remontrer peut-être à un Parisien en fait de bons mets, il daigne lui apprendre que le Lavaret est le poisson le plus parfait qui existe, un poisson sans égal pour la délicatesse de sa chair, pour son parfum ; un poisson auprès duquel la Féra des Genevois ne mérite même pas grande considération[1]. »

Ainsi parle M. Blanchard, mais il ne nous donne pas d'autres renseignements sur cette prétendue suprématie du Lavaret. C'est, du reste, un Poisson qui peut atteindre le poids de un à deux kilogrammes. Sur les côtés et en dessous, il est d'un magnifique blanc d'argent, pendant que son dos est d'un gris bleuâtre ou verdâtre, souvent sablé de noir. Il se tient dans les eaux profondes et s'approche des rivages vers la seconde moitié de novembre, pour frayer.

Le *Lavaret Féra* (fig. 114) est pour les riverains du lac de Genève ce que le Lavaret proprement dit est pour les habitants d'Aix en Savoie. Comme il abonde dans le lac de Genève,

1. *Les Poissons des eaux douces de la France*

les hôteliers de la Suisse n'en font pas grâce aux touristes. Sa chair, extrêmement délicate, a une saveur un peu différente de celle du Lavaret. C'est donc à bon droit que les riverains du lac Léman sont fiers de leur *Féra.*

Le *Lavaret Houting* est un Poisson qui abonde dans la mer du Nord. A l'époque du frai, il remonte les grands cours d'eau, et on le pêche alors dans le Rhin et dans la Meuse.

Le corps de la *Truite* est médiocrement allongé et comprimé latéralement. Sa coloration, toujours agréable, est sujette à beaucoup de variations. En général, une teinte d'un vert olivâtre s'étend dans toutes les régions supérieures; cette même

Fig. 114. Lavaret Féra.

teinte plus pâle règne sur les côtés; le dessous est d'un jaune clair et vif. Le dos, les opercules, la nageoire dorsale offrent çà et là des taches noires. Les flancs sont ornés de taches rondes, d'un rouge orangé, entourées d'un cercle pâle ou bleuâtre. Les nageoires inférieures et caudales sont le plus souvent jaunâtres, pointillées et bordées de noir. Toutefois, nous le répétons, ces couleurs varient avec l'âge, et surtout avec les localités. Tout le corps de la *Truite commune* est couvert d'écailles oblongues et striées. La tête est épaisse, le museau large et obtus, l'œil grand.

La Truite est très-vorace; elle s'attaque aux vers et à une infinité de poissons, et surtout à leur frai. Mais elle recherche surtout les petits insectes aquatiques. On l'a vue souvent saisir avec adresse les Friganes et les Éphémères, lorsque ces insectes voltigent prestement à la surface de l'eau.

Fig. 115. Truite commune.

Cette observation a trouvé son application utile dans l'art de

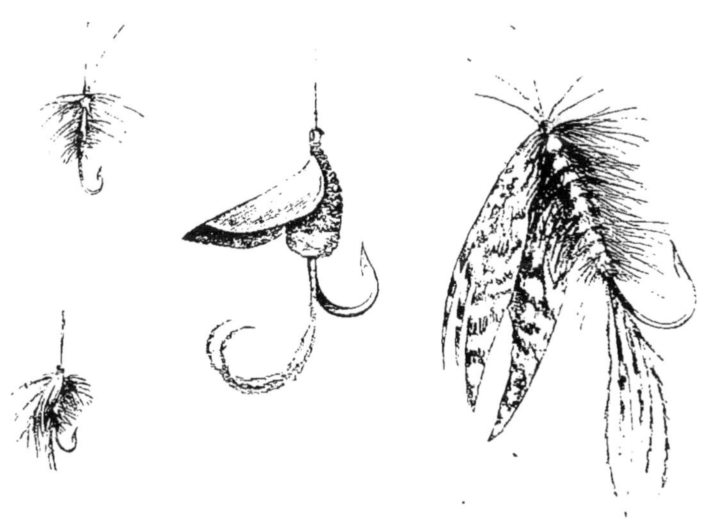

Fig. 116. Insectes artificiels pour la pêche.

la pêche. Comme il serait difficile de présenter, comme appâts, de véritables insectes aquatiques aux poissons qui les recherchent, les fabricants d'engins de pêche ont inventé l'appât connu sous le nom de *mouche artificielle*. C'est une imitation plus ou moins grossière, de l'insecte naturel, mais que l'on peut se procurer en tout temps, pourvu que l'on y mette le prix. C'est, en en effet, tout un art que celui de fabriquer des insectes artificiels, appropriés à la pêche de chaque poisson; et les fabricants de

Fig. 117. Pêche à la ligne. — Le *lancé* de la mouche artificielle.

ces petits engins ont toutes sortes de raisons, bonnes ou mauvaises, pour vanter leur marchandise. L'insecte-appât, employé pour la pêche de la Truite, c'est la mouche artificielle.

Bien lancer la mouche artificielle n'est pas l'affaire du premier venu. Il ne faut pas frapper l'eau d'un coup de fouet, car les poissons, effrayés de ce procédé, renouvelé de Xerxès, s'enfuiraient à tire de nageoires. Il ne faut pas, non plus, que la mouche artificielle tombe comme une bombe au milieu de la troupe aquatique, si facile à effaroucher. Elle doit faire sans tumulte et sans bruit son entrée dans le royaume des poissons. Elle doit, pour ainsi dire, s'asseoir doucement à la surface de l'eau, et y descendre avec lenteur.

Pour cela, après avoir lancé l'appât, il faut arrêter son essor, par un coup de poignet qui le retienne et le modère (fig. 117).

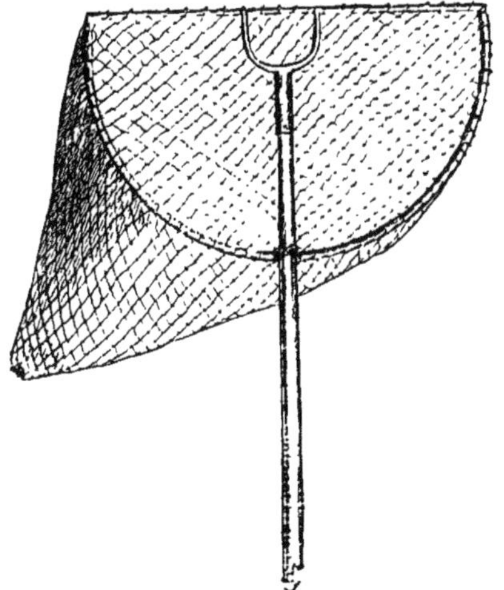

Fig. 118. Truble ou trouble (filet pour la pêche en rivière).

On prend la Truite non-seulement à la ligne, mais encore à la *truble*, à la *louve* et à la *nasse*. Un mot sur ces différents engins de pêche de la Truite.

La figure 118 représente la *truble* ou *trouble*. On la place dans les petites rivières, devant l'entrée des nombreuses cavités où le poisson vient, pendant le jour, chercher un abri contre la chaleur, ou bien un refuge contre ses ennemis. On enfonce la perche dans l'eau, jusqu'à ce que la corde et les deux extrémités de l'arc reposent sur le fond. On agite l'eau ; le poisson effrayé cherche à s'échapper, et il tombe dans l'ouverture béante du filet, dans lequel on le trouve, quand on l'a adroitement retiré de l'eau.

Fig. 119. La nasse (panier pour la pêche en rivière).

La *nasse* (fig. 119) est un grand panier d'osier, en forme de cône

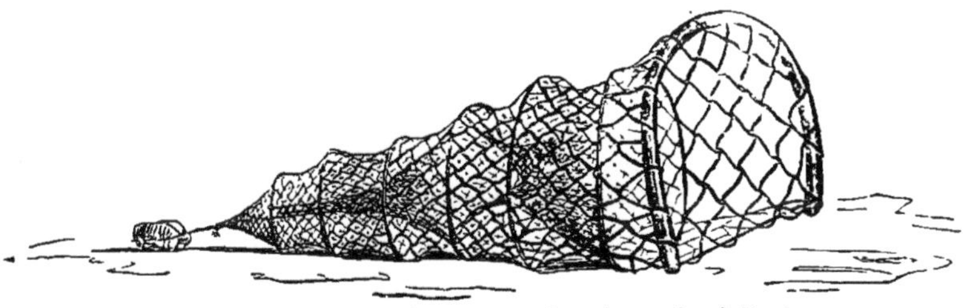

Fig. 120. Verveux (piege pour le poisson de rivière).

allongé. A la base et à la pointe sont deux ouvertures, l'une large et évasée, qui reste toujours ouverte, l'autre étroite, et fermée, soit par une petite porte à claire-voie, soit par un bouchon de paille ou de joncs. On a le soin de disposer à l'entrée une sorte de petit couloir au moyen de brins d'osier ou de joncs fins et élastiques, dont les extrémités libres viennent se rapprocher et presque se réunir. Le poisson franchit facilement ce défilé végétal, en écartant les brins flexibles qui le forment, et il se trouve ainsi introduit dans le panier. Les brins d'osier placés à l'entrée, étant revenus sur eux-mêmes par leur élasticité, toute retraite est fermée au pauvre captif de la nasse.

Le *verveux* (fig. 120) est un piége à poissons semblable à la nasse, mais dans lequel l'osier a été remplacé par du filet.

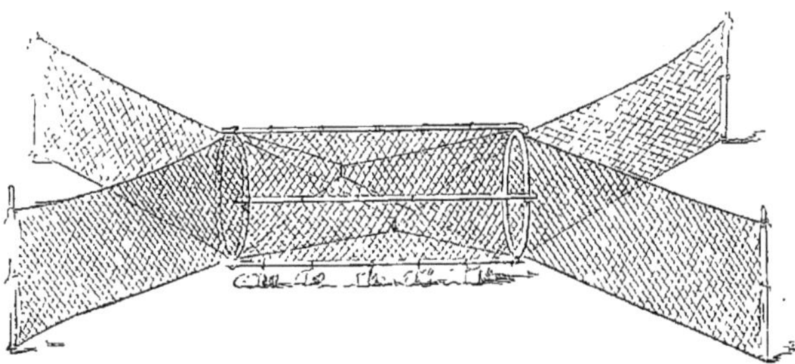

Fig. 121. Louve (piége pour le poisson de rivière).

Enfin la *louve* (fig. 121) est un double verveux ou un verveux à deux entrées.

La *senne* (fig. 122) est une bande de filet qui se tend au milieu

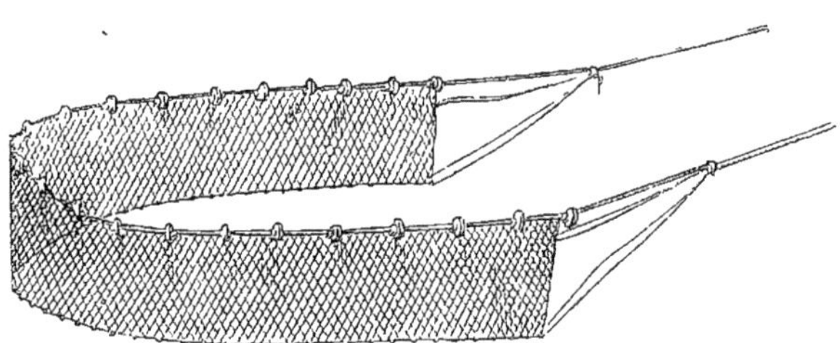

Fig. 122. Senne (filet de pêche en rivière).

d'une rivière, comme un mur qui en barre le cours. On balaye avec cette muraille de filet, tenue verticalement, toute la largeur de la rivière, et on tire sur le bord tout ce que le filet a entraîné (fig. 123). Tous ces moyens employés pour la pêche de beaucoup de *poissons gobeurs* sont excellents pour s'emparer de la Truite dans nos rivières.

L'eau que la Truite préfère est celle qui est claire, froide, courante. C'est pour cela qu'elle est rare dans la Seine; les eaux de ce fleuve sont trop troubles pour elle et trop lentes dans leur cours. Ce poisson nage presque toujours contre le courant ; il aime à s'établir dans les trous des berges des cours d'eau. Il se

Fig. 123. Pêcheurs à la senne tirant le filet.

tient si tranquille au fond de ces retraites, que quelquefois on peut le prendre avec la main.

La *Truite des lacs* se trouve dans plusieurs des grands lacs de l'Europe, et particulièrement dans le lac de Genève. Elle offre un corps plus long que celui de la *Truite commune*, et tellement épais qu'il paraît presque cylindrique. Le dos a une teinte gris de perle, passant vaguement au bleuâtre et au verdâtre; les côtés sont d'un gris pâle et tacheté de noir, le dessous est d'un blanc d'argent. On ne voit de taches rouges que sur les jeunes individus.

On prend quelquefois dans le lac de Genève des Truites de quinze à vingt kilogrammes. Ces poissons abandonnent les eaux du lac quand le temps du frai est arrivé, et remontent très-haut le cours des rivières. Ils sont alors parés de vives couleurs, qui se modifient suivant les cours d'eau.

La *Truite de mer*, que l'on nomme aussi *Truite saumonée*, vit alternativement dans les eaux douces et salées. Elle est argentée sur les côtés et ornée de petites taches noires éparses; son dos est d'un gris bleuâtre, les parties inférieures sont d'un blanc éclatant, ce qui la distingue au premier coup d'œil de la *Truite commune*. D'après M. Blanchard, la *Truite saumonée* naît dans les rivières; parvenue à une certaine taille, elle descend à la mer, et remonte ensuite les eaux douces pour y frayer.

On pêche principalement la *Truite saumonée* dans les eaux de

Fig. 124. Ombre-chevalier.

nos départements de l'est, le Rhin, l'Ill, la Moselle, la Meuse et ses affluents. On la prend aussi dans la Loire. Elle peut atteindre une grande taille. Son poids ordinaire est de quatre à six kilogrammes à l'état adulte; mais on en a pêché de quinze kilogrammes. Sa chair, d'un goût exquis, est rose, et de couleur *saumonée*, comme le dit son nom.

Les *Saumons* sont très-voisins des Truites. Ils ont également des dents fortes et pointues aux deux mâchoires, aux os palatins et à la langue. Les écailles de leur corps sont petites et disposées en ovale allongé.

L'*Ombre-chevalier*, espèce de Saumon, a le corps comprimé latéralement et plus ou moins élancé. Ses écailles sont très-petites et peu distinctes à la vue simple. En dessous, il est blanc ou rougeâtre (à l'époque du frai); en dessus, il est d'un gris de perle ou bleuâtre. Les côtés sont ponctués de petites taches blanches et rougeâtres. C'est un habitant sédentaire des lacs de l'Europe centrale; il n'entre jamais dans les rivières.

Le *Saumon commun* (fig. 125) a le corps allongé, le museau arrondi, mais plus long chez les mâles que chez les femelles, avec la mâchoire supérieure pourvue d'une fossette, dans laquelle pénètre la pointe de la mâchoire inférieure. Son dos est d'un bleu d'ardoise, ses flancs et le dessous du corps sont d'un blanc argenté et nacré. De gros points noirs sont épars sur le dessus de la tête, autour du bord supérieur de l'œil et sur l'opercule; des taches irrégulières, brunes, et d'ailleurs variables de forme et de grandeur, se voient sur les côtés. Au reste, ces couleurs sont sujettes à varier suivant les circonstances.

Avant de prendre les caractères que nous venons d'indiquer, le Saumon a traversé trois âges, qui sont marqués chacun par des particularités dignes d'être signalées. Le jeune Saumon est grisâtre et rayé de noir. Au bout d'une année environ, il est revêtu d'un magnifique éclat métallique.

« Les parties supérieures sont d'un bleu d'acier étincelant, dit M. Blanchard, huit ou dix grandes taches du même bleu brillant, comme voilées par un manteau d'argent, occupent les flancs; entre ces taches règne une teinte rougeâtre ou ferrugineuse très-vive; une tache noire se voit ordinairement au milieu de l'opercule; le ventre est d'un beau bleu de nacre.... »

Pendant le premier âge, le jeune Saumon est appelé *parr* chez les Anglais; pendant le second, on le nomme *smolt*. Tant que les *Saumoneaux* sont à l'état de *parr*, ils vivent isolés. Quand ils sont devenus *smolts*, et qu'ils ont pris leur costume de voyageurs, ils se réunissent en bandes, et descendent les rivières, pour gagner l'Océan. Arrivés aux points où remonte la marée, les Saumons séjournent deux ou trois jours dans l'eau saumâtre, comme pour s'habituer à un nouveau milieu, puis ils disparaissent dans la vaste étendue de l'Océan.

Au bout de deux mois d'une vie mystérieuse et pour nous encore inconnue, ces poissons reparaissent dans les rivières et reviennent à leur lieu natal. Mais combien ils sont changés!

Quantum mutati! Le *smolt* qui a vécu dans les rivières pendant deux et trois ans, pour atteindre une longueur de douze à vingt

Fig. 125. Saumon adulte.

centimètres, revient, au bout de deux mois de séjour dans l'Océan, avec un poids d'un kilogramme et demi à deux kilogrammes!

Fig. 126. Très-jeune Saumon.

Voilà du temps bien employé! Le *smolt* prend alors, toujours chez les Anglais, le nom de *grilse*.

Après leur ponte, les *grilses* demeurent quelque temps dans les eaux douces; puis ils retournent encore à la mer. Un nouveau séjour de deux mois environ suffit pour leur faire atteindre un poids de trois à six kilogrammes. Alors le Saumon est fait.

A chaque nouveau voyage du Saumon à la mer, son accroissement augmente, et cela proportionnellement à la durée du voyage. Au mois de mars 1845, le duc d'Atholl prit un Saumon dans la Tay après la ponte, et le marqua d'une étiquette formée d'un collier de métal très-lâche. Il pesait dix livres. On réussit à repêcher le même individu, toujours muni de son étiquette, après cinq semaines et trois jours : il pesait alors vingt et une livres.

Dans la plupart des circonstances, dit M. Blanchard, auquel nous empruntons la substance de tous les faits relatifs au développement et aux migrations de ces poissons, les Saumons de divers âges ayant séjourné encore plusieurs fois à la mer, c'est-à-dire les *grilses*, les Saumons adultes et des individus en quelque sorte intermédiaires, dont le premier séjour à la mer a pu être de huit à dix mois, remontent ensemble les cours d'eau dans un ordre qui ne varie guère. Les vieux individus forment la tête de la colonne et les jeunes les suivent.

Lorsque le temps de la ponte est arrivé, un mâle et une femelle se réunissent. Ils semblent alors choisir, d'un commun accord, l'endroit destiné à recevoir la ponte. Le mâle et la femelle se mettent ensuite à creuser, dans le gravier, un lit de vingt centimètres de profondeur; la femelle y dépose ses œufs, le mâle sa laitance, et ils abritent les œufs sous une couche de sable.

Les Saumons ne remontent les rivières que pour frayer. Ils reviennent ensuite, avec beaucoup d'empressement, dans les eaux douces.

Quand ils se plaisent dans une rivière, ils nagent lentement, et se jouent, pour ainsi dire, à la surface des eaux. Mais si un désir les appelle, si un danger les menace, ils peuvent s'élancer hors de l'eau, avec une promptitude extraordinaire.

La queue du Saumon est, en effet, une véritable rame, mue par des muscles puissants. Une chute d'eau, une cataracte élevée n'est pas pour le Saumon un obstacle sérieux. Courbant sa colonne vertébrale, il forme ainsi une sorte de ressort; puis il débande cet arc avec vivacité, frappe l'eau avec violence, et s'élançant à une hauteur de plus de quatre à cinq mètres, il franchit la chute d'eau. S'il retombe sans avoir pu franchir l'obstacle, il recommence bientôt la même manœuvre jusqu'à ce qu'il ait réussi. C'est surtout lorsque le chef de la bande a sauté avec succès, que les autres s'élancent avec une nouvelle ardeur, et une émulation presque toujours récompensée.

Quelques chutes d'eau sont célèbres dans la Grande-Bretagne pour le *saut du Saumon*. Tel est celui du comté de Pembroke, où l'on vient admirer la force et l'adresse avec lesquelles ces poissons franchissent la cataracte. En Irlande sont deux autres

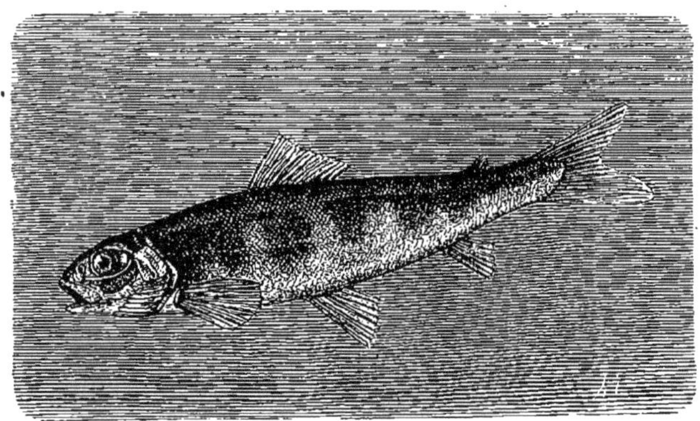

Fig. 127. Saumoneau.

sauts de Saumon très-renommés, l'un à Leixlif, l'autre à Bally-Shannon.

La cataracte de Leixlif a six mètres de haut ; un grand nombre d'habitants du pays s'y rendent pour voir les Saumons franchir cette hauteur. Nos poissons acrobates retombent souvent avant de réussir : aussi place-t-on sur les bords du torrent des mannes d'osier pour les attraper dans leur chute.

A la cataracte de Kilmorack, en Écosse, les habitants du voisinage ont l'habitude de fixer des branches d'arbres sur les bords des rochers. Au moyen de ces branches, ils parviennent à retenir ceux de ces poissons qui ont manqué leur saut.

Après ce que l'on vient de lire, on ne sera nullement porté à considérer comme une fable l'assertion des chasseurs qui prétendent avoir tué des Saumons au vol !

Mais ce qui paraîtra une fable ou du moins une spirituelle

gasconnade, c'est l'exploit que le docteur Jonathan Franklin attribue à lord Lovat[1].

Ayant remarqué qu'un grand nombre de Saumons manquaient leur but en essayant de sauter au-dessus des chutes de Kilmorack, et qu'ils retombaient sur le rivage, lord Lovat eut l'idée de placer une poêle à frire sur un fourneau allumé à la pointe des rochers qui bordaient la rivière. A la suite de leur essai infructueux, quelques malheureux Saumons tombèrent, par hasard, dans la poêle, et le lord put dire, pour vanter son pays, que les ressources de la vie y sont tellement abondantes qu'il suffit de faire du feu et de mettre une poêle à frire près du bord d'une rivière pour que les Saumons y sautent d'eux-mêmes, épargnant ainsi à l'homme le soin de les pêcher !

Fig. 128. Le saut du Saumon à la cataracte de Kilmorack

On a vu combien les jeunes Saumons prospèrent et se développent rapidement quand ils vivent au sein de la mer. On n'a pu faire jusqu'ici que des conjectures sur leur genre d'alimentation à cette époque ; mais on est plus instruit de leur manière de vivre dans les eaux douces. Pendant leur premier âge ils vivent d'insectes, de frai, et aussi de petits poissons dès qu'ils ont atteint une certaine taille. A l'état de *grilse* et à l'état adulte, ils dévorent une foule de poissons.

Les Saumons sont assez abondants dans la Loire et dans les grands affluents de ce fleuve, et beaucoup plus rares dans la Seine et la Marne. Ils entrent aussi dans le Rhin, dans l'Elbe et dans tous les grands fleuves du nord de l'Europe. En France on en trouvait autrefois beaucoup dans les fleuves et sur les côtes de la Bretagne, ainsi que dans la Gironde ; ils y sont maintenant

1. *La Vie des animaux (Poissons, Mollusques)*, in-18, page 127.

assez rares. Les côtes de la Picardie en sont assez bien fournies, mais il y en a moins sur celles de la haute et de la basse Normandie.

En Norvége, surtout dans le district de Drontheim, la pêche du Saumon est exploitée en grand, soit sur le bord de la mer, soit dans les eaux intérieures. La mer Baltique est extrêmement riche en Saumons ; on en fait une pêche considérable dans toutes les eaux des golfes de Finlande et de Bothnie, ainsi que dans les eaux de la Laponie suédoise.

Fig. 129. Pêche du Saumon en Irlande.

Dans la Grande-Bretagne, les rivières de l'Écosse, la Tweed, le Tay, le Don, la Dee et plusieurs des courants qui avoisinent les côtes sont très-renommés pour cette pêche, et il faut en dire autant des principaux fleuves d'Irlande. Dans ce dernier pays la pêche du Saumon (fig. 129) occupe une grande partie des habitants des rivages.

Le Saumon était autrefois si abondant en Écosse que, malgré un mouvement considérable d'exportation, un beau Saumon de douze livres se vendait six *pence* (soixante centimes). Aussi les valets de ferme, avant de s'engager, posaient-ils pour condition qu'on ne servirait pas plus de trois fois par semaine du Saumon sur leur table. Ces temps sont changés : le débouché de ce poisson étant devenu considérable, son prix s'est élevé singulièrement. D'autre part, les changements produits dans les cours d'eau, par l'emploi général du drainage, ont fini par diminuer le nombre des Saumons. La facilité de transporter le poisson à de grandes distances, en le plaçant dans des caisses pleines de glace, a également contribué à fournir à l'approvisionnement des marchés dans les grands centres de population.

Les procédés de pêche pour le Saumon sont très-divers. On emploie des filets, des nasses, des hameçons, des tridents, et surtout le filet, c'est-à-dire le *truble* ou *tramail.*

Le *tramail*, que l'on tend en travers d'une rivière, est un filet fait avec de grosses ficelles et qui a jusqu'à cent brasses de longueur sur quatre de hauteur. Les mailles ont communément quatre à cinq pouces de largeur.

Un *tramail* (fig. 130) se compose de trois tissus de mailles tressées d'une certaine manière et qui se font suite. Les deux premiers, nommés *hameaux*, sont semblables pour les dimensions et ont de larges mailles. Le troisième, qu'on nomme *nappe* ou *flue*, parce qu'il est destiné à flotter entre les deux autres, offre des mailles plus fines et a trois fois autant de longueur et de largeur que les autres. Grâce à des plombs et à des bouées de liége, ce filet prend dans l'eau une position verticale. Le poisson, poussé, refoulé par le filet, ou plutôt par la cloison mobile que nous avons décrite plus haut (fig. 122) sous le nom de *senne*, et qui, traînée par des pêcheurs, balaye devant elle les habitants de la rivière, s'engage dans les larges mailles des *hameaux ;* il pousse le tissu flottant de la *flue*, et fait saillir au dehors d'une des mailles du *hameau* placé en aval une portion de la *flue*, qui se trouve ainsi faire hernie et qui, retenue à sa base par la maille du *hameau*, enveloppe le poisson comme dans un sac, et paralyse

Fig. 130. Le tramail.

ses mouvements. Quand on retire le filet, on trouve le poisson empêtré dans cette espèce de sac.

Clupes. — La famille des Clupes a pour type le Hareng.

Les Clupes ont en général le corps allongé et, dans la majorité des cas, très-comprimé, surtout le ventre, qui devient même tranchant. Des écailles assez grandes, mais qui tombent facilement, recouvrent toute la peau. Les nageoires n'ont jamais de rayons épineux; les ventrales sont habituellement à peu près sous le milieu du corps; la dorsale est toujours unique, et il n'y a pas de nageoire adipeuse.

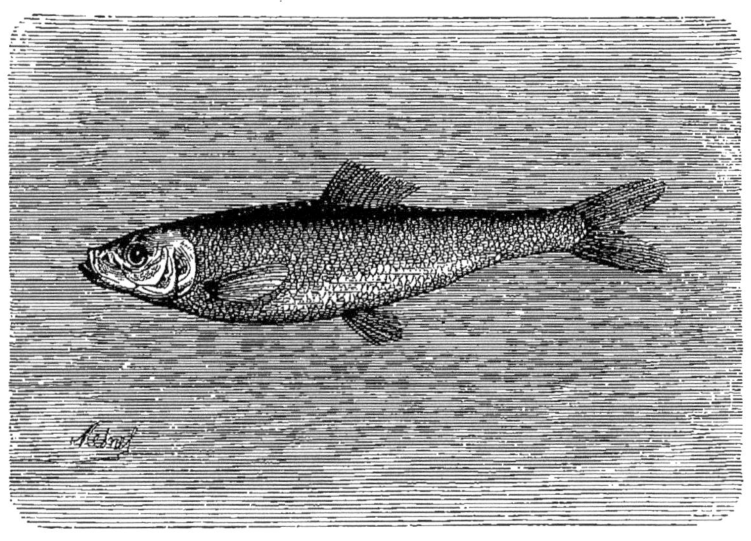

Fig. 131. Hareng commun.

Les principaux genres de cette famille sont les *Harengs*, les *Aloses*, les *Anchois*, les *Sardines*.

Le *Hareng commun* (fig. 131) est un poisson trop connu pour que nous ayons besoin de le décrire. Sa livrée est magnifique, et il nous suffira de faire remarquer que son dos, qui est bleu d'indigo après la mort, est vert pendant la vie. Au reste, ces couleurs varient; elles peuvent aller jusqu'à représenter des sortes de caractères d'écriture, que des pêcheurs ignorants ont considérés quelquefois comme des mots mystérieux.

Le 21 novembre 1587, on prit dans la mer de Norvége deux

Harengs, sur le corps desquels des caractères gothiques semblaient imprimés. Ces Harengs eurent l'insigne honneur d'être présentés au roi de Norvége Frédéric II. Ce prince, trop superstitieux, pâlit à la vue de ce prétendu prodige. Sur les traits cabalistiques que portait le dos de ces innocents habitants des ondes, il crut lire l'annonce de sa mort et de celle de la reine. Les savants furent consultés : c'est ce qu'il y avait de mieux à faire. Leur science leur permit de lire distinctement sur les mystérieux Harengs : « *Bientôt vous ne pêcherez pas de Harengs aussi bien que les autres peuples.* » Cette version était un peu insignifiante. Le roi fit donc assembler d'autres savants, pour savoir bien au juste quelle destinée lui annonçait le prodige zoologique. On échangea sur ce chapitre force dissertations pleines de croyances absurdes. En 1588, le roi de Norvége mourut, comme pour terminer le différend. Chacun demeura dès lors bien convaincu que les deux Harengs étaient des messagers célestes chargés d'annoncer au peuple de Norvége la fin prochaine du monarque.

Mais laissons de côté ces preuves mémorables de l'ignorance et de la faiblesse des peuples et des rois, et revenons à nos Harengs.

Ces poissons habitent en grande abondance l'océan boréal tout entier, c'est-à-dire les baies du Groenland, de l'Irlande, le contour des îles de la Laponie, des îles Feroé et toutes les côtes des Iles Britanniques. Ils peuplent les golfes de la Norvége, de la Suède, du Danemark et de la mer du Nord; ils existent aussi dans la Baltique, dans le Zuyderzée. On les trouve dans la Manche et le long des côtes de France jusqu'à la Loire; mais ils ne paraissent pas descendre plus bas.

Les Harengs sont des poissons voyageurs, qui vivent en société et se réunissent en bandes prodigieusement serrées. Quant à leur nombre, ce n'est pas par milliers qu'il faudrait les compter, si l'on pouvait se flatter de les compter : il faudrait des milliards de milliards pour chiffrer les quantités d'individus qui composent les bandes de Harengs dont l'Océan est rempli et qui nagent côte à côte. Un pêcheur de Dieppe se trouvant par vingt kilomètres nord-ouest de la pointe d'Ailly, sur un fond de pêche appelé *la cuvée*, fut porté un jour au milieu d'un banc de Harengs. Ils étaient formés en colonnes régulières parallèles, sur une étendue de plus d'un kilomètre. Ces colonnes peuvent avoir, dit-on, jusqu'à trente kilomètres de longueur sur cinq ou six de largeur.

En 1773, les Harengs furent si abondants pendant deux mois, sur les rives maritimes d'Écosse, que, suivant des calculs assez exacts, on en chargeait dans le golfe Terridon seize cent cinquante chaloupes, ce qui faisait près de vingt mille tonnes!... et cela *toutes les nuits!*

Un peu plus tard, ces poissons se portèrent en si grande quantité sur la côte occidentale de l'île de Skye, qu'on ne put emporter tous ceux qu'on y avait pris. Quand les chaloupes furent chargées et que tout le voisinage en eut fait provision, les fermiers des environs firent du reste de l'engrais pour leurs champs. Je vous laisse à penser si les terres furent cette année merveilleusement fumées!

En 1825, les Harengs entrèrent dans le golfe Urn en quantité si immense, qu'ils le remplirent depuis son embouchure jusqu'à l'autre extrémité, ce qui forme l'espace de plus d'une demi-lieue. Une certaine quantité fut poussée à terre, et les bords supérieurs du golfe en furent couverts à une profondeur de six à dix-huit pouces; si bien qu'à la marée basse il y en avait autant au fond de l'eau. Cette troupe était tellement épaisse qu'elle formait une espèce de barrage vivant, et tellement forte qu'elle poussait devant elle tous les autres poissons. On trouva, en effet, sur le rivage, des Loches, des Carrelets, des Raies, etc., qui avaient été poussés avec les premiers rangs de Harengs, et qui périrent avec eux.

Les Harengs se tiennent dans la mer, à des profondeurs très-variables. Ils descendent quelquefois dans les plus profonds abîmes de l'Océan, et s'y confinent avec obstination : c'est ce qui arrive par les gros temps. D'autres fois, ils rasent de si près la surface de la mer, que leurs nageoires dorsale et caudale sortent de l'eau.

C'est un des plus beaux spectacles réservés aux marins que de voir, dans une nuit tranquille, quand la lune brille à l'horizon, des colonnes de Harengs, de cinq à six kilomètres de long, s'avancer, comme une phalange guerrière, à la surface des eaux. Ici brillent et se déroulent des tapis d'argent; là, les reflets irisés du saphir ou de l'émeraude, et la mer semble partout couverte de pierres précieuses. Les scintillations phosphorescentes qui s'échappent de cette nuée de corps vivants viennent ajouter encore à l'éclat et à la beauté du tableau.

Quand les Harengs se tiennent à la surface de la mer, ils dressent parfois leur tête hors de l'eau, comme pour humer l'air; assez souvent même ils sautent, pour replonger au même instant. C'est ainsi qu'ils s'élancent quelquefois dans la barque des pêcheurs. Lorsque des millions d'individus font ce petit manége, on entend un bruit pareil à celui que produit la pluie tombant en larges gouttes. On attribue ces mouvements brusques en pleine mer à l'effet des courants.

Ces lits de matière vivante s'avancent parfois avec une telle impétuosité, qu'ils fendent les flots comme un navire voguant à pleines voiles. Ils perdent cette vivacité à la venue de l'hiver. Cependant ils supportent bien le froid, puisqu'on les trouve jusque sous les bancs de glace des golfes de l'océan Arctique, et qu'en général ils apparaissent en troupes sur les côtes d'Irlande immédiatement après le dégel.

Cette prodigieuse abondance, cette fécondité admirable et inépuisable s'expliquent par les raisons suivantes. Il y a d'abord beaucoup plus de femelles que de mâles (dans le rapport de sept à trois); ensuite le nombre des œufs que chaque femelle pond annuellement est prodigieux : il varie entre vingt et un mille et trente-six mille. Lorsqu'une bande de Harengs s'approche de la côte pour frayer, elle abandonne une telle quantité d'œufs, qu'à la marée basse ou sur les talus des digues on voit quelquefois le fond tout couvert d'un lit d'œufs de deux à quatre centimètres d'épaisseur. Dans les mouvements qu'elles font pour expulser les œufs, les femelles perdent une partie de leurs écailles sous-ventrales, qui couvrent quelquefois la surface de la mer comme d'un immense manteau d'argent.

On ne sait combien de jours les œufs mettent à éclore. Vers la fin de janvier, habituellement, les bas-fonds sont remplis de petits Harengs, longs comme des épingles. Vers le mois d'avril, ils ont déjà de dix à douze centimètres, et commencent à s'éloigner des côtes.

L'opinion qui a régné longtemps sur la cause des migrations des Harengs a été beaucoup modifiée de nos jours. On croyait autrefois que les harengs se retiraient périodiquement dans les régions du cercle polaire; qu'ils allaient chercher sous les glaces des régions arctiques un asile contre leurs ennemis; et que, vers le mois de mars, ils venaient par bancs immenses chercher les rivages plus méridionaux de l'Europe et de l'Amérique. On a même tracé la route de ces armées. On a cru les voir se diviser en deux troupes : l'une, se pressant autour des côtes de l'Islande et se répandant au-dessus du banc de Terre-Neuve, allait remplir les golfes et les baies du continent américain; l'autre, suivant des directions orientales, descendait le long de la Norvége, pénétrait dans la mer du Nord et dans la Baltique. Puis, faisant le tour des Orcades, elle s'avançait entre l'Écosse et l'Irlande, cinglait vers le midi de cette dernière île, s'étendait à l'orient de la Grande Bretagne, parvenait jusque vers l'Espagne, et occupait tous les rivages de la France, de la Batavie et de l'Allemagne qu'arrose l'Océan. Les Harengs voyageurs revenaient alors sur leur route, disparaissaient et allaient regagner leurs retraites boréales.

Lacépède n'admet point ces grands et périodiques voyages. Valenciennes les rejette également. Ce fait, que les Harengs disparaissent de certains parages où la pêche était auparavant très-abondante; — cette observation, certaine, qu'auprès de beaucoup des prétendues stations de ces animaux on peut en pêcher pendant toute l'année; — la découverte que les Harengs d'Amérique constituent une espèce distincte de celle d'Europe, et partant qu'ils ne naissent pas dans les mêmes eaux; — enfin, l'absence de preuve positive de leurs voyages réguliers dans les hautes latitudes, — tout cela combat l'idée des grands voyages dont nous avons développé plus haut l'itinéraire, sans pouvoir cependant enlever au Hareng la qualité de poisson migrateur, qui ne saurait lui être contestée.

Le Hareng se nourrit de petits Crustacés, de Poissons qui viennent de naître, et du frai même de ses semblables. Il a pour ennemis de nombreux habitants de l'Océan. La Baleine les détruit par milliers. Mais l'homme surtout lui fait une guerre continuelle.

En effet, la pêche du Hareng est une des grandes causes de la prospérité de certaines nations : elle fait la fortune de la Hollande. La soie, le café, le thé, les épices, le tabac, qui sont la cause d'un si prodigieux mouvement commercial, ne s'adressent qu'à des besoins du luxe ou de la fantaisie; ce sont, au contraire, les nécessités de l'alimentation publique qui réclament le Hareng. La Hollande aurait langui et aurait disparu promptement de son territoire factice, si la mer n'eût offert à son commerce une mine inépuisable. Ces champs infinis, elle les a exploités avec ardeur, et c'est ainsi qu'elle a conquis son existence. Chaque année, des flottes nombreuses partent des rivages de la Hollande, pour cette précieuse moisson marine. La pêche du Hareng est, pour le peuple hollandais, la plus importante des expéditions maritimes. Il la nomme la *grande pêche*, tandis qu'il appelle *petite pêche* celle de la Baleine. Les pêcheries de Harengs sont les mines d'or de cette industrieuse nation.

Le commerce du Hareng est fort ancien d'ailleurs. Il était déjà florissant au douzième siècle; car en 1195, suivant un historien, la ville de Dunwich, en Angleterre (comté de Suffolk), fut obligée de fournir au roi vingt-quatre mille Harengs. On a même trouvé une mention de la pêche du Hareng dans une chronique du monastère d'Eresham, en l'an 709.

Vers l'an 1030, les Français envoyèrent de Dieppe, pour cette pêche, des vaisseaux dans la mer du Nord. C'est au douzième siècle qu'elle commença en Hollande, et dès le treizième siècle, les Hollandais consacraient déjà 2000 bâtiments à cette exploitation. Les Anglais, les Français, les Danois, les Suédois et les Norvégiens se livrèrent, après eux, à cette industrie.

Les Français, les Danois et les Suédois ne fournissent guère aujourd'hui qu'à la consommation de leur pays; le monopole de l'expédition au dehors appartient aux Anglais, aux Hollandais et aux Norvégiens.

« La quantité de Harengs récoltée chaque année par nos voisins d'Outre-Manche, dit Moquin-Tandon, est véritablement énorme. Dans le petit port de Yarmouth seulement, on équipe quatre cents navires de quarante à soixante-dix tonnes, dont les plus grands sont montés par douze hommes. Le revenu est d'environ dix-sept millions cinq cent mille francs. En 1857, trois de ces navires, appartenant au même propriétaire, apportèrent trois millions sept cent soixante-deux mille poissons.

« Depuis le commencement de ce siècle, les pêcheurs de l'Écosse ont commencé de rivaliser de zèle avec ceux de l'Angleterre. En 1826, les pêcheries écossaises employaient déjà quarante mille six cent trente-trois bateaux, quarante-quatre mille six cent quatre-vingt-quinze pêcheurs et soixante-quatorze mille quarante et un saleurs.

« En 1603, la valeur des Harengs exportés par la Hollande s'élevait à près de cinquante millions; leur pêche occupait deux mille bateaux et trente-sept mille marins. Trois ans plus tard, nous trouvons que les Provinces Unies envoyaient trois mille barques à la mer; que neuf mille navires transportaient les Harengs dans les autres pays, et que le commerce de ce précieux poisson employait environ deux cent mille personnes.

« Bloch rapporte que, de son temps, les Hollandais salaient jusqu'à six cent vingt-quatre millions de ces animaux. Suivant un dicton des Pays-Bas, Amsterdam est *fondée sur des têtes de Harengs.*

« Quoique aujourd'hui très-active, la pêche hollandaise est loin de la splendeur qu'elle avait il y a deux siècles. En 1858, elle a employé quatre-vingt quinze navires; en 1859, quatre-vingt-dix-sept, et en 1860, quatre-vingt-douze. En 1858, la Hollande a importé soixante-six mille neuf cent quarante tonnes de mille pièces; en 1859, vingt-trois mille cent quatre-vingt dix huit, et en 1860 vingt-sept mille deux cent trente. Cette dernière année, la pêche a rapporté un million cent quatre-vingt onze mille cent soixante-dix-neuf francs, soit douze mille neuf cent quarante-sept francs par navire[1]. »

La pêche norvégienne a donné en 1862, dans la saison dite du printemps, 659 000 tonnes de Harengs, c'est-à-dire 764 440 hectolitres, dont il faut retrancher 25 pour 100 pour la consommation intérieure; il reste donc, comme objet de commerce avec l'étranger, 494 250 tonnes ou 573 330 hectolitres, représentant sur place une valeur minimum de 8 551 675 francs, et maximum de 11 274 600 francs.

La petite ville de Haardingen, située à peu de distance de Rotterdam, est aujourd'hui le quartier général de la pêche du Hareng. Elle seule expédie chaque année une centaine de vaisseaux, c'est-à-dire la moitié du nombre de ceux que la Hollande emploie à cette pêche aujourd'hui. Le départ de la flottille est célébré par des réjouissances. Dès la veille, les pavillons sont hissés à bord des bâtiments, et le jour du départ est une fête pour la population de la ville. Les prémices de la pêche sont envoyées en Hollande par les yachts, qui volent sur les eaux et qu'on attend avec la plus vive impatience. Un homme de planton guette du haut du clocher de Haardingen l'arrivée du premier de ces yachts, dont la cargaison est payée 800 florins. Les premières caques de Harengs sont envoyées en hommage au roi et à ses ministres.

On emploie pour la pêche du Hareng des bateaux du port de 60 tonneaux. Ils partent généralement aux mois de juin et juil-

1. *Le Monde de la mer*, 2e édition, page 508.

let pour les îles Orcades et Shetland. Les pêcheurs s'établissent ensuite dans la mer d'Allemagne; ils travaillent dans la Manche en novembre et décembre.

Ces bateaux portent jusqu'à seize hommes. Quand ils sont arrivés sur les lieux de la pêche, on jette les filets (fig. 132).

Les filets des Hollandais ont 170 mètres de longueur; ils sont composés de cinquante ou soixante nappes, en parties distinctes. La partie supérieure de ces filets est soutenue par des tonneaux vides, ou par des morceaux de liége, et leur partie inférieure par des pierres ou autres corps pesants placés à la profondeur convenable.

La grandeur des mailles des filets est telle, que le Hareng y est retenu par les ouïes et les nageoires pectorales lorsque la tête s'y engage.

On jette ces filets dans les endroits où la présence des Harengs est indiquée par l'abondance des oiseaux d'eau, des Squales et des autres ennemis de ces poissons. Leur présence se trahit également par une matière graisseuse qui surnage l'eau, et qui est phosphorescente pendant la nuit; de telle sorte que les malheureux Harengs semblent, pour ainsi dire, appeler le pêcheur.

Cette pêche se fait surtout la nuit. Quand les filets sont à l'eau, on laisse dériver les bateaux pendant la nuit. Chaque bateau est muni d'un fanal, tant pour éviter les collisions que pour attirer le poisson. Quand plusieurs milliers de bateaux sillonnent à la fois la mer, toutes ces lumières qui se meuvent et s'entrecroisent dans l'ombre, à la surface agitée par les vagues, sont d'un effet saisissant.

Quand on juge que le filet est suffisamment chargé, ce qui a lieu dans des espaces de temps très-variables et souvent très-courts, — car Valenciennes vit prendre 110 000 Harengs en moins de deux heures, — on retire les filets. On les retire à bras si les hommes sont assez forts; mais le plus souvent on a recours au cabestan. Quelques hommes remontent le filet bien ouvert, et détachent les barils qui servent à le faire flotter; d'autres démaillent le poisson; d'autres plient le filet dans la soute où il doit être renfermé.

Des populations entières prennent part à cette pêche. Des bords les plus reculés de la Norvége jusqu'à la petite anse de Norman-

Fig. 132. Pêche du Hareng.

die, sortent d'innombrables escadres de bâtiments légers, montés par des pêcheurs norvégiens, suédois, russes, danois, hollandais, anglais, français, empressés de prendre leur part d'un butin assuré; tandis que de véritables flottes moins nombreuses, mais formées de vaisseaux de fort tonnage, s'avancent dans la même intention jusqu'aux îles Shetland et dans les parages des mers d'Islande.

Lorsque les Harengs sont en marche, leur nombre est tellement prodigieux, leurs colonnes sont tellement serrées, que l'on assure qu'une pique plantée sur certains bancs se tiendrait debout. On a réussi à prendre jusqu'à cinquante mille Harengs d'un coup de filet.

Des pêcheurs de Dunkerque, de Calais, de Dieppe, de Boulogne en ont pris jusqu'à trente-huit mille en une seule nuit. On a vu de grandes corvettes de pêche près de sombrer sous le poids de ces poissons émaillés, couper leurs câbles et ne devoir leur salut qu'à l'abandon de leurs filets.

Il nous reste à ajouter que, de nos jours, le télégraphe électrique a été appliqué, en Norvége, à cette pêche, pour donner avis aux habitants de la côte de la prochaine arrivée de bandes de Harengs.

Dans les *fiords* de la Norvége, où la pêche du Hareng est le principal moyen d'existence de populations entières, il arrive souvent que les bandes de poissons se présentent à un moment tout à fait inattendu, et dans des points de la côte où il ne se rencontre pas quelquefois plus d'un ou deux bateaux pêcheurs. Avant que les bateaux des baies et des *fiords* environnants aient pu être appelés à prendre part au butin, les Harengs ont déjà presque tous déposé leur frai et regagné la pleine mer.

Pour prévenir ces désappointements, souvent répétés, et les pertes qui en résultent pour les pêcheurs, le gouvernement norvégien a établi, en 1857, sur une étendue de 200 kilomètres, le long de la côte fréquentée par les bancs de Harengs, un câble sous-marin, avec des stations à terre, placées à des intervalles suffisamment rapprochés et communiquant avec les villages habités par les pêcheurs. Dès qu'un banc de Harengs est aperçu au large (et on peut toujours le reconnaître à une certaine distance par le flot qu'il soulève), une dépêche télégraphique, expédiée le long de la côte, fait savoir à chaque village la baie dans laquelle le Hareng a pénétré.

La pêche du Hareng n'a pas toujours présenté l'importance extraordinaire qui la distingue aujourd'hui. Il y a quelques siècles seulement que cette industrie est devenue puissante. Sa subite et prodigieuse extension tient à la découverte que fit un simple pêcheur hollandais, Georges Beukel, mort en 1397. C'est à cet homme que la Hollande a dû toutes ses richesses. Georges Beukel découvrit, en effet, l'art de préparer le Hareng, de manière à lui assurer une conservation indéfinie. A partir de ce moment, le commerce du Hareng prit des proportions inattendues, et enrichit la Hollande d'une manière inespérée.

Cent cinquante ans après la mort de Beukel, l'empereur Charles V, pour honorer sa mémoire, mangea solennellement un Hareng sur sa tombe. C'était un faible hommage pour les bienfaits dont le créateur d'une industrie nouvelle avait enrichi son pays.

Voici en quoi consiste la préparation des Harengs. On fait une première salaison des Harengs à bord des navires; plus tard on les remanie et on les sale de nouveau. C'est alors qu'on les *caque*, c'est-à-dire qu'on les arrange par lits, dans des tonneaux.

On appelle *Harengs saurs*, ceux qui ont été placés sur des couches de sel, embrochés dans des baguettes et suspendus dans des tuyaux de cheminée, dans lesquels on les soumet à une chaleur douce et à la fumée. Les *Harengs saurs* les meilleurs et les plus renommés sont ceux de Yarmouth.

Les différentes localités dans lesquelles on pêche le Hareng, et l'état dans lequel on prend ce poisson, ont fait beaucoup varier les noms sous lesquels on le désigne dans le commerce. On nomme *Harengs pleins*, ceux qui n'ont pas encore frayé; Harengs *gais*, ceux qui ont donné leurs œufs ou leur laitance depuis longtemps ; Harengs *boussards*, ceux qui sont en train de frayer ; Harengs *pecs*, les Harengs salés et blancs, *caqués*, c'est-à-dire vides et conservés dans les barils ou *caques*. Ces derniers produits viennent en général des grandes pêches qui se font dans les mers du Nord, jusque vers les Orcades.

Les *Aloses*, qui ont le corps un peu plus haut que celui des

Harengs, s'en distinguent encore par la disposition des dents. On en connaît plus de vingt espèces, de taille grande ou petite, qui habitent les mers des côtes d'Europe, d'Afrique, de l'Inde, de l'Amérique. Leur type est l'*Alose commune*, qui vit dans toutes les mers des côtes de l'Europe. Elle est d'une teinte généralement argentée, avec le dos verdâtre, et une ou deux taches noires en arrière des ouïes.

L'Alose aime à se rapprocher des rivages, et remonte habituellement au printemps le cours des grands fleuves, où elle va frayer, tels que le Rhin, la Seine, la Garonne, le Volga, l'Elbe, le

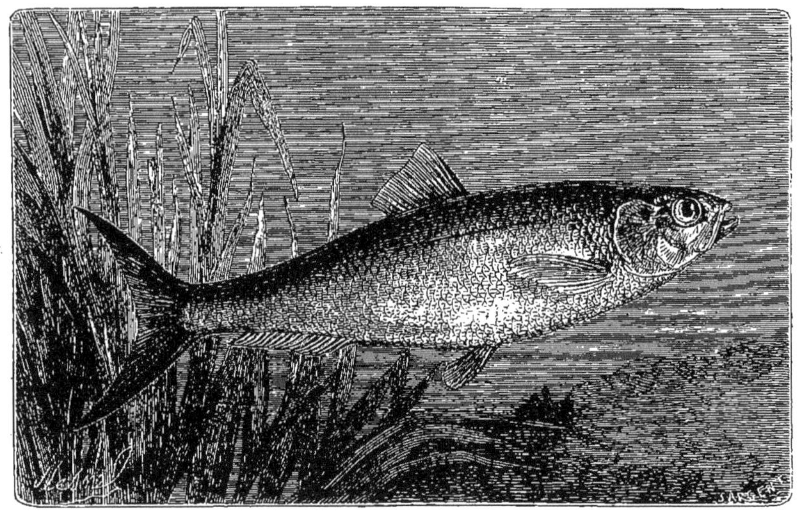

Fig. 133. Alose.

Tibre, etc. Elle atteint une assez forte taille et un poids de deux à trois kilogrammes. Les Aloses prises dans la mer sont moins bonnes que celles que l'on pêche dans les eaux douces. Les habitudes de ce poisson sont encore presque ignorées.

Une petite espèce de Hareng bien connue, c'est la *Sardine*. Elle habite surtout nos mers européennes. On la pêche principalement sur la côte ouest de l'Angleterre, sur les côtes de Bretagne, où elle est très-abondante, et dans la Méditerranée, aux environs de la Sardaigne. C'est même de cette origine qu'elle a reçu son nom (du mot latin *Sardinia* ou de l'italien *Sardegna*).

A l'époque du frai, les Sardines s'avancent vers les rivages, en troupes si nombreuses, qu'on les pêche avec une abondance extraordinaire dans la Méditerranée.

On emploie pour pêcher la Sardine un filet à petites mailles, et d'une seule nappe, qui flotte verticalement entre deux eaux, en décrivant des courbes, à une certaine distance du rivage. Une des extrémités du filet est attachée à un piquet planté près du bord, l'autre est fixée au bateau, qui va en dérive.

En Bretagne on emploie aussi, pour cette pêche, des filets flottants.

Les Anglais se servent d'une grande *senne*, que trois ou quatre chaloupes manœuvrent contre le courant.

Les Basques emploient un filet, en forme de sac, avec des anneaux de corne.

Sur les côtes de la Bretagne, on pêche la Sardine dans des barques contenant chacune cinq hommes. On voit quelquefois mille embarcations qui pêchent à la fois, à trois ou quatre lieues de la côte. On ne retire les filets que lorsqu'ils sont chargés d'une énorme quantité de poissons, que l'on dispose, couche par couche, dans des corbeilles d'osier. Chaque barque rentre habituellement au port avec 25 000 Sardines. Cette pêche, qui dure cinq ou six mois, produit 600 millions de Sardines.

Mais la pêche aux Sardines la plus curieuse est celle qui se fait entre Cette et Agde (Hérault). Les pêcheurs jettent de larges, d'immenses filets, qu'ils viennent tirer sur la grève, chargés d'une innombrable quantité de poissons.

On conserve les Sardines de plusieurs manières. On les sale : on les met en baril dans de la saumure mêlée d'ocre rouge pulvérisée ; on les soumet, comme les Harengs, à l'action de la fumée pour les *saurir ;* enfin on les maintient dans de l'huile ou dans du beurre fondu.

Le genre *Anchois* comprend l'*Anchois vulgaire*, si recherché par la saveur qu'il communique à nos divers aliments quand il a été salé. C'est un petit poisson qui n'a pas plus de douze à quinze centimètres de longueur. Vivant, il est vert sur le dos et argenté sous le ventre ; après la mort, il devient d'un bleu noirâtre.

La pêche de l'Anchois, qui donne de très-abondants produits, se fait sur les côtes de la Méditerranée, principalement en Sicile, à l'île d'Elbe, en Corse, à Antibes, Fréjus, Saint-Tropez,

Cannes, etc. On en prend aussi beaucoup sur les côtes de la Dalmatie et dans les environs de Raguse.

Les Anchois ne servent à l'alimentation qu'après avoir été conservés par la salaison. Pour les saler, on commence par les jeter dans une forte saumure; puis on leur ôte la tête et les entrailles, on les range dans des barils ou dans des boîtes de fer-blanc, en

Fig. 134. Sardine.

lits alternatifs de sel et de poissons; enfin au bout de quelques jours on ferme les vases et on les expédie.

Les Anchois préparés sur les côtes de Provence étaient autrefois portés à la foire de Beaucaire, d'où ils se répandaient dans l'intérieur de la France et dans le reste de l'Europe. Aujourd'hui, les saleurs d'anchois de Marseille et des autres ports provençaux

Fig. 135. Anchois.

expédient directement leurs produits dans les divers marchés de l'Europe.

Ésoces. — Nous mentionnerons dans cette famille, les *Brochets*, les *Stomias* et les *Exocets*.

Le genre *Brochet* a pour caractères principaux, d'après M. E. Blanchard : un corps allongé, arrondi sur le dos, couvert d'écailles de moyenne dimension ; une tête large et aplatie ;

une bouche très-largement fendue, avec le palais hérissé de dents très-nombreuses ; une mâchoire inférieure garnie de très-grosses dents espacées ; une nageoire dorsale située fort en arrière.

Ce genre n'est représenté en Europe que par une seule espèce, le *Brochet commun.*

Ce poisson a le corps long, presque aussi élevé près de la nageoire caudale que vers la partie antérieure. Sa tête, fortement aplatie, s'allonge en un large museau qui a la forme d'une spatule. Sa gueule énorme est fendue jusqu'aux yeux. Sa mâchoire inférieure est plus longue que la supérieure. C'est un formidable arsenal que la gueule du Brochet. De très-fortes dents, entremêlées de petites, arment les os intermaxillaires et le palais ; des dents en brosse ou en carde hérissent l'os vomer et la langue ; de grands crocs coniques, inégaux et recourbés en arrière, se dressent sur la mâchoire inférieure.

Les écailles de l'animal sont petites et en grande partie enveloppées par la peau. Il est d'un vert grisâtre, avec le dos plus foncé, les côtes jaunâtres, le ventre blanchâtre, pointillé de noir. Les côtés sont, en outre, marqués de bandes transversales irrégulières et d'un vert olive.

Le brochet se trouve dans les étangs, les fleuves, les rivières, les lacs. Abondant particulièrement dans la Scandinavie, la Russie, la Sibérie, il est commun dans l'Europe centrale, et se trouve moins fréquemment dans l'Europe méridionale.

Le Brochet est le Requin des eaux douces. Non-seulement il dévore un grand nombre de poissons fluviatiles, mais encore il attaque ceux de son espèce, et détruit jusqu'à des petits Mammifères, des Oiseaux aquatiques et des Reptiles.

Boulker rapporte, dans son *Art de pêcher à l'hameçon*, que son père ayant pris un Brochet de trente-cinq livres, le donna à lord Cholmondeley. Fâcheux présent, car lord Cholmondeley, ayant fait mettre le brochet dans son vivier, qui était très-poissonneux, s'aperçut, au bout d'une année, qu'il avait dévoré tous les poissons. Il ne restait qu'une carpe de neuf à dix livres, qui même avait été mordue gravement.

On a souvent vu un brochet saisir et traîner sous l'eau des Canards et autres oiseaux aquatiques.

Des chasseurs qui venaient de tirer des Corneilles, et qui les avaient jetées dans l'eau, virent un Brochet s'en saisir en leur présence.

On a vu un Brochet s'étrangler pour avoir voulu avaler un poisson de son espèce, qui était trop gros pour une seule *goulée*.

Un autre, enfermé dans le canal de lord Grower, à Trenton, saisit la tête d'un Cygne, au moment où cet oiseau la plongeait dans l'eau pour chercher sa nourriture. Il serrait si fortement le

Fig. 136. Brochet.

cou de l'oiseau, qu'il voulait absolument avaler, que l'un et l'autre moururent de leurs blessures et de leurs efforts.

Walton rapporte qu'un de ses amis vit un jour un Brochet affamé se battre contre une Loutre. La Loutre avait happé une Carpe et se disposait à s'en régaler, lorsqu'un Brochet qui la convoitait et se tenait aux aguets dans les environs, furieux de voir sa proie ravie par un autre habitant du domaine aquatique, s'élança au nez de la Loutre, et voulut lui arracher sa victime. De là bataille. Mais le Brochet ne se tira pas avec honneur de ce combat vraiment singulier !

Si goulu qu'il soit, le Brochet a pourtant des préférences et des antipathies, nées de l'expérience ou de l'instinct. Il recule avec une sorte de dégoût devant la Tanche visqueuse. Il ne prend une Perche qu'à la dernière extrémité, encore la tient-il transversalement dans ses mâchoires tant qu'elle a le moindre souffle de vie. Il extrait ensuite avec soin les épines vulnérantes que la perche porte sur son dos, et la mange, toutefois avec répugnance et seulement poussé par la faim.

Il déteste plus encore les Épinoches que la Perche, car, jeune, il a pu faire l'expérience des maux qu'elles peuvent lui causer. Lorsqu'un Brochet, jeune et inexpérimenté, s'avance, la gueule ouverte, sur de frétillantes Épinoches, celles-ci, comprenant le danger qui les menace, se préparent, sinon à une défense impossible, du moins à la vengeance. Elles hérissent les petites lancettes dont leur dos est armé, et plantent la pointe de ces lancettes dans le gosier de l'agresseur, ce qui lui occasionne des maladies terribles.

L'homme redoute, avec raison, les atteintes de ce féroce habitant des eaux douces. On a signalé plusieurs exemples de blessures graves faites par un Brochet aux mains et aux jambes de personnes occupées à marcher dans l'eau ou à lessiver du linge.

Le nombre de ses armes, la force de ses muscles et sa grande taille rendent donc ce poisson très-redoutable.

On pêche fréquemment des Brochets du poids de trente livres, et quelquefois du poids de quarante à cinquante livres. On en pêche souvent dans les eaux de la Norvége, de la Suède, de la Sibérie, qui ont un mètre et demi de longueur.

On attribue à ce poisson une extrême longévité, mais aucune certitude n'existe à cet égard. Le célèbre naturaliste du seizième siècle, Conrad Gesner, dans son *Histoire des animaux*, parle d'un Brochet du lac de Kayserweg, qui comptait deux cent soixante-sept printemps. On avait pu, dit Gesner, calculer cet âge par l'anneau que portait l'animal, où se trouvait gravée une inscription, en langue grecque, dont le sens était : *Je suis le poisson qui le premier a été mis dans ce lac par les mains du maître de l'univers Frédéric II, le* 5 *octobre* 1230. Il est permis d'être incrédule à l'endroit de cette histoire.

La croissance du Brochet est rapide ; elle est en rapport avec l'abondance de sa nourriture. On estime que ce poisson consomme, en une semaine, deux fois son propre poids d'aliments.

Fait remarquable ! Ce bandit des eaux douces paraît donner, plus que tous les autres poissons, des signes d'intelligence et même de sentiment. L'anecdocte suivante est rapportée dans un mémoire lu en 1850, par le docteur Warwick, devant la Société littéraire et philosophique de Liverpool.

« Quand je demeurais à Durham, je me promenais un soir dans le parc qui appartient au comte de Stamenford, et j'arrivai sur le bord d'un étang, où l'on mettait pour quelque temps les poissons destinés à la table. Mon attention se porta sur un beau Brochet d'environ six livres ; mais voyant que je l'observais, il se précipita comme un trait au milieu des eaux.

« Dans sa fuite, il se frappa la tête contre le crochet d'un poteau. J'ai su plus tard qu'il s'était fracturé le crâne et blessé d'un côté le nerf optique. L'animal donna les signes d'une effroyable douleur ; il s'élança au fond de l'eau, et, enfonçant sa tête dans la vase, tournoya avec tant de célérité que je le perdis presque de vue pendant un moment ; puis il plongea çà et là dans l'étang, et enfin se jeta tout à fait hors de l'eau sur le bord. Je l'examinai et reconnus qu'une très-petite partie du cerveau sortait de la fracture sur le crâne.

« Je replaçai soigneusement le cerveau lésé, et avec un petit cure dents d'argent je relevai les parties dentelées du crâne. Le poisson demeura tranquille pendant l'opération, puis il se replongea d'un saut dans l'étang ; mais, au bout de quelques minutes, il s'élança de nouveau, plongea çà et là et finit par se jeter encore hors de l'eau. Il continua ainsi plusieurs fois de suite. J'appelai le garde, et, avec son assistance, j'appliquai un bandage sur la fracture du poisson ; cela fait, nous le rejetâmes dans l'étang et l'abandonnâmes à son sort.

« Le lendemain matin, dès que je parus sur la berge de la pièce d'eau, le Brochet vint à moi, tout près de la berge, et posa sa tête sur mes pieds. Je trouvai le fait extraordinaire, mais sans m'y arrêter j'examinai le crâne du poisson et reconnu qu'il allait bien. Je me promenai alors le long de la pièce d'eau pendant quelque temps. Le poisson ne cessa de nager en suivant mes pas, tournant quand je tournais ; mais comme il était borgne du côté qui avait été blessé, il parut toujours agité quand son mauvais œil se trouvait en face de la rive sur laquelle je changeais la direction de mes mouvements.

« Le lendemain j'amenai quelques jeunes amis pour voir ce poisson ; le Brochet nagea vers moi comme à l'ordinaire. Peu à peu il devint si docile qu'il arrivait dès que je sifflais, et mangeait dans ma main. Avec les autres personnes, au contraire, il resta aussi ombrageux et aussi farouche qu'il l'avait toujours été. »

Ce récit a été reproduit plusieurs fois ; nous en laissons pourtant l'entière responsabilité au docteur Warwick.

La chair des Brochets est assez agréable au goût. On la sale dans beaucoup d'endroits, après les avoir vidés, nettoyés et coupés par morceaux. Sur les bords du Jaïk et du Volga, en Russie, on les sèche ou on les fume, après les avoir laissés trois jours entourés de saumure. Dans certaines contrées, particulièrement en Russie et en Allemagne, on fait du *caviar* avec leurs œufs.

On emploie pour pêcher le Brochet, le trident, la ligne, la truble, la louve, la nasse et l'épervier. Nous avons parlé précédemment de la structure des principaux engins de pêche, mais nous n'avons encore rien dit de l'épervier. Nous réparerons ici cette omission

L'*épervier* (fig. 137) est une vaste calotte de filet, de forme co-

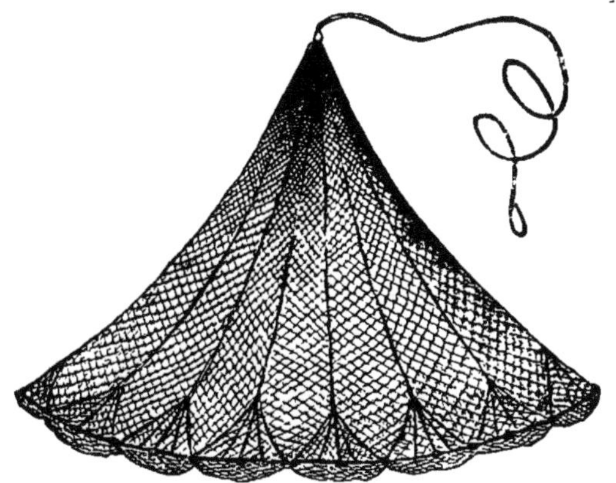

Fig. 137. L'épervier, filet pour la pêche en rivière.

nique, à mailles plus ou moins larges, selon que l'on veut prendre du petit ou du gros poisson, et dont le bord extérieur, garni d'un chapelet de lingots de plomb qui fait immerger promptement l'appareil, couvre une superficie circulaire d'environ trente mètres carrés. Il est destiné à se déployer, à un moment donné, sur la surface de l'eau, puis à descendre rapidement au fond pour emprisonner les poissons qui se trouveront sous son périmètre.

Il faut plusieurs conditions pour bien lancer l'épervier (fig. 138): il faut de l'adresse, de l'habitude et de la force.

Les *Stomias* (fig. 139) sont des poissons au corps très-allongé, dont on ne connaît jusqu'ici que deux espèces, l'une de la Méditerranée, l'autre de l'océan Atlantique. Le *Stomias bea* de la Méditerranée a le corps étroit, comprimé, couvert d'écailles petites et minces, d'un bleu noirâtre, très-foncé sur le dos et sur le ventre, plus clair sur les flancs. La tête rappelle celle du Serpent.

Chez l'*Exocet* les nageoires sont transformées en ailes, ce qui lui a fait donner le nom de *poisson volant*. Il peut, en effet, s'élever pendant quelques secondes au-dessus des eaux ; mais son vol n'est pas long, car il porte plutôt des parachutes que des ailes.

Fig. 138. Pêcheur se préparant à lancer l'*épervier*.

Il saute hors de l'eau presque toujours pour se jouer, s'amuser à passer d'un élément à l'autre, mais d'autres fois pour échapper aux poissons voraces qui le poursuivent. Seulement, un autre péril l'attend ici. Dans l'air, il est victime des oiseaux carnassiers qui rasent la surface de l'Océan, et qui guettent cette proie ailée, sortie, pour son malheur, de son élément naturel.

L'espèce la plus commune de ce genre est l'*Exocet volant*. Sa parure brillante le désigne, pour ainsi dire, aux ennemis, et il

Fig. 139. Stomias.

est contre eux sans défense. Un éclat argentin resplendit sur toute sa surface; le sommet de sa tête, son dos et ses côtes sont d'un

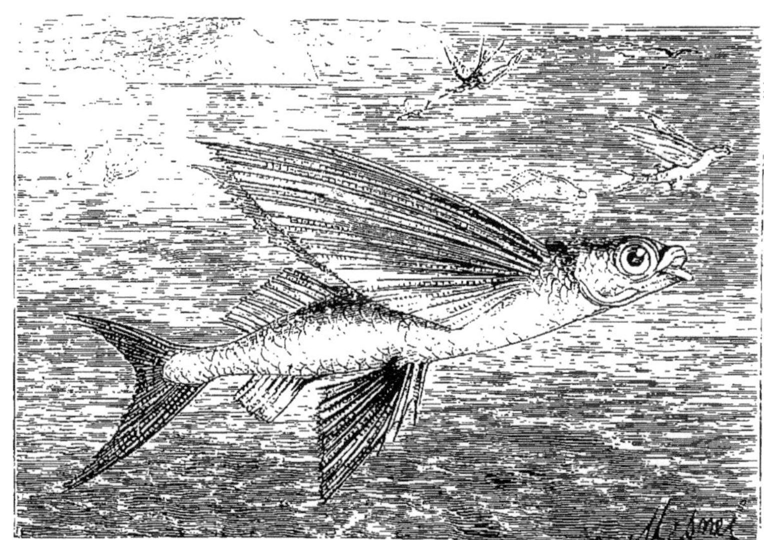

Fig. 140. Exocet ou poisson volant.

bleu d'azur; ce bleu devient plus foncé sur la nageoire dorsale, sur la pectorale et sur la queue.

Les poissons carnassiers et les oiseaux chasseurs poursuivent à l'envi, dans l'air et dans les eaux, ce malheureux poisson : il ne peut éviter le Charybde des eaux sans tomber dans le Scylla des airs ! En termes moins mythologiques, il tombe des crochets du Requin dans le bec de la Mouette. Malheureux Exocet ! la nature te fait cruellement expier le double privilége qu'elle t'a accordé; elle te retire d'une main ce qu'elle te donne de l'autre !

Cyprins. — Dans cette famille rentre la foule, la tourbe de nos poissons d'eau douce.

Les caractères des Cyprins sont les suivants, d'après M. E. Blanchard. Ils ont toutes les parties de la bouche privées de dents, tandis que les os pharyngiens en sont constamment pourvus. Ils ont le bord de la mâchoire supérieure formé par les os intermaxillaires; une seule nageoire dorsale; les nageoires ventrales attachées en arrière des pectorales; un corps écailleux, et la membrane *branchiostége* avec trois rayons aplatis.

Fig. 141. Loche franche.

Nous passerons en revue, dans cette famille, les *Loches*, les *Goujons*, les *Barbeaux*, les *Tanches*, les *Cyprinopsis*, les *Brèmes*, les *Ablettes*, les *Gardons*, les *Chevaines*, les *Vandoises*, les *Vairons*.

Les *Loches* ont le corps allongé, couvert de très-petites écailles;

les lèvres charnues, entourées de barbillons, des dents pharyngiennes nombreuses, des ouïes peu fendues. Chez ces poissons, la respiration par les branchies paraît insuffisante ; le canal intestinal doit y suppléer. Ils viennent à la surface de l'eau, avalent quelques gorgées d'air, et cet air sort par l'extrémité du tube digestif, à l'état d'acide carbonique.

La *Loche franche* (fig. 141), que l'on appelle *Barbotte* aux environs de Paris, est un petit poisson, de huit à dix centimètres de long, très-commun dans les ruisseaux, les étangs, les petites rivières, et les lacs où vivent des plantes aquatiques. La Loche se réfugie habituellement entre les pierres, et vit d'Insectes, de petits vers et de mollusques, qu'elle attire à l'aide de ses barbillons. Son corps est long, gros et presque cylindrique. « Elle est grasse comme une loche, » dit-on en parlant d'une fille d'un certain embonpoint. Sa peau est molle, visqueuse, grisâtre, et marbrée de taches brunâtres irrégulières; sa bouche porte six barbillons. Comme elle est vive dans ses mouvements, et que sa robe est agréablement mouchetée et miroitante, beaucoup d'amateurs l'élèvent dans un bocal. Ils aiment à la voir monter à la surface de l'eau quand un orage se prépare. C'est un baromètre qui nage.

Sa chair est d'ailleurs estimée. Dans certains pays on engraisse les Loches en les élevant dans des réservoirs, et les nourrissant avec du sang caillé d'animaux de boucherie.

La *Loche de rivière*, moins commune que la précédente, est d'une forme longue et aplatie. Ses couleurs et ses bigarrures sont charmantes, ses mouvements très-vifs. On la prend dans la Seine, la Meuse, la Meurthe, la Moselle et ses affluents; mais sa chair est coriace et désagréable à cause de ses fines arêtes.

La *Loche d'étang*, qu'on trouve en Alsace, en Lorraine et en Allemagne, peut atteindre une taille de $0^{m},20$ à $0^{m},35$.

Les *Goujons* se distinguent principalement par leurs nageoires dorsale et anale écourtées ; par les barbillons, au nombre de deux, attachés à la base de la mâchoire inférieure ; par leur large tête, leurs grandes écailles, leurs dents pharyngiennes coniques, recourbées et disposées sur deux rangs.

Ce genre n'est représenté en France que par une seule espèce, le *Goujon de rivière* (fig. 142).

Le Goujon est assez connu pour que nous n'insistions pas sur sa description. Ce petit poisson aime particulièrement les eaux courantes, claires, peu profondes, coulant sur un fond de sable. Il vit aussi dans les lacs et les étangs; mais il les quitte au printemps pour remonter les rivières. C'est ce qu'on voit particulièrement dans les lacs de Genève et du Bourget, près d'Aix en Savoie.

Le Goujon est éminemment sociable. Il marche en troupes, à toutes les époques de l'année, se nourrissant de vers et de petits Mollusques, qu'il cherche sous les graviers.

Il se multiplie avec une facilité extrême. Aussi abonde-t-il dans certaines rivières. M. Carbonnier a calculé que trente pêcheurs à

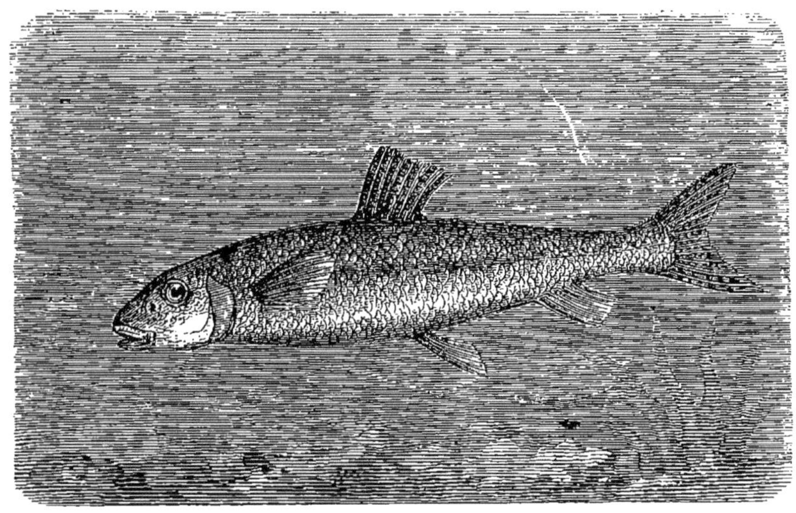

Fig. 142. Goujon.

l'épervier pouvaient prendre annuellement dans la Seine, à Paris, entre les ponts de Bercy et de Passy, environ un million d'individus. Dans certaines localités de l'Angleterre, on les prend en telle quantité qu'on en nourrit les Pourceaux. Thompson rapporte que dans une chute de moulin sur le Lagan, en Irlande, les Goujons se trouvaient en si grandes masses, que le Chien du meunier en faisait chère lie.

Est-il nécessaire d'insister sur la passion, souvent heureuse, du pêcheur parisien pour le Goujon, et sur la renommée de ce poisson, fondée sur sa saveur, si particulière? Cet innocent habitant des eaux douces met une sorte d'empressement à se laisser prendre, et il induit ainsi beaucoup de bonnes gens, qui n'y auraient pas songé peut-être, à se mettre au bout d'une canne à pêche, pour lui offrir un appât.

« J'avais un jour, dit le docteur Jonathan Franklin, ramené au bout de ma ligne un Goujon qui me sembla légèrement piqué; je lui rendis la liberté. Ma plume enfonce de nouveau, je tire et je reconnais mon même Goujon, qui, malgré une première leçon, n'avait pu résister aux douceurs de l'amorce. Le ciel était beau et j'étais en veine de clémence : je laissai une seconde fois le poisson retourner dans l'eau. Environ un quart d'heure après, on mord, et pour la troisième fois je trouve accroché à l'hameçon mon incorrigible convive. Je jugeai cette fois qu'il tenait à être pris, *ipse capi voluit*, et je le mis dans l'aquarium, où il mourut des suites de ses blessures[1]. »

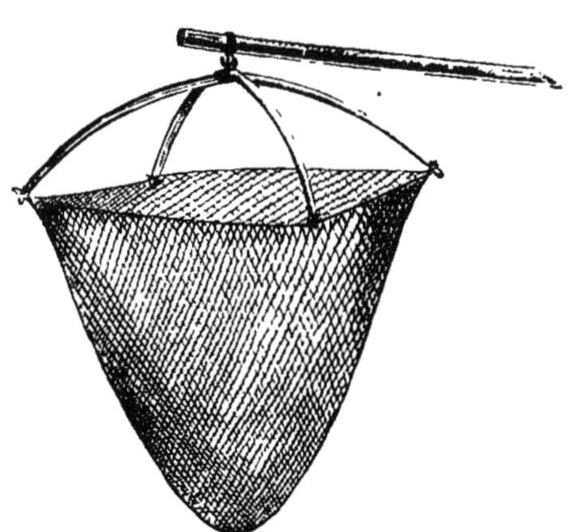

Fig. 143. L'échiquier.

Cette petite aventure ne fait pas l'éloge de l'intelligence de notre petit animal.

On se sert, pour pêcher les Goujons, d'un filet à mailles étroites, qui se nomme *goujonnier* ou *échiquier à Goujons* (fig. 143). On s'établit avec un bateau sur un banc de sable fin. Quand le filet est placé et étendu sur le fond, le pêcheur, armé d'une perche terminée par un tampon de cuir ou d'étoffe et placée au centre du filet, agite et fouille le sable, de manière à troubler l'eau et à y former une sorte de nuage. Les Goujons, croyant venir pêcher en eau trouble une foule de petits animaux, accourent et sont pris eux-mêmes quand on relève le filet. C'est la pêche à la *pilonnée*, ainsi

Fig. 144. Carafe à Goujons.

1. *La Vie des animaux* (*Poissons. Mollusques*), in-18, p. 98.

nommée parce que le pêcheur agite la pointe du filet dans le sable, comme on frappe, avec un pilon, dans un mortier.

On prend encore des Goujons et d'autre menu fretin avec une sorte d'engin de verre, qui figure à l'étalage de beaucoup de marchands d'articles de pêche, et que nous représentons ici (fig. 144). C'est une carafe de la contenance de quatre à cinq litres. Le fond est conique et percé d'un trou à son sommet. On met dans cette carafe une poignée de sable et deux ou trois poignées de son; on

Fig. 145. Barbeau.

la ferme avec un bouchon percé de petits trous, et on place l'engin, le goulot en amont, sur un fond de sable, recouvert de huit à dix centimètres d'eau. Un filet de son délayé dans l'eau, et lui donnant une apparence laiteuse, sort de la carafe, et attire dans ce petit vase les Goujons, qui peuvent bien y entrer, mais ne peuvent pas en sortir, en raison des aspérités tranchantes auxquelles ils se heurtent, lorsqu'ils essayent de franchir au rebours l'étroit canal qu'ils ont traversé si aisément tout à l'heure. C'est là le triomphe du pêcheur paresseux.

Le genre *Barbeau* comprend les poissons au corps allongé, à la bouche en dessous, portant quatre barbillons à la mâchoire supérieure, les nageoires dorsale et anale courtes, la première ayant à sa base un rayon osseux. Les dents pharyngiennes terminées en crochet sont disposées, de chaque côté, en trois séries.

Nous ne possédons en France que deux espèces de Barbeaux, le *Barbeau commun* et le *méridional.*

Le *Barbeau commun* (fig. 145) a le corps long, étroit, aminci et aplati vers son extrémité, parfaitement adapté à une natation rapide. Son dos et sa tête sont d'un gris olivâtre ou bleuâtre, à reflets métalliques. Son ventre est d'un blanc de nacre. Ses joues sont souvent brillamment dorées. Les côtés de la tête et les opercules sont finement ponctués de noir. Des taches brunes irrégulières règnent sur les flancs, dans toute la longueur du corps. Les nageoires sont maculées de brun. Les écailles sont assez petites. Sa tête est effilée, ses yeux d'un jaune d'or pâle. La lèvre supérieure de sa bouche, qui s'ouvre en dessous, est charnue, proéminente et munie de quatre barbillons.

Le Barbeau se trouve dans les eaux douces de la France, surtout dans la Meuse, la Meurthe et la Moselle ; il est commun en Angleterre dans la Trent et la Tamise. Il peut atteindre une longueur de soixante à soixante-cinq centimètres, et un poids de quatre à cinq kilogrammes. On en a même pris un, en 1857, à Paris, entre les ponts de la Concorde et de l'Alma, qui pesait sept kilogrammes et demi. Dans le Volga, on en pêche, dit-on, du poids de vingt à vingt-cinq kilogrammes. Il abonde aussi en Allemagne, dans le Rhin, l'Elbe, le Weser, le Danube. Dans ce dernier fleuve, chaque année, on en recueille, en certains endroits, pendant l'équinoxe d'automne, le chargement de dix à douze voitures.

D'après la structure et la position de sa bouche, on pourrait deviner que le Barbeau cherche sa nourriture au fond de l'eau, à l'aide de ses barbillons. Il se nourrit de vers, d'insectes, de mollusques, de substances animales en décomposition et de matières végétales.

Tant qu'ils sont jeunes, les Barbeaux ou, comme on dit, les *Barbillons*, se mêlent aux bandes des Goujons; plus tard, ils s'isolent de toute compagnie.

Cependant, au printemps, au moment où ils vont frayer, les

Barbeaux se réunissent en troupes : les femelles se placent en avant, les vieux mâles viennent après, et les jeunes mâles ferment la colonne. Ils déposent leurs œufs contre les pierres. On croit que ces œufs, dans certaines circonstances, peuvent devenir un aliment dangereux.

Les mois de septembre et d'octobre sont considérés comme les plus favorables à la pêche du Barbeau, qui quitte alors les courants pour descendre dans les eaux plus profondes. En hiver,

Fig. 146. Tanche commune.

ces poissons se groupent et se remisent sous des abris, où ils sont tellement engourdis qu'on les peut prendre même à la main.

On pêche le Barbeau à la ligne ; mais l'appât doit être fixé par un lingot de plomb du poids d'un ou deux hectogrammes, et descendu au fond de l'eau. Cet appât se compose, soit d'un gros ver de terre, soit d'un petit cube de fromage de Gruyère, soit d'un morceau de viande cuite.

Mais il est un appât d'un effet bien plus remarquable. On enfile sur l'hameçon huit ou dix asticots bien dodus; on enferme l'hameçon ainsi garni au centre d'une pelote de terre lardée d'asticots, et grosse comme la moitié du poing; on jette la ligne, on attend, et bientôt l'on voit des merveilles!

La *Tanche commune* (fig. 146) est facile à distinguer de tous nos poissons d'eau douce. Son corps, un peu comprimé latéralement, décrit une courbe assez régulière sur le dos. Son corps est nuancé de couleurs très-diverses et piqué de taches noires irrégulières. Son iris, d'un rouge doré, donne à l'œil une vivacité remarquable. Au reste, sa robe varie un peu suivant l'âge, le sexe, les ali ments et les qualités de l'eau. Toute la peau du poisson est revêtue d'une humeur visqueuse, laissant à peine distinguer des écailles qui semblent petites parce qu'elles se recouvrent les unes les autres, sur une assez grande étendue.

Commune dans l'Europe entière, la Tanche se trouve jusque dans l'Asie Mineure. Elle habite les grands fleuves, les rivières, affectionnant surtout les eaux stagnantes et vaseuses. Elle se nourrit de végétaux, d'insectes, de mollusques, de débris organiques qui abondent dans la vase, qu'elle avale habituellement. Elle fraye pendant le mois de juin, et fixe aux herbages ses œufs, qui sont très-petits et très-nombreux. On en a compté deux cent cinquante mille chez des individus de taille ordinaire.

Les jeunes naissent six à sept jours après la ponte, et leur accroissement est rapide. Au bout d'un an, ils pèsent cent vingt-cinq grammes; au bout de trois ans, un kilogramme ou un kilogramme et demi; à l'âge de six à sept ans, trois à quatre kilogrammes.

La Tanche, qui peut vivre dans des eaux fort peu aérées, a la vie singulièrement dure, car elle peut passer presque une journée entière hors de l'eau.

On pêche ce poisson à la ligne dormante, et le seul appât à employer est le gros ver rouge.

Les qualités de la Tanche, au point de vue gastronomique, sont très-contestées.

La *Carpe* est facile à reconnaître à la longueur de la nageoire dorsale, à la brièveté de la nageoire caudale, à une bouche située à l'extrémité du museau, à la présence de quatre barbillons attachés à la mâchoire supérieure. Les Carpes se font encore remarquer par la grandeur de leurs écailles et par la grosseur de leurs dents pharyngiennes, qui sont au nombre de cinq de chaque côté.

L'espèce type de ce genre est la *Carpe commune* (fig. 147).

Sa couleur générale est d'un vert brunâtre clair si le poisson a vécu dans des eaux limpides, sombre s'il a habité des eaux stagnantes. Le dos a ordinairement des reflets bleuâtres, et les côtés sont comme dorés.

La Carpe se trouve dans presque toutes les eaux douces. Elle vit dans les fleuves, dans les petites rivières, dans les lacs limpi-

Fig. 147. Carpe commune.

des, dans les eaux vaseuses. Elle a une si grande puissance de vie qu'elle pourrait subir indifféremment toutes les conditions où on la placerait.

Le seul nom de la Carpe éveille les plus douces images. Il rappelle les riches campagnes et les contrées favorisées également par la nature et par l'art. Il faut à ce poisson presque aristocratique un climat doux, une saison heureuse, un jour pur et serein, des rivages fleuris et des rivières paisibles, ou les étangs qui dorment au fond de tranquilles vallées. La Carpe est le poisson choisi pour peupler et égayer les bassins des parcs seigneuriaux ou des résidences royales. C'est pour cela qu'elles font l'ornement du parc de Chantilly et du palais de Fontainebleau. Le dimanche, les visiteurs du palais de Fontainebleau et les habitants de la ville se réunissent autour des somptueux bassins où se prélassent mesdames les Carpes; et c'est pour toute la galerie une fête et une joie sans pareilles que de contempler leurs jeux charmants et leurs innocents combats.

Les Carpes frayent en mai et en juin, et si le temps est chaud, dès le mois d'avril. La femelle choisit les lieux herbeux, se tient près de la surface de l'eau, et le mâle arrive, en battant l'eau avec force.

A cette même époque, les Carpes qui habitent dans les fleuves ou dans les rivières quittent leurs asiles, pour remonter vers des eaux plus tranquilles. Si leur marche est entravée par quelque obstacle, elles s'efforcent de le franchir, et elles peuvent s'élancer ainsi à une hauteur de deux mètres. Pour cela, elles s'élèvent à la surface de l'eau, se placent sur le côté, se plient, rapprochent leur tête et l'extrémité de leur queue, forment un demi-cercle, débandent tout d'un coup le ressort, frappent l'eau et rejaillissent. Leur conformation et la force de leurs muscles leur permettent cette manœuvre.

L'ouïe est très-développée chez ces poissons. Voici ce que rapporte à ce sujet un observateur anglais du commencement du dix-huitième siècle, Richard Breadley :

« J'ai eu le plaisir de voir quelques Carpes dans un vaste étang appartenant à M. Eden, et qui m'ont fourni l'occasion d'apprécier jusqu'où allait la faculté d'entendre chez ces créatures. Le propriétaire ayant rempli sa poche de graine d'épinards, me conduisit au bord de l'étang. Nous restâmes muets quelques minutes, ce qui était indispensable pour me convaincre que les poissons ne viendraient pas tant qu'on ne les appellerait pas. Bientôt le propriétaire les appela à sa manière habituelle, et soudain les Carpes arrivèrent ensemble de toutes les parties de l'étang en tel nombre qu'elles avaient peine à se tenir les unes près des autres. »

La fécondité des Carpes est prodigieuse. On a pu compter dix mille œufs sur un individu assez fort.

Les jeunes éclosent au bout de sept à huit jours, et leur accroissement est rapide, car elles peuvent atteindre en trois ans, si elles sont bien nourries, le poids de deux à trois kilogrammes. Il n'est donc pas étonnant qu'on ait pu pêcher des Carpes d'un poids vraiment énorme. On prit, en 1863, dans l'Aveyron, une Carpe qui pesait dix-sept kilogrammes et demi. En Prusse, les Carpes atteignent, en général, un poids de vingt kilogrammes, de trente-cinq dans l'Oder, et même de quarante-cinq en Suisse, dans le lac de Zug.

La longévité de ces poissons est proverbiale. Buffon a parlé de Carpes de cent cinquante ans, qui vivaient dans les fossés de Pontchartrain. On dit que les étangs du jardin royal de Charlottenbourg, près Berlin, renferment des carpes âgées de plus de deux cents ans. Enfin, on est allé jusqu'à prétendre que certaines Carpes du bassin de Fontainebleau, qui sont d'une grosseur énorme, remonteraient au temps de François Ier, c'est-à-dire

Fig. 148. Carpe à miroir, ou reine des Carpes.

auraient l'âge respectable de trois cent cinquante ans. M. Blanchard conteste avec raison une telle longévité : il ne croit pas aux Carpes séculaires.

La vie est très-persistante chez les Carpes. Une membrane, qui couvre leurs branchies et conserve l'humidité sur ces organes, leur permet de respirer longtemps encore après qu'elles sont tirées de l'eau.

On met à profit cette circonstance pour les engraisser. En Hollande, on tient les Carpes dans de la mousse humide, et on les nourrit en introduisant dans leur bouche du pain trempé dans du lait.

Cette même particularité permet de les enlever à leur lieu natal, et de les transporter ailleurs, sans autre précaution que de renouveler, deux ou trois fois en vingt-quatre heures, l'eau des tonneaux dans lesquels on les entasse. On dit même qu'on peut faire voyager une Carpe dans des herbes mouillées et souvent rafraîchies.

La rapidité du développement de la Carpe et le peu de difficulté de son élevage permettent aux propriétaires des étangs de les empoissonner périodiquement, comme nous allons le dire.

On jette dans l'étang un nombre de Carpillons proportionné à son étendue: après quatre ans environ le poisson est prêt à être recueilli. On fait écouler l'eau de l'étang presque en entier, et l'on fait arriver les dernières eaux dans un réservoir inférieur, où tout le poisson est réuni et où on le récolte avec des baquets. On laisse ensuite l'étang à sec pendant huit à dix mois ; on y diminue, s'il y a lieu, la quantité des joncs et des roseaux, et l'on y sème d'autres végétaux, qui serviront à l'alimentation des Carpes qu'on introduit dans l'étang renouvelé.

On pêche la Carpe à la ligne, dans les étangs et dans les parties des cours d'eau où il n'existe pas de courants, par exemple derrière une digue ou dans le bief d'une écluse. On amorce avec des fèves cuites, des vers rouges ou des boulettes de mie de pain. On pêche à la *ligne dormante* en plaçant la canne dans une petite fourche de bois enfoncée en terre. Si l'on se trouve dans les eaux courantes, il faut tenir à la main la canne à pêche.

Il y a une grande différence, au point de vue du goût, entre la Carpe de rivière, la Carpe d'étang traversé par une rivière et la Carpe d'étang ordinaire. Cette dernière a presque toujours un goût vaseux. La Carpe n'est pas un mets délicat, et c'est pour elle qu'on a dit que c'est la sauce qui fait le poisson. Loin de nous d'ailleurs la pensée de contrister ces innocentes familles parisiennes, qui, le dimanche, vont, avec tant de confiance, se régaler d'une matelote sur les bords charmants de la Seine ou de la Marne. Ces bonnes gens croient à la matelote de Carpe : ne leur enlevons pas une douce illusion !

Au genre *Cyprinopsis* appartient la *Dorade de la Chine* ou *Poisson rouge* (fig. 149). Ce poisson, qui en Chine porte le nom de *Kin-gu*, est originaire de la province de Tche-Kiang ; mais il a été acclimaté en Europe depuis un temps infini. On en a fait un véritable poisson domestique, et il en est résulté un nombre considérable de variétés.

On doit les premières notions sur les Dorades aux missionnaires Dubelde et Lecomte. L'époque de la première apparition de ces poissons en Europe est incertaine. Suivant Bloch, l'Angleterre en possédait dès l'an 1611, sous le règne de Jacques Ier. Il paraît probable que c'est vers 1730 qu'ils se sont multipliés en Europe. Les premières Dorades furent envoyées en France, au port de Lorient, par les directeurs de la Compagnie des Indes, qui en firent présent à Mme de Pompadour. Aujourd'hui ces poissons, à l'état domestique, sont excessivement communs dans presque toutes les parties du globe. Ils servent à récréer la vue par leur brillante parure et leurs évolutions rapides. Ils ont ordinairement l'iris jaune, le dessous de la tête rouge, les joues

Fig. 149. Dorade de la Chine, ou Poisson rouge.

dorées, le dos parsemé de taches noires, les côtés d'un rouge mêlé d'orangé, le ventre varié d'argent et de rose, les nageoires d'un rouge de carmin.

Ces riches couleurs n'appartiennent pas à tous les âges de la Dorade. Ce poisson est ordinairement noir dans les premières années de sa vie. Des points argentins annoncent ensuite l'apparition de sa brillante livrée. Ces points s'étendent, se touchent, couvrent toute la surface de l'animal, et sont enfin remplacés par un rouge éclatant, auquel se mêlent, à mesure que le poisson avance en âge, les tons admirables qu'on lui connaît. D'autres individus perdent leur livrée en vieillissant. Leurs teintes s'affaiblissent, leurs taches pâlissent, leur rouge et leur or se changent en une teinte argentée, ou en un blanc peu éclatant.

La Dorade vit de substances végétales, de vers et d'insectes. On l'élève dans les rivières, les étangs, et dans les maisons on les conserve tout simplement dans un bocal ouvert. Il suffit de changer l'eau tous les huit jours en hiver, tous les deux ou trois jours en été, et plus souvent si la chaleur est étouffante. On les nourrit avec de la mie de pain, des jaunes d'œufs durcis et réduits en poudre, des Mouches, de petits Limaçons, etc.

M. Blanchard nous dit que la Dorade vit et se multiplie dans nos rivières comme plusieurs espèces indigènes, et qu'on la pêche assez fréquemment dans la Seine. On se refuse souvent à l'y reconnaître, parce que le poisson rouge, devenu habitant de nos eaux, perd sa splendide parure, et prend les nuances brunes et verdâtres de la Carpe.

La *Brème commune* (fig. 151), qu'on rencontre fréquemment dans nos rivières, et qui se vend à assez bas prix sur nos marchés malgré son bon goût, a le corps comprimé et presque en forme de disque, à cause de la courbure de son dos et de son ventre, la tête petite proportionnellement au corps, la bouche peu fendue, la lèvre supérieure saillante, l'œil grand. Sa couleur varie un peu selon la nature et la clarté des eaux dans lesquelles on la prend.

Elle se nourrit de substances végétales et d'animaux aquatiques. Les individus se réunissent ordinairement par troupes, ce qui permet d'en faire des pêches très-fructueuses, par exemple dans plusieurs des lacs de l'Irlande et de la Bavière.

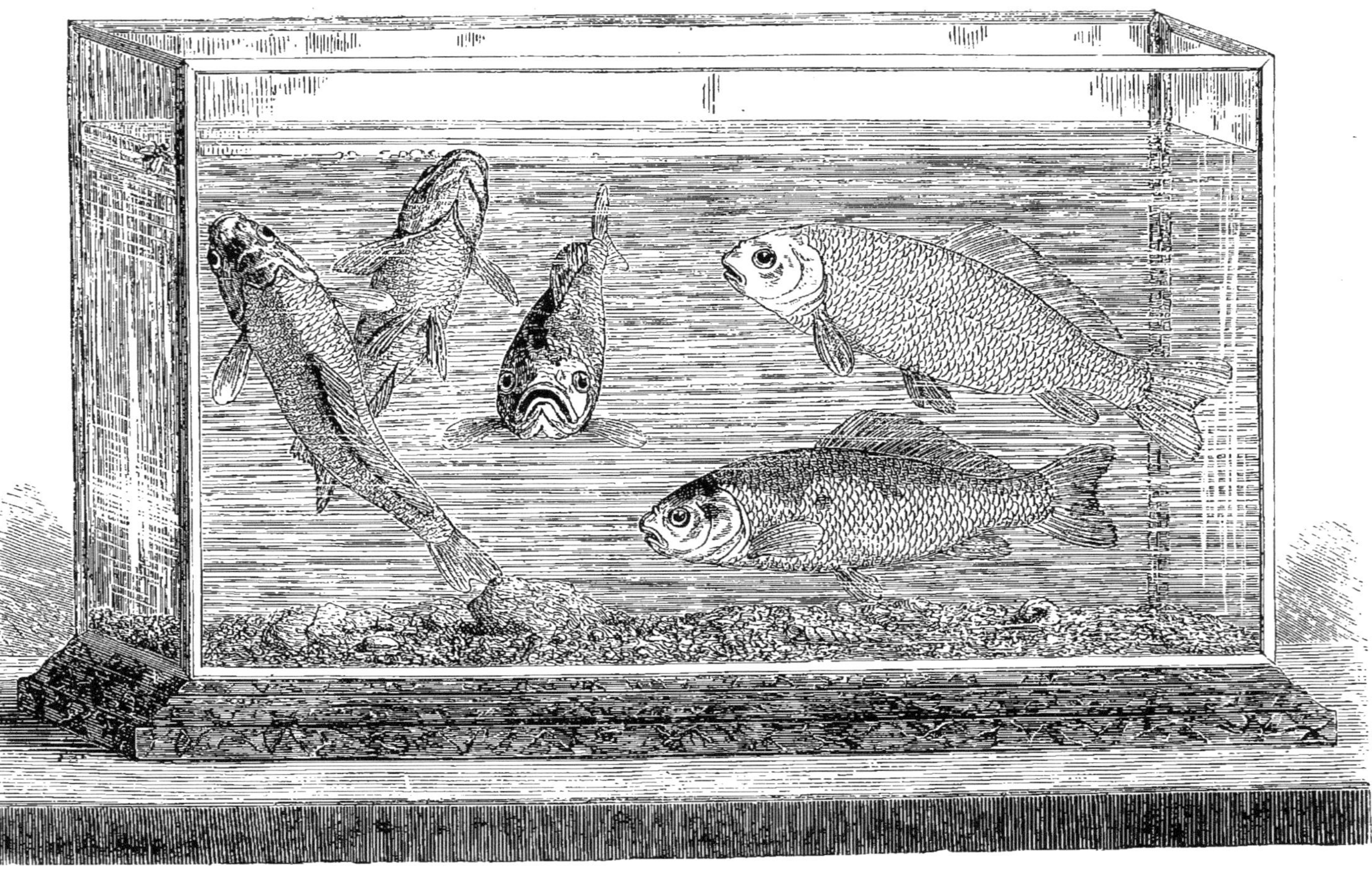

Fig. 150. Poissons rouges (Cyprins, ou Dorades de la Chine) dans un aquarium d'appartement.

La Brème est un poisson répandu dans toutes les eaux douces de l'Europe, même en Suède et en Russie.

L'*Ablette commune* (fig. 152) est un petit poisson, au corps effilé, comprimé latéralement, d'un blanc d'argent, avec le dos d'un vert métallique, passant quelquefois au bleu d'acier. Les nageoires sont diaphanes, excepté celles du dos et de la queue, qui sont grises ; les écailles sont minces et se détachent avec facilité.

Ces écailles fournissent la substance, d'aspect nacré, avec la-

Fig. 151. Brème.

quelle on fabrique les fausses perles. On les détache avec un couteau ; on les lave et on les triture, pour en détacher un pigment noirâtre, qui se précipite en poussière. On traite cette poussière par l'ammoniaque, pour en chasser une matière organique vaporisable, et en y ajoutant de la colle de poisson on en forme une sorte de pâte, qui porte le nom d'*essence d'Orient*. Enfin on introduit cette pâte dans de petites boules d'un verre opalescent qui donne des irisations imitant les perles naturelles.

Voilà comment se préparent, chères lectrices, ces fausses perles qui composent vos élégants et chatoyants colliers.

C'est un *patenôtrier*, ou fabricant de chapelets, à Paris, qui créa cette industrie. Avant lui, pour fabriquer les perles artificielles, on appliquait la matière pigmentaire de l'Ablette sur de petites boules de cire, percées de deux trous, et qui étaient recouvertes d'une sorte de vernis. Mais ces petites boules de cire s'altéraient vite par la moiteur de la peau ; la matière nacrée s'en détachait et tombait sur les épaules des dames. Les fausses perles avaient donc été abandonnées, lorsque la découverte du patenôtrier parisien vint les remettre en faveur.

Des fabriques de fausses perles s'établirent sur les rives de la Seine, de la Loire, de la Saône et du Rhône. Cette industrie occupe aujourd'hui, à Paris, un grand nombre d'ouvriers, et surtout d'ouvrières. L'exportation annuelle de ses produits s'élève à plus d'un million de francs. On a vu à l'Exposition universelle de 1867 des fausses perles ainsi obtenues, qu'il était très-difficile de distinguer des perles véritables. On fabrique à Rome des fausses perles très-renommées en Italie, et recherchées en France de ceux qui les connaissent.

Fig. 152. Ablette.

Il faut environ quatre mille Ablettes pour obtenir une livre d'écailles, donnant à peine le quart en poids de la pâte connue sous le nom d'*essence d'Orient*.

L'Ablette n'atteint pas plus de vingt à vingt-cinq centimètres. Comme on la prend aisément à la ligne, elle sert de fiche de consolation au pêcheur malheureux. Elle vit en grandes troupes, et l'on peut, dit-on, dans une seule nuit, en prendre jusqu'à cinq mille au filet, dans la basse Seine. Elle se nourrit de Mouches, d'autres insectes et de petits poissons, particulièrement de jeunes Éperlans.

Sa chair fade la fait dédaigner pour la table ; mais on la pêche activement dans plusieurs de nos départements du nord et de l'est, ainsi qu'en Allemagne, pour utiliser ses écailles, qui valent environ de vingt à vingt-quatre francs le kilogramme.

Le *Gardon* (fig. 153) a les dents pharyngiennes disposées sur un seul rang. C'est à ce caractère scientifique qu'on le reconnaît.

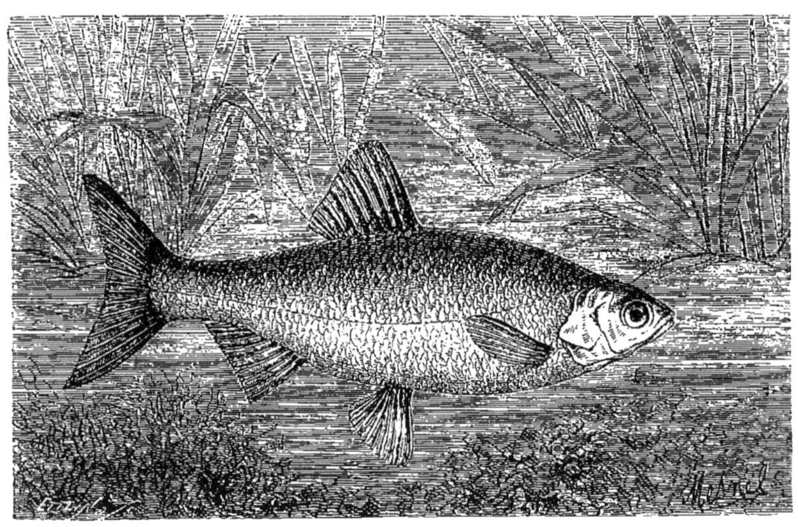

Fig. 153. Gardon.

Le *Gardon commun* est un des poissons les plus répandus dans les eaux, lacs ou rivières de la plus grande partie de l'Europe. Ses couleurs sont vives. Son dos est d'un vert foncé, à reflets dorés ou irisés, quelquefois d'un beau bleu ; ses côtés sont argentés, tachetés de brun. Son ventre est nacré ; ses yeux sont couleur de sang et cerclés d'or, ses nageoires ordinairement d'un rouge éclatant. Ce poisson est vif et pétulant. Il est sociable, c'est-à-dire qu'il nage par troupes, surtout à l'époque du frai, dans les eaux peu profondes et d'un cours tranquille. Il peut acquérir des dimensions assez fortes, et atteindre le poids d'un kilogramme. On le pêche à la ligne, en se servant pour appâts de blé cuit, d'asticots, de mouches, de sauterelles. On en prend beaucoup aux environs de Paris, dans la belle vallée où l'Essonne donne le mouvement et la vie à tant d'industries. Du reste, sa chair est fade et peu estimée.

Les Gardons sont pêchés en plein Paris. Expliquons-nous. Les gardons, qui remontent la Seine, se réunissent autour des bouches des égouts qui se déversent dans le fleuve ; et souvent au

Fig. 154. Pêcheurs de Gardons sur un quai de Paris.

printemps, on peut voir des groupes de pêcheurs à la ligne pressés autour des égouts, au bord de la Seine, pour y surprendre le gardon (fig. 154).

Comme une trop longue énumération pourrait fatiguer le lecteur, nous nous bornerons à signaler et à représenter la *Chevaisne commune* (fig. 155), poisson vorace, peu estimé pour la table, la *Vandoise*, et le *Vairon commun* (fig. 156), si remarquable par ses écailles d'une extrême petitesse, qu'on trouve par toute l'Europe dans les rivières, les lacs, les fossés, les petits ruisseaux herbeux.

Ce petit poisson est dédaigné comme aliment; il sert de pâture

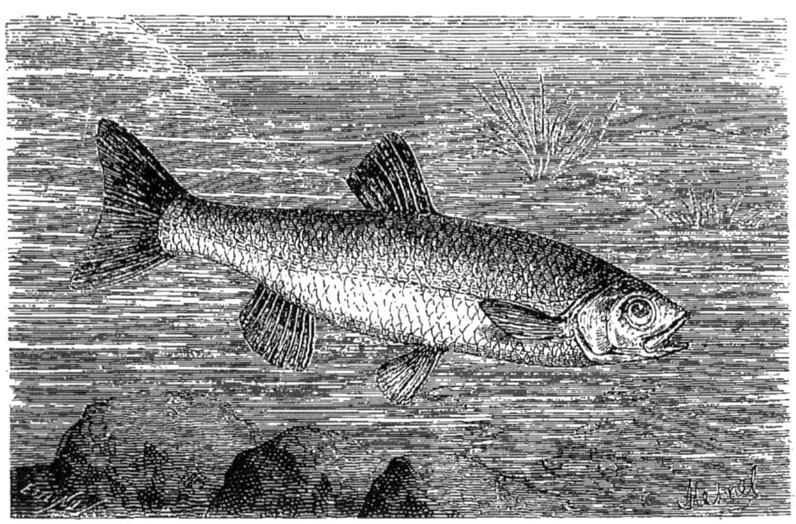

Fig. 155. Chevaisne, ou Meunier.

aux Truites. Tous les enfants le connaissent, pour l'avoir accroché souvent à leurs hameçons, faits d'une épingle courbée.

Fig. 153. Vairon commun.

Siluroïde. — Les Poissons qui constituent cette famille se distinguent de tous les autres Malacoptérygiens abdominaux par l'absence de véritables écailles. Leur peau est nue ou garnie de grandes plaques osseuses. Sans insister davantage sur les particularités de structure qui les distinguent, nous nous arrêterons un instant sur le *Silure d'Europe* et le *Malaptérure électrique.*

Le *Silure d'Europe* (fig. 157) est un des plus grands habitants des fleuves et des lacs ; on l'a nommé la *Baleine des eaux douces.* Selon Lacépède, un individu de cette espèce que l'on vit près de Limritz, dans la Poméranie, avait la gueule si grande, que l'on aurait pu y faire entrer un enfant de six ans. On trouve dans le Volga des Silures de quatre à cinq mètres de longueur.

La tête de ce poisson est grosse et aplatie. Ses deux mâchoires sont garnies d'un très-grand nombre de dents, et portent six barbillons. Ses yeux sont ronds, écartés l'un de l'autre et singulièrement petits. Son dos est épais, son ventre gros et sa peau enduite d'une humeur gluante, à laquelle s'attache une assez grande quantité de la vase sur laquelle il aime à se reposer. Sa couleur est en dessus d'un noir verdâtre, qui s'éclaircit sur les côtés et offre quelques taches d'un blanc jaunâtre ; en dessous il y a sur la même teinte des taches noirâtres assez nombreuses.

Ce gros Silure est répandu dans la plupart des grands cours d'eau du nord de l'Europe, tels que le Rhin, le Danube, le Volga, l'Elbe, etc. Commun en Allemagne et en Hongrie, il habite également quelques lacs, comme ceux de Harlem en Hollande et de Neuchâtel en Suisse. Ses habitudes sont paresseuses. Il se tient dans la profondeur des eaux, sur les bas-fonds argileux et sableux, s'y enfonce même, pour se mettre en embuscade. La couleur obscure de sa peau empêche qu'on le distingue aisément au milieu de la vase où il se vautre à dessein. Ses longs barbillons qu'il agite attirent les animaux imprudents, qu'il engloutit aisément dans sa large bouche béante. Au printemps, il quitte le fond des rivières, pour se montrer de temps en temps à la surface de l'eau, et déposer ses œufs ou sa laitance près des rives.

Dans le bel aquarium d'eau douce qui était un des plus intéressants et des plus curieux ornements du *jardin réservé* de l'Exposition universelle de 1867, on voyait un énorme Silure tiré des eaux du Volga.

On prétend que le Silure est assez vorace pour s'attaquer à l'espèce humaine. On rapporte qu'en 1700 un paysan en prit un auprès de Thorn, qui avait un enfant dans l'estomac. On parle aussi en Hongrie d'enfants et de jeunes filles dévorés en allant puiser de l'eau. On raconte enfin que, sur les frontières de la Turquie, un pêcheur prit un jour un Silure qui avait dans l'estomac le corps d'une femme, sa bourse pleine d'or et un anneau. Mais tous ces *on-dit* ne méritent aucune créance.

La chair de ce poisson est grasse, douce, blanche, agréable au goût, suivant Lacépède, mais difficile à digérer. Dans les environs du Volga, on fait avec leur vessie natatoire une colle assez bonne. Sur les bords du Danube, sa peau, séchée au soleil, a pendant longtemps servi de lard aux habitants pauvres du pays.

Fig. 157. Silure d'Europe.

Le *Silure électrique*, ou *Malaptérure* (fig. 158), est un poisson gros, court, au tronc arrondi, à la tête déprimée, à la queue légèrement comprimée, et qui est long de vingt à soixante centimètres. Sa peau molle et lâche, entièrement brunâtre, offre des taches plus foncées. On le trouve dans plusieurs des grands fleuves de l'intérieur de l'Afrique, où il est assez commun. Ce poisson se fait remarquer, comme la Torpille et le Gymnote, par son appareil électrique.

Jobert de Lamballe, dans son mémoire sur l'*anatomie des poissons électriques*, a établi que l'appareil électrique du Silure est situé au-dessous de la couche de graisse qui recouvre uniformément les muscles de l'animal. L'appareil électrique est donc immédiatement au-dessous de la peau. Il est double : chacun est séparé de l'autre par une cloison aponévrotique, qui règne tout le long du dos et du ventre. Il est formé de plusieurs couches superposées, que l'on peut séparer sans trop de difficulté. Chaque

Fig. 158. Silure électrique.

couche est représentée par des lames, qui, adossées, forment de véritables reliefs séparés par des sillons. Placées les unes sur les autres, elles semblent se recouvrir, à la manière des tuiles d'un toit. Ces lames se dirigent du dos de l'animal vers le ventre.

En 1858, M. Max Schultze, de Halle, a publié une excellente description, accompagnée de figures, de l'appareil électrique du *Malaptérure*.

La puissance électrique du Silure, à l'état vivant, n'a pas été l'objet d'expériences scientifiquement exactes ; mais ce que nous avons dit de la Torpille et du Gymnote suffit pour donner au lecteur une idée exacte des effets des Poissons électriques en général.

ORDRE DES ACANTHOPTÉRYGIENS

Cet ordre renferme les trois quarts des poissons connus. Le caractère qui le distingue le plus nettement, c'est la présence de rayons épineux aux nageoires. La première portion de leur nageoire dorsale, ou leur première dorsale tout entière, lorsqu'il y en a deux, est soutenue par des rayons de cette nature; il y en a également quelques-uns à la nageoire anale et au moins un aux nageoires ventrales.

Cet ordre se divise en plusieurs familles; nous allons successivement passer en revue les plus remarquables.

Percoïdes. — Le type de cette famille est la *Perche commune* ou *Perche de rivière* (fig. 159).

Son corps ovalaire, un peu comprimé, est rétréci vers la tête

Fig. 159. Perche.

et vers la queue, ce qui la fait paraître comme bossue. Ses couleurs varient avec la nature des eaux qu'elle habite. Le fond est d'un jaune plus ou moins doré ou verdâtre, passant au jaune plus vif sur les flancs, et au blanc sur le ventre. Le dos est d'un vert noirâtre, rayé de six à huit bandes de même couleur. Les nageoires ventrale et anale sont vermillonnées : aussi l'animal éclairé par le soleil prend-il de magnifiques reflets dorés. Les yeux arrondis, de moyenne grandeur, avec l'iris d'un beau jaune d'or, ont une grande vivacité lorsque le poisson s'agite.

La première nageoire dorsale a quinze rayons très-forts, très-aigus, dont les pointes libres sont une arme de défense. Quand la Perche est menacée, elle dresse sa nageoire, et ne laisse pas que d'être à redouter. Les nageoires ventrales en s'écartant, l'anale en se dressant, peuvent blesser de côté, et en dessus avec ceux de leurs rayons qui sont épineux ; les nageoires pectorales seules ont des rayons faibles et grêles. Sa bouche est munie de dents robustes.

Si bien armée en guerre, la Perche ne se borne pas à se défendre : elle est ardente à l'attaque. Elle est connue également pour sa voracité. Après avoir entièrement rempli son estomac, elle cherche encore sa proie. Les insectes, les petits poissons, les vers, les têtards de grenouille forment sa nourriture favorite. Pour atteindre sa proie, elle s'élance comme une flèche, à la surface de l'eau. Dans toute autre circonstance, elle demeure immobile, à une petite profondeur, dans les endroits herbeux à l'ombre des joncs ou des larges feuilles des nénufars. On dirait qu'elle sent la puissance de ses armes ; car elle ne fuit devant aucun poisson vorace, et semble pour ainsi dire attendre le danger.

« Elle voit arriver le nageur sans faire le moindre mouvement, dit Boitard, et lorsqu'elle sent la main du pêcheur, pourvu que celui-ci ne la touche pas trop brusquement, elle se borne à hérisser les aiguillons de ses nageoires pour se mettre en défense, et elle ne cherche pas à fuir. On peut même lui glisser la main sous le ventre et la bercer, pour ainsi dire, d'un mouvement doux et léger sans l'effrayer. Quand on veut la prendre, on place doucement les doigts sur les opercules des ouïes, on les serre lentement, et lorsqu'elle a donné deux ou trois coups de queue, elle se laisse enlever sans faire davantage de résistance. Ce que je raconte là est certain, car je le sais par ma propre expérience. »

Au reste, on pêche aisément la Perche à l'hameçon, surtout si on l'amorce avec un ver de terre vivant. On est presque sûr de prendre plusieurs Perches dans le lieu où l'on en a déjà pris une ; car elles aiment à venir dans les mêmes lieux, au-dessus des fonds herbeux, couverts au plus de soixante-dix centimètres à un mètre d'eau. En hiver pourtant, elles se retirent dans des eaux plus profondes. Elles habitent les eaux claires des grands fleuves, des lacs ou des petites rivières.

Ce poisson ne dépasse pas le plus souvent une taille médiocre. Une Perche d'un kilogramme et demi est déjà assez rare pour être regardée comme très-belle.

La Perche fraye depuis le mois de mars jusqu'au commencement de juin, et elle se multiplie si facilement qu'on a pu recueillir d'un individu d'assez petite taille deux cent quatre-vingt mille œufs ! Au moment de la ponte, ces œufs, agglutinés par une matière mucilagineuse, adhèrent, comme de longs chapelets, aux pierres et aux plantes aquatiques.

La chair de la Perche est délicate et d'une saveur agréable. Le poëte latin Ausone chantait ses mérites vers l'an 380.

Les *Bars* sont très-voisins des perches. Une espèce connue sous le nom de *Bar commun d'Europe*, et qui porte vulgairement le

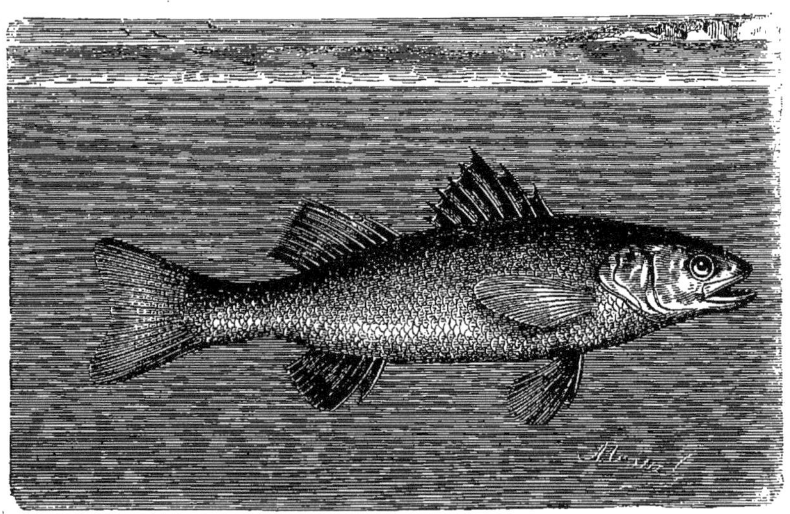

Fig. 160. Bar, ou Loup.

nom de *Loup* dans le bas Languedoc et la Provence, est très-commune dans la Méditerranée et dans certains grands fleuves qui s'y jettent.

Le Bar (fig. 160) ressemble à une Perche allongée ; sa couleur est uniformément argentée dans les adultes, marquée de taches brunes dans les jeunes.

Les *Aprons*, dont une espèce habite le Rhône, et les *Sandres*, appelés vulgairement *Brochets-Perches*, appartiennent aussi à la famille des Perches.

C'est à une autre division de cette même famille qu'appartiennent les *Vives*, caractérisées surtout par la tête comprimée et la forte épine de leur opercule. Ce sont des poissons de forme allongée, à museau court, qui ont l'habitude de s'enfoncer dans le sable, et sont très-redoutés des pêcheurs, à cause des piqûres

Fig. 161. Vive.

profondes que font leurs épines. La *Vive commune* (fig. 161) est répandue dans nos deux mers.

Les *Uranoscopes*, ainsi nommés à cause de la position de leurs yeux, qui sont dirigés vers le ciel (οὐρανός, ciel, σκοπέω, je regarde), de telle sorte qu'ils ne peuvent voir qu'au-dessus d'eux, sont voisins des précédents. Nous représentons ici (fig. 162) l'*Uranoscope vulgaire*, propre à la Méditerranée et à la mer des Indes, et qui est remarquable par sa grosse tête cubique.

Les *Mulles* sont également désignées sous les noms de *Rougets* ou *Rougets barbets*. On en connaît principalement deux espèces :

le *Surmulet*, ou *Grand Mulle rayé de jaune*, et le *vrai Rouget*, ou *Rouget barbet*.

Le *Surmulet* (*Mullus surmuletus*) est, sur le dos et les flancs, d'un beau rouge de minium ou de vermillon clair, avec trois lignes jaunes dominantes. La gorge, la poitrine, le ventre et le dessous de la queue sont blancs, légèrement teintés de rose; les nageoires ont leurs rayons plus ou moins rouges; l'iris de l'œil, d'un or pâle, est pointillé de rouge. La tête porte deux barbillons.

Le Surmulet vit dans la Méditerranée et l'Océan. On le trouve quelquefois dans la Manche, et il est assez commun dans le golfe

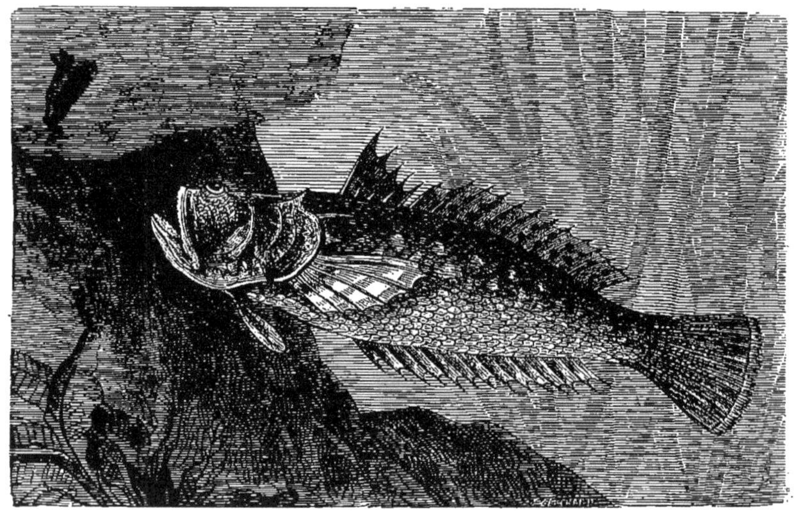

Fig. 162. Uranoscope.

de Gascogne; aussi le sert-on souvent sur la table à Bordeaux et à Bayonne, où on le nomme *Barbeau* et *Barberin*. Sa chair est blanche, un peu feuilletée, ferme et agréable au goût; mais elle est moins estimée que celle de l'espèce suivante.

Le *vrai Rouget*, ou *Rouget barbet* (*Mullus barbatus*, fig. 163), est revêtu d'une brillante parure. Un rouge éclatant le colore, se mêlant à des teintes argentines, sur ses côtés et sur son ventre. Il offre les beaux reflets irisés, mais non les lignes jaunes de l'espèce précédente.

C'est à sa brillante parure que le Rouget doit sa célébrité. Si l'on ajoute à ses qualités que sa chair est blanche, ferme, agréable au goût, on s'expliquera la faveur dont ce poisson a joui chez les anciens.

Les Romains faisaient du Rouget un objet de luxe. Ils ne reculaient pas, pour s'en procurer, devant les dépenses les plus extravagantes. Ils nourrissaient ces poissons dans leurs viviers, non-seulement pour les manger, mais aussi pour les admirer. Cet âpre amour de la beauté allait souvent jusqu'à la cruauté. Sénèque et Pline rapportent que les riches patriciens de l'Italie se donnaient le barbare plaisir de faire expirer entre leurs mains

Fig. 163. Rouget.

des Rougets, afin de jouir de la variété des nuances pourpres, violettes ou bleues qui se succédaient, depuis le rouge de cinabre jusqu'au blanc le plus pâle, à mesure que l'animal, perdant peu à peu ses forces, arrivait lentement à la mort.

Le rival de Cicéron, l'avocat Hortensius, qui attirait tout le peuple au Forum par la beauté de ses harangues, avait une passion désordonnée pour ce petit habitant des eaux Il faisait venir les Rougets dans les petites rigoles jusque sous la table du festin.

Fig. 164. L'agonie d'un Rouget au banquet d'Hortensius.

et il se délectait, assis devant un somptueux banquet, du plaisir de voir un de ces malheureux poissons, retiré du bassin et apporté sur sa table, palpitant et agité des convulsions de l'agonie, périr sous ses yeux en se colorant de mille nuances irisées.

La possession de ces pauvres animaux était devenue, chez les Romains, une mode, une passion furieuse : aussi leur prix devint-il bientôt excessif. Asinius Celer en acheta un 8000 sesterces (1558 fr.). Sous Caligula, selon Suétone, trois Rougets furent payés 30 000 sesterces (5844 fr.). On ne trouve que trop d'exemples, dans la Rome impériale, de ces plaisirs féroces et de cette ostentation sans goût.

Pour n'être plus l'objet de prodigalités et de soins insensés, les Rougets n'en sont pas moins recherchés aujourd'hui pour leur beauté et leurs excellentes qualités comestibles. On estime particulièrement ceux de Provence.

On trouve le Rouget dans plusieurs mers, mais principalement dans la Méditerannée, où on le prend dans tous les parages, d'ordinaire sur les fonds limoneux. On le pêche à la ligne et au filet.

Joues cuirassées. — Les Poissons qui composent cette famille sont remarquables par la manière singulière dont leur tête est hérissée et cuirassée. Des épines, des plaques tranchantes leur donnent une physionomie désagréable, hideuse même, qui leur a valu les surnoms de *Crapauds de mer*, *Diables*, *Scorpions*, *Chauves-Souris de mer*. C'est chez les *Trigles* et quelques genres voisins que ces caractères sont le plus marqués. Nous étudierons dans cette famille les *Trigles*, les *Dactyloptères*, les *Chabots*, les *Scorpènes* et les *Épinoches*.

Les *Trigles* sont de resplendissants habitants des eaux ; rien n'égale la beauté de leur parure. Mais les dons qu'ils ont reçus de la nature leur sont funestes. Leur éclat les trahit et les perd. Ils comptent des ennemis aussi bien dans les eaux que dans l'air, et sans leur prodigieuse fécondité leur espèce aurait depuis longtemps disparu. Ce sont les poissons de cette famille qui justifient le mieux le nom de *Joues cuirassées*. Leurs os, surtout ceux de la tête, sont durs et grenus.

On connaît une quinzaine d'espèces de Trigles, les unes qui

vivent dans nos mers, surtout dans la Méditerranée, les autres dans les mers des Indes.

Parmi les espèces européennes, nous citerons le *Trigle rouge* (fig. 165), que l'on nomme à Paris *Rougel commun*. Il est d'une belle couleur rouge clair ou rosé, plus pâle en dessous et plus vif sur les nageoires. Il abonde dans l'Océan qui baigne nos côtes. On le voit fréquemment sur nos marchés, et sa chair est de bon goût.

Le *Perlon*, à dos brunâtre ou rougeâtre, avec les nageoires

Fig. 165. Trigle rouge.

pectorales noires, bordées de bleu du côté interne, est la plus grande espèce de nos côtes, tant dans l'Océan que dans la Méditerranée.

Le *Grondin* proprement dit, le *Gurnard* des Anglais, d'un gris brun, parfois rougeâtre en dessus, tacheté de blanc et de cette dernière couleur en dessous, est très-abondant sur nos côtes, et se trouve sur tous nos marchés.

Le nom de *Grondin* vient de ce que ces poissons font entendre sous les filets des pêcheurs un grognement plus ou moins fort.

Les *Dactyloptères* sont célèbres sous les noms de *Poissons volants*. Ils ressemblent beaucoup aux Trigles, mais s'en distinguent par leurs grandes nageoires pectorales, qui leur servent de parachutes, pour se soutenir lorsqu'ils sautent hors de l'eau. On en connaît plusieurs espèces. Les plus anciennement décrites sont le *Dactyloptère* ou *Poisson volant de la Méditerranée* (fig. 166) et celui des Indes.

Toute la nature animée semble conspirer contre ces êtres singuliers qui ont le double pouvoir de nager et de voler. Le Poisson

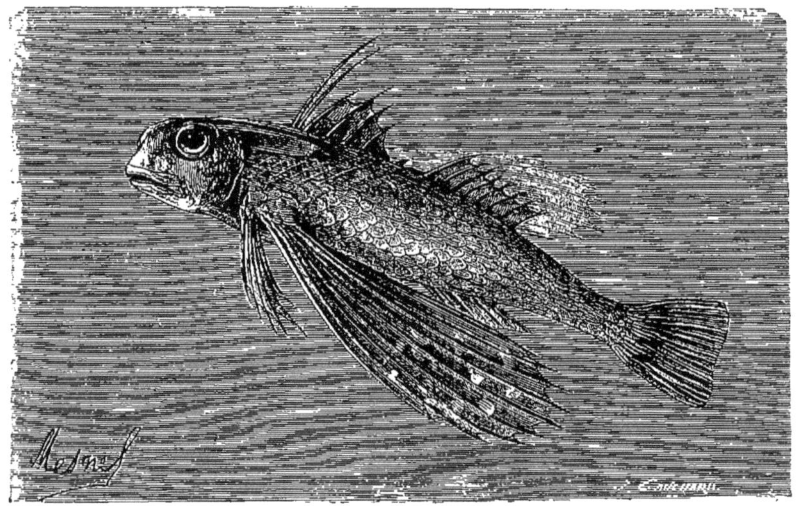

Fig. 166. Dactyloptère ou Poisson volant de la Méditerranée.

volant n'échappe aux ennemis qui le poursuivent au sein des flots, les Bonites, les Dorades et autres poissons voraces, que pour s'exposer aux attaques d'autres ravisseurs, habitants des plaines de l'air. Une foule d'oiseaux de mer, tels que les Frégates, l'Albatros, le Phaéton, leur font une guerre acharnée. Ainsi la guerre poursuit le malheureux poisson, quel que soit l'élément auquel il se confie.

Cependant notre animal passe d'un élément dans l'autre, et se fait alternativement oiseau et poisson, avec une vivacité et une habileté qui déjouent souvent les attaques de ses adversaires. Quand il s'élève au-dessus de la mer, à un ou deux mètres de hauteur, il peut parcourir une étendue de plusieurs centaines de mètres. Il ne peut toutefois changer la direction de sa course ; ses nageoires étendues lui servent seulement de parachute. On a comparé avec raison le Poisson volant au Dragon volant chez les Reptiles.

Les *Chabots* sont voisins des Trigles, mais ont la tête déprimée et armée d'épines et de tubercules. Le *Chabot de rivière* est presque la seule espèce de ce genre.

Le *Chabot de rivière*, ou *Cotte-Chabot* (fig. 167), est connu dans nos provinces sous plusieurs noms, suivant les localités. Il est commun dans tous les cours d'eau vive dont le fond est pierreux. C'est un petit poisson de douze à quatorze centimètres, dont la peau nue, molle, un peu visqueuse, est grisâtre, avec des bandes et des taches d'un brun foncé. Il tire son principal caractère de sa forme étrange et de la grosseur de sa tête. Son nom de *Chabot* vient de notre vieux mot français *caboche* (tête). A partir de cette tête énorme, aplatie en dessus, arrondie en avant, munie de deux petits yeux et d'une large bouche, tout le corps s'amincit graduellement, jusqu'à l'origine de la queue. L'animal se tient souvent caché parmi les pierres ou dans un petit terrier. Il s'y tient en embuscade, et se précipite, avec une rapidité foudroyante, sur la proie qui passe à sa portée. Des larves d'insectes aquatiques forment sa nourriture habituelle ; mais il absorbe quelquefois des Goujons ou des Vairons.

Le *Chabot de rivière* a droit, du reste, à notre intérêt, car il est de ces rares poissons chez lesquels s'est développé le sentiment de la paternité. Le mâle amène les femelles pondre dans une petite cavité, qu'il a creusée sous une pierre, dans le sable ; il garde ensuite les œufs avec une sollicitude et une vigilance extrêmes.

Le Chabot est peu recherché comme aliment, sans doute à cause de sa petite taille, car sa chair, qui rougit en cuisant, n'est pas désagréable à manger. On le prend à l'hameçon, à la nasse, à la fourche. Les pêcheurs le recherchent comme appât pour les anguilles.

Les *Chaboisseaux*, poissons de mer connus sous le nom de *Scorpions de mer*, *Diables de mer*, *Grogneurs*, etc., sont particulièrement épineux, et renflent beaucoup leur tête quand on les irrite. Ils ont des formes lourdes, disgracieuses. L'espèce la plus commune sur les côtes de l'Océan est le *Cotte-Chaboisseau*, de vingt à vingt-quatre centimètres de longueur, d'une couleur gris verdâtre, marbré de noir en dessus. C'est un poisson vorace, solitaire, qui nage avec force et rapidité. Comme notre *Chabot de rivière*, il s'établit en embuscade, parmi les rochers du rivage, dans des trous abrités sous des lits de varechs. Les pêcheurs redoutent les blessures qu'il fait avec ses longues épines.

Fig. 167. Chabot de rivière.

Ce poisson peut vivre longtemps hors de l'eau. On assure qu'il produit des sons, surtout à l'approche des tempêtes : aussi l'a-t-on appelé *Coq de mer*, *Coq bruyant*, *grognant*, etc.

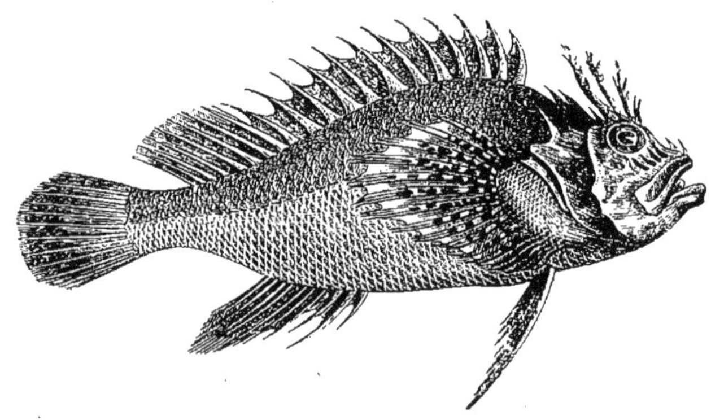

Fig. 168. Scorpène Rascasse de la Méditerranée.

Les *Scorpènes* sont des poissons auxquels leur tête, grosse et épineuse, ainsi que la peau molle et spongieuse qui les enveloppe, donnent un aspect étrange. Les piqûres de leurs épines les rendent redoutables. Cependant ce poisson est mangé par les pêcheurs, et sa chair n'est pas mauvaise. On en connaît une vingtaine d'espèces : deux qui sont propres à la Méditerranée, les autres particulières aux parages chauds et tempérés des deux Océans, et surtout aux mers d'Amérique et des Indes orientales. Les deux espèces européennes sont connues sous le nom de *Rascasses*. Nous représentons ici la *Scorpène Rascasse* de la Méditerranée.

Une autre espèce, la *Scorpène volante* (*Pteroïs volitans*), que nous représentons également (fig. 169), est un poisson d'eau douce que l'on a particulièrement observé dans les rivières du Japon et dont les nageoires pectorales, dépassant la longueur du corps, lui donnent la faculté de s'élancer hors de l'eau, comme le *Dactyloptère*.

Les *Épinoches*, qui appartiennent, comme les Scorpènes, à la famille des *Joues cuirassées*, doivent leur nom aux épines dont leur corps est armé. Ce nom varie légèrement, du reste, selon les localités : on les appelle en diverses parties de la France *Épinocles*, *Épinglottes*, *Épinardes*, *Échardes*, *Épicots*, et même *Cordonniers* ou *Savetiers*.

Les Épinoches, qui sont communes dans la plupart des eaux douces de la France, vivent dans les eaux claires et courantes des ruisseaux ou des petites rivières, là où des herbes aquatiques se développent en abondance. Leur corps, comprimé latéralement, atténué en fuseau, est bien approprié à la rapidité et à la grâce de leurs mouvements. La tête, dépourvue d'épines, porte de grands yeux d'un vert chatoyant. La nageoire ventrale des autres poissons est remplacée, chez elles, par une épine forte, acérée, denticulée, creusée d'un canal, et s'écartant du corps à la volonté de l'animal. Le dos est garni de plaques osseuses sur lesquelles s'articulent des épines libres, qui se couchent sur le dos lorsque le poisson est calme, et se dressent dès qu'il attaque ou se croit menacé.

Les Épinoches vivent ordinairement par troupes : on les voit souvent former de longues colonnes. Des insectes, des vers, des mollusques, du frai de poisson sont leur nourriture habituelle. Leur voracité est telle qu'on a vu une Épinoche dévorer, dans l'espace de cinq heures, soixante-quatorze poissons naissants, de l'espèce vulgairement connue sous le nom de *Vandoise*.

L'abondance de ces petits poissons dans nos eaux douces a permis à beaucoup d'observateurs d'étudier leurs habitudes, et l'on est arrivé ainsi à découvrir des actes vraiment surprenants, qui font regretter que les mœurs des poissons en général soient si difficiles à pénétrer.

Les observateurs qui se sont amusés à suivre les Épinoches dans leurs capricieuses évolutions ont constaté leur humeur

Fig. 169. Scorpène volante (*Pteroïs volitans*).

irascible, le jeu de leurs épines dans l'attaque ou la défense, leurs chasses, leurs combats entre elles ou avec d'autres animaux. L'observation des Épinoches, déjà si intéressante, devient vraiment saisissante pendant les mois de juin et de juillet : c'est l'époque où elles vont se reproduire.

Divers naturalistes ont décrit et admiré l'intelligence, l'industrie de ces petits habitants des eaux douces. Mais c'est particulièrement M. Coste qui a étudié, au Collège de France, leurs amours, leur ponte et leur nidification. C'est dans le mémoire de ce savant, publié dans le *Recueil des savants étrangers de l'Académie des sciences*, que nous puisons les curieuses révélations qui suivent.

Vers les premiers jours de juin, le mâle de l'Épinoche cherche un endroit à sa convenance, et s'y arrête définitivement. Après avoir creusé dans la vase une petite cavité, il y apporte des brins d'herbes aquatiques, qu'il va souvent chercher au loin, et avec ces débris végétaux il commence à former une sorte de tapis. Mais comme les matériaux qui constituent cette première partie de son édifice pourraient être entraînés par les courants, il a la prévoyance d'aller prendre du sable, dont il remplit sa bouche et qu'il dépose sur les brins. Pour donner ensuite une certaine cohésion à ces éléments, il les presse du poids de son corps, et les enduit d'un mucus qui suinte de sa peau. Pour s'assurer si toutes les parties sont suffisamment unies, l'Épinoche agite rapidement ses nageoires pectorales et produit des courants qu'il dirige contre le nid. S'il s'aperçoit que les brins d'herbe s'ébranlent, il les enfonce avec son museau, les tasse, les aplanit et les englue de nouveau. Les choses en étant à ce point, notre petit architecte, digne rival des femelles d'oiseaux, choisit les matériaux plus solides : ce sont des racines, des pailles, qu'il fiche dans l'épaisseur ou à la surface de la première construction, dans une direction toujours la même. Il les pose dans le sens longitudinal, de manière que l'une de leurs extrémités correspondra plus tard à l'entrée, et l'autre à la sortie de son domicile.

Après avoir formé le plancher et les parois latérales de sa maison, il s'occupe de sa toiture, qu'il construit avec les mêmes matériaux et à l'aide des mêmes manœuvres. Il a soin d'y réserver une ouverture bien circonscrite et dont le bord est artistement englué et uni.

Ainsi construit, le nid de l'Épinoche forme une voûte arrondie, de dix centimètres environ de diamètre. Mais il ne reste pas longtemps muni d'une seule ouverture. Le mâle ou la femelle en fait bientôt une seconde, en traversant le nid de part en part.

Tout ce que nous venons de dire s'applique aux Épinoches proprement dites. Les *Épinochettes*, qui sont plus petites et plus effilées, et qui présentent quelques caractères distinctifs, sur lesquels nous ne saurions nous étendre ici, ne construisent pas leurs nids sur la vase. Elles les suspendent aux branches des végétaux aquatiques, et prennent beaucoup plus de soin pour les cacher.

Le mâle va chercher, avec sa bouche, une quantité suffisante de conferves, plantes aquatiques. Il les entasse dans le lieu dont il a fait choix, et les lie aux points qui doivent leur servir de support. Quand ces matériaux assemblés forment une masse suffisante, il plonge son corps dans leur épaisseur et s'en enveloppe comme d'une gaîne. Puis il traverse lentement cette gaîne,

Fig. 170. Épinoche et son nid aquatique.

en exécutant sur lui-même un mouvement de rotation saccadée. A mesure qu'il accomplit cette révolution, les conferves qui l'enveloppent, engluées par le frottement de son corps, s'enroulent autour de lui en fibres circulaires, et le nid prend ainsi la forme d'un manchon. M. Coste pense que cette disposition en fibres annelées est produite par la nombreuse rangée d'épines qui, en se dressant le long du dos de l'animal, agissent circulairement sur les conferves, comme les dents de machines dont on se sert pour carder la laine en crin.

Lorsque la construction du nid est assez avancée pour recevoir les œufs, le mâle, qui a revêtu sa parure de noce, s'élance au milieu du groupe des femelles. Ses joues et sa face ventrale ont perdu leur pâleur habituelle, et sont devenues d'un orangé vif : son dos, jadis grisâtre, passe par les nuances successives du vert, du bleu, de l'argent. La femelle suit le mâle, qui, se précipitant vers son nid, plonge sa tête dans l'ouverture béante, l'élargit et cède la place à la femelle, qui s'y engage à son tour. Elle y reste deux ou trois minutes, y pond, et perce le nid de part en part pour en sortir. Le mâle entre à son tour dans le nid, glisse sur les œufs en frétillant, et sort bientôt. Il attire ensuite successivement, pendant plusieurs jours, ou la même femelle ou d'autres femelles qui sont prêtes à pondre, les aide dans cette douloureuse fonction, en les frottant avec son museau comme pour les encourager.

Le nid devient, de cette façon, le riche magasin de la postérité épinochienne, dans lequel les œufs entassés forment un bloc volumineux. Les femelles toutefois ne prennent aucun soin de leurs œufs. Bien plus, elles n'ont d'autre désir que de les dévorer. C'est alors au père Épinoche, à celui qui a bâti le nid, à celui qui y a conduit la mère ou les mères, de prendre soin de la future génération, et il s'en acquitte à souhait. M. Coste a observé et décrit avec grand soin les manœuvres de ce petit animal veillant au salut de l'empire épinochien.

Notre conservateur commence par fortifier, en le recouvrant de pierres, son nid, dont le volume est quelquefois égal à la moitié de son corps. Il en défend ainsi l'entrée à tout venant, et n'en conserve que la porte, à travers laquelle il est presque toujours occupé à faire passer des courants d'eau, par le rapide mouvement de ses nageoires pectorales. Ces courants ont probablement pour but, selon M. Coste, en lavant sans cesse les œufs, d'empêcher que des byssus ne se déposent sur eux, et n'en arrêtent le développement. On le voit ensuite chasser rudement toutes les Épinoches, mâles ou femelles, qui tentent de s'approcher de son nid, pour l'attaquer. Si les assaillants ne sont pas au nombre de plus de quatre ou cinq, il les repousse par la force. Mais si l'ennemi augmente, il fait ce qu'il convient le mieux : il agit de ruse, il opère des diversions. Ses artifices pourtant ne lui réussissent pas toujours. M. Coste a vu des individus occupés à recommencer cinq ou six fois de suite un nid, qui subissait toujours un sort fatal.

Lorsque le mâle a réussi à protéger son nid jusqu'aux approches de l'éclosion, on le voit redoubler de zèle. Il ôte les pierres, pour le rendre plus perméable à l'eau; il multiplie les courants, il remue les œufs, les amenant tantôt à la surface, tantôt au fond.

Quand, au bout de dix ou douze jours de fatigue et de soins, les petits sont éclos, le père doit les protéger longtemps encore,

Fig. 171. Épinochettes.

car leur volumineuse vésicule ombilicale les rend si impotents et si lourds, qu'ils ne pourraient échapper à leurs ennemis. Il ne permet à aucun des nouveau-nés de franchir les limites de son berceau. Si l'un d'eux s'en écarte, il le prend aussitôt dans sa bouche et le reporte à domicile. Quand le nombre des déserteurs augmente, il en saisit plusieurs à la fois, sans jamais en blesser aucun. A mesure que les petits grandissent, le père leur laisse un plus grand espace pour s'exercer. Mais alors sa surveillance devient plus difficile, et par cela même plus active. « On le voit sans cesse aller et venir, dit M. Coste, comme ces Chiens de berger qui tournent autour des troupeaux, ramènent les Brebis qui s'égarent, et sont toujours prêts à les défendre contre les attaques dont elles peuvent être l'objet. »

Toutes ces peines durent encore quinze à vingt jours. Alors le père les abandonne et reprend ses habitudes au milieu des autres Épinoches.

Fait remarquable! ce père qui fait le nid, qui assiste ses femelles, qui soigne les œufs, qui défend et guide les petits, vit dans une abstinence presque complète pendant les longs jours de la nidification, de l'incubation et de l'éducation.

Après les familles des *Percoïdes*, des *Mulles* et des *Joues cuirassées*, dont nous venons de parler, nous signalerons, comme renfermant des espèces tout aussi importantes à connaître, les quatre familles des *Pharyngiens labyrinthiformes*, des *Scombéroïdes*, des *Pectorales pédiculées* et des *Bouches-en-flûte*, qui terminent l'ordre des Acanthoptérygiens.

Les Poissons qui appartiennent à la petite famille des *Pharyngiens labyrinthiformes* ont les os de la voûte du palais (os pharyngiens supérieurs) divisés en petits feuillets, nombreux et irréguliers, qui interceptent des cellules situées sous l'opercule, et qui servent à y retenir une certaine quantité d'eau. Cette eau maintient les branchies humides, lorsque l'animal est à sec, ce qui lui permet de se rendre à terre et d'y ramper à une distance souvent assez grande de son milieu liquide et naturel.

Les *Anabas* présentent cette remarquable particularité d'organisation au plus haut degré; ils se trouvent très-communément dans la vase des mares et les petits cours d'eau de l'île de Bornéo, de l'île de Java et de presque tout l'archipel Indien. Ils rampent à terre, pendant plusieurs heures, au moyen des inflexions de leur corps, des dentelures de leur opercule et des épines de leurs nageoires. On a même prétendu qu'ils peuvent grimper le long de l'écorce des arbres. Mais des voyageurs modernes n'ont pu être témoins de ce fait singulier.

La famille des *Scombéroïdes* est la plus importante de l'ordre qui nous occupe. Elle comprend les Poissons qui sont le plus utiles à l'homme par leur volume, l'excellence de leur chair et leur abondance. Le *Thon*, le *Maquereau*, la *Bonite*, etc., ont offert, dès la plus haute antiquité, et offrent encore à l'homme d'immenses ressources alimentaires, soit à l'état frais, soit à l'état de salaison.

Le *Thon* ressemble assez au maquereau par la forme générale de son corps; mais il est plus rond, et atteint une taille de un à trois mètres et un poids qui varie ordinairement de cinquante à deux cents kilogrammes. La partie supérieure de son corps est d'un noir bleuâtre, et le ventre est gris avec des taches argentées.

Ces poissons se montrent quelquefois dans l'Océan; mais c'est dans la Méditerranée qu'ils se multiplient et qu'ils abondent. A

Fig. 172. Thon.

certaines époques de l'année, ils longent les côtes en légions innombrables, serrant leurs rangs nombreux, et constituant un bataillon immense, qui s'avance sur la mer, ou qui, se dérobant sous les flots, se trahit à l'extérieur par le bruit des ondes que refoulent tant et de si rapides voyageurs.

Dans beaucoup de localités, les bandes de Thons se montrent au printemps et se dirigent vers l'orient; on les voit suivre, à la fin de l'été ou en automne, une direction opposée. Aussi sur les côtes de la Provence, sur la côte de la Ciotat, fait-on une première pêche depuis le mois de mars jusqu'en juillet, et une seconde pêche depuis le milieu de juillet jusqu'à la fin d'octobre.

Mais sur d'autres points on voit les Thons arriver à la fois de directions très-différentes. Ailleurs, enfin, c'est seulement en hiver qu'on les trouve.

La pêche des Thons remonte à la plus haute antiquité. Les Phéniciens, ces premiers navigateurs connus, allaient l'exécuter sur les côtes d'Espagne. De nos jours, elle se fait avec une grande activité sur les côtes de Provence, de la Sardaigne, de la Sicile, etc.

Les Thons se pêchent de deux manières: à la *thonaire* et à la *madrague*.

On donne le nom de *thonaire* à une enceinte de filets que l'on forme avec promptitude dans la mer, pour arrêter les Thons au moment de leur passage.

Lorsque des vedettes, postées à cet effet, ont signalé l'arrivée des bandes de Thons, les pêcheurs en sont avertis par un pavillon indiquant l'endroit vers lequel se dirige la tribu flottante. Les patrons des bâtiments pêcheurs conduisent aussitôt leurs bateaux à l'endroit désigné, et, les rangeant sur une ligne courbe, forment avec des filets lestés et flottés une enceinte demi-circulaire, tournée vers le rivage, et dont l'intérieur s'appelle le *jardin:* on n'a jamais su pourquoi, car c'est un triste lieu pour les captifs qu'il attend. Les Thons renfermés dans ce *jardin* s'agitent avec effroi, entre la rive et les filets. A mesure qu'ils s'avancent vers la plage, on resserre l'enceinte, ou plutôt on forme une nouvelle enceinte intérieure, avec d'autres filets tenus en réserve. On laisse à cette seconde enceinte une ouverture, jusqu'à ce que tous les Thons aient passé dans l'espace qu'elle embrasse. En continuant de diminuer ainsi, par des clôtures successives, et toujours d'un plus petit diamètre, l'étendue dans laquelle les poissons sont renfermés, on parvient à les retenir sur un fond qui n'a pas plus de quatre mètres d'eau. Alors on jette dans ce parc un filet, espèce de *senne*, dont le milieu est garni d'un manche. On amène ce filet, à force de bras, sur le rivage, et l'on prend les petits Thons avec la main, les gros avec des crochets. On les charge sur des bateaux que l'on amène au port. Une seule pêche produisit à Collioure plus de quinze mille myriagrammes de Thons. On prit dans une autre et célèbre journée seize mille Thons, chacun de dix à quinze kilogrammes.

Lorsque le parc destiné à la pêche du Thon, au lieu d'être éta-

Fig. 173. Pêche du Thon à la madrague, sur les côtes de Provence.

bli pour chaque pêche, comme la thonaire, est construit à demeure dans la mer, on le nomme en Provence *madrague*.

La *madrague* est une vaste enceinte distribuée en plusieurs chambres. Les cloisons qui forment ces chambres sont soutenues par des flotteurs de liége, tendues par un lest de pierres et maintenues par des cordes, dont une extrémité est attachée à la tête du filet et l'autre amarrée à une ancre.

Les madragues sont destinées à arrêter les grandes troupes de Thons, au moment où elles abandonnent les rivages pour revenir en pleine mer. C'est pour cela que l'on établit entre les rivages de la mer et le parc, ou madrague, une longue allée que l'on appelle *chasse*. Les Thons suivent cette allée, arrivent à la madrague, passent de chambre en chambre, et parviennent à la dernière, que l'on nomme *corpou*.

Pour les forcer à se rassembler dans la madrague, on les pousse vers le rivage, au moyen d'un long filet que l'on tient tendu derrière eux, attaché à deux bateaux, dont chacun soutient un des angles supérieurs du filet. Lorsque les poissons sont rassemblés dans le dernier compartiment, des matelots soulèvent un filet horizontal, qui forme une sorte de plancher à ce compartiment, et de cette manière ils élèvent peu à peu les poissons jusque près de la surface de l'eau. Cette opération exige l'espace d'une nuit.

Le matin, les Thons sont tous réunis dans un espace étroit, situé à une distance variable du rivage, et c'est alors que commence, de toutes parts, un combat acharné. On frappe les malheureux captifs avec des gaules, des crocs et autres armes meurtrières.

C'est un spectacle fort triste que celui de la pêche du Thon à cette dernière et dramatique période. C'est avec un serrement de cœur que l'on voit ces énormes et beaux poissons se débattre, dans une enceinte étroite et sans issue, sous les coups d'une multitude de pêcheurs acharnés à leur tâche sanglante, et qui procèdent à un massacre général. La vue de ces pauvres animaux, dont quelques-uns, blessés, à demi morts, essayent en vain de lutter contre leurs féroces assaillants, est très-pénible à supporter. La mer, rougie de sang sur une grande étendue, conserve longtemps la trace de ce carnage affreux (fig. 173).

La chair du Thon, ferme et saine, est très estimée. Le Thon est le Saumon de la Provence, et nous le mettons, pour notre compte, bien au-dessus du Saumon. Rien n'est comparable au Thon frais jeté dans une friture bouillante, puis rehaussé de fort vinaigre et de sel. Et quant au poisson de conserve, est-il rien de plus ferme et de plus savoureux, rien qui puisse rivaliser en ce genre avec le Thon mariné dans les ateliers de Marseille et de Cette ?

Le Thon jouissait, à juste titre, d'une grande réputation chez les Grecs et chez les autres habitants des rives de la Méditerranée, de la Propontide et de la mer Noire. Les Romains attachaient un grand prix à certaines parties du corps de ce poisson, comme la tête et le dessous du ventre. Ils faisaient peu de cas des morceaux voisins de la nageoire caudale, parce qu'ils ne les trouvaient pas assez gras.

Ces mêmes Romains conservaient très-bien les Thons, en les coupant par morceaux et les renfermant dans des vases remplis de sel. On les marine aujourd'hui avec de l'huile et du sel, après les avoir cuits. C'est une préparation qui se fait dans beaucoup de ménages à Cette, à Montpellier, à Marseille, et qui constitue une admirable ressource pour l'année. Avec un pot de thon mariné dans du vinaigre de Lunel, une ménagère est prête à tout événement.

Le *Maquereau* est un poisson trop connu pour qu'il soit nécessaire d'en donner le signalement. Qui n'a admiré, sur l'étal des joyeuses commères de la Halle, ces poissons, au dos bleu d'acier, qui se changent en vert irisé, glacé d'or et de pourpre, relevé par des lignes ondulées du plus beau noir; à la tête bleue en dessus et marquée de noir, le reste du corps étant d'un bleu nacré, irisé d'or et de pourpre?

Il existe deux espèces de Maquereaux : celui de l'Océan et de la Manche, qui n'a pas de vessie natatoire (*Scomber*, *Scombus*), et le Maquereau particulier à la Méditerranée, qui a une vessie natatoire (*Scomber colias* ou *Pneumatophorus*).

Cet excellent poisson est désigné sous différents noms par les pêcheurs de nos côtes. On le nomme *Veirat* dans le bas Languedoc, *Aurion* en Provence, *Bretel* dans quelques parties de la Bretagne, etc. C'est le *Macarello* des Romains modernes, le *Scombro* des Vénitiens, le *Lacesto* des Napolitains, le *Cavallo* des Espagnols, le *Pisaro* des Sardes, le *Makarell* des Anglais, le *Makril* des Suédois, etc., etc.

C'est pour nos pays un poisson de passage. Selon Duhamel et Anderson, les Maquereaux se tiennent pendant l'hiver dans les mers du Nord. Ils en descendent au printemps, côtoient l'Islande, puis l'Écosse et l'Irlande, et se rendent dans l'océan Atlantique Là leur armée se partage en deux : une colonne passe devant l'Espagne et le Portugal, pour se rendre dans la Méditerranée. pendant qu'une autre entre dans la Manche. Ces poissons paraissent en mai sur les côtes de France et d'Angleterre, en juin sur

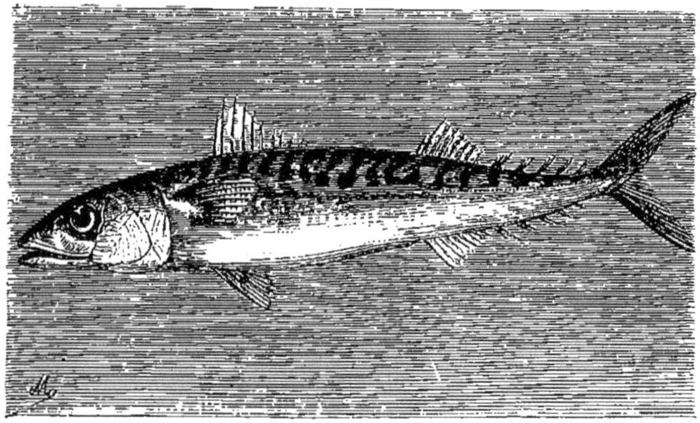

Fig. 174. Maquereau.

celles de Hollande et de la Frise. En juillet, une partie se rend dans la mer Baltique, et une autre côtoie la Norvége, pour retourner dans le Nord.

Lacépède estime que cette marche si régulière, et dont toutes les étapes sont si rigoureusement indiquées, est inconciliable avec un grand nombre d'observations précises. Il croit donc que les Maquereaux passent l'hiver dans les fonds de la mer plus ou moins éloignés des côtes, dont ils s'approchent vers le printemps; qu'au commencement de la belle saison ils s'avancent vers le rivage qui leur convient le mieux, se montrent souvent, comme les Thons, à la surface de la mer, parcourent des chemins plus ou moins sinueux, mais ne suivent point le cercle périodique auquel on a voulu les astreindre.

M. Milne Edwards fait aussi remarquer que si ces légions de poissons descendaient toutes des mers polaires, elles devraient se montrer aux îles Orcades avant que d'apparaître dans la Manche, et entrer dans la Méditerranée plutôt que dans la Manche; or on assure que leur apparition n'est abondante aux Orcades qu'à une époque beaucoup plus avancée de la saison. Il paraît enfin que ce sont des variétés différentes qui hantent les divers parages où ces poissons abondent.

C'est à l'entrée de la Manche, entre les Sorlingues et l'île de Bas, que se prennent les plus gros Maquereaux; mais ils sont moins estimés que ceux d'une plus petite taille. Les bancs de ces poissons ne paraissent pas entrer dans le golfe de Gascogne, mais ils abondent depuis l'extrémité de la Bretagne jusqu'à la mer du Nord. C'est, en général, vers le mois d'avril qu'on commence à en rencontrer; mais ils sont encore petits et non laités. Les plus communs et les plus estimés sont ceux qui se montrent pendant les mois de juin et de juillet. Vers la fin de septembre et en octobre, on pêche de petits Maquereaux, qui paraissent être nés dans l'année. Enfin, en novembre et même en décembre, les pêcheurs de Dieppe en envoient parfois à Paris. Tout cela est, au reste, assez irrégulier.

Passons à la pêche de ces poissons.

Comme les Maquereaux sont très-voraces, ils se jettent sur toutes sortes d'appâts et entrent facilement dans les parcs qu'on leur présente. On se sert le plus souvent, dans les grands passages de Maquereaux, de grandes nasses de filets, nommées *manets*, dont les mailles sont calculées sur la grosseur de la tête de ces poissons, qui s'y prennent par les ouïes. Ces grands filets, qui sont tendus verticalement dans la mer, ou bien flottent entre deux eaux, plus ou moins près de la surface, ont deux brasses de largeur et jusqu'à deux mille brasses de longueur (fig. 175).

Sur les côtes de Normandie, aussitôt que les Maquereaux arrivent, on va les pêcher dans les anses et les petites criques, en batelet, avec des lignes à canne à trois panneaux. Mais ce n'est là que la petite pêche, qu'on fait en partie de plaisir. La pêche en grand, dont nous avons parlé plus haut, se nomme le *petit métier* si elle se fait près des côtes, et *grand métier* lorsqu'elle se fait à trente ou quarante lieues en mer.

Lorsqu'on prend une trop grande quantité de poissons pour la consommation des pays voisins du lieu de la pêche, on prépare ceux que l'on veut conserver longtemps et envoyer à de grandes

Fig. 175. Pèche du Maquereau.

distances, en les vidant, en les mettant dans du sel, et en les entassant ensuite dans des barils, comme des Harengs.

Leur chair est grasse et fondante. Chez les anciens, on l'exprimait, pour ainsi dire, et l'on en formait une sorte de substance liquide, préparation très-nourrissante, que l'on désignait sous le nom de *garum*. Le prix de ce liquide était assez élevé : en mesures modernes, il valait environ vingt francs le litre. Il était toujours âcre, à moitié putréfié et nauséabond, mais il avait la propriété de réveiller l'appétit et de stimuler l'estomac. Le *garum* jouait le rôle des épices, à une époque où le bataillon excitant des épices indiennes était inconnu. Sénèque lui reproche ce que nous reprochons au poivre et au piment, de ruiner l'estomac et la santé des gourmands. L'usage du *garum* s'est conservé pendant longtemps. Le naturaliste voyageur Pierre Belon, au seizième siècle, prétend que de son temps il était très-estimé à Constantinople.

Rondelet, l'auteur de l'ouvrage sur les *Poissons* (*de Piscibus*) publié en 1554, et très remarquable pour son époque, ayant mangé du *garum* chez Guillaume Pellicier, évêque de Maguelonne et savant naturaliste, s'occupa de rechercher l'espèce de poisson qui fournissait ce condiment. Il crut pouvoir l'attribuer non au Maquereau, mais au Picarel (*Sparus smaris*), que l'on classe aujourd'hui dans la famille des Sparoïdes [1].

Les Maquereaux sont au nombre des Poissons phosphorescents, c'est-à-dire qui brillent dans les ténèbres, surtout quand un commencement de putréfaction s'est emparé de leur corps, qui est toujours huileux.

Les Maquereaux sont si voraces que, malgré leur petite taille, ils sont pleins de hardiesse et attaquent souvent des poissons plus gros et plus forts qu'eux. On a même prétendu qu'ils aiment la chair humaine. D'après l'évêque naturaliste Pontoppidan, qui vivait au seizième siècle, un marin appartenant à un vaisseau qui mouillait dans un des ports de la Norvége, se baignant un jour dans la mer, fut assailli par une troupe de Maquereaux. On vint à son secours ; on repoussa à grand'peine cette bande avide, mais il était trop tard : le malheureux expira quelques heures après.

1. Voir dans notre ouvrage : *Vie des Savants illustres*, tome III (*Savants de la Renaissance*), in 8°, la biographie de Rondelet.

Par un juste retour de la nature, de nombreux ennemis menacent les Maquereaux. Les grands habitants des mers les dévorent à l'envi; des poissons, en apparence assez faibles, tels que les Murènes, les combattent avec avantage.

A côté des Maquereaux et des Thons se range la *Bonite des tropiques*, animal de forte taille, célèbre par la chasse qu'il donne, en grandes troupes, aux Poissons volants; le *Germon*, grand et

Fig. 176. Baigneur attaqué par des Maquereaux.

bon poisson, qui arrive par troupes nombreuses, dans le golfe de Gascogne, vers le mois de juin, à la suite des Sardines et des Anchois, et dont les Basques et les habitants de l'île d'Yeu font une pêche active; enfin l'*Espadon*.

L'*Espadon-Épée*, connu depuis les temps les plus anciens, a porté des noms particuliers qui rappellent le caractère saillant, soit dit sans jeu de mots, de sa structure organique. Il se reconnaît, en effet, au premier coup d'œil, à son museau prolongé horizontalement et tranchant comme une lame d'épée. Chez les anciens, c'était le Ξιφίας, le *Xiphius* et le *Gladius* ; chez les modernes, c'est l'*Épée*, le *Dard*, l'*Empereur*, le *Pesce spada* des côtes de la Méditerranée.

Ce poisson, qui peut acquérir une très-grande taille, se trouve dans la Méditerranée et dans l'Océan. Il accompagne les Thons. Il semble éprouver le besoin de se servir envers et contre tous de l'arme dont la nature l'a muni. Il s'élance avec furie sur les obstacles et les grands corps mouvants, qu'ils soient de bois ou de chair, qu'ils soient vaisseau ou poisson.

En 1725, des charpentiers français, examinant le fond d'un vaisseau qui revenait d'un voyage dans les mers tropicales, trou-

Fig. 177. Espadon-Épée.

vèrent la lance d'un Espadon enfoncée dans le bois de la carcasse du navire. Ils déclarèrent que, pour enfoncer à cette profondeur une pointe de fer de la même taille et de la même forme, il aurait fallu huit ou neuf coups d'un marteau pesant trente livres. D'après la position de l'arme, il était évident que le poisson avait suivi le navire quand il flottait à toutes voiles. Son épée avait pénétré à travers un pouce de doublage métallique du navire, trois pouces de planche et un demi-pouce de charpente solide.

L'Espadon livre des combats opiniâtres au poisson Scie et même au Requin. La Baleine, ce colosse des mers, n'effraye pas même l'Espadon, qui engage quelquefois avec ce redoutable Cétacé un combat inégal (fig. 178). Il est probable que, lorsqu'il attaque la carène des vaisseaux, il prend leur sombre masse pour le corps d'un ennemi.

Ce terrible jouteur, ce paladin des abîmes, devient souvent lui-même la proie d'un ennemi. Un misérable petit parasite, le *Pennatula filosa*, pénètre dans sa chair et le rend fou de douleur.

Fig. 178. Combat d'une Baleine et d'un Espadon.

La chair des jeunes Espadons est blanche, compacte et d'un goût excellent; celle des adultes devient plus ferme et ressemble davantage à celle des Thons. Aussi est-il le but d'une pêche de quelque importance, qui se fait surtout dans le détroit de Messine.

Les pêcheurs de Messine et de Reggio sortent sur un grand nombre de barques, qui portent des fanaux brillants. Un homme monté sur un mât avertit ses compagnons de la présence de l'Espadon et les barques courent aussitôt pour l'attaquer avec le harpon. Pendant cette pêche, les matelots chantent une mélodie particulière, mais sans paroles.

La famille des *Pectorales pédiculées*, ainsi nommée parce que

Fig. 179. Pêche de l'Espadon dans le détroit de Messine.

les poissons qui la composent ont leurs nageoires pectorales portées sur des espèces de bras que forme l'allongement des os du carpe, renferme la *Baudroie*, si remarquable par l'excès de grandeur du diamètre transversal de sa tête sur celui du corps; par sa large gueule, armée de dents pointues; par les lambeaux cutanés, déchiquetés de diverses longueurs, dont elle est comme hérissée en plusieurs points; par sa peau molle, lisse, sans écailles ni aspérités; par les sortes de membres qui supportent les nageoires pectorales. Tout cela forme un ensemble assez hideux et ressemble à ces images de démons et de lutins par lesquelles on a effrayé pendant longtemps l'ignorance et la superstition des masses.

La dépouille de ce poisson, préparée de manière à être très-transparente, et rendue lumineuse par une lampe allumée renfermée dans son intérieur, a servi plusieurs fois à faire croire à de fantastiques apparitions.

La Baudroie, qui peut atteindre jusqu'à deux mètres de longueur, vit sur le sable, ou enfoncée dans la vase, et en laissant flotter au-dessus les filets longs et mobiles qui garnissent sa tête. Les lambeaux qui les terminent forment comme des appâts naturels qu'elle agite en divers sens et qui ressemblent à des vers ou autres animaux vivants. Les poissons qui nagent au-dessus d'elle, et qu'elle voit très-bien à l'aide de ses deux yeux, situés au sommet de la tête, sont attirés par ces trompeuses et

Fig. 180. Baudroie.

singulières amorces. Lorsqu'ils arrivent assez près de son énorme gueule, qu'elle laisse presque toujours ouverte, elle les engloutit et les déchire à l'aide de ses dents fortes et crochues.

Cette manière de se tenir en embuscade, et de pêcher en quelque sorte à la ligne les poissons que sa conformation ne lui permet pas de poursuivre, a fait donner à la Baudroie le nom de *Grenouille pêcheuse*. Elle est plus ou moins répandue dans toutes les parties de la Méditerranée et dans beaucoup de parages de l'Océan; nos pêcheurs en prennent dans le golfe de Gascogne, aussi bien que dans la Manche.

La *famille des Labroïdes* comprend : 1° les *Labres*, qui sont parés des plus vives couleurs, car le jaune, le vert, le bleu, le rouge forment sur leur corps des bandes ou des maculatures rehaussées de brillants reflets métalliques; 2° les *Girelles*, dont une espèce méditerranéenne est remarquable par sa couleur violette, relevée de chaque côté par une bande orangée; 3° les *Filous*, poissons de la mer des Indes, qui peuvent tout à coup avancer leur bouche et la transformer en un long tube, pour

Fig. 181. Vieille verte et Vieille rouge (Labres).

saisir au passage les petits animaux qui nagent à leur portée; 4° les *Scares*, poissons des mers intertropicales, dont une espèce, le *Scare de Crète*, était singulièrement estimée des anciens.

Nous représentons ici, comme type de la famille des Labroïdes, la *Vieille verte* et la *Vieille rouge* (fig. 181), variétés de la *Vieille commune*, appelée quelquefois *Perroquet de mer*, et qui vit dans l'Océan; et dans la famille des Girelles, la *Girelle commune* (fig. 182), petit poisson remarquable par sa belle teinte violette, relevée de chaque côté par une bande en zigzag de couleur orangée, qui vit dans l'Océan et la Méditerranée.

Fig. 182. Girelle.

Nous citerons encore parmi ces Acanthoptérygiens la famille des *Bouches en flûte*, ainsi nommée à cause du long tube que

Fig. 183. Bouche en flûte ou Fistulaire.

forment en avant du crâne les os de la face. La bouche est placée à l'extrémité de ce tube : c'est ce qui a valu à la famille dont ce poisson fait partie le singulier nom qu'il porte.

La figure 183 représente le *Fistularia tabaccaria*, espèce type du genre *Fistulaire* (de *fistula*, flûte). Le tube du museau est long et aplati, et de la nageoire caudale part un filament terminal, presque aussi long que le corps.

Cette espèce de la famille des *Bouches en flûte* est commune dans la mer des Antilles; elle atteint jusqu'à un mètre et plus de longueur; mais sa chair est coriace et peu recherchée. Ce poisson se nourrit de Crustacés et de poissons plus petits, qu'il va chercher sous les rochers et les pierres, grâce à son museau long et effilé.

Nous terminons là cette histoire abrégée des principales espèces de poissons actuellement vivantes, et qui étaient de nature à intéresser nos lecteurs, par les habitudes de leur vie, par leur emploi dans l'industrie, ou par le rôle qu'elles jouent dans l'alimentation publique.

BATRACIENS ET REPTILES

CLASSE

DES BATRACIENS ET REPTILES

Ces deux classes de Vertébrés comprennent un certain nombre d'animaux qui ne sont ni vêtus de poils, comme les Mammifères, ni couverts de plumes, comme les Oiseaux, ni munis de nageoires, comme les Poissons.

Les *Reptiles* ont pour caractère essentiel d'être enveloppés d'écailles, en totalité ou en partie. Les uns se meuvent en rampant, par la simple adhérence de leurs écailles ventrales sur le sol : tels sont les Serpents; les autres, comme les Tortues, les Crocodiles, les Lézards, tout en progressant à l'aide de pattes, paraissent cependant se traîner dans les différents milieux où ils vivent, parce que leurs jambes, excessivement courtes, n'ont pas le pouvoir de maintenir leur corps dans une position élevée. Les membres locomoteurs, lorsqu'ils existent, sont ordinairement au nombre de quatre; mais on connaît plusieurs espèces de Lézards qui n'en possèdent que deux. Il existe même un petit Reptile dont le mode de translation fait exception à la règle générale : c'est le Dragon volant. Cet animal est pourvu, outre ses quatre pattes, d'appendices membraneux, sorte de prolongements de la peau des flancs, qui sont supportés par les côtes et lui permettent de se laisser tomber du haut d'un arbre pour saisir les Insectes dont il se nourrit.

Les *Batraciens* diffèrent des Reptiles par leur peau nue. De plus, ils subissent des métamorphoses. Ils mènent une vie purement aquatique dans leur jeune âge, et respirent alors par des branchies, à l'instar des Poissons. Les petits des Grenouilles, des Crapauds, des Salamandres, qui se nomment *Têtards*, n'ont, en effet, aucune ressemblance avec leurs parents à leur entrée dans le monde. Ce sont des êtres au corps mince et allongé, dénués de pattes et de nageoires, à la tête volumineuse, qui sillonnent, en quantités innombrables, l'eau croupissante des mares, et y vivent tout à fait à la manière des Poissons. Mais peu à peu ils se transforment. Leurs membres et leurs poumons se développent, leurs branchies s'atrophient, et un jour arrive où, convenablement organisés pour une autre existence, ils s'élancent hors de leur humide retraite, et foulent cette terre, nouvelle pour eux. Pourtant ils n'oublient pas leur élément natal. Grâce aux palmures de leurs doigts, ils peuvent encore parcourir les lieux témoins de leur enfance; et ils y retournent, pour se livrer aux plaisirs de la natation. Quelques-uns, comme les Protées et les Sirènes, sont même à ce point favorisés de la nature, qu'ils conservent le privilége de s'ébattre au sein de l'onde, tout en gambadant à travers les prairies. Ce sont de véritables amphibies; ils doivent cette existence en partie double à la persistance de leurs branchies.

Chez les Reptiles et les Batraciens, comme chez les Oiseaux et les Mammifères, la respiration est aérienne et pulmonaire, mais beaucoup moins active. Les Batraciens ont, en outre, une respiration cutanée très-considérable; quelques-uns, comme les Crapauds, les Reinettes, absorbent même plus d'oxygène par la peau que par les poumons.

La circulation est incomplète, par suite de la structure du cœur, qui ne présente qu'un ventricule. Le sang, après une régénération partielle dans les poumons, revient se combiner au sang non révivifié, et c'est ce mélange qui est lancé dans l'économie. Aussi les Reptiles et les Batraciens sont-ils considérés comme des animaux à *sang froid*, surtout les premiers, dont la fonction respiratoire, source de calorique intérieur, s'exerce très-faiblement.

En raison de la basse température de leur corps, les Reptiles recherchent les climats brûlants, où le soleil darde des rayons d'une intensité inconnue dans nos régions tempérées. C'est pour cela qu'ils fourmillent sous les chaudes latitudes de l'Asie, de l'Afrique et de l'Amérique, tandis qu'ils sont rares en Europe.

C'est encore pour cela qu'ils s'engourdissent pendant l'hiver. Ne trouvant pas en eux assez de chaleur pour réagir contre le froid extérieur, ils s'endorment d'un sommeil de plusieurs mois, et ne se réveillent qu'aux premières caresses du printemps. Les

Serpents, les Lézards, les Tortues, les Grenouilles sont astreints à cette loi. Les uns hibernent sur la terre même, sous des amas de pierres, ou dans des trous; les autres, dans la vase; d'autres enfin au fond de l'eau.

Ces animaux ont les sens peu développés. Le toucher, le goût, l'odorat sont, chez eux, très-imparfaits. L'ouïe, quoique moins obtuse, laisse cependant beaucoup à désirer; mais la vue s'exerce assez convenablement, par de grands yeux, à prunelle contractile, circonstance qui permet à certains Reptiles, comme les Geckos, de distinguer les objets dans l'obscurité. La voix est à peu près nulle chez les Batraciens et les Reptiles. Cependant les Serpents poussent des sifflements aigus; quelques espèces de Crocodiles font entendre des hurlements énergiques, et les Grenouilles coassent.

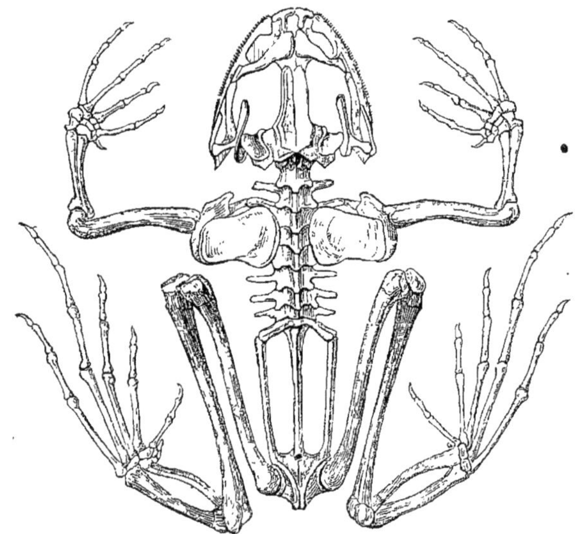

Fig. 184. Squelette de batracien (Grenouille).

Les Reptiles et les Batraciens ont le cerveau très petit. Cette particularité explique leur peu d'intelligence, et l'impossibilité presque complète où l'on se trouve de les instruire. On parvient, il est vrai, à les apprivoiser, mais ils ne sont pas susceptibles d'affection.

Le faible volume de leur cerveau les rend fort insensibles, et leur permet de supporter des mutilations qui seraient immédiatement mortelles pour les autres animaux. Le Lézard, par exemple, casse fréquemment sa queue dans ses brusques mouvements. S'en émeut-il? Non! Cet amoindrissement de son être ne semble pas l'affecter; il attend avec patience le retour de l'organe que la nature complaisante renouvelle aussi souvent qu'il le faut. On peut tout aussi impunément lui extirper les yeux, lui trancher une partie de la tête : ces organes se remplacent ou se complètent, au bout d'un certain temps, sans que l'animal ait cessé d'accomplir les fonctions qui lui sont encore permises dans son état d'amputé. Une Tortue, privée de son cerveau, continua de vivre et de marcher pendant six mois; et l'on a vu une Salamandre dans un état de santé fort satisfaisant, quoique sa tête fût, pour ainsi dire, isolée du tronc par une ligature extrêmement serrée autour du cou.

Une autre particularité curieuse de l'histoire des Reptiles et des Batraciens, c'est qu'au sortir de leur engourdissement ils se dépouillent de leur vieille enveloppe, et reprennent ainsi, chaque année, une nouvelle jeunesse. Il est certain d'ailleurs qu'ils restent jeunes fort longtemps. Leur croissance est très-lente et se continue pendant presque toute la durée de leur existence : aussi sont-ils doués d'une longévité remarquable. On s'en étonnera peu si l'on réfléchit qu'*existant sans vivre* durant plusieurs mois de l'année, ils s'usent moins vite que les autres animaux, et doivent, par conséquent, atteindre un âge plus avancé.

La faible activité de l'organisme chez les Reptiles et les Batraciens fait que leur estomac n'a point d'exigences; aussi ne prennent-ils qu'une rare nourriture, qui n'est digérée ensuite que lentement.

A l'exception des Tortues, dont le régime est herbivore, les Batraciens et les Reptiles se nourrissent de proies vivantes. Les uns, comme les Lézards, les Grenouilles, les Crapauds, etc., poursuivent les vers, les Insectes, les petits Mollusques terrestres ou aquatiques; les autres, comme les Crocodiles et les Serpents, se jettent sur les Mammifères et les Oiseaux. Les Serpents de grande taille, grâce à la dilatabilité de leur œsophage, avalent des animaux beaucoup plus gros qu'eux. Le Boa s'élance sur le Taureau, l'étreint de ses replis sinueux, lui brise les os, et peu à peu l'engloutit tout entier.

Les Reptiles, aussi bien que les Batraciens, sont *ovipares*, et leur fécondité est très-grande. Leurs œufs sont tantôt recouverts d'une enveloppe calcaire : tels sont ceux des Reptiles; tantôt mous et analogues au frai de poisson, comme chez les Batraciens. Ils ne couvent pas leurs œufs, mais ils les enfouissent dans le sable, et confient à la chaleur solaire le soin de les faire éclore. Les Batraciens se contentent de les répandre dans l'eau

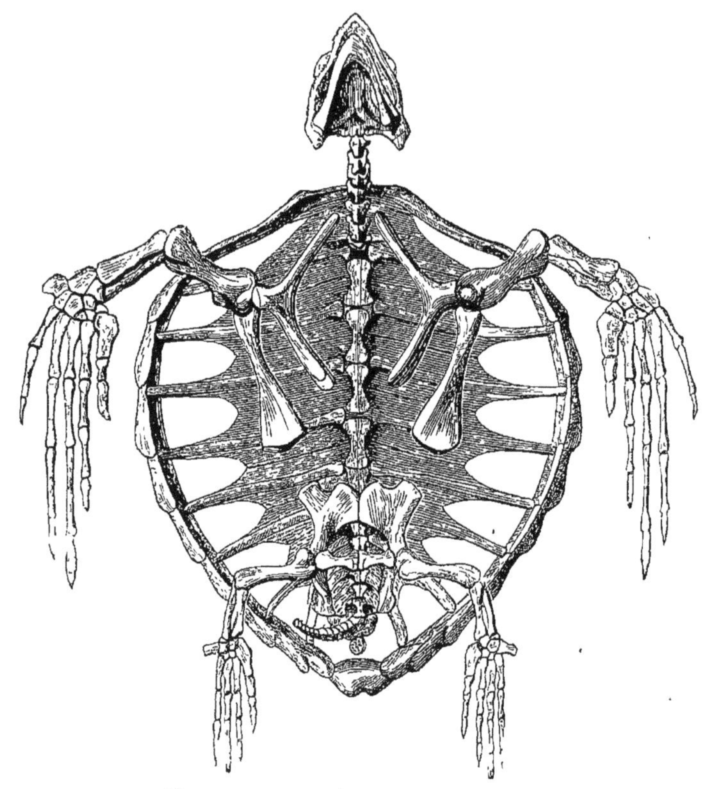

Fig. 185. Squelette de reptile (Tortue).

des mares, ou bien ils les transportent sur leur dos jusqu'au terme de l'éclosion.

Au sortir de l'œuf, les petits doivent pourvoir à tous leurs besoins, car les parents ne sont pas là pour leur apporter leur nourriture et les défendre contre leurs ennemis. Cette protection, si manifeste parmi les animaux supérieurs, n'existe pas davantage chez les espèces *ovovivipares,* c'est-à-dire chez lesquelles les œufs éclosent dans le corps de la mère; les jeunes sont, pour ainsi dire, pondus vivants et tout préparés pour la bataille de l'existence.

Les amours de ces animaux ne présentent pas ce caractère d'affection mutuelle et de tendre sympathie qui distingue ceux des Mammifères et surtout des Oiseaux. Dès qu'ils ont assuré la perpétuité de leur espèce, ils se séparent et reprennent leur existence solitaire.

Certains Reptiles atteignent des dimensions vraiment extraordinaires et qui les rendent parfois très-redoutables. On rencontre des Tortues marines qui pèsent jusqu'à 800 kilogrammes, et dont la carapace mesure jusqu'à 2 mètres de long. La taille ordinaire du Crocodile est de 3 à 4 mètres, mais on en a vu de 8 et même de 10 mètres, qui ouvraient une gueule de 2 à 3 mètres de largeur.

On trouve dans l'Inde et en Amérique d'énormes Boas, qui sont gros comme la cuisse d'un homme et n'ont pas moins de 16 mètres de longueur. Les annales romaines font mention d'un Serpent de 40 pieds de long, qui fut rencontré par Régulus en Afrique, lors de la guerre punique.

Ces gigantesques Reptiles ne sont cependant pas les plus à craindre pour l'homme. Leur taille même les désigne à l'attention, de sorte qu'il est facile de les éviter. Bien autrement terribles sont les Vipères, longues de 60 centimètres seulement, qui se glissent auprès de leur proie sans être vues, et la mordent cruellement, en laissant dans la plaie un venin qui détermine la mort avec une rapidité foudroyante. Cette fatale puissance est sans doute l'origine du culte qui fut accordé à certains Reptiles par quelques nations de l'antiquité, et qui leur est voué encore par plusieurs peuplades sauvages.

Les Reptiles et les Batraciens ont inspiré de tout temps à l'homme une répulsion insurmontable. M. Daudin cite l'exemple d'une femme qui tomba sans connaissance pour avoir mis la main sur un Crapaud dont elle ne soupçonnait pas la présence[1]. Combien de personnes ne peuvent retenir un mouvement d'effroi à la vue d'une Couleuvre, d'un Lézard ou d'une Grenouille, animaux bien inoffensifs pourtant! Plusieurs causes concourent à

1. *Histoire naturelle générale et particulière des Reptiles.* Paris, an X, tome Ier, in-8°. *Introduction.*

cette aversion. En premier lieu, la basse température de leur corps, dont le contact communique à celui qui en éprouve l'effet un frisson subit, involontaire; puis l'humeur gluante qui découle de leur gueule, comme chez les Serpents, ou qui suinte de leur peau, comme chez les Grenouilles, les Crapauds et les Salamandres. La fixité et l'atonie de leur regard impressionnent péniblement. L'odeur écœurante qu'ils exhalent est d'une telle âcreté, qu'elle provoque quelquefois, à elle seule, l'évanouissement. Ajoutons la crainte d'un danger, réel ou souvent exagéré, et nous aurons le secret de cette sorte d'horreur instinctive que fait naître en nous la vue d'un Reptile.

Cependant les espèces nuisibles sont exceptionnelles parmi les Reptiles, et il n'en est aucune chez les Batraciens; car c'est à tort qu'on a pris pour un venin l'urine que le Crapaud lance en s'enfuyant.

S'il est vrai que ces animaux soient, en général, d'un aspect repoussant, on ne peut néanmoins méconnaître leur utilité incessante dans l'économie de la nature. Habitants du limon, de la vase et des fanges impures, ils font une guerre incessante aux vermisseaux, aux Insectes qui pullulent dans ces cloaques, et qui altéreraient l'atmosphère, si la nature n'y avait pourvu par leur salutaire présence dans les mêmes lieux.

Ils trouvent, à leur tour, des ennemis acharnés dans les Oiseaux des marais, qui mettent un frein à leur prodigieuse multiplication. Ainsi s'établissent l'équilibre et l'harmonie des êtres.

Les animaux qui nous occupent rendent des services plus directs à l'homme par la part que celui-ci leur accorde dans son alimentation. On mange les Grenouilles dans le midi de l'Europe; et dans quelques contrées on mange les Couleuvres, sous le nom d'*Anguilles de haie*. On sait la faveur dont jouissent en Angleterre les Tortues pour faire des potages. Dans certaines contrées, on mange les Iguanes, les Crocodiles et même les Serpents à sonnettes. Il n'y a pas jusqu'au bouillon de Vipère qui n'ait eté préconisé longtemps par les Hippocrates des temps barbares.

Comme nous l'avons déjà fait remarquer, la nature particulière de leur organisation porte les Reptiles et les Batraciens à rechercher les régions où le soleil verse constamment des torrents d'une ardente lumière. C'est là qu'ils atteignent ces dimensions énormes qui distinguent les Serpents africains; c'est là qu'ils distillent leurs poisons les plus subtils; c'est là qu'ils se parent de ces vives couleurs qui, pour être moins riches que celles des Oiseaux et des Poissons, n'en sont pas moins d'un effet saisissant. Les Serpents et les Tortues brillent de reflets métalliques très-divers; les corps des Iguanes et des Lézards présentent des combinaisons et des nuances de couleurs extrêmement variées. C'est dans ces mêmes parages que vit le Caméléon, animal remarquable par ses changements de coloration, phénomène qui se retrouve aussi chez nos Grenouilles, mais à un degré extrêmement affaibli.

Les Reptiles et les Batraciens ont été extrêmement nombreux dans les premières périodes de l'existence de notre globe. C'est alors que vivaient ces Sauriens monstrueux, dont les dimensions seules effrayent notre imagination. Chez les Reptiles et les Batraciens des premiers âges de la terre, les formes étaient bien plus nombreuses, les dimensions bien plus grandes, les moyens d'existence bien plus variés, que chez ceux de la création contemporaine. Les Reptiles des temps actuels ne sont que les fils dégénérés de ceux des temps géologiques. Tandis qu'autrefois ils remplissaient les eaux de leurs effrayantes et gigantesques masses, et semaient la terreur au sein de la création vivante, tant par leurs armes redoutables que par leur nombre prodigieux, aujourd'hui ils sont réduits à un nombre d'espèces véritablement infime. On ne compte guère plus de 1500 espèces de Reptiles et de Batraciens, dont 100 seulement appartiennent à l'Europe.

BATRACIENS

Les animaux qui composent cette classe ont été longtemps confondus avec les Reptiles, dont ils diffèrent par une particularité fondamentale d'organisation. A leur naissance, ils respirent par des branchies, et ressemblent, par conséquent, aux Poissons. Autant par leurs formes que par leurs mœurs et leur organisation, ces animaux sont, au point de vue physiologique, des Poissons à cette époque de leur vie. Par les progrès de l'âge, ils subissent une métamorphose essentielle : ils acquièrent des poumons, et dès lors ont une respiration aérienne. Il est donc facile de comprendre que cette classe d'animaux ne saurait se ranger, comme on l'a fait longtemps, parmi les Reptiles, qui sont des animaux à respiration aérienne, mais qu'ils doivent former une classe particulière de Vertébrés.

Les Batraciens établissent la transition entre les Poissons et les Reptiles. Ils sont comme un trait d'union entre ces deux groupes d'animaux. On le voit, les classifications sont souvent en défaut : les savants font des divisions, la nature fait des transitions.

Les Batraciens, à l'état adulte, sont des animaux à sang froid, à circulation incomplète, à respiration peu active, et dont la peau est nue. Nous avons donné, dans le chapitre qui précède, les caractères généraux qui leur appartiennent.

Les *Grenouilles*, les *Rainettes*, les *Crapauds*, les *Pipas*, les *Salamandres* et les *Tritons* sont les représentants des principales familles de Batraciens dont nous ferons l'histoire.

Grenouille. — La Grenouille a reçu un irréparable dommage de sa ressemblance avec le Crapaud, car cette circonstance fait naître, dans l'esprit de beaucoup de personnes, de fâcheuses préventions contre ce petit et innocent Batracien. Si le Crapaud n'existait pas, la grenouille nous paraîtrait d'une conformation curieuse, et nous intéresserait par les phénomènes de transformation qu'elle présente dans les diverses époques de son développement. Nous y verrions un animal utile, inoffensif, aux formes sveltes, aux membres déliés et souples, au corps paré de cette couleur verte qui plaît tant à la vue et qui se confond harmonieusement avec le tapis de nos prés.

Le corps de la *Grenouille commune* (fig. 186) peut atteindre plus de deux décimètres de longueur, depuis l'extrémité du museau jusqu'au bout des pattes de derrière. Son museau se termine en pointe; ses yeux sont gros, brillants et entourés d'un cercle couleur d'or. La bouche est grande; son corps, rétréci par derrière, présente, sur le dos, des tubercules et des aspérités. Il est d'un vert plus ou moins foncé en dessus et blanc en dessous. Ces deux couleurs, qui s'accordent très-bien, sont relevées par trois raies jaunes, qui s'étendent le long du dos, et par des marbrures noires éparses.

Ce serait donc obéir à une prévention regrettable que de détourner le regard quand on rencontre dans la campagne ce petit être sautillant, à la taille légère, aux mouvements prestes et à l'attitude gracieuse. Il ne faut pas voir avec déplaisir les bords de nos ruisseaux embellis par les couleurs de ces petits êtres et animés par leurs gambades. Suivons des yeux leurs manœuvres, au milieu de nos étangs, dont ils égayent la solitude sans en troubler la tranquillité.

Les Grenouilles sortent souvent de l'eau, non-seulement pour chercher leur nourriture, mais encore pour se chauffer au soleil. Lorsqu'elles se reposent ainsi, la tête haute, le corps relevé sur les pattes de devant, et appuyées sur les pattes de derrière, elles présentent plutôt l'attitude d'un animal d'une espèce élevée, que celle d'un reptile bas et fangeux.

Les Grenouilles se nourrissent de larves, d'insectes aquatiques, de vers, de petits mollusques. Elles choisissent toujours une proie vivante et en mouvement; elles se mettent à l'affût pour la guetter, et quand elles l'ont aperçue, elles fondent sur elle avec vivacité.

Bien loin d'être muettes, comme plusieurs quadrupèdes ovipares, les Grenouilles donnent de la voix. Les femelles ne font entendre qu'un grognement particulier et peu élevé, produit par l'air qui vibre dans l'intérieur de deux poches vocales, situées sur les côtés du cou; mais le cri des mâles est sonore et porte très-loin. C'est un coassement que le poëte grec Aristophane a cherché à imiter, par des consonnes inharmoniques : *brekekeu-koax, ooax!* C'est principalement lors des temps de pluie, et dans les chaudes journées, le soir et le matin, que les Grenouilles poussent ces sons confus. Elles chantent en chœur, et la monotonie de cette triste mélopée est des plus fatigantes.

Sous le régime féodal, les châteaux des seigneurs et hobe-

Fig. 186. Grenouille.

reaux de la contrée étaient entourés de fossés à demi pleins d'eau et habités par un peuple de coassantes Grenouilles. Il était ordonné aux vassaux et vilains de battre, matin et soir, l'eau de ces fossés, afin d'empêcher les Grenouilles de troubler le sommeil des seigneurs et maîtres desdits châteaux.

Indépendamment des cris retentissants et longtemps prolongés dont nous venons de parler, la Grenouille mâle se sert, à certaines époques, pour appeler sa femelle, d'une voix sourde et comme plaintive, que les Romains nommaient *ololo* ou *ololygo*, « tant il est vrai, dit Lacépède, que l'accent de l'amour est toujours mêlé de quelque douceur »

Quand l'automne arrive, les Grenouilles cessent de se livrer à leur voracité habituelle. Elles ne mangent plus; et pour se garantir du froid, elles s'enfoncent assez profondément dans la vase, réunies par troupes, dans le même lieu. Ainsi enfouies, elles passent l'hiver dans un état continu d'engourdissement. Quelquefois le froid gèle leur corps sans les faire périr.

Cet état de torpeur se dissipe aux premiers jours du printemps. Dès le mois de mars, les Grenouilles commencent à se réveiller et à s'agiter. C'est à cette époque qu'elles se multiplient. Leur race est si féconde, qu'une femelle peut pondre annuellement de six cents à douze cents œufs.

Ces œufs sont globuleux et formés d'une sphère glutineuse et transparente, au centre de laquelle est un petit globule noirâtre. Les œufs flottent, en formant comme des chapelets à la surface de l'eau.

Tous ceux qui ont regardé avec quelque attention, à cette époque, les petites mares des campagnes, ont vu nager, à la surface de l'eau, ces élégantes et légères embarcations. Au bout de quelques jours, plus ou moins, suivant la chaleur atmosphérique, le petit point noir qui était l'embryon et qui s'est développé à l'intérieur de l'œuf, aux dépens de la masse glaireuse qui l'enveloppe, se dégage et s'élance dans l'eau : c'est le *Têtard* de Grenouille.

Le corps du Têtard, de forme ovoïde, se termine par une longue queue aplatie, qui forme une véritable nageoire. De chaque côté du cou sont deux grandes branchies, en forme de panache. Le Têtard n'a point de pattes. Bientôt ses panaches branchiaux se flétrissent, sans que la respiration cesse d'être aquatique, car le Têtard possède en outre des branchies intérieures comme les poissons. Peu de temps après, les pattes commencent à se montrer. Ce sont les pattes postérieures qui apparaissent les premières; elles acquièrent une grande longueur avant que les pattes antérieures commencent à se montrer. Celles-ci se développent sous la peau, qu'elles percent plus tard. Lorsque les pattes sont développées, la queue commence à se flétrir et s'atrophie peu à peu, de façon à disparaître complétement chez l'animal parfait. Vers la même époque, les poumons se développent et commencent a fonctionner. On peut suivre sur la figure 187 les phases successives de la transformation de l'œuf de Grenouille en Têtard, puis en Batracien parfait.

A travers ces admirables modifications, on voit le poisson devenir peu à peu batracien. Pour suivre jour par jour cette

Fig. 187. Développement du Têtard.

1. Œuf de Grenouille. — 2. Œuf fécondé et entouré d'une vésicule. — 3. Premier âge du Têtard. — 4. Apparition des branchies respiratoires. — 5. Développement des branchies du Têtard. — 6. Formation des pattes postérieures du Têtard. — 7. Formation des pattes antérieures, suppression graduelle des branchies. — 8. Développement des poumons, réduction de la queue. — 9. Grenouille parfaite.

étrange métamorphose, il suffit de recueillir des œufs de Grenouille et de les placer, avec quelques herbes aquatiques, dans un aquarium, ou dans un bocal à poissons rouges. C'est là un spectacle des plus intéressants, et nous engageons nos lecteurs à se donner ce plaisir, ce délassement instructif et facile.

On admet aujourd'hui l'existence de deux espèces de Grenouilles européennes : la *Grenouille verte* et la *Grenouille rousse.*

La *Grenouille verte* est celle que nous avons décrite et représentée (fig. 186). Elle se trouve dans les eaux courantes et dormantes. C'est cette espèce que la Fontaine met en scène dans une de ses fables.

> Grenouilles aussitôt de sauter dans les ondes,
> Grenouilles de rentrer dans leurs grottes profondes !

La *Grenouille rousse*, un peu plus petite que la précédente, habite les lieux humides, dans les champs et les vignes. Elle ne se rend dans l'eau que pour se reproduire ou pour hiverner.

La chair des Grenouilles est très-tendre, très-blanche, très-délicate. C'est un mets peu estimé, mais à tort, nous en donnons l'assurance. Accommodées *à la poulette*, les Grenouilles vertes ont un goût qui rappelle celui de la volaille très-jeune. Dans presque toute la France on dédaigne ce manger; ce n'est guère que dans le Midi que l'on ose avouer ce goût et que l'on pêche des Grenouilles pour les vendre au marché. Aussi n'ai-je jamais bien compris pourquoi nos bons voisins les Anglais, quand ils veulent se moquer de leurs amis les Français, les appellent *mangeurs de Grenouilles!* C'est un reproche que l'on pourrait tout au plus adresser à un Provençal et à un Languedocien, comme le très-humble auteur de ce livre.

On distingue aisément la *Raine verte*, ou *Rainette* (fig. 138), des Grenouilles, par de petites plaques qu'elle a sous les doigts. Ces organes sont des espèces de ventouses, qui permettent à l'animal de s'appliquer fortement à tous les corps, quelque polis qu'ils soient. La branche la plus unie, la face inférieure d'une feuille suffisent pour donner une prise et un point d'appui à ce délicat organe.

Le dessus du corps de la Rainette est d'un beau vert : le dessous, où l'on voit de petits tubercules, est blanc. Une raie jaune, légèrement bordée de violet, s'étend de chaque côté de la tête et du dos, depuis le museau jusqu'aux pattes de derrière. Une raie semblable court depuis la mâchoire supérieure jusqu'aux pattes de devant. Sa tête est courte, sa bouche ronde, ses yeux élevés. Beaucoup plus petite que la Grenouille, elle n'en a que plus de gentillesse. Elle vit pendant l'été sur les feuilles des arbres, dans les bois humides, passe l'hiver au fond des eaux, et n'en sort vers le mois de mai qu'après y avoir déposé ses œufs. Elle se nourrit de petits insectes, de vers, de mollusques nus, et se place à l'affût, dans le même lieu, pendant des journées entières. Tant que brille le soleil, elle reste cachée sous les feuilles des arbres; mais dès que le crépuscule commence, elle se met en mouvement et grimpe aux arbres.

Il faut répéter pour les Rainettes ce que nous avons dit sur les Grenouilles : il faut se défaire de tout préjugé à leur sujet, et alors on examinera avec le plus grand plaisir leurs couleurs vives, qui se nuancent si bien avec le vert des feuilles; on remarquera leurs ruses et leurs embuscades; on les suivra des yeux dans leurs petites chasses; on les verra se tenir renversées sur les feuilles, dans une situation qui paraîtrait merveilleuse si l'on ne connaissait pas l'organe qui leur a été donné

Fig. 188. Rainette.

pour s'attacher aux corps les plus unis. On prendra à ce spectacle autant de plaisir que si l'on considérait le plumage, les manœuvres et le vol de plusieurs oiseaux.

Le coassement des Rainettes est assez semblable à celui des Grenouilles, quoique moins aigre et quelquefois plus fort dans les mâles; il peut assez bien se traduire par les syllabes *caraccarac*, prononcées du gosier. Ce cri se fait entendre principalement le soir et le matin. Dès qu'une Rainette a commencé de pousser son coassement, toutes les autres l'imitent. Dans les nuits tranquilles, la voix d'une troupe de ces petits Batraciens parvient quelquefois jusqu'à plus d'une lieue.

Les *Crapauds* sont de forme ramassée et désagréable. On comprend difficilement comment la nature, qui a donné aux Grenouilles et aux Rainettes une parure élégante et une sorte de grâce, a pu imprimer aux Crapauds une forme aussi repoussante.

Ces êtres disgraciés occupent une grande place dans l'ordre de la nature; ils sont répandus avec profusion, mais on ne saurait dire exactement dans quel but.

Le *Crapaud commun* (fig. 189) est lourd et trapu. Sa couleur est ordinairement d'un gris livide, tacheté de brun et de jaunâtre. Il est encore enlaidi par un grand nombre de pustules ou de verrues. Une peau épaisse et dure couvre son dos aplati. Son large ventre paraît toujours enflé; sa tête est un peu plus grosse que le reste du corps, sa gueule est grande, ses yeux gros et saillants. Il habite ordinairement au fond des fossés, surtout dans ceux où une eau fétide et corrompue croupit depuis longtemps. On le trouve dans les fumiers, dans les caves, dans les parties obscures et humides des bois. Combien de fois n'a-t-on pas été désagréablement surpris, lorsque, soulevant quelque gros caillou, on a découvert un Crapaud, accroupi contre terre, affreux à voir, et, comme honteux de lui-même, se dérobant avec tristesse aux regards étrangers!

C'est dans ces divers asiles obscurs et fétides que le Crapaud se tient renfermé pendant le jour. Il sort de préférence le soir, et marche plutôt qu'il ne court. Quand on veut le saisir, il vide dans la main tout le contenu de sa vessie urinaire. Si on l'irrite davantage, une humeur laiteuse et venimeuse suinte des cryptes de son dos.

Une particularité de sa structure le défend un peu des attaques du dehors. Sa peau, très-extensible, adhère faiblement aux muscles, et peut, au gré de l'animal, laisser entre ce tégument et les chairs une notable quantité d'air, qui ballonne le corps, et le place au milieu d'une couche élastique de gaz, grâce à laquelle il est moins sensible aux chocs.

Les Crapauds se nourrissent d'insectes, de vers et de petits mollusques. Ils font entendre, le soir, surtout à l'époque des amours, un chant plaintif et flûté. Ils se rendent dans les eaux des étangs ou dans de simples flaques d'eau, pour s'accoupler et y déposer leurs œufs. Après l'éclosion, les petits suivent les mêmes phases que les Têtards de Grenouilles.

Leur vie peu active est néanmoins très-tenace. Ils respirent peu, sont susceptibles d'hibernation, et peuvent ainsi rester pendant un temps assez considérable renfermés dans un espace très-resserré.

Il faut bien se garder toutefois de prendre à la lettre ce qu'on a écrit sur la longévité du Crapaud et sur la découverte de ces animaux trouvés vivants au milieu d'un caillou. C'est une erreur d'observation, qui provient de ce que le Crapaud se blottit avec une facilité singulière dans les moindres plis du terrain

Fig. 189. Crapaud.

ou dans les plus petites anfractuosités des pierres placées dans des lieux sombres.

Cet animal aux formes repoussantes, et que la nature a muni d'une humeur venimeuse, arme offensive et défensive très-efficace, ce lépreux misérable, ce solitaire obscur qui fuit la vue de l'homme, comme s'il comprenait qu'il fait tache dans le brillant tableau de la nature, est pourtant susceptible d'éducation. Il se familiarise et s'apprivoise à l'occasion. Hélas! cette occasion est bien rare pour lui!

Le zoologiste Pennant a rapporté des détails curieux sur un pauvre Crapaud qui, réfugié sous l'escalier d'une maison, s'était accoutumé à venir, tous les soirs, dès qu'il apercevait de la lumière, dans une salle à manger voisine du lieu de sa retraite. Il se laissait prendre et placer sur une table, où on lui donnait des vers, des Cloportes et des Insectes. Comme on ne lui avait jamais fait de mal, il ne s'irritait point lorsqu'on le touchait. Il devint bientôt par sa gentillesse (la gentillesse d'un Crapaud!) l'objet d'une curiosité générale. Les dames mêmes tenaient à voir cet animal familier.

Le pauvre Batracien vécut ainsi trente-six ans. Il aurait vécu plus longtemps encore, si un Corbeau apprivoisé, et comme lui l'hôte de la maison, ne l'eût attaqué à l'entrée de son trou, et ne lui eût crevé un œil. Dès lors il devint languissant, et mourut au bout d'une année.

A côté des Crapauds se placent les *Pipas*, dont la physionomie est aussi hideuse que bizarre. Leur tête est aplatie, triangulaire. Un cou très-court la sépare du tronc, qui est lui-même déprimé et aplati. Leurs yeux sont d'une petitesse extrême, d'une couleur olivâtre plus ou moins claire, et semée de très-petites taches rousses ou rougeâtres. Ils n'ont pas de langue.

Il n'existe qu'une seule espèce de Pipa, le *Pipa d'Amérique* (fig. 190), qui habite la Guyane et plusieurs provinces du Brésil. Ce qui rend surtout ce Batracien remarquable, c'est son mode de reproduction. Il est ovipare, mais il n'abandonne pas ses œufs dans l'eau comme les Poissons. Quand la femelle a pondu, le mâle prend les œufs et étale sur le dos de sa compagne l'espoir de sa postérité; puis il les féconde. Les femelles, portant toujours sur le dos les œufs fécondés, gagnent ensuite les marais et s'y plongent. Mais bientôt la peau du dos qui supporte les œufs éprouve une inflammation érysipélateuse, sorte d'irritation déterminée par la présence des œufs, lesquels sont alors englobés dans la peau, et disparaissent sous ce tégument.

Les jeunes Pipas se développent dans ces petits alvéoles maternels. Bientôt ils éclosent, et restent dans ces alvéoles jusqu'à ce qu'ils aient pris un développement suffisant. Lorsqu'ils en sortent, ils ont la forme des adultes. Ce n'est qu'après s'être débarrassée de sa progéniture que la femelle abandonne sa résidence aquatique.

Urodèles. — Les *Salamandres* et les *Tritons* ont été appelés *Urodèles*, nom de la famille qui réunit ces deux espèces.

Le caractère extérieur constant qui distingue ces amphibiens d'une manière générale, c'est la présence de la queue pendant toute la durée de leur existence. Cependant ils sont soumis à la métamorphose que subissent tous les autres Batraciens dépourvus de queue. C'est cette particularité qui leur a fait donner le nom d'*Urodèles* (οὐρά, queue, δῆλος, manifeste).

Les Salamandres ont eu les honneurs de récits fabuleux. Les Grecs croyaient qu'elles pouvaient vivre dans le feu; et cette

Fig. 190. Pipa d'Amérique.

erreur, si longtemps accréditée, n'est pas entièrement dissipée de nos jours. Beaucoup de gens ont la naïveté de croire ces innocentes bêtes incombustibles. L'amour du merveilleux, soigneusement entretenu et excité par l'ignorance et la superstition, a conduit plus loin encore. On est allé jusqu'à prétendre que le feu le plus violent s'éteint quand on y jette une Salamdre. Au moyen âge, cette opinion avait cours chez la plupart des hommes, et l'on aurait été mal venu de la contredire. La Salamandre était l'animal obligé des conjurations des sorciers et sorcières. Les peintres ne manquaient pas de faire figurer dans leurs représentations symboliques une Salamandre résistant au feu du plus violent brasier. Il a fallu que des physiciens, des philosophes prissent la peine de prouver par l'expérience l'absurdité de pareils contes.

La *Salamandre terrestre*, ou *tachetée* (fig. 191), a le corps noir, verruqueux, à grandes taches jaunes irrégulières, réparties sur la tête, le dos, les flancs, les pattes et la queue. Elle recherche les lieux humides et obscurs et ne sort guère de sa retraite que le matin ou la nuit. Marchant lentement et se traînant avec peine

Fig. 191. Salamandre terrestre.

à la surface de la terre, elle vit de mouches, de scarabées, de limaçons et de vers de terre. Elle se tient dans l'eau pour pondre des petits, qui naissent tout vivants et déjà munis de branchies très-développées.

La Salamandre, du reste, a un privilége qui la fait redouter comme un animal malfaisant. Elle fait sortir de la surface de son corps une humeur gluante, âcre et laiteuse, d'une odeur forte, qui lui sert de défense contre plusieurs animaux qui voudraient l'attaquer. On s'est assuré par expérience que cette liqueur introduite dans le système circulatoire, par une petite plaie, est un poison très-actif pour de petits animaux et peut déterminer la mort.

Cette espèce se trouve dans toute l'Europe; on l'a prise, mais rarement, aux environs de Paris.

La *Salamandre noire*, qui ne présente aucune tache, se trouve dans les hautes montagnes de l'Europe, au voisinage des neiges, principalement dans les Alpes.

Les *Tritons* ou *Salamandres aquatiques* n'ont pas la queue arrondie et conique des Salamandres, mais comprimée latéralement. On reconnaît principalement les mâles à la crête membraneuse et découpée qui s'étend le long du dos, depuis la tête jusqu'à l'extrémité de la queue.

Les Tritons (fig. 192) sont des animaux essentiellement aquatiques, que l'on trouve dans les fossés, dans les marais, les étangs, et qui viennent rarement à terre. Ils sont très-carnassiers et se nourrissent de Mouches, de divers Insectes, du frai de la Grenouille, et ils n'épargnent même pas les individus de leur propre espèce. Les femelles pondent des œufs isolés, qu'elles fixent au-dessous des feuilles des végétaux aquatiques. Les jeunes Têtards qui conservent longtemps leurs branchies ne naissent qu'une quinzaine de jours après.

Fig. 192. Salamandre aquatique, ou *Triton*.

Ces animaux font entendre un petit bruit particulier, et lorsqu'on les touche, ils répandent une odeur tout à fait caractéristique.

On a constaté que les Tritons peuvent vivre assez longtemps, non-seulement dans une eau très-froide, mais même au milieu de la glace. Ils sont quelquefois saisis dans les glaçons qui se forment dans les fossés ou dans les étangs qu'ils habitent. Lorsque ces glaçons se fondent, ils sortent de leur engourdissement et reprennent leurs mouvements en même temps que leur liberté. Lacépède raconte qu'on a même trouvé, pendant l'été, des Salamandres aquatiques renfermées dans des morceaux de glace tirés des glacières, et où elles avaient dû rester sans mouvement et sans nourriture, depuis le moment où on avait recueilli la glace des marais pour en remplir ces glacières.

Les Tritons présentent un autre fait remarquable, dans la facilité étonnante avec laquelle ils réparent les mutilations qu'on leur fait subir. Non-seulement leur queue repousse quand on l'a coupée, mais leurs pattes mêmes se reproduisent de la même manière et plusieurs fois de suite.

On trouve très-fréquemment aux environs de Paris le *Triton à crête*, dont la peau du dos est rugueuse, d'un brun verdâtre avec de grandes taches noires et des points blancs saillants et dont le ventre présente des taches noires sur un fond orangé.

Le voyageur hollandais Sieboldt a fait connaître une espèce de Salamandre aquatique qui habite les montagnes du Japon et qui est remarquable par sa taille gigantesque. Au lieu d'être de la grosseur du doigt, comme nos espèces indigènes, ce Batracien a plus d'un mètre de long et pèse plus de neuf kilogrammes.

Il existe une magnifique Salamandre dans la ménagerie des Reptiles du Muséum d'histoire naturelle de Paris.

REPTILES

Les Reptiles sont, comme on l'a dit dans un chapitre précédent, des animaux vertébrés, respirant par des poumons, ayant le sang rouge et froid, c'est-à dire ne produisant pas assez de chaleur pour que leur température ne soit pas sensiblement supérieure à celle de l'atmosphère, dépourvus de poils, de plumes, de mamelles, et ayant un corps garni d'écailles.

C'est à l'occasion des espèces remarquables dont nous ferons l'histoire que nous décrirons les allures si diverses, les mœurs si singulières, les formes extérieures si variées et si remarquables des Reptiles.

On divise la classe des Reptiles en trois ordres : les *Ophidiens*, les *Sauriens*, les *Chéloniens*.

Nous allons considérer successivement chacun de ces trois ordres. Seulement, pour ne pas effrayer nos jeunes lecteurs par ces noms quelque peu rébarbatifs, nous dirons tout de suite que les *Ophidiens* comprennent les Serpents, les *Sauriens* le Lézard, le Crocodile, etc., et les *Chéloniens* les Tortues. Que cette nomenclature vulgaire rassure ceux que pourraient rebuter les terminologies scientifiques.

ORDRE DES OPHIDIENS

Les Ophidiens, connus vulgairement sous le nom de *Serpents*, ont le corps allongé, arrondi, étroit. Ils n'ont ni pattes ni nageoires. Leur bouche est garnie de dents pointues, en crochets, séparées entre elles et non contiguës. Leur mâchoire inférieure est à branches dilatables, plus longue que le crâne; ils n'ont pas de cou, leurs paupières sont immobiles. Leur peau est coriace, extensible, écailleuse ou granuleuse, recouverte d'un épiderme caduc, qui se détache en entier d'une seule pièce, et se reproduit plusieurs fois dans l'année.

Leurs mouvements sont simples et variés. Grâce aux sinuosités qu'ils impriment à leur corps, ils ne marchent pas : à proprement parler, ils rampent.

Avec beaucoup de naturalistes, nous diviserons les Serpents en deux groupes : ceux qui sont venimeux et ceux qui ne le sont pas.

SERPENTS NON VENIMEUX

Ces Serpents ont les dents fixes et pleines, c'est-à-dire sans canal ni gouttières : tels sont les *Couleuvres*, les *Pithons* et les *Boas*.

Les *Couleuvres* n'ont aucun venin mortel, aucune arme funeste. Quand on s'est familiarisé avec elles, on les rencontre sans déplaisir dans les bois, dans les champs et les jardins. L'œil peut se complaire à admirer la beauté des nuances de leur robe et la vivacité de leurs mouvements. Elles n'effarouchent point les Oiseaux, qui les laissent se mêler à leurs jeux.

La *Couleuvre à collier* (fig. 193) se trouve souvent dans la belle saison auprès des habitations. Elle dépose quelquefois ses œufs, qui sont en chapelet et au nombre de dix à quinze, dans les meules de blé placées dans les champs. On la trouve aussi dans les prés humides, auprès des cours d'eau, où elle aime à se plonger. C'est pour cela qu'on l'a appelée *Serpent d'eau*, *Serpent nageur*, *Anguille de haie*.

Elle parvient quelquefois à la longueur de un mètre et plus.

Le sommet de sa tête aplatie est recouvert de neuf grandes écailles, disposées sur quatre rangs. Le dessus du corps est d'un gris plus ou moins foncé, marqueté, de chaque côté, de taches noires irrégulières. Au milieu de deux rangées formées par ces taches, s'étendent, depuis la tête jusqu'à la queue, deux autres rangées longitudinales de taches plus petites. Le dessous du ventre est varié de noir, de blanc et de bleuâtre. On voit sur le cou deux taches d'un jaune pâle ou blanchâtre, qui forment comme un demi-collier (de là est venu le nom de ce Serpent); et ces deux taches sont d'autant plus apparentes qu'elles sont placées au devant de deux autres taches triangulaires et très-foncées.

Cette Couleuvre rampe sur la terre avec une très-grande vitesse, et se jette volontiers à la nage. On la voit pendant la belle saison, dans les lieux humides comme dans les buissons ou sur les hautes branches sèches des saules, des érables ou sur les saillies des vieux bâtiments. Elle se nourrit d'herbes, de Fourmis et d'autres insectes, comme aussi de Lézards, de Grenouilles, de petites Souris. Elle peut même aller surprendre les jeunes oiseaux dans leurs nids, car elle grimpe avec facilité sur les

Fig. 193. Couleuvre à collier.

arbres. Lorsque arrive la fin de l'automne, elle se rapproche des lieux les moins froids, vient auprès des maisons et se retire dans des trous souterrains, souvent au pied des haies, et presque toujours dans un endroit élevé au-dessus des plus fortes inondations.

La Couleuvre à collier, que l'on trouve dans presque toutes les contrées de l'Europe, peut être, en général, maniée sans danger. Lacépède donne d'intéressants détails sur la douceur de ses mœurs. On peut la nourrir dans les maisons. Elle s'accoutume si bien à l'homme qui la soigne, qu'au moindre signe elle s'entortille autour de ses doigts, de ses bras et de son cou. Elle insinue sa tête entre ses lèvres, boit sa salive, et peut se cacher et glisser sous ses vêtements.

Lorsque la Couleuvre à collier n'a pas été élevée ainsi en domesticité, qu'elle a vécu dans les champs et à l'état sauvage, qu'elle est adulte et forte, elle s'irrite si on l'attaque. Alors ses yeux s'animent, elle agite sa langue, se redresse avec vivacité, et mord la main qui cherche à la saisir; mais sa morsure est tout à fait inoffensive.

La *Couleuvre verte et jaune*, longue d'environ un mètre, se trouve dans le midi et dans l'ouest de la France. On l'a prise quelquefois dans la forêt de Fontainebleau. Les belles couleurs dont elle est revêtue la font aisément distinguer des Vipères. Ses yeux sont bordés d'écailles dorées ; le dessus du corps est d'une couleur verdâtre très-foncée, sur laquelle on voit s'étendre, d'un

Fig. 194. Couleuvre vipérine.

bout à l'autre, un grand nombre de raies, composées de petites taches jaunâtres de diverses formes, les unes allongées, les autres en losanges, etc. Le ventre est jaune. Chacune des grandes plaques qui le couvrent présente un point noir à ses deux bouts et se montre bordée d'une très-petite ligne noire.

Cet inoffensif animal se tient presque toujours caché, et se met à fuir avec rapidité quand il se voit découvert. Il se laisse apprivoiser aisément.

La *Couleuvre vipérine* (fig. 194) a le corps d'un gris verdâtre ou d'un jaune sale, portant au milieu du dos une suite de taches noirâtres très-rapprochées ou unies entre elles et formant une ligne sinueuse ; les flancs sont garnis de taches isolées en losange dont le centre est d'une teinte verdâtre. Elle est plus pe-

Fig. 195. Pithon de Séba, ou *Boa constrictor*.

tite que la Couleuvre à collier et habite comme elle toute l'Europe.

Les *Pithons* sont de grands Serpents de l'Inde et de l'Afrique. C'est à une espèce de ce genre qu'il faut rapporter le fameux Serpent de Régulus, dont nous avons parlé plus haut, et auquel on a attribué treize mètres de longueur. On s'explique l'exagération des récits des anciens concernant les Serpents d'Afrique et les assertions extraordinaires de certains voyageurs modernes, quand on sait qu'il existe dans nos collections des Serpents pithons longs de plus de huit mètres.

Les Pithons ont le corps gros et arrondi. Ils vivent sur les arbres, dans les lieux chauds et humides, au bord des fontaines ou des cours d'eau, et attaquent les animaux qui viennent s'y désaltérer. Accrochés par leur queue au tronc d'un arbre, ils se tiennent immobiles en embuscade et s'élancent sur la proie qui passe à leur portée, la saisissent et la broient entre les replis de leur corps. Des animaux dont la taille égale celle des Gazelles, et même des Chevreuils, deviennent ainsi leurs victimes. C'est que leurs mâchoires sont extrêmement dilatables et que, dépourvus de sternum et de fausses côtes, ils peuvent aisément accroître le diamètre de leur corps, pour ingurgiter de volumineuses proies.

Le genre Pithon renferme actuellement cinq espèces qui semblent toutes porter la même livrée. Sur leur corps se dessine une sorte de grande chaîne, brune ou noire, à mailles presque quadrangulaires, qui s'étend sur un fond clair, ordinairement jaunâtre, depuis la nuque jusqu'à l'extrémité de la queue. La région suscéphalique est en partie couverte par une énorme tache brunâtre ou noirâtre. Sur chaque côté de la tête est une bande noire qui s'étend souvent depuis la narine, en passant par l'œil, jusqu'au-dessous de la commissure des lèvres.

Nous citerons comme type de ce genre le *Pithon de Séba*, nommé communément *Boa*, ou *Boa constrictor*, que l'on peut voir vivant dans la ménagerie des Reptiles du Muséum d'histoire naturelle de Paris, et qui est propre à l'Afrique.

Les *Boas* ont le corps comprimé, la queue longue et prenante; la tête relativement petite, renflée en arrière, rétrécie en avant, terminée par un museau court et par une bouche légèrement fendue. Les plus grands ont trois mètres de longueur. Ils vivent sur les arbres, loin des eaux, presque toujours au milieu des forêts.

Ce sont là les *Boas* proprement dits. D'autres genres du même groupe vivent au bord des fleuves et des ruisseaux, pour y guetter les animaux qui viennent boire ; ou bien ils se suspendent aux rameaux des arbres qui pendent sur l'eau, et lancent leur corps autour de leur victime. Celle-ci, pressée, écrasée dans les anneaux qui l'étreignent et se resserrent de plus en plus, n'est bientôt qu'un amas informe que le Reptile engloutit peu à peu.

Bien qu'ils ne soient pas venimeux, bien qu'ils n'attaquent que de petits animaux tels que de jeunes Chèvres, des Agoutis, des Pacas, etc., les Boas sont des Serpents redoutables.

Ils pondent dans le sable des œufs membraneux, de forme elliptique et de la grosseur d'un œuf d'Oie. Les petits qui en sortent, sous l'influence de la chaleur solaire, n'ont que vingt à trente centimètres de longueur.

On connaît quatre espèces de Boas.

Le *Boa constrictor*, ou *Serpent devin* (fig. 195), recherche de préférence les localités sèches des forêts, à une certaine distance dans l'intérieur. Propre à l'Amérique, il habite surtout la Guyane, le Brésil, les provinces du Rio de la Plata, etc. Sa coloration est assez variable : en dessus le fond est fauve clair, rose pourpre ou bien gris violacé, avec ou sans mouchetures noirâtres sur les deux premiers tiers de sa longueur et avec du blanc sur le dernier tiers. Les flancs sont d'un brun fauve ou grisâtre, et le dessous uniformément blanchâtre. On voit, en outre, des lignes brunâtres sur la tête, et le corps est marqué de taches noires plus ou moins développées et de formes variables. Sa longueur totale est de près de quatre mètres.

Les trois autres espèces sont le *Boa diviniloque* des Antilles, le *Boa empereur* du Mexique, et le *Boa chevalier* du Pérou.

SERPENTS VENIMEUX

Plusieurs Serpents sont pourvus d'un appareil à l'aide duquel ils tuent, avec une rapidité souvent foudroyante, les animaux et même l'homme qui viennent à les irriter. Cet appareil est une glande située de chaque côté de la tête. Il sécrète un horrible venin, qui se rend, par un conduit spécial, dans deux dents de la mâchoire supérieure.

La conformation de ces dents est en rapport avec les usages auxquels elles sont destinées. Plus longues que les autres, elles sont tantôt percées d'un canal, tantôt creusées d'un simple sillon qui communique avec la glande.

Fait remarquable ! ce venin, l'un des poisons les plus violents que l'on connaisse, peut être avalé impunément ; il n'est ni âcre ni brûlant, il ne produit sur la langue qu'une sensation analogue à celle qu'occasionnerait un corps gras. Mais si on l'introduit, en quantité suffisante, dans une plaie, il pénètre dans le sang, et donne la mort avec une rapidité effrayante. C'est là, du reste, un caractère propre à tous les virus morbides et vénéneux.

L'énergie du venin varie suivant les espèces de Serpents et suivant les circonstances dans lesquelles se trouve l'animal. La même espèce est plus dangereuse dans les pays chauds que dans les pays froids ou tempérés. La morsure est d'autant plus grave que le poison est plus abondant dans la glande de l'animal.

Nous citerons, parmi les Serpents venimeux, les *Vipères*, les *Trigonocéphales*, les *Crotales* et les *Najas*.

La *Vipère commune* (fig. 196) est longue de trente-cinq à soixante-dix centimètres, et son corps n'a que vingt-sept millimètres dans son plus grand diamètre. Sa couleur générale est brune ou roussâtre, passant tantôt au gris cendré, tantôt au gris noir. Une ligne flexueuse, brune ou noirâtre, règne sur son dos; une rangée de points inégaux, de même couleur, s'étend sur ses flancs. Son ventre est ardoisé ; sa tête, presque triangulaire, un peu plus large que le cou, obtuse et tronquée en avant, est couverte d'écailles granulées. Six petites plaques, dont deux perforées pour les narines, qui forment une tache noirâtre, revêtent le museau ; en dessus est une sorte de V, formé par deux bandes noires. La mâchoire supérieure est blanchâtre et tachetée de noir, l'inférieure jaunâtre. L'œil est petit, vif, bordé de noir. La langue est longue, fourchue et grisâtre.

La *Vipère commune* se rencontre dans les cantons boisés, montueux et pierreux de l'Europe méridionale et tempérée, en France, en Italie, en Angleterre, en Allemagne, en Prusse, en Suède, en Pologne et jusqu'en Norvége. Aux environs de Paris, on la rencontre surtout à Montmorency et dans la forêt de Fontainebleau. Elle se nourrit de Lézards, de Grenouilles, de Mollusques, d'Insectes et de Vers. Elle chasse aussi les petits Mammifères, comme les Mulots, les Taupes, les Musaraignes. Elle passe l'hiver et le commencement du printemps dans les lieux profonds, à l'abri du froid, et dans un état d'engourdissement. Souvent plusieurs Vipères sont ainsi réunies ensemble, enroulées et intimement enlacées.

La marche de la Vipère est brusque, pesante, irrégulière. Cet animal semble timide et peureux; il fuit le grand jour, et ne cherche sa nourriture que le soir.

Les petits naissent nus et vivants. Tant qu'ils sont maintenus dans le sein de la mère, ils sont renfermés dans des œufs à parois membraneuses. Dès leur naissance, les *Vipéraux*, dont la taille ne dépasse pas quinze à vingt centimètres, sont abandonnés à eux-mêmes; mais ils n'acquièrent leur entier développement qu'au bout de six ou sept ans.

Fig. 196. Vipère commune.

La Vipère est pour l'homme, comme pour les animaux, un juste objet de crainte et d'horreur. C'est qu'elle porte un formidable appareil de destruction, dont il importe de bien faire connaître la structure et le jeu.

Cet appareil venimeux se compose de trois parties : la *glande sécrétoire*, le *canal* et le *crochet* (fig. 197).

La glande est l'organe destiné à sécréter le venin. Située sur les côtés de la tête, en arrière, et en partie au-dessous du globe de l'œil, elle est formée d'un certain nombre d'ampoules, composées d'un tissu granuleux, et disposées avec beaucoup de régularité, le long des canaux excréteurs, comme les barbes d'une plume. Cette disposition n'est visible qu'au microscope.

Le canal destiné à conduire le venin sécrété par la glande est étroit et cylindrique. Il aboutit, après s'être renflé dans son court trajet, à deux dents particulières, nommées *crochets*, aiguisées en forme de cornes, beaucoup plus longues que les autres et placées à la mâchoire supérieure, l'une à droite et l'autre à gauche. La Vipère a donc deux crochets; ils sont courbes, très-pointus, convexes antérieurement et munis d'un canal étroit, qui commence, d'une part, par une fente placée à la partie antérieure de sa base, et se termine, d'autre part, à une seconde fente plus étroite vers sa pointe, et du même côté. Cette dernière fente est comme une petite rigole, un fin sillon, qui règne dans toute l'étendue de la convexité.

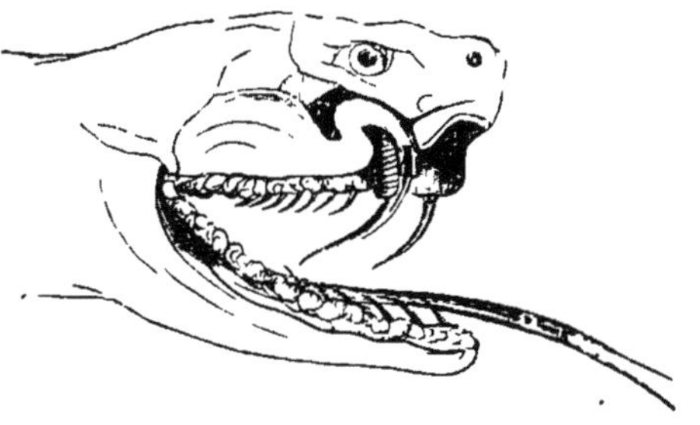

Fig. 197. Crochets et langue de la Vipère.

Les crochets sont entourés par un repli de la gencive, qui reçoit la dent et qui la cache en partie comme dans une gaîne, lorsque cette dent est à l'état de repos ou couchée. Attachés aux os maxillaires supérieurs, qui sont petits et très-mobiles, ils sont mis en mouvement par deux muscles.

Derrière les crochets se trouvent des germes dentaires destinés à les remplacer lorsqu'ils viennent à tomber. Les autres dents du haut de la bouche appartiennent au palais, où elles forment deux rangées.

Telle est l'arme terrible de la Vipère. Ce n'est donc pas, comme beaucoup de personnes le croient encore aujourd'hui, avec leur langue que les Serpents venimeux font de si terribles blessures. Ils se servent de la langue pour palper et pour boire, non pour *piquer*.

Nous avons dit qu'à l'état de repos les crochets étaient couchés. Quand l'animal veut s'en servir, il les sort de leur étui charnu, à peu près comme un homme qui, pour se défendre ou pour attaquer, tire son couteau. Seulement, ce couteau est empoisonné.

La Vipère se sert de ses crochets pour s'emparer des petits animaux dont elle fait sa proie. Elle n'attaque pas l'homme; elle fuit, au contraire, à son approche. Mais s'il met imprudemment le pied sur elle, s'il veut la saisir, elle se défend avec colère.

Voyons d'abord comment la Vipère agit lorsqu'elle chasse, lorsqu'elle prend, sans irritation, un petit animal, pour sa nourriture. Dans ce cas, elle mord simplement. Elle enfonce ses crochets dans le corps de la victime. A mesure que ces crochets pénètrent dans le corps de l'animal, le poison coule dans le canal qui les conduit au crochet sous l'influence de la contraction des muscles qui font relever ce crochet et pressent sur la glande, et par suite des mouvements que fait le Serpent pour fermer la bouche. C'est ainsi que le venin est injecté dans la plaie.

La Vipère mord de la même façon lorsqu'on la saisit par la queue ou par le milieu du corps; mais lorsqu'elle se croit attaquée et qu'elle est irritée par un adversaire, elle *frappe* plutôt qu'elle ne mord. Elle s'enroule d'abord sur elle-même, en formant plusieurs cercles superposés. Ensuite, elle débande son corps comme un ressort, l'allonge avec une vitesse excessive, et franchit un espace égal à sa longueur; car elle n'abandonne jamais le sol. Elle ouvre largement sa gueule, redresse ses crochets, et les enfonce par le choc de sa tête, qui frappe alors comme un marteau.

On a longtemps admis que la Vipère a la faculté d'exercer, à distance, une sorte d'action magnétique, qu'on a nommée *fascination*. Cette sorte d'impression a été plus tard mise en doute, et attribuée, non sans raison, à une cause moins mystérieuse, c'est-à-dire au sentiment de terreur profonde que ce Serpent inspire. Cette terreur se manifeste chez les animaux par des tremblements, des spasmes, des convulsions. La vue d'une espèce venimeuse rend quelquefois les animaux immobiles, incapables de fuir et comme pétrifiés. Ils se laissent alors saisir sans opposer la moindre résistance. D'autres se livrent à des mouvements désordonnés, qui, loin de les sauver, rendent leur capture plus facile.

Duméril père, dans une expérience qu'il faisait dans son cours au Muséum d'histoire naturelle pour démontrer l'action subite et mortelle que produit la morsure de la Vipère sur de petits oiseaux, vit un Chardonneret, qu'il tenait avec la plus grande précaution entre ses mains, mourir subitement à la seule vue de la Vipère.

Les petites plaies produites par ce redoutable habitant de nos bois s'enflent, deviennent rouges et ecchymosées, quelquefois livides. Bientôt la personne blessée est saisie de syncope, de fièvre, et d'une série de symptômes morbides qui souvent se terminent par la mort.

Quand un homme a été mordu par une Vipère, il faut immédiatement opérer avec un lien, tel qu'un mouchoir roulé, une corde ou une ficelle, une ligature au-dessus de la partie piquée, de façon à interrompre toute communication du sang avec le reste du corps et à prévenir ainsi l'absorption du venin. Il est bon de sucer la plaie et de la faire saigner. Il importe aussi de pratiquer une incision, pour découvrir les parties internes, et, tout aussitôt, de cautériser la plaie, soit au fer rouge, soit au moyen d'un agent caustique.

On emploie avec avantage, comme agent caustique, une liqueur ainsi composée :

Perchlorure de fer.	4	grammes.
Acide citrique	4	»
Acide chlorhydrique	4	»
Eau.	24	»

dont on instille quelques gouttes sur la partie piquée, et qu'on recouvre d'un peu de charpie. On peut employer aussi l'iode ou iodure de potassium ioduré.

M. Viand-Marais a substitué avec succès à ces liquides la composition suivante :

Eau.	50	grammes.
Iodure de potassium.	4	»
Iode métallique	4	»

Pour faciliter l'introduction du caustique dans la plaie, le même naturaliste a imaginé un petit flacon fermant à l'émeri, dont le bouchon, long et conique inférieurement, plonge dans le liquide. Au moyen de ce bouchon, on peut faire pénétrer la substance médicamenteuse, par gouttes, jusqu'au fond des blessures, préalablement agrandies par le bistouri. Ce petit appareil remplacerait avec avantage le flacon d'alcali volatil dont se munissent tous les chasseurs de Vipères.

Mais tous ces moyens ne sont bons qu'à la condition d'être appliqués immédiatement. Il faut, en outre, faire frotter le membre et les environs de la plaie avec des liniments ammoniacaux ; poser plus tard des cataplasmes émollients pour faire cesser le gonflement et l'engorgement, donner des toniques et des sudorifiques à l'intérieur, et quelquefois des potions ammoniacales[1].

Les *Cérastes* sont voisins des Vipères; ils en diffèrent en ce que leurs plaques sourcilières se relèvent en pointe et simulent une paire de petites cornes.

Le *Céraste d'Egypte*, qui se trouve dans les lieux arides et sablonneux, est d'un gris jaunâtre en dessus, marqué de taches irrégulières plus foncées. On le trouve aussi dans le Sahara algérien et dans le Maroc. On prétend que sa piqûre est mortelle.

A côté des Vipères se placent les *Crotales*, qui n'en diffèrent que par une seule particularité : ils présentent en dessous et en arrière des narines des enfoncements particuliers. Dans cette division se rangent le *Serpent à sonnettes* et le *Trigonocéphale.*

Le redoutable *Serpent à sonnettes* habite l'Amérique; il se rencontre surtout aux États Unis et au Mexique. Il parvient quelquefois à la longueur de deux mètres. La couleur du dos est gris mêlé de jaunâtre. Sur ce fond on voit s'étendre une rangée longitudinale de taches noires, bordées de blanc. Sa tête aplatie est couverte, auprès du museau, de six écailles plus grandes que leurs voisines et disposées sur trois rangs transversaux formés chacun de deux écailles. Les yeux sont étincelants; la gueule, bien ouverte, laisse souvent sortir une langue noire, déliée, partagée en deux. Les crochets, très-longs et très-apparents, sont situés au devant de la mâchoire supérieure. Les écailles du dos sont ovales et relevées, dans le milieu, par une arête qui s'étend dans le sens de leur plus grand diamètre. Le dessous du corps est garni d'un seul rang de grandes plaques.

1. M. Léon Soubeiran a publié sur la Vipère (*Bulletin de la Société d'acclimatation*, tome X, page 396) un travail plein d'intérêt, auquel nous renvoyons pour compléter les renseignements qui précèdent.

Le *Serpent à sonnettes* doit son nom à une particularité remarquable de sa structure. L'extrémité de sa queue est garnie de petites capsules emboîtées l'une dans l'autre. Lorsque l'animal s'avance, ces petites capsules résonnent légèrement, comme le feraient des gousses de haricots desséchées et contenant encore leurs graines. L'homme est ainsi averti de l'approche de cet ennemi terrible. Le bruit des capsules caudales n'est pas très-retentissant; mais il s'entend d'une trentaine de pas environ, et il décèle aux animaux et à l'homme l'approche du plus redoutable des Reptiles.

Le Serpent à sonnettes se nourrit de petits animaux, mammifères ou reptiles. Il les guette avec patience, et lorsqu'ils sont à sa portée, il projette contre eux son corps. Il est ovovivipare. Les petits viennent, quelque temps après leur naissance, chercher un refuge dans la gueule de leur mère.

Pendant l'été, le Serpent à sonnettes se tient au milieu des montagnes pierreuses, incultes ou couvertes de bois sauvages. Il choisit ordinairement les expositions les plus chaudes, le bord d'une fontaine ou d'un ruisseau où viennent boire les petits animaux. Il aime aussi à se mettre à l'abri sous un vieux arbre renversé. Audubon, célèbre voyageur et naturaliste américain, dit qu'on rencontre souvent les Serpents à sonnettes enroulés sur eux-mêmes et dans un état de torpeur lorsque la température est basse.

Le Serpent à sonnettes est révéré par quelques peuplades américaines, qui savent les éloigner de leur demeure sans les tuer. Fait singulier! on prétend que ce terrible animal n'est pas insensible aux sons de la musique. Chateaubriand a écrit à ce sujet quelques lignes que l'on lira avec intérêt :

« Au mois de juillet 1791, dit le célèbre écrivain, nous voyagions dans le Haut-Canada avec quelques familles sauvages de la nation des Ounoutagnes. Un jour que nous étions arrêtés dans une plaine au bord de la rivière Génédie, un Serpent à sonnettes entra dans notre camp. Nous avions parmi nous un Canadien qui jouait de la flûte; il voulut nous amuser, et s'avança contre le Serpent avec son arme d'une nouvelle espèce. A l'approche de son ennemi, le superbe Reptile se forme tout à coup en spirale, aplatit sa tête, enfle ses joues, contracte ses lèvres, découvre ses dents envenimées et sa gueule rougie; sa langue fourchue s'agite rapidement au dehors; ses yeux brillent comme des charbons ardents; son corps gonflé de rage s'abaisse et s'élève comme un soufflet; sa peau dilatée est hérissée d'écailles, et sa queue, en produisant un son sinistre, oscille avec tant de rapidité qu'elle ressemble à une légère vapeur. Alors le Canadien commence à jouer sur sa flûte; le Serpent fait un mouvement de surprise et retire sa tête en arrière; il ferme peu à peu sa gueule enflammée. A mesure que l'effet magique le frappe, ses yeux perdent leur âpreté, les vibrations de sa queue se ralentissent, et le bruit qu'elle fait entendre s'affaiblit et meurt par degrés. Moins perpendiculaires sur sa ligne spirale, les orbes du Serpent charmé s'élargissent et viennent tour à tour se poser sur la terre en cercles concentriques, les écailles de la peau s'abaissent et reprennent leur éclat, et, tournant légèrement la tête, il demeure immobile dans l'attitude

Fig. 198. Serpent à sonnettes.

de l'attention et du plaisir. Dans ce moment le Canadien marche quelques pas en tirant de sa flûte des sons lents et monotones; le Reptile baisse son cou, entr'ouvre avec sa tête les herbes fines et se met à ramper sur les traces du musicien qui l'entraîne, s'arrêtant lorsqu'il s'arrête, et commençant à le suivre aussitôt qu'il commence à s'éloigner. Il fut ainsi conduit hors de notre camp au milieu d'une foule de spectateurs tant sauvages qu'Européens, qui en croyaient à peine leurs yeux. »

On s'accorde à dire que le Serpent à sonnettes ne s'en prend à l'homme que lorsqu'il a été attaqué par lui. C'est toutefois un fort dangereux voisin, et il importe de connaître le moyen de l'écarter.

Le Porc est un excellent auxiliaire pour obtenir ce résultat. Dans l'ouest et le sud de l'Amérique, quand un champ ou une ferme est infestée par ces féroces Reptiles, on y met une Truie, avec sa portée, et bientôt les Serpents ont été croqués. Il paraît que, grâce à la matière graisseuse qui l'enveloppe, le corps de cet animal est à l'abri du venin. D'ailleurs il aime la chair de ce Serpent et le poursuit avec ardeur.

Lorsqu'un Porc aperçoit un Serpent à sonnettes, raconte le Dr Jonathan Franklin, il fait claquer ses mâchoires, et ses poils se hérissent. Le Serpent se roule en spirale pour frapper son ennemi; le Cochon s'approche sans crainte, et reçoit le coup dans les replis graisseux qui pendent sur le côté de sa mâchoire. Il pose un pied sur la queue du Serpent; puis, avec ses dents, il dépèce la chair de son ennemi, et la mange avec des grognements de plaisir.

Le Cochon n'est pas le seul animal que l'homme emploie pour faire la chasse aux Serpents à sonnettes. Le Dr Rufz de Lavison, qui a longtemps habité les Antilles françaises, et qui a été directeur du Jardin d'acclimatation de Paris, a publié un ouvrage très-intéressant, dans lequel il raconte les services signalés que rendent certains Oiseaux, particulièrement le *Secrétaire* ou *Serpentaire*, pour faire la chasse aux Serpents à sonnettes dans les Antilles.

Les Crotales sont, avons-nous dit, les plus dangereux de tous les Serpents venimeux. Citons quelques faits qui indiquent l'effroyable puissance de leur venin.

Un Crotale, long d'environ un mètre, tua un Chien au bout de quinze minutes, un second au bout de deux heures, et un troisième au bout de quatre heures. Quatre jours après, il mordit un autre Chien, qui ne survécut que trente secondes, et un autre qui ne résista que quatre minutes. Trois jours après, il piqua une Grenouille, qui périt au bout de deux secondes, et un Poulet qui périt au bout de huit minutes.

Un Américain, nommé Drake, arriva un jour à Rouen avec trois Serpents à sonnettes vivants. Malgré le soin qu'il avait pris pour les préserver du froid, l'un de ces Serpents mourut. Il mit la cage qui contenait les deux autres près d'un poêle, et les excita avec une baguette, pour s'assurer de leur état. Comme l'un des Crotales ne faisait aucun mouvement, Drake le prit par la tête et par la queue, et s'approcha d'une fenêtre pour voir s'il était mort. Aussitôt l'animal, tournant vivement la tête, mordit le malheureux Drake à la partie externe de la main gauche. Comme il replaçait le Crotale dans la cage, il fut mordu de nouveau à la paume de la main.

« Un médecin ! un médecin ! » criait le malheureux. Il frotta sa main contre de la glace qui était sur le seuil de la porte, et deux minutes après il se lia fortement le poignet avec une corde. Un quart d'heure après, un médecin arriva et cautérisa la blessure ; mais bientôt des symptômes alarmants se produisirent : syncope, respiration bruyante, pouls presque nul, évacuations involontaires. Les yeux se fermèrent, les pupilles se contractèrent, les membres devinrent insensibles et le corps froid. Drake mourut au bout de neuf heures.

Le climat de la France étant peu différent de celui des États-Unis, est, par conséquent, tout aussi convenable à la reproduction des Serpents à sonnettes. D'un autre côté, si une femelle et un mâle vivants de ces dangereux Crotales venaient à s'échapper d'une ménagerie, ils pourraient bientôt infester nos contrées de leur terrible progéniture. C'est pour ces raisons décisives qu'il est interdit, en France, de montrer des Serpents à sonnettes dans les ménageries. On peut en voir pourtant deux ou trois dans la collection du Muséum d'histoire naturelle de Paris, que l'on a installée, en 1875, dans une nouvelle galerie, spécialement aménagée pour l'entretien et l'exhibition des Reptiles. Les Serpents à sonnettes sont enfermés dans une double cage, et l'on prend, pour empêcher leur fuite, toutes les mesures que réclame la prudence.

La défense de montrer en public, dans les ménageries, des Serpents à sonnettes n'existe pas en Angleterre comme elle existe en France. C'est ce qui fait qu'il peut se produire en Angleterre des accidents du genre de celui que nous allons raconter et qui s'est passé au mois de juillet 1867.

Huit Serpents à sonnettes avaient été débarqués à Liverpool, venant d'Amérique. Un montreur d'animaux, nommé W. Manders, les acheta et les fit voir à Northampton, dans sa ménagerie, en les enfermant dans une cage très-solide.

De Northampton la ménagerie se rendit à Tundbridge-Wels, et c'est là qu'arriva l'accident dont nous allons parler.

Au-dessous de la cage des Serpents à sonnettes était un récipient, que l'on entretenait plein d'eau chaude, pour maintenir autour de ces animaux une douce température. Le gardien des Reptiles faisait chauffer cette eau tout en surveillant la cage. L'eau étant venue à bouillir avec trop de violence, cet homme s'approcha un moment du foyer, pour arranger les tisons, et malheureusement il trouva la cage entr'ouverte. En revenant, il s'aperçut que l'un des huit Serpents s'était échappé.

En effet, le terrible Crotale bondissait au milieu de la ménagerie, sifflait et dressait sa tête d'une façon menaçante. Le gardien s'empressa de fermer la porte de la cage, et d'appeler les autres gardiens qui étaient en train de nettoyer les écuries et les cages. Une terreur panique s'empara d'eux, à l'exception du plus âgé, nommé Godfrey. Celui-ci finit par déterminer quelques hommes à rester avec lui, pour tâcher de ressaisir le Reptile.

Armés de pioches, de pelles, de leviers, ces gardiens, ayant Godfrey à leur tête, allèrent droit au Serpent.

Ils commencèrent par lui lancer un sac, espérant l'envelopper. mais le Reptile se dégagea et se dirigea vers le milieu de la salle en sifflant d'une manière épouvantable. Différents animaux étaient enfermés dans les compartiments de la ménagerie. Le Serpent à sonnettes passa devant ces animaux sans leur faire aucun mal ; mais, arrivé en face d'un magnifique Buffle, il s'arrêta tout court, bondit à l'intérieur de la cage du Buffle, qu'il mordit aux naseaux, puis, se glissant entre les barreaux de la grille, il se dirigea vers une cour où les domestiques de M. Manders chargeaient de la paille sur une voiture.

A cette voiture était attelé un magnifique Cheval de haras. Le serpent s'élança sur le Cheval qu'il piqua. Mais le Cheval mordu se mit aussitôt à ruer et à se cabrer avec tant de violence qu'il parvint à faire tomber le Reptile. Le Serpent, étourdi par sa chute, était à peine remis de ce rude assaut, qu'il était broyé sous les fers du Cheval, qui le piétinait avec fureur.

Peu d'instants après avoir été mordu par le Reptile, on vit ce beau Cheval trembler et frissonner. Ses yeux sortaient de leurs orbites et il faisait entendre des hennissements plaintifs. Quelques minutes après, il expirait dans une effrayante agonie.

Au même moment le Buffle, qui avait été mordu le premier par le Serpent, était en proie à d'horribles convulsions, et bientôt on entendait une lourde chute : c'était ce magnifique animal qui s'affaissait sur lui-même et expirait à son tour.

Les Crotales ne sont pas seulement à craindre dans l'état de vie : leurs crochets venimeux conservent, après la mort de cet Ophidien, leur puissance meurtrière.

M. Rousseau, aide naturaliste au Muséum d'histoire naturelle de Paris, a tué rapidement des Pigeons en leur enfonçant dans les muscles pectoraux les crochets d'un Serpent à sonnettes mort depuis deux jours. Aussi les naturalistes ne doivent-ils manier qu'avec la plus grande précaution les squelettes de Crotales, quoique préparés depuis plusieurs années, ou les individus conservés dans de l'alcool. De semblables préparations ne sont pas en effet sans danger. Le fait suivant donne un exemple remarquable de la persistance des propriétés toxiques des crochets du Crotale.

Un habitant des Antilles avait été mordu par un Serpent à sonnettes à travers de fortes bottes. Il mourut sans que l'on pût se rendre bien compte de la cause de sa mort. Son fils ayant trouvé ces bottes dans son héritage, les porta. Bientôt il tomba malade et mourut. Les effets du défunt furent vendus. Il se trouva qu'un de ses frères, ayant envie de ces malheureuses bottes, les acheta, les porta une seule fois, et mourut.

Les médecins recherchèrent alors les causes de ces morts successives, et l'on songea aux bottes. Quand on les examina de près, on trouva le crochet d'un Serpent à sonnettes fixé dans le cuir. C'est ce crochet qui avait successivement piqué les trois malheureuses victimes.

Ce que nous avons dit du Serpent à sonnettes se rapporte particulièrement au *Crotale Durisse* ou *Bisquira*. On connaît encore cinq espèces américaines, que nous passerons sous silence.

Les *Trigonocéphales* ont les formes et les apparences des Crotales, mais leur queue est pointue et dépourvue de grelots. La principale espèce de ce groupe est le *Trigonocéphale jaune*, que l'on appelle aussi *Serpent jaune des Antilles*, et *Vipère fer de lance*.

Ce redoutable Serpent se rencontre à la Martinique, à Sainte-

Lucie, et dans la petite île de Boquin, près Saint-Vincent. Il parvient à une longueur de près de deux mètres. Sa robe n'est pas toujours jaunâtre; elle est quelquefois grisâtre, quelquefois marbrée de brun. Sa tête, qui est assez grosse, est remarquable par un espace triangulaire, dont les trois angles sont occupés par le museau et les deux yeux. Cet espace, relevé par ses bords antérieurs, représente un fer de lance, large à sa base et un peu arrondi à son sommet. De chaque côté de la mâchoire supé-

Fig. 199. Trigonocéphale, ou Serpent fer de lance.

rieure on aperçoit un, quelquefois deux et même trois crochets, dont l'animal se sert pour faire les blessures dans lesquelles il répand son venin.

Le *Serpent jaune des Antilles* se tient caché sous les feuilles sèches, dans des troncs d'arbres pourris, et se retire souvent dans les plantations de canne à sucre. Il se nourrit de Lézards, de petits Mammifères, particulièrement de Rats. Sa blessure peut faire périr de grands animaux comme les Bœufs. Les nègres qui travaillent à la culture des cannes à sucre et les soldats de service à la Martinique sont souvent victimes du *Fer de lance*.

Ce Serpent est malheureusement très-fécond, et son venin est si subtil que les animaux qu'il a piqués meurent, trois heures, douze heures, un jour ou plusieurs jours après l'accident. La morsure produit une douleur extrêmement vive, qui est suivie immédiatement d'une enflure plus ou moins livide. Le corps se refroidit et devient insensible. Le pouls et la respiration se ralentissent, les idées se troublent, le coma arrive et la peau devient bleuâtre. On éprouve quelquefois une soif ardente, des attaques de paralysie, des crachements de sang.

Fig. 200. Naja, ou Serpent à coiffe.

On trouve au Brésil une autre espèce de *Fer de lance* qui est la terreur des indigènes.

Les *Najas* sont extrêmement redoutés, car ils instillent dans les morsures un poison subtil. Leurs allures sont des plus singulières. Quand l'animal est au repos, le cou n'a pas plus de diamètre que la tête; mais sous l'influence des passions et d'une irritation vive ce cou s'enfle; en même temps, l'animal élève verticalement la portion antérieure de son corps; celle-ci se tenant droite et rigide comme une barre de fer, l'autre partie du corps repose sur le sol et, servant de point d'appui, est mobile et permet la locomotion.

La faculté de la dilatation du cou est le trait saillant de l'organisation du Naja, comme la sonnette est celui des Crotales; on les appelle souvent *Serpents à coiffe* ou *à chaperon*.

Les deux espèces les plus anciennement connues de ce genre sont le *Naja vulgaire* et le *Naja aspic*.

Le *Naja vulgaire*, ou *Serpent à coiffe* (fig. 200), a, comme nous l'avons dit, le cou très-dilatable. Sa couleur est d'un jaune brunâtre, plus pâle en dessous, rarement avec des bandes noires transverses, le plus souvent portant en dessus la représentation d'une lunette dessinée par un trait noir. L'abdomen a des plaques longues transverses, le corps long de quatre pieds, cylindrique et recouvert d'écailles petites, ovales et lisses; il est très-répandu dans beaucoup de régions de l'Inde.

Le *Naja aspic* a le cou moins dilatable. Il est de couleur verdâtre et marqué de taches brunâtres. Plus petit que le précédent, il se trouve dans l'ouest et le midi de l'Afrique. Il est surtout commun en Égypte. C'est la morsure de l'Aspic qui produisit, on le sait, la mort de la reine Cléopatre.

Les anciens habitants de l'Égypte adoraient ces Serpents. Ils attribuaient à leur protection la conservation des graines, et les laissaient vivre au milieu des champs cultivés. Aujourd'hui le Naja n'est plus un objet d'adoration dans l'Orient, mais il sert dans presque toutes les contrées de l'Asie, de la Perse et de l'Égypte à un très-curieux spectacle. Les gens du peuple s'assemblent autour de certains jongleurs, qui s'annoncent comme doués de pouvoirs surnaturels pour dompter et charmer ces redoutables Reptiles. Le *psylle*, c'est-à-dire le *charmeur de Serpents*, prend dans sa main une racine, dont la vertu doit le préserver de la morsure venimeuse du *Naja;* puis, tirant l'animal du vase dans lequel il le tient renfermé, il l'irrite, en lui présentant un bâton. L'animal dresse la partie antérieure de son corps, enfle son cou, ouvre sa gueule, allonge sa langue fourchue, fait briller ses yeux et entendre son sifflement. C'est alors que commence une sorte de combat entre le Serpent et le psylle, qui, entonnant une chanson

Fig. 201. Les psylles égyptiens, ou les charmeurs de Serpents.

monotone, oppose à son ennemi son poing fermé, tantôt à droite et tantôt à gauche. L'animal, les yeux fixés sur ce poing qui le menace, en suit tous les mouvements, balance sa tête et son corps, et simule ainsi une sorte de danse.

D'autres psylles obtiennent des Najas un mouvement alternatif et cadencé du cou, à l'aide de sons qu'ils tirent de sifflets ou de petites flûtes. On dit encore que ces mystérieux jongleurs, grâce à certains attouchements, savent plonger ces dangereux ennemis dans une sorte de léthargie et de raideur cadavérique, et les faire sortir à volonté de cet état de torpeur momentanée. Il est certain, dans tous les cas, qu'ils ne pourraient manier impunément ces Reptiles, dont la morsure est extrêmement dangereuse, sans avoir neutralisé ou suspendu leur venin, d'une manière ou d'une autre.

On présume que les psylles ont la précaution d'épuiser, chaque jour, le venin du Naja, en le forçant à mordre plusieurs fois un morceau d'étoffe. On croit aussi que le plus souvent ils arrachent les crochets, dont une seule piqûre peut tuer en un instant.

ORDRE DES SAURIENS

La dénomination de Σαύρος (Saurien) donnée par Aristote au groupe des Lézards a été appliquée à un ensemble de Reptiles qui ont le corps allongé, couvert d'écailles ou d'une peau fortement chagrinée; qui ont le plus souvent quatre pattes et les doigts garnis d'ongles crochus ; dont les paupières sont mobiles et les mâchoires armées de dents enchâssées; qui ont un tympan distinct, un cœur à deux oreillettes et à un seul ventricule, quelquefois partiellement cloisonné; qui ont des côtes et un sternum et ne présentent pas de métamorphoses; et qui tous enfin sont munis d'une queue.

Cet ordre comprend plusieurs familles, que nous désignerons par les noms de leur principal représentant. Telles sont, en remontant la série animale, les familles des *Orvets*, des *Lézards*, des *Iguanes*, des *Varaniens* (comprenant le *Basilic* et le *Dragon volant*), des *Geckos*, des *Caméléons* et des *Crocodiles*.

Orvets. — L'Orvet est un petit animal en forme de cylindre allongé, ayant l'apparence extérieure des Serpents. Les écailles qui garnissent le dessus et le dessous de son corps sont très-petites, brillantes, bordées d'une couleur blanchâtre, et rousses dans leur milieu. Le ventre est d'un brun très-foncé, et la gorge marbrée de blanc, de noir et de jaunâtre. Deux taches plus grandes paraissent, l'une au-dessus du museau et l'autre sur le derrière de la tête, et il part de ce point deux raies longitudinales noirâtres, qui s'étendent jusqu'à la queue, ainsi que deux autres raies, d'un brun châtain, qui partent des yeux. Cette

Fig. 202. Orvet.

livrée varie du reste avec le pays, et peut-être selon l'âge et le sexe.

L'Orvet vit dans les bois, les landes, les endroits incultes et pierreux, un peu secs et sablonneux. Il se retire dans des trous, souvent sous la mousse, au pied des arbres. Vif, timide, et se cachant dès qu'on s'approche, il se nourrit de Vers de terre, d'Insectes et de petits Mollusques. Complétement inoffensif, il ne saurait exciter la moindre méfiance, ni mériter les mauvais traitements des gens de la campagne. Chose singulière, il ressemble à un Serpent, parce qu'il est sans membres ; mais il suffit de le toucher avec une baguette pour s'apercevoir qu'il n'a pas la souplesse des Ophidiens, et qu'il est au contraire, pour ainsi dire, fragile. Les muscles courts qui meuvent sa queue peuvent se détacher aisément de leur insertion. Aussi l'appelle-t on *Orvet fragile* de son nom scientifique, et *Serpent de verre* de son nom vulgaire.

On place à côté des Orvets les *Seps* (fig. 203), qui s'en distinguent particulièrement, parce qu'ils ont des pattes. Mais ces pattes sont très petites, presque rudimentaires, incomplètes quant au nombre des doigts. Ces animaux forment le passage aux Sauriens parfaits : tel est le *Seps Chalcide*, qu'on rencontre assez communément dans le midi de la France, dans toutes les îles de

Fig. 203. Seps.

la Méditerranée, en Espagne, et sur les côtes africaines de la Barbarie.

Lézards. — Ce groupe de Sauriens comprend les *Sauvegardes*, les *Améivas*, genres propres à l'Amérique et que nous nous bornons à signaler, et les *Lézards* proprement dits.

La tête du *Lézard gris*, ou *Lézard des murailles*, est triangulaire et aplatie. Le dessus est couvert de grandes écailles, dont deux surmontent les yeux. Son petit museau est arrondi. Les ouvertures des oreilles sont assez grandes. Les deux mâchoires, garnies de larges écailles, portent des dents fines, un peu crochues et tournées vers le gosier. Il a, à chaque pied, cinq doigts, déliés et garnis d'ongles recourbés, qui lui servent à grimper aisément sur les arbres et à courir avec agilité le long des murs. Le dessus de sa tête est d'un gris cendré, ainsi que le dos, qui est, en outre, régulièrement marqué de points et de traits bleuâtres. Son ventre et le dessous de la queue sont d'un blanc luisant, verdâtre et quelquefois piqueté de noir. Sa longueur totale peut atteindre vingt centimètres, sur lesquels la queue représente quatre centimètres.

Ce petit et inoffensif animal, si commun dans nos contrées, est svelte et agile. Sa course est tellement prompte, qu'il échappe à l'œil aussi rapidement que l'Oiseau. Ayant besoin d'une température douce, il cherche les abris. Lorsque le soleil frappe en plein un mur, on le voit s'étendre avec délices sur cette surface échauffée. Il se pénètre de cette chaleur bienfaisante, et marque son plaisir par les molles ondulations de sa queue.

On dit communément que le Lézard est l'ami de l'homme, parce que, loin de s'enfuir à son approche, il paraît le regarder avec complaisance.

Le Lézard passe l'hiver au fond d'un trou qu'il creuse dans la terre. Il s'y engourdit, et en sort pour s'accoupler au commencement du printemps. Il ne va que par paires ; le mâle et la femelle vivent, dit-on, dans union fidèle pendant plusieurs années, se partagent les arrangements du ménage, le soin de faire éclore les œufs, de les porter au soleil et de les mettre à l'abri du froid et de l'humidité.

Le Lézard se nourrit d'Insectes et principalement de Fourmis et de Mouches. Pour les saisir, il darde, avec vitesse, une langue rougeâtre, assez large, fourchue et garnie de petites aspérités à peine sensibles, mais qui suffisent pour retenir leur proie.

Tous les enfants ont remarqué que la queue du Lézard gris, dont les tendres vertèbres peuvent aisément se séparer, est extrêmement fragile, et reste dans la main de celui qui veut le saisir. Cette queue repousse quelquefois. Lorsqu'on cherche à le prendre sur un mur, le Lézard gris se laisse tomber à terre, et y reste un moment immobile, avant de s'enfuir de nouveau.

Le Lézard gris peut s'apprivoiser facilement et semble se plaire en captivité. Par suite de la grande douceur de son caractère, il devient familier avec son maître. Il cherche à rendre caresse pour caresse ; il approche sa bouche de sa bouche, et il suce la salive entre les lèvres, avec une grâce que beaucoup de personnes ne lui laissent pas déployer impunément.

Nous signalerons deux autres espèces de Lézards : le *Lézard vert* et le *Lézard ocellé* (fig. 204).

Rien de plus brillant, de plus diapré que la parure du *Lézard vert*. Il vit dans les lieux peu élevés, boisés, mais où le soleil

Fig. 204. Lézard vert et Lézard ocellé.

pénètre aisément ; on le trouve aussi dans les prairies. Il se nourrit de petits Insectes, ne redoute pas la présence de l'homme et s'arrête pour le regarder. Au contraire, il craint les Serpents ; et quand il ne peut les éviter, il sait les combattre avec courage. Sa taille est d'environ quarante centimètres.

On trouve le *Lézard vert* dans les contrées chaudes de l'Europe et sur les côtes méditerranéennes de l'Afrique. Il n'est pas rare dans le midi de la France. Combien de fois n'avons-nous pas admiré, dans les environs de Montpellier, les magnifiques couleurs du Lézard vert, qui rivalise avec le vert des prairies et qui reluit au soleil comme un écrin d'émeraudes resplendissantes!

Le *Lézard ocellé* a le dessus du dos vert, varié, tacheté, réticulé ou ocellé de noir. De grandes taches bleues arrondies sont sur les flancs; le dessous du corps est blanc, glacé de vert; il atteint une taille de quarante-trois centimètres. On le trouve à Fontainebleau, dans le midi de la France et en Espagne. Il s'établit dans un sable dur, souvent entre deux couches d'une roche calcaire, et sur une pente rapide exposée plus ou moins directement au midi. On le trouve aussi entre les racines des vieilles souches, soit dans les haies, soit dans les vignes. Il se nourrit presque exclusivement de Vers et d'Insectes. On dit cependant qu'il attaque les Souris, les Musaraignes, les Grenouilles et même les Serpents. On l'élève quelquefois en domesticité, en le nourrissant avec du lait.

Iguanes. — L'*Iguane tuberculeuse*, qui habite une grande partie de l'Amérique méridionale, est l'espèce la plus connue de cette famille. Il est aisé de reconnaître ce Reptile à la grande poche qu'il porte au-dessous du cou, et à la crête dentelée qui s'étend depuis la tête jusqu'à l'extrémité de la queue. Cette queue, les pattes et le corps sont revêtus de petites écailles. Sa couleur est, en dessus, d'un vert plus ou moins foncé, devenant quelquefois bleuâtre, d'autres fois ardoisé, et en-dessous d'un vert jaunâtre. Les côtés présentent des roues en zigzag, brunes, bordées de jaune. La longueur totale de l'animal est de soixante-quinze centimètres.

L'*Iguane* est très-douce, ne cherche point à nuire, et ne se nourrit que de végétaux et d'Insectes. On la chasse en Amérique, parce que sa chair est excellente. Elle est surtout commune à Surinam, aux environs de Cayenne et du Brésil.

Varaniens. — Nous signalerons dans la famille des Varaniens le *Basilic* et le *Dragon volant*.

D'après les auteurs de l'antiquité, reproduits par les écrivains du moyen âge, le *Basilic*, quoique de petite taille, pourrait occasionner, par sa piqûre, une mort instantanée. L'homme dont la prunelle venait à rencontrer la sienne, était tout à coup, disaient les anciens, dévoré d'un feu intérieur. Telles sont les fabuleuses idées que la tradition nous a transmises sur cet animal.

Celui qui porte aujourd'hui ce nom n'est qu'un être inoffensif, vivant sous les arbres de la Guyane, du Mexique, de la Martinique, etc., et qui saute de branche en branche pour cueillir les graines ou saisir les Insectes dont il se nourrit.

Le *Basilic à capuchon* (fig. 206) est long d'environ soixante-dix à quatre-vingts centimètres; sa queue, comprimée, a trois fois

Fig. 205. Iguane tuberculeuse.

l'étendue de son corps. Sa tête porte, sur l'occiput, une sorte de corne, en forme de capuchon arrondi à son sommet et un peu penchée sur le cou. Le dos et la queue sont ordinairement surmontés, chez les mâles, d'une crête élevée, soutenue dans son épaisseur par les apophyses épineuses des vertèbres. Il est d'un brun fauve en dessus et blanchâtre en dessous. Sa gorge porte des bandes d'un brun plombé, et de chaque côté de l'œil règne une raie blanchâtre, liserée de noir, qui va se perdre sur le dos.

Le *Dragon* des anciens auteurs grecs était un Serpent ou un Lézard, à la vue très-perçante, qui gardait les trésors et qui dévorait les hommes. Le Dragon des artistes du moyen âge était un être effrayant et bizarre, moitié chauve-souris, moitié quadrupède et serpent. Le petit Saurien qui porte aujourd'hui le nom de Dragon, pour n'être pas un monstre, n'en est pas moins intéressant. Il se distingue de tous les autres Reptiles par des espèces d'ailes que forme de chaque côté du corps un large repli de la peau. Ces ailes sont tout à fait indépendantes des membres et soutenues par les six premières fausses côtes, qui n'entourent pas l'abdomen, mais s'étendent horizontalement.

Fig. 206. Basilic.

C'est là l'exemple, unique de nos jours, de cette disposition organique qui distinguait les Reptiles des temps géologiques qui sont connus sous le nom de *Ptérodactyles*, et qui appartiennent à la période jurassique. Le *Dragon volant* actuel se sert de cet organe comme d'un parachute, pour se soutenir en l'air, lorsqu'il saute de branche en branche, mais il ne peut le mouvoir comme l'Oiseau fait de ses ailes. Ces remarquables appendices lui servent encore à chasser les Insectes.

Les *Geckos* sont des Reptiles de petite taille, au corps trapu, déprimé, bas sur jambes, à ventre traînant, à dos sans crête. Leur peau, presque toujours de couleur sombre, est couverte d'écailles granulées, petites, égales, parsemées d'autres écailles tuberculeuses. Leur tête est large, aplatie, à bouche grande, à gros yeux saillants, à peine entourée par des paupières courtes. Leurs pattes, munies en dessous de lames imbriquées, qui peuvent adhérer solidement sur la surface des corps même les plus lisses, leur permettent de courir avec rapidité sur tous les plans et dans toutes les directions. Le plus habituellement, des ongles crochus et rétractiles, comme ceux des Chats, leur donnent la faculté de grimper le long des arbres, de gravir les rochers et les murailles à pic, et d'y rester immobiles pendant des heures en-

Fig. 207. Dragon volant.

tières. Leur corps flexible se moule dans les dépressions des surfaces, n'y formant presque aucune saillie, et se confondant souvent avec elles par sa couleur. Leur prunelle, qui peut se dilater et se contracter, leur permet de se préserver de l'action des rayons du soleil et de voir dans l'obscurité.

Les Geckos émettent des sons qui rappellent le bruit que produit un écuyer lorsque, voulant flatter son cheval, il fait claquer sa langue sur son palais. Ils recherchent les habitations, dans lesquelles ils trouvent à se nourrir. Ils sont timides, inoffensifs, incapables de nuire par leur morsure et par leurs ongles; mais leur aspect repoussant en fait un objet de répugnance ou d'horreur, et leur a fait attribuer, à tort, des propriétés malfaisantes. Aussi cherche-t-on à les détruire par tous les moyens possibles.

On connaît environ soixante espèces de Geckos répandues dans les régions chaudes du globe.

Le *Gecko des murailles* (fig. 208), d'un gris cendré et comme poussiéreux sur les parties supérieures du corps, et blanchâtre en dessous, habite les îles de la Méditerranée, ainsi que les pays qui forment le bassin de cette mer, tels qu'une partie de l'Italie, de la France, de l'Espagne, de l'Afrique, etc. Il se tient ordinairement dans les vieux murs; on le voit cependant quelquefois

Fig. 208. Gecko.

courir sur ceux des habitations. Il se nourrit de toutes sortes d'Insectes, particulièrement de Diptères et d'Arachnides.

Caméléon. — Des métaphores sans fondement, mais profondément arrêtées dans l'esprit du vulgaire, ont singulièrement altéré l'idée qu'il faut se faire de ce Reptile. On croit communément que le Caméléon change souvent de forme, qu'il n'a point de couleur en propre, et prend celle de tous les objets dont il approche. Cette singulière idée nous vient des anciens, qui avaient fait du Caméléon un animal vraiment fantastique. Par une de ces comparaisons familières à la littérature, cet être fabuleux a dès lors servi de type, pour désigner la mobilité morale, pour peindre ces hommes vils et rampants qui, sans caractère et sans individualité, savent se plier à toutes les formes et embrasser toutes les opinions.

Si l'on écarte les attributs imaginaires accordés au Caméléon par la fantaisie des anciens, et si on le peint tel qu'il est, on y voit encore un des animaux les plus dignes d'intéresser les naturalistes, tant par la singulière conformation des diverses parties de son corps, que par des habitudes remarquables, et même par

Fig. 209. Caméléon.

quelques propriétés particulières, qui ont pu accréditer sur son compte les erreurs et les préjugés du vulgaire.

Les Caméléons ont le corps comprimé, le dos saillant et la peau granulée. Leur tête anguleuse, à occiput saillant, est portée sur un cou gros et court. Leurs pattes sont grêles et élevées ; leur queue est prenante et arrondie.

Son signalement général étant donné, étudions quelques-unes des particularités d'organisation les plus frappantes de cet animal.

Ses yeux sont très-gros et très-saillants. Le globe en est recouvert par une seule paupière, que l'animal peut dilater ou resserrer à volonté, mais qui ne laisse guère de libre qu'un petit trou percé au centre, au travers duquel on aperçoit une prunelle vive et brillante. Le Caméléon a donc l'œil véritablement enveloppé, comme si cet organe était chez lui tellement délicat, qu'une lumière trop éclatante pût le blesser. Mais ce n'est pas tout : ses yeux jouissent d'une mobilité singulière. Par des dispositions musculaires spéciales, ils peuvent être dirigés ensemble ou séparément vers des points différents. Quelquefois l'animal tourne ses yeux de telle manière que l'un regarde en arrière et l'autre en avant. Avec un œil il peut voir les objets placés au-dessus de lui, tandis qu'avec l'autre il aperçoit ceux qui sont situés au-dessous. C'est du Caméléon que l'on peut prétendre, selon le dicton vulgaire, « qu'il regarde en Champagne si la Picardie brûle. »

Sa langue offre une disposition non moins remarquable. Elle est ronde, longue de cinq à six pouces, et se termine par un appendice charnu, et comme englué, à l'aide duquel le Caméléon attache les Insectes et les attire dans sa gueule.

Les pattes offrent cinq doigts, très-longs, presque égaux et garnis d'ongles forts et crochus. Mais la peau des jambes s'étend jusqu'au bout de ces doigts et les réunit d'une manière encore toute particulière. Non-seulement cette peau attache les doigts les uns aux autres, mais elle les enveloppe, et en forme comme deux paquets, l'un de trois doigts et l'autre de deux.

D'après cette structure, on doit s'attendre à l'extrême différence qui existe entre les habitudes des Caméléons et celles des Lézards. Les deux paquets de doigts allongés sont placés de manière à pouvoir saisir aisément les branches sur lesquelles le Caméléon aime à se percher. Il peut empoigner ces rameaux, en tenant un paquet de doigts devant et l'autre derrière, de la même manière que les Pics, les Coucous et les Perroquets saisissent les branches, en mettant deux doigts devant et deux derrière.

Les Caméléons se trouvent donc dans une meilleure position d'équilibre sur les arbres que sur le sol. Aussi les voit-on le plus souvent dans ce domicile aérien. Au reste, leur queue longue, forte et prenante, leur sert de cinquième membre. Ils la replient comme le font les Singes. Ils en entourent les petites branches, et s'en servent pour ne pas tomber du haut des arbres. Toutefois ils ne se déplacent qu'avec lenteur pour aller d'un rameau à un autre. Leur marche devient encore plus difficile lorsqu'ils reposent sur une surface plane. Ce n'est qu'en tâtonnant à plusieurs reprises qu'ils s'avancent sur le sol. Ils posent leurs pattes sur la terre l'une après l'autre, avec la plus grande circonspection, et ils explorent également le terrain à l'aide de leur queue. Dans sa marche, l'animal a une sorte de gravité, qui contraste avec la petitesse de sa taille et l'agilité qu'on pourrait lui supposer. Même lorsqu'il est perché sur un arbre, ses mouvements sont d'une lenteur et d'une paresse que l'on dirait affectées. Il est vrai que la disposition de ses yeux et les mouvements rapides de sa langue lui rendent toute agilité superflue pour la recherche de sa nourriture. Il aperçoit de loin et dans toutes les directions sa proie et ses ennemis. Il peut éviter ces derniers, et quant à sa proie, il la saisit rapidement avec sa langue gluante, qu'il peut allonger à une distance qui dépasse quelquefois la longueur de son corps.

Chez les Caméléons, la peau n'adhère pas partout aux muscles. Elle laisse des espaces libres, dans lesquels pénètre l'air, qui gonfle et qui soulève cette peau. Ce mécanisme est volontaire chez le Caméléon, qui peut se gonfler considérablement et tout d'un coup, puis se désenfler. Quand cette grosse vessie vivante s'est ainsi vidée, l'animal ne ressemble qu'à un sac de baudruche dans lequel dansent quelques os.

Les Caméléons peuvent varier beaucoup dans leur coloration, c'est-à-dire être tantôt presque blancs, tantôt jaunâtres, d'autres fois verts rougeâtres et même noirs, soit partout, soit dans quelques parties de leur corps seulement. On a longtemps attribué ces changements de couleur à la distension plus ou moins grande des vastes poumons de cet animal, et à des modifications correspondantes dans la quantité de sang envoyée à la peau. Mais cette explication est aujourd'hui abandonnée. Selon M. Milne Edwards, les causes de ces variations de teinte résident dans le mode particulier de structure de la peau du Caméléon.

« On trouve dans cette membrane, dit M. Milne Edwards, diverses matières colorantes, dont les unes peuvent tantôt se montrer à la surface et masquer en quelque sorte les autres, d'autres fois se retirer en dessous et se cacher sous le pigment superficiel[1]. »

On connaît plusieurs espèces de Caméléons. Le type est le Caméléon ordinaire (fig. 209), qui présente deux variétés : l'une de l'Afrique septentrionale, de la Sicile et du midi de

1. *Eléments de zoologie*, in 8°, 1841.

l'Espagne; l'autre particulière aux Indes orientales et à Pondichéry.

Crocodiles.—Si l'Aigle est le roi des airs, le Tigre et le Lion les tyrans des forêts, et la Baleine le monstre des mers, le Crocodile a, pour étendre sa redoutable puissance, les rivages maritimes et les bords des fleuves. Vivant sur les confins de la terre et des eaux, cet énorme Reptile est le fléau, tout à la fois, des habitants des plages marines et des riverains des fleuves. Plus grand que le Tigre, le Lion et l'Aigle, il serait le plus énorme animal terrestre si l'Éléphant, l'Hippopotame, et quelques Serpents d'une longueur démesurée, n'existaient pas.

Les Crocodiles ont la tête déprimée, qui s'allonge en un museau au devant duquel se voient des narines rapprochées sur un tubercule charnu et garni de soupapes mobiles. La gueule s'ouvre jusqu'au delà des oreilles. Les mâchoires, d'une longueur démesurée, sont armées de dents coniques, pointues, courbées en arrière, et disposées de façon que quand la gueule est fermée, elles passent les unes au-dessus des autres. Ces dents sont implantées sur une seule rangée, et continuellement maintenues en bon état par un système organique qui assure leur réparation immédiate. En effet, chaque dent est creuse à la base, de manière à devenir la cellule ou la gaîne d'une autre dent d'un plus fort calibre. La dent qui pousse exerce une espèce d'absorption sur la base de la vieille dent creuse, de sorte qu'à mesure que la première dent se développe, la seconde dépérit. Dans quelques espèces, les dents placées au devant de la mâchoire inférieure sont tellement aiguës et allongées qu'elles perforent le rebord de la supérieure, et apparaissent au-dessus du museau quand la gueule est fermée. La mâchoire inférieure seule est mobile et n'a qu'un mouvement de haut en bas. La gueule est dépourvue de lèvres; aussi le Crocodile, lorsqu'il nage ou marche, laisse voir ses dents, espèce d'avertissement sinistre pour les victimes qu'il menace.

Toute cette conformation donne au Crocodile un air terrible, qu'augmentent encore deux yeux étincelants très-rapprochés l'un de l'autre, placés obliquement, et surmontés comme d'une espèce de sourcil, au terrifiant aspect.

La queue de ces animaux est très-longue, aussi grosse que le corps à son origine, et semblable, par sa forme aplatie, à un aviron : ce qui leur permet de se gouverner facilement dans l'eau et d'y nager avec vitesse.

Les Crocodiles ont quatre pattes courtes, dont les postérieures ont les doigts réunis par une membrane natatoire, et trois ongles seulement à chaque patte. Leur peau est coriace, épaisse, résistante, protégée par des écussons très-durs, entremêlés de plaques de grandeur différente suivant les régions du corps. Au crâne et à la face, la peau est intimement collée aux os et n'offre aucune trace d'écailles.

La nature a pourvu à la sûreté de ces animaux en les revêtant d'une cuirasse dont la résistance est à toute épreuve, au moins en certains points. Ainsi les écailles qui défendent le dos et le dessus de la queue sont carrées et forment des bandes transversales. Elles sont d'une grande dureté et jouissent d'une flexibilité qui les empêche de se briser. En leur milieu est une sorte de crête dure, qui ajoute à leur solidité. Cette cuirasse est en plusieurs points à l'épreuve de la balle d'un fusil. Les lames qui garnissent le ventre, le dessous de la tête, du cou, de la queue, des pattes, sont également disposées en bandes transversales, mais moins dures et sans crêtes. C'est par ces parties plus faibles que les habitants des eaux, ennemis des Crocodiles, les attaquent et peuvent leur nuire.

La couleur générale des Crocodiles est un brun obscur; quelquefois le vert se montre sur le dos; la tête et les flancs sont mêlés de verdâtre ou d'une teinte verte, avec des taches noirâtres; le dessous des pattes et le ventre sont d'un gris jaunâtre. Toutes ces nuances varient avec l'âge, le sexe et la nature des eaux dans lesquelles séjourne l'animal.

Les Crocodiles sont ovipares, et leurs œufs sont pourvus d'une coque résistante. Ces œufs, déposés par les femelles dans des lieux favorables, éclosent sans que la mère les couve, par la seule chaleur ambiante. Les femelles des Crocodiles du Nil les déposent dans le sable sur les rivages : la chaleur solaire les fait ensuite éclore. Dans certaines contrées, comme aux environs de Cayenne et de Surinam, elles les ensevelissent sous des espèces de meules, qu'elles élèvent dans les lieux humides, en accumulant des feuilles et des tiges herbacées. Une sorte de fermentation se fait dans ces végétaux, et il en résulte une élévation de température qui, jointe à celle de l'atmosphère, fait éclore les œufs.

Lacépède a décrit un œuf qui se trouvait au Muséum d'histoire naturelle de Paris, et qui provenait d'un Crocodile de quatorze pieds de longueur, tué dans la Haute-Égypte au moment où il venait de pondre. Cet œuf n'a que deux pouces et cinq lignes dans son grand diamètre, et son petit diamètre est d'un pouce et onze lignes. Il est ovale et blanchâtre. Sa coque est d'une substance crétacée semblable à celle des œufs de Poule, mais moins dure.

Au moment de leur naissance, les petits Crocodiles n'ont que quinze centimètres environ de longueur; mais leur accroissement est très-rapide.

Les Crocodiles se trouvent dans les grands fleuves et dans les endroits marécageux. Ils viennent souvent à terre, car d'après leur organisation ce sont de véritables amphibies.

La nuit, ils se mettent à l'affût pour guetter et saisir leur proie. Ils se nourrissent exclusivement de chair, c'est-à-dire de Poissons, de petits Mammifères, d'Oiseaux aquatiques ou même de Reptiles. Quand ils ont saisi une proie volumineuse, ils l'entraînent sous l'eau, et, après l'avoir asphyxiée, ils la laissent macérer dans quelque endroit retiré et la mangent ensuite par lambeaux. C'est ainsi que des hommes sont parfois enlevés par les Crocodiles; on croit à tort qu'ils sont immédiatement dévorés par ces animaux. Quand un Crocodile a pu saisir un nègre ou un habitant des rives d'un fleuve africain, il ne le dévore pas sur-le-champ. Il le maintient sous l'eau pendant quelques jours, puis il le dépèce et s'en repaît tout à son aise. Aussi ce féroce animal répand-il la terreur sur les bords de tous les fleuves qu'il habite.

Par suite de la structure générale de leur charpente osseuse les Crocodiles ont de la peine à se mouvoir de côté. Cette circonstance donne à l'homme quelques chances d'échapper à la poursuite de cet ennemi vorace. Quand on est poursuivi par un Crocodile, on le dépiste assez facilement en décrivant des cercles et revenant sur ses pas.

Sur les bords du lac de Nicaragua, en Amérique, un Alligator poursuivait un Anglais qu'il avait surpris sur le rivage. L'animal gagnait sur lui du terrain, et il allait atteindre sa proie,

Fig. 210. **L'Anglais et l'Alligator, ou la fuite en cercle**

lorsque des Espagnols crièrent à l'Anglais de courir en décrivant un cercle. Heureusement averti, et ayant mis l'avis en pratique, notre Anglais parvint à dérouler le Crocodile et à échapper à tout danger (fig. 210).

Les Crocodiles vivent en Afrique, en Asie et en Amérique. Il n'en existe ni en Europe, ni dans l'Océanie.

Les diverses espèces actuellement vivantes sont réparties d'une manière déterminée à la surface du globe. — Les *Caïmans* sont propres à l'Amérique, — les *Crocodiles* proprement dits vivent principalement en Afrique, — enfin les *Gavials* sont propres aux Indes orientales.

Les *Caïmans*, ou Crocodiles américains, ont pour principaux caractères : tête d'un tiers plus large que longue et à museau court; — dents inégales entre elles; les quatrièmes dents inférieures enfoncées dans des trous de la mâchoire supérieure quand la bouche est fermée; — les premières dents de la mâchoire inférieure perçant la supérieure à un certain âge; — jambes et pieds de derrière arrondis et n'ayant ni crêtes, ni dentelures à leurs bords; — intervalles des doigts remplis au plus à moitié par une membrane courte en pattes semi palmées.

On admet généralement cinq espèces de ce genre, toutes exclusivement américaines et dont le type est l'*Alligator* ou *Caïman à museau de Brochet*. Ce Crocodile, désigné par les naturalistes sous le nom d'*Alligator de la Floride de Catesby*, appartient en propre à l'Amérique septentrionale, dont il habite toute l'étendue. Il vit presque toujours en grandes troupes dans les eaux du Mississipi et de ses affluents. On le trouve aussi dans les lacs et marais de la Louisiane, dans la Caroline et jusqu'au 32e degré de latitude nord.

Les *Alligators* ne semblent pas quitter les eaux douces. Pendant la mauvaise saison, ils s'ensevelissent dans la vase des marais, et attendent dans un état de torpeur le retour du printemps, qui est le signal de leur activité.

Dans le voisinage de Bagon-Sarah, sur le Mississipi, s'étendent de vastes bas-fonds, des lacs et des marais. Chaque année, ces réservoirs sont submergés par les terribles débordements du fleuve, et reçoivent alors des myriades de Poissons. La chaleur dessèche bientôt une partie de ces lacs, en n'y laissant que deux pieds de profondeur, et découvre ainsi une proie toute préparée aux Oiseaux de rivage et aux Crocodiles. Des millions d'Ibis, de Hérons, de Grues, de Cormorans marchent dans l'eau à la poursuite des Poissons. Dans la partie la plus basse du lac s'accumulent les plus grandes quantités de Poissons, et cette partie du marécage se nomme dans le pays le *trou des Alligators*. Là, en effet, se pressent ces Reptiles serrés les uns contre les autres, à la curée facile du poisson qui remplit les marécages, et qui s'y trouve emprisonné par l'évaporation de la plus grande partie de l'eau. Les Alligators les poursuivent et les dévorent, tandis que l'Ibis détruit ceux qui cherchent à fuir vers le rivage.

Les Alligators pêchent surtout pendant la nuit. Ils se rassemblent par grandes troupes, aux heures de silence et d'obscurité, chassent le poisson devant eux et le poussent dans quelque crique retirée. C'est alors qu'ils se donnent à cœur joie des malheureux habitants de l'eau, qu'ils amènent par le mouvement de leur queue jusque dans leur gueule largement ouverte. On entend à un mille de distance le cliquetis de leurs mâchoires.

Les Alligators se trouvent par milliers au Mexique, dans les eaux belles et transparentes du Claro qui s'épanchent en un lac tranquille. Ils sont tellement serrés les uns contre les autres, qu'ils ressemblent à des trains de bois ou à des arbres récemment tombés et revêtus de leur verte écorce. Lorsque, réunis et immobiles, ils attendent leur proie, ils ne se dérangent pas si un bateau vient à tomber au milieu de leur troupe. Ils ne cherchent point à envahir ces bateaux; seulement ils se jettent sur tout ce qui tombe ou est jeté dans le lac. Combien d'enfants, de pauvres femmes, de nègres sont devenus dans ces parages la proie des Caïmans! Ces Reptiles monstrueux ne poursuivent pas l'homme, mais ils ne manquent pas de le dévorer lorsqu'une imprudence le met à portée de l'arsenal dentaire de leurs terribles mâchoires.

Les indigènes du Mexique chassent le Caïman. Quand ils rencontrent un individu isolé, endormi ou renversé sur le dos après un repas copieux, ils jettent un lacet (*lasso*) autour du corps du Reptile endormi. Avec des bâtons ils maintiennent les cordes, bâillonnent le Caïman et lui brisent la tête.

Il est un autre moyen dont les Indiens font usage pour s'emparer d'un Caïman. Que l'on se figure quatre pièces de bois dur, longues d'un pied, grosses comme le petit doigt et pointues à chaque bout. On les noue autour d'une corde, de telle manière que si on se représente cette corde sous la figure d'une flèche, les quatre bâtons formeront la tête de la flèche. Puis on attache l'autre bout de la corde autour d'un arbre, et l'on amorce cette sorte d'hameçon avec de la viande. Lorsqu'un Caïman a happé la proie,

Fig. 211. Alligator, ou Caïman.

les pointes de l'hameçon pénètrent dans ses chairs. Alors on attend que l'animal soit mort pour le hisser de l'eau, ou on l'achève à coups de pierres et de bâtons.

Les Alligators sont très-voraces, mais, comme les Serpents et les Tortues, ils peuvent supporter de longs jeûnes. Dans son *Histoire naturelle de la Jamaïque*, Browne assure qu'on a vu des Caïmans vivre plusieurs mois de suite sans nourriture. On a fait plusieurs fois à la Jamaïque l'expérience suivante. On lie fortement la bouche d'un Alligator, et on le jette, ainsi muselé, dans un bassin. Ces animaux, à la gueule scellée, vivent ainsi un temps considérable. On les voit s'élever de temps en temps à la surface de l'eau, et leur mort se fait beaucoup attendre. Ajoutons que les Crocodiles qu'on élève en captivité dans la ménagerie du Muséum d'histoire naturelle de Paris demeurent quelquefois plusieurs mois de suite sans manger.

La femelle de l'Alligator prend plus de soin de ses petits que ne le font les femelles du Crocodile proprement dit et du Gavial. Elle les conduit à l'eau et dans la vase. Là elle dégorge une nourriture à demi digérée qui sert à leur alimentation.

Les vrais *Crocodiles* sont propres à l'Afrique, mais ils existent aussi dans l'Amérique et dans l'Inde. Leur tête a une longueur à peu près double de sa largeur. Les quatrièmes dents de la mâchoire inférieure les plus longues et les plus grosses de toutes, passent dans des échancrures creusées sur les bords de la mâchoire supérieure, et restent apparentes au dehors. Les pattes de derrière ont leur bord externe garni d'une crête dentelée et les intervalles de leurs doigts, au moins les externes, sont entièrement palmés.

Le principal type est le *Crocodile vulgaire*, qui peut atteindre plus de trois mètres de longueur. Tout le dessus du corps de cet énorme Reptile est d'un vert olive, piqueté de noir sur la tête et le cou, jaspé de la même couleur sur le dos et la queue; deux ou trois larges bandes obliques noires se montrent sur les flancs. Le dessous du corps est d'un jaune verdâtre.

Ce Crocodile est extrêmement répandu en Afrique; on le trouve dans toute l'étendue du Nil, dans les fleuves Sénégal et Niger, en Cafrerie, à Madagascar. La plupart des auteurs le nomment *Crocodile du Nil*. On trouve cette espèce jusque dans l'Inde.

Le Crocodile était dans l'ancienne Égypte un animal sacré. On trouve encore aujourd'hui, dans les temples en ruine, des momies de Crocodile en parfait état de conservation. Les Romains faisaient paraître des Crocodiles vivants dans les jeux nautiques du Colisée. Les premiers furent apportés au nombre de cinq seulement sous l'édilité de Scaurus. Sous l'empereur Auguste, on en fit périr trente-six dans le cirque de Flaminius. Diverses médailles anciennes représentent ce même Reptile, dont le corps est parfaitement semblable à celui qui vit aujourd'hui dans les eaux et sur le rivage du Nil.

Il y a dans l'histoire naturelle du Crocodile un fait vraiment merveilleux. Écoutons, à cet égard, le plus ancien des historiens : nous avons nommé Hérodote.

« Lorsque le Crocodile, dit Hérodote, prend sa nourriture dans le Nil, l'intérieur de sa gueule est toujours couvert de *Bdella* (Mouches). Tous les Oiseaux, à l'exception d'un seul, se sauvent du Crocodile ; mais cet Oiseau unique, le *Trochylus*, bien loin de fuir, vole vers le Reptile avec le plus grand empressement et lui rend un très grand service. Chaque fois que le Crocodile gagne la terre pour dormir, et au moment où il gît étendu les mâchoires ouvertes, le *Trochylus* entre dans la gueule du terrible animal et le délivre des *Bdella* qui s'y trouvent. Le Crocodile se montre reconnaissant et ne fait jamais aucun mal au petit Oiseau qui lui rend ce bon office. »

Le fait rapporté par Hérodote fut longtemps considéré comme une fable. Mais le naturaliste Étienne Geoffroy Saint Hilaire, qui faisait partie de la Commission de savants que le général Bona parte emmena avec lui dans l'expédition d'Égypte, eut plusieurs fois l'occasion de reconnaître la vérité de la narration d'Hérodote.

« Il est parfaitement vrai, dit Geoffroy Saint Hilaire dans un mémoire lu le 28 janvier 1828 à l'Académie des sciences, qu'il existe un petit Oiseau qui vole perpétuellement çà et là, cherchant partout, même dans la gueule du Crocodile, les Insectes qui forment la partie principale de sa nourriture. »

Cet Oiseau qui est très-commun sur les rives du Nil, Geoffroy Saint-Hilaire l'a reconnu pour une espèce déjà décrite sous le nom de *Charadrius œgyptius*.

Il existe en France un Oiseau qui ressemble extrêmement au *Charadrius œgyptius :* c'est le Pluvier.

Les *Bdelles*, qui tourmentent le Crocodile et même lui font une guerre acharnée, ne sont autre chose que nos *Cousins* d'Europe. Des myriades de ces Insectes bourdonnent sur les bords du Nil, et lorsque le géant de ce fleuve repose, se chauffant au soleil, il devient la proie de ces misérables pygmées : c'est la guerre du Lion et du Moucheron décrite par la Fontaine. Les Bdelles s'introduisent dans sa gueule en si grand nombre, que la surface du palais en est couverte et y forme comme une croûte brunâtre. Tous ces petits suceurs lardent de leurs aiguillons la langue du Reptile. C'est alors que le petit Oiseau vient les chasser jusque dans la gueule du monstre, qu'il délivre ainsi de ses innombrables ennemis. Le Crocodile, d'un coup de dent, croquerait sans peine l'Oiseau, mais il sait trop, pour en agir ainsi, ce qu'il doit à cet ami familier.

Les Crocodiles du Nil sont plus voraces que l'Alligator de l'Amérique. Hasselquist rapporte que dans la Haute-Égypte ils dévorent souvent les femmes qui viennent puiser de l'eau dans le Nil et les enfants qui jouent sur le bord de ce fleuve. Geoffroy Saint-Hilaire dit, de son côté, que l'on rencontre fréquemment dans la Thébaïde des Arabes à qui il manque une jambe ou un bras, et qui accusent les Crocodiles de ce méfait.

Le célèbre voyageur Livingstone, qui a exploré avec tant de constance et de succès l'Afrique équatoriale, a eu bien des occasions de se rencontrer avec ce féroce habitant du Nil. Écoutons l'un de ses récits.

« Le Crocodile, dit le célèbre voyageur, fait chaque année beaucoup de victimes parmi les enfants qui ont l'imprudence de jouer au bord du Liambie quand ils vont chercher de l'eau. Le Crocodile étourdit sa proie d'un coup de queue et l'entraîne dans le fleuve, où elle est bientôt noyée.... En général, quand un Crocodile aperçoit un homme, il plonge et se dirige furtivement du côté où l'homme se trouve; quelquefois néanmoins il se précipite avec une agilité surprenante vers la personne qu'il a découverte, ainsi qu'on en peut juger par les rides qu'il imprime à la surface de la rivière. Une Antilope que l'on chasse et qui prend l'eau dans les lagunes de la vallée Rarotsé, un homme ou un Chien qui vont y chercher leur gibier, ne manquent jamais d'être saisis par un Crocodile dont ils ne soupçonnaient pas la présence. Il arrive souvent qu'après avoir dansé au clair de lune, les jeunes gens qui habitent les bords du fleuve vont se plonger dans l'eau pour se débarrasser de la poussière qui les couvre, et ne reparaissent jamais. »

Les Crocodiles qui n'ont jamais mangé de l'homme sont, du reste, beaucoup moins dangereux que ceux qui, en ayant mangé, ont pris goût à cette proie. C'est ce qui résulte des renseignements pris sur les lieux par plusieurs voyageurs.

« Un habitant de Khartoum, dit M. Combes, m'assura qu'avant l'arrivée des troupes égyptiennes, c'est-à-dire avant les horreurs commises par le desterdar (il s'agit ici de Mehemet-Bey, qui avait été gouverneur du Soudan quelque temps avant le voyage de M. Combes), les Crocodiles se montraient peu friands de chair humaine; mais depuis les noyades ordonnées par Mehemet-Bey, me dit l'homme que j'interrogeais, depuis que le Nil a charrié les cadavres de mes frères, les monstres qui l'habitent se sont habitués à une nourriture substantielle qu'ils connaissaient à peine; et aujourd'hui on s'expose à des dangers imminents en traversant le fleuve à la nage, et même en se baignant sur ses bords. »

Les nègres d'Afrique chassent le Crocodile à coups de fusil, ou avec une espèce de javeline dentée; ils visent à l'attache des pattes de devant. Certains Égyptiens sont assez hardis pour nager jusque sous le Crocodile et lui percer le ventre d'un coup de poignard.

Les nègres du Sénégal ont le même courage. S'ils surprennent l'animal dans des parties du fleuve qui ne renferment pas assez d'eau pour qu'ils puissent y nager, ils vont droit au monstre, armés d'une lance, et le bras gauche enveloppé d'un lambeau de cuir. Ils commencent par l'attaquer à coups de lance, dans les yeux et au gosier. Puis ils enfoncent dans sa gueule leur bras gauche, enveloppé de cuir, l'empêchent ainsi de la refermer et la maintiennent ouverte jusqu'à ce que leur ennemi soit suffoqué ou qu'il expire sous les coups de leurs compagnons.

La ruse et les piéges remplacent quelquefois ces attaques audacieuses. En Égypte, on creuse un fossé profond sur la route d'un Crocodile, route que l'on reconnaît facilement aux traces qu'il laisse sur le sable. On couvre cette fosse de branchages et de terre. On effraye ensuite à grands cris le Crocodile, qui, revenant au fleuve par la même route qu'il avait suivie pour s'écarter de ses bords, passe sur la fosse et y tombe. Là on l'assomme ou on le prend dans des filets.

D'autres fois, on attache une grosse corde à un gros arbre, et on lie à l'autre extrémité de cette corde un Agneau retenu par un crochet saillant. Les cris de l'Agneau attirent le Crocodile qui, en voulant enlever cet appât, se prend au crochet.

Les *Gavials*, ou Crocodiles de l'Inde, ont le museau rétréci, cylindrique, extrêmement allongé, un peu renflé à l'extrémité. Les dents sont presque semblables par le nombre et par la forme sur l'une et l'autre mâchoire; les deux premières et les quatrièmes de la mâchoire inférieure passent dans des échancrures de la supérieure, et non dans des trous. Les pattes de derrière sont dentelées et palmées comme dans les Crocodiles d'Afrique.

Ce genre, remarquable surtout par sa tête très-allongée, a pour type le *Gavial du Gange* ou *Gavial longirostre*. Il est d'un vert d'eau foncé en dessus, avec de nombreuses taches irrégulières brunes; il est jaune pâle en dessous, et sa longueur totale peut aller jusqu'à cinq ou six mètres.

ORDRE DES CHÉLONIENS

Les *Tortues*, qui composent l'ordre des Chéloniens, se reconnaissent au premier coup d'œil à la singulière armure dont la nature les a pourvues. Un double bouclier enveloppe de toutes parts leur corps, ne laissant passer que la tête, le cou, les quatre pattes et la queue. Tous ces organes peuvent se cacher dans cette double cuirasse.

Si l'on rencontrait pour la première fois une Tortue, ne serait-on pas profondément surpris?

Le double bouclier des Tortues est composé d'os élargis et intimement soudés entre eux. Le bouclier supérieur, qui se nomme *carapace*, résulte de la réunion des côtes et des vertèbres dorsales; le *plastron*, ou bouclier inférieur, n'est que le sternum très-développé. Ces organes ne sont qu'une portion du squelette, qui, au lieu d'être logé dans la profondeur des parties molles, est devenu superficiel et n'est recouvert que par une peau sèche et mince.

Pour présenter cette disposition si insolite, la charpente osseuse de l'animal a dû être profondément modifiée. Cependant on y retrouve les mêmes pièces que chez les Vertébrés ordinaires; seulement la forme et le volume de plusieurs de ces pièces ont été changés.

La peau qui recouvre tout le corps de ces animaux conserve quelquefois de la mollesse et n'est point revêtue d'écailles. Mais chez presque tous elle est garnie d'une couche cornée d'une très-grande consistance. Sur le plastron et sur la carapace, ces écailles forment de larges lames, dont la disposition et l'aspect varient suivant les espèces, et qui souvent sont d'une beauté remarquable.

La carapace de la Tortue est un objet d'ornement qui donne lieu à une grande industrie. Convenablement redressée, travaillée et polie, elle porte le nom d'*écaille*.

On divise les Tortues en quatre groupes : les *Tortues terrestres*, les *Tortues de marais*, les *Tortues de fleuve* et les *Tortues de mer*.

Les *Tortues terrestres* se reconnaissent à leurs pattes en forme de moignons. Ces organes sont gros et courts. Leurs doigts, presque égaux et immobiles, sont réunis par une peau épaisse, en une masse arrondie, et ne se montrent au dehors que par des ongles courts, gros et coniques. Dans ce groupe, la carapace est très-bombée et quelquefois plus haute que large; elle forme une voûte solide, le plus souvent immobile, sous laquelle l'animal peut retirer entièrement ses membres et sa queue. Ce *bouclier* est recouvert de grandes plaques cornées.

Les *Tortues terrestres* ont été connues de tout temps. On les voit représentées sur une foule de monuments, produits de l'art

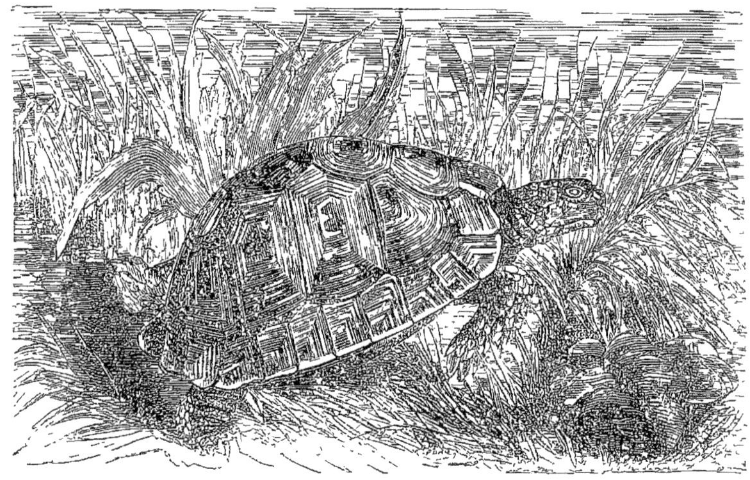

Fig. 212. Tortue mauresque (Tortue terrestre).

antique. Personne n'ignore que la carapace de la Tortue était considérée chez les anciens comme ayant servi à former les premières lyres, et qu'elles avaient été en conséquence consacrées à Mercure, dieu de la musique et inventeur de la lyre.

Les *Tortues terrestres* forment plusieurs genres qui comprennent plus de trente espèces. Nous parlerons seulement des principales, la *Tortue bordée*, la *Tortue mauresque*, la *Tortue grecque* et la *Tortue éléphantine*.

La *Tortue bordée*, que l'on a longtemps confondue avec la *Tortue grecque*, se trouve assez abondamment répandue en Morée, et se rencontre également en Égypte et sur les côtes de Barbarie.

Sa carapace est de forme ovale, oblongue, bombée, à bord postérieur très-dilaté et presque horizontal. Le plastron est mobile en arrière, la queue grosse et conique dépasse à peine la carapace. Les plaques du disque sont d'un brun noirâtre, présentant vers le centre des taches d'une belle couleur jaune; les lames marginales offrent le plus habituellement deux taches triangulaires, l'une jaune et l'autre noire; le dessous du corps est d'un jaune sale avec une large tache triangulaire noire sur six ou huit des écailles sternales; sa taille est moyenne.

La *Tortue mauresque* se trouve communément aux environs d'Alger, d'où sont envoyées toutes celles qui se vendent aujourd'hui chez les marchands de comestibles de Paris. Sa carapace est ovale, bombée, son sternum mobile en arrière. Sa coloration générale est olivâtre. Les plaques du disque sont marquées de taches noirâtres, et parfois d'une boucle de même couleur, qui couvre leur pourtour au devant et sur les côtés seulement. Les plaques du plastron, dont le fond est olivâtre, présentent chacune une large tache noire. Cette espèce est un peu plus petite que la *Tortue bordée*.

La *Tortue grecque* est de petite taille, car elle ne dépasse pas vingt-huit centimètres de longueur. Elle habite la Grèce, l'Italie, quelques îles de la Méditerranée, et le midi de la France, où elle fut importée d'Italie. Elle se nourrit d'herbes, de racines, de Limaces et de Lombrics. Elle s'engourdit pendant l'hiver et passe cette saison dans des trous, qu'elle creuse dans le sol, parfois à plus de soixante centimètres de profondeur. Elle en sort vers le mois de mai et va se chauffer aux rayons du soleil, dans les lieux sablonneux et boisés. Vers le mois de juin, les femelles pondent de douze à quatorze œufs, blancs, sphériques, gros comme de petites noix. Elles déposent ces œufs dans un trou, qu'elles recouvrent de terre et qui est exposé au soleil.

Sa carapace est ovale, très-bombée. Ses plaques marginales sont au nombre de vingt-cinq; son plastron, presque aussi long que sa carapace, est séparé en deux grandes portions par un sillon longitudinal. Les plaques de la carapace sont tachetées de noir et de jaune verdâtre, par de grandes marbrures. Le centre des plaques du disque est, en outre, relevé par une petite tache noire irrégulière. Les plaques du plastron sont jaunes à tache noire centrale.

Ces trois espèces sont recherchées à cause de leur chair, qui donne un bouillon d'un goût agréable.

Nous citerons encore, parmi les Tortues terrestres, la *Tortue éléphantine*, dont la longueur totale est de plus de un mètre, et qui habite la plupart des îles situées dans le canal de Mozambique, c'est-à-dire entre la côte orientale de l'Afrique et de l'île de Madagascar. Le Muséum d'histoire naturelle de Paris a possédé des échantillons de cette espèce, qui vécurent pendant plus d'un an, et qui pesaient environ trois cents kilogrammes. Leur chair était très-bonne à manger.

Chez d'autres Tortues terrestres, dont on a formé le genre

Fig. 213. Tortue cistule (Tortue de marais).

Dixides, la portion antérieure du plastron est mobile, et peut, lorsque la tête et les pattes sont rentrées, s'appliquer contre les bords de la carapace comme une porte sur son chambranle. Telle est la *Dixide arachnoïde* du continent et de l'archipel Indien.

Il est aussi des Tortues terrestres dont on a formé des genres particuliers. La carapace est flexible et peut s'abaisser en arrière comme le plastron : ce sont les *Cinixys*.

Enfin chez d'autres il n'existe à toutes les pattes que quatre doigts, tous onguiculés : tels sont les *Homopodes*.

Les *Tortues de marais* établissent le passage des Tortues terrestres aux tortues essentiellement aquatiques. Elles ont une carapace plus ou moins déprimée, ovalaire, évasée en arrière. Leurs pieds ont des doigts distincts, flexibles, garnis d'ongles crochus, et dont les phalanges sont réunies à la base au moyen d'une peau élastique qui leur permet de s'écarter les uns des autres, tout en conservant leur force et en prenant une plus grande surface. Aussi peuvent-elles marcher sur la terre, nager à la surface ou dans la profondeur des eaux, et grimper sur les rivages des lacs ou des autres eaux tranquilles, qui sont leur demeure habituelle.

Ces Tortues sont ordinairement de petite taille. Carnassières, elles se nourrissent de petits animaux vivants. Comme elles exhalent une odeur nauséabonde, on ne les recherche pas pour s'en nourrir; et d'autre part, leur carapace n'est ni assez épaisse ni assez belle pour qu'on puisse s'en servir pour fabriquer l'écaille. Elles sont donc peu recherchées.

On connaît une centaine d'espèces de Tortues de marais, qui sont réparties dans toutes les parties du globe, mais principalement dans les régions chaudes et tempérées. Telles sont les *Cistules*, les *Émydes*, les *Trionyx*, etc.

La *Cistule commune*, qui porte les noms de *Tortue bourbeuse* ou *Tortue jaune* (fig. 213), est très-répandue en Europe. On la trouve en Grèce, en Italie, en Espagne, en Portugal et dans les pays méridionaux de la France; on la trouve aussi en Hongrie, en Allemagne et jusqu'en Prusse. Elle habite les lacs, les marais et les étangs, au fond desquels elle se tient enfoncée dans la vase. Elle vient quelquefois à la surface de l'eau et y reste des heures entières. Elle vit particulièrement d'Insectes, de Mollusques, de Vers aquatiques et de petits Poissons. Bien que la chair de la *Cistule* soit loin d'avoir un excellent goût, on la mange partout où elle est commune.

Nous nous contenterons de représenter ici l'*Émyde Caspienne* (fig. 214), et la *Tortue Matamata* (fig. 215), dont l'aspect est si singulier, en raison de ses narines prolongées en trompe, de son cou garni de longs appendices cutanés, et des deux barbillons qu'elle porte au menton. C'est une Tortue qui a de la barbe!

Les *Tortues de fleuve* ont la carapace très-élargie et très-plate, les pattes déprimées, et les doigts réunis jusqu'aux ongles par de larges membranes flexibles. Ces membranes changent les mains et les pieds en véritables palettes, qui font l'office de rames.

Ces Tortues, si bien accommodées au milieu qu'elles habitent,

Fig. 214. Emyde Caspienne (Tortue de marais).

font une guerre continuelle aux Poissons, aux Reptiles et aux

Fig. 215. Tortue Matamata (Tortue de Marais).

Mollusques. Leur carapace est molle, couverte d'une peau flexible et cartilagineuse, soutenue sur un disque osseux très-déprimé, à surface supérieure ridée par des sinuosités rugueuses.

Comme elles sont dépourvues d'écailles, ces Tortues sont dites *molles*.

Les Tortues de fleuve ne se trouvent pas en Europe; elles habitent les rivières, les fleuves ou les lacs d'eau douce des régions chaudes du globe, tels que le Nil et le Niger en Afrique, le Mississipi et l'Ohio en Amérique, l'Euphrate et le Gange en Asie. Elles peuvent atteindre une grande taille et par conséquent un grand poids. Elles nagent avec facilité pendant le jour en poursuivant leur proie. Elles viennent, pendant la nuit, s'étendre et dormir sur le sol. Comme leur chair est très-estimée, on leur fait une chasse active dans les pays qu'elles habitent.

Nous citerons parmi les espèces de ce groupe, le *Trionyx d'Égypte* (fig. 216), Tortue d'assez grande taille, qui vit dans le Nil, et le *Trionyx spinifère*, caractérisé par une rangée d'épines sur le bord antérieur du limbe, qui vit dans les rivières de la Georgie et des Florides (Amérique septentrionale).

Les *Tortues de mer* se distinguent surtout par la conformation des membres, dont les extrémités libres sont aplaties. Celles-ci sont tellement déprimées, que les doigts, quoique formés de pièces distinctes, ne peuvent exécuter les uns sur les autres aucune sorte de mouvement, et constituent de véritables rames, admirablement disposées pour la natation. Leur carapace est excessivement aplatie; elle s'échancre en avant, s'allonge et se rétrécit en arrière, et est disposée de telle sorte que la tête et les pattes ne peuvent complétement s'y cacher.

Les Tortues marines sont celles qui présentent la plus grande taille. Elles nagent et plongent avec une aisance surprenante, et peuvent rester longtemps sous l'eau. L'orifice externe de leur canal nasal est, en effet, muni d'une sorte de soupape, que l'animal soulève lorsqu'il est dans l'air, et ferme lorsqu'il est sous l'eau. Il ne sort guère de l'élément liquide qu'à l'époque de la ponte. Cependant quelques espèces se traînent, pendant la nuit, sur les rivages des îles désertes, pour y brouter quelques plantes marines, quoique leur marche soit difficile et même pénible. Dans les mers tranquilles, on les voit parfois flotter comme une barque, et dans l'immobilité la plus absolue, à la surface des eaux. Elles dorment. Avec leurs gencives cornées, dures et tranchantes comme le bec d'un Oiseau de proie, les unes broutent des algues marines, telles que les varechs, les algues; tandis que d'autres se nourrissent d'animaux vivants, c'est-à-dire de Crustacés, de Zoophytes et de Mollusques, par exemple des Sèches.

Les Tortues marines sont ovipares. Les femelles, accompagnées des mâles, parcourent souvent, pour aller déposer leurs œufs, des espaces de plus de deux cents mètres. D'autres femelles se rendent, à des époques à peu près fixes, sur les bords sablonneux de quelque île déserte. Là elles se traînent, pendant la nuit,

Fig. 216. Trionyx d'Égypte (Tortue de fleuve).

assez loin du rivage, et avec leurs pattes de derrière, fonctionnant comme de larges pelles, elles creusent des trous de soixante centimètres environ de profondeur. Elles y pondent jusqu'à cent œufs. Elles les recouvrent ensuite avec le sable amoncelé derrière elles, en nivellent parfaitement le sol, puis elles retournent à la mer.

Les œufs des Tortues marines sont arrondis, déprimés et munis d'une coque coriace. Grâce à la température élevée que les rayons du soleil communiquent au sable du rivage, ils éclosent quinze jours après la ponte. Les petites Tortues, faibles, blanchâtres, grosses comme des Grenouilles, se hâtent de gagner la mer, cette puissante nourrice, et s'y développent rapidement. Les femelles font jusqu'à trois pontes, à deux ou trois semaines d'intervalle.

On rencontre les Tortues marines en bandes, plus ou moins nombreuses, dans toutes les mers des pays chauds, principalement vers la zone torride, dans l'Océan équinoxial, sur les rivages des Antilles, de Cuba, de la Jamaïque, de Saint-Domingue, dans l'océan Indien, aux îles de France et de Madagascar, aux Séchelles, dans le golfe du Mexique, etc., comme dans l'océan Pacifique, aux îles Sandwich et Galapagos. Celles que les navigateurs trouvent, assez rarement d'ailleurs, isolées, dans le Grand Océan et dans la Méditerranée, semblent s'être égarées et provenir de bandes voyageuses.

De tous les Reptiles, les Tortues de mer sont les plus utiles à l'homme. Dans les pays où elles sont communes, et où elles atteignent des dimensions énormes, on se sert de leur carapace comme de pirogue, pour naviguer le long des côtes. Leur chair constitue un élément sain et nutritif. La graisse de plusieurs espèces, lorsqu'elle est fraîche, peut remplacer le beurre et l'huile. Quand l'odeur musquée de ce corps gras le fait repousser pour l'apprêt des aliments, on l'emploie à la préparation des cuirs ou à l'éclairage. Les œufs de presque toutes les Tortues sont recherchés pour leur saveur. Enfin, les carapaces de diverses espèces constituent une substance précieuse très-employée dans les arts, à cause de sa dureté, de sa transparence et du beau poli qu'elle peut recevoir.

Il est facile de comprendre qu'un animal dont les diverses parties sont si bien utilisées soit de la part de l'homme l'objet d'une chasse active.

On emploie différents procédés pour s'emparer des Tortues. Dans certains parages, on profite de l'époque de la ponte. On descend dans les îles désertes, afin d'y guetter les Tortues qui s'y rendent à cette époque. On les suit à la piste, sur le sable. Quand on les a rencontrées, on leur coupe la retraite en les cernant, et on les renverse sur le dos, soit avec les mains, soit avec des pieux. Comme en cet état elles ne peuvent plus se relever, on est certain de les retrouver dans la même position, lorsqu'on

Fig. 217. Chasse à la Tortue.

viendra les chercher, pour les tuer et les emporter. On les laisse donc sur le sable du rivage, le ventre en l'air, et on continue la chasse jusqu'au soir (fig. 217). Le lendemain, les chasseurs procèdent au massacre de ces pauvres animaux, coupables d'être utiles à l'industrie humaine.

En 1802, une Tortue femelle fut surprise dans l'île de Lobos, par l'équipage d'un navire français. Les hommes eurent beaucoup de peine à la renverser sur le dos; car elle était si forte qu'elle les entraînait, en voulant fuir vers la mer. On en vint enfin à bout. Sa tête était grosse comme celle d'un enfant et son bec quatre fois plus grand que celui d'un Perroquet. Elle pesait cent trente kilogrammes et fournit à manger à tout l'équipage. Elle avait dans le corps trois cent quarante-sept œufs.

On prend encore les Tortues en tendant de grands filets à larges mailles, dans lesquelles la bête engage sa tête et ses nageoires. Ainsi prisonnière, elle ne peut venir respirer à la surface de l'eau et périt asphyxiée.

Certains pêcheurs harponnent les Tortues marines lorsqu'elles viennent respirer l'air à la surface des eaux de la pleine mer. Le harpon, attaché à une corde, pénètre dans les écailles. On laisse aller la corde quelque temps, puis on l'attire à bord.

Une méthode de pêche plus curieuse encore se pratique sur les côtes de la Chine et du canal de Mozambique. Ici les chasseurs ne sont plus des hommes, mais des Poissons. Ces Poissons, voisins du *Rémora* dont nous avons parlé en son lieu, sont connus sous le nom de *Poissons pêcheurs* ou *Sucets*. Ils portent au sommet de la tête une plaque ovale, qui offre une vingtaine de lamelles parallèles, formant deux séries, garnies sur leurs bords de petits crochets. Les pêcheurs tiennent plusieurs de ces *Sucets* vivants dans des baquets d'eau. Quand ils voient une Tortue endormie, ils s'en approchent et jettent un Sucet à la mer. Le Poisson se précipite sous le Reptile et s'y cramponne à l'aide de son disque céphalique. Comme il est attaché par une longue corde, au moyen de l'anneau dont sa queue est garnie, on tire à bord le Poisson pêcheur et sa victime. C'est, on le voit, une pêche à la ligne d'une nouvelle espèce, dans laquelle l'hameçon est vivant et poursuit lui-même sa proie au sein des eaux.

On ne connaît encore qu'une dizaine d'espèces de Tortues de mer, que l'on répartit en deux genres : les *Chélonées* et les *Sphargis*.

Les *Chélonées* ont le corps recouvert d'écailles cornées et un ou deux ongles à chaque patte.

La *Chélonée franche*, ou *Tortue franche* (fig. 218), était connue des anciens. Pline dit que les habitants des bords de la mer Rouge s'en nourrissaient presque exclusivement. Sa carapace est en forme de cœur, peu allongée, de couleur fauve, avec un grand nombre de taches de couleur marron, mais glacées de verdâtre. Son dos est arrondi, ses écailles vertébrales sont hexagones. Sa longueur totale est de 1m,60 à 2 mètres, sur une longueur moindre d'un quart. Son poids varie de trois cent cinquante à quatre cent cinquante kilogrammes.

Fig. 218. Tortue franche.

« Ce dernier poids est celui d'une Tortue franche qui fut rejetée par la mer dans le port de Dieppe, en 1752. On en prit une autre, en 1754, dans les parages d'Antioche, qui pesait à peu près autant, et qui mesurait 2m,60 depuis le museau jusqu'à la queue. La carapace seule avait plus de 1m,50 de longueur. Elle fournit cinquante kilogrammes de graisse.

La *Tortue franche*, que l'on nomme encore *Tortue verte*, en raison de la couleur verte de sa graisse, vit dans l'océan Atlantique. Elle habite de préférence le voisinage des îles et des côtes désertes. C'est l'espèce la mieux connue de cette famille, et celle à laquelle se rapportent presque exclusivement les détails des mœurs que nous avons donnés plus haut. On l'amène aisément vivante en Europe, et la ménagerie du Muséum d'histoire naturelle de Paris en a possédé plusieurs.

La Tortue franche, dont la chair est très-délicate et la graisse très-fine, sert à confectionner ces fameuses *soupes à la Tortue*, dont les Anglais sont si friands, et qui sont beaucoup moins connues en France. La soupe à la Tortue est la gloire de la cuisine britannique, mais son invention n'est pas de date ancienne; c'est l'amiral Anson qui, en 1752, apporta la première Tortue

Fig. 219. Tortue caret.

qui fut mangée à Londres. La soupe à la Tortue fut longtemps un plat coûteux; mais les progrès de la navigation ont rendu l'animal qui la fournit infiniment plus commun qu'autrefois, car il abonde aujourd'hui sur les marchés de Londres.

La plus grande partie de l'écaille du commerce provient de la *Tortue franche*. C'est la carapace, c'est-à-dire la partie supérieure, qui sert à préparer l'écaille; le bouclier, ou la partie inférieure, est rejetée.

Le *Caret*, ou *Chélonée imbriquée* (fig. 219), fournit une écaille plus estimée encore que celle de la Tortue franche. Chez cet animal, les plaques du disque sont imbriquées, et non simplement juxtaposées, c'est-à-dire qu'elles se prolongent en arrière les unes au-dessus des autres, se recouvrant comme les tuiles d'un toit. Les mâchoires de la Tortue caret sont fortes, allongées et recourbées vers leur extrémité; ses nageoires sont pourvues de deux ongles. Sa taille et son poids sont un peu moins considérables que ceux de la Tortue franche.

On rencontre la *Tortue caret* dans l'océan Indien, ainsi que dans les mers d'Amérique. Elle se nourrit de plantes marines, de Mollusques et de petits Poissons. Ses œufs sont bons à manger, mais sa chair est mauvaise. On ne la recherche que pour sa carapace.

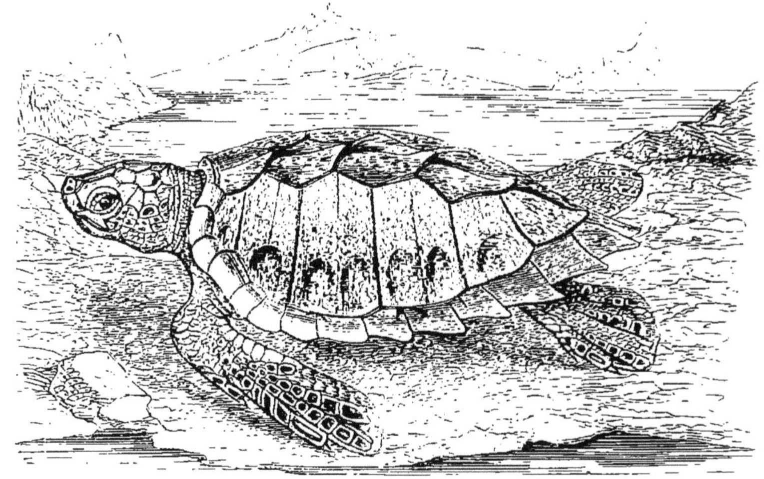

Fig. 220. Tortue caouane.

L'écaille qui forme la carapace des Tortues est une substance qui diffère de la corne des Ruminants en ce qu'elle n'est point fibreuse ni lamelleuse. Elle est aussi plus transparente et plus dure. Elle paraît consister en une exsudation de matière muqueuse et albumineuse, parfaitement homogène dans sa nature, et qui affecte pourtant les plus jolies couleurs.

Dans les pays où l'on chasse la Tortue franche ou le Caret, on arrache la carapace de l'animal et on l'envoie en Europe.

Pour obtenir ce que nous appelons en France l'*écaille*, on ramollit cette carapace par la chaleur de l'eau bouillante. Ensuite on la redresse et on l'aplatit en la mettant sous des presses. Les tablettes que l'on obtient ainsi constituent l'écaille *brute*, qui est ensuite polie et travaillée. Cette écaille brute, ramollie par la chaleur, prend toutes les formes désirées. Elle entre dans la composition d'objets de fantaisie : des peignes, des boîtes et autres petits objets.

La *Tortue caouane* (fig. 220) a, comme la *Tortue franche*, des écailles simplement juxtaposées. De couleur brune ou marron foncé, elle habite la Méditerranée et l'océan Atlantique. Sa longueur est d'environ $1^{m},25$, et son poids varie de cent cinquante à deux cents kilogrammes.

La Tortue caouane est très-vorace et se nourrit principalement de Mollusques. Sa chair est mauvaise, et l'on ne se sert de sa graisse que comme d'huile à brûler.

Fig. 221. Tortue luth.

Les Tortues du genre *Sphargis* ont le corps enveloppé d'une peau coriace, tuberculeuse chez les jeunes sujets, complétement lisse chez les adultes. Les pattes sont dépourvues d'ongles. On ne connaît qu'une seule espèce de ce genre, le *Sphargis luth*, ou *Tortue luth* (fig. 221), ainsi nommée à cause de la forme de sa carapace, qui a plus ou moins de ressemblance avec le luth des anciens, ou parce que cette même carapace aurait, dit-on, servi à composer les premiers luths chez les Grecs.

Cette Tortue marine, qui se trouve dans la Méditerranée et

l'océan Atlantique, a les mêmes habitudes que la Tortue franche. Son corps est d'un brun clair, avec les carènes de la carapace fauves. Sa tête est brune, ses membres noirâtres bordés de jaune. Elle atteint de 2 mètres à 2^m,50 de longueur totale sur une largeur d'environ un cinquième de sa longueur. Son poids est considérable, car il s'élève jusqu'à sept ou huit cents kilogrammes.

FIN.

TABLE DES MATIÈRES

Pages

INTRODUCTION .... 1 — 2

CLASSE DES ANIMAUX ARTICULÉS

TRIBU DES VERS

Ordre des Rotateurs (Brachion, Hydatine, Rotifère, Tardigrade).......... 7 — 18

Ordre des Helminthes ou Entozoaires (Nématoïde, Trématode, Térétulaire, Cestoïde)........ 19 — 51

Ordre des Annélides (Chétopodes, Dorsibranches, Abranches, Apodes).... 52 — 80

TRIBU DES CRUSTACÉS

Ordre des Décapodes (Crabe, Portune, Écrevisse, Homard).............. 89 109

Ordre des Stomapodes (Squille mante)........................ 109

Ordre des Amphipodes (Talitre) 110

Ordre des Isopodes (Cloporte, Ligie, Aselle) 110 112

Ordre des Lœmodipodes et des Brachiopodes (Cyane, Calige, Lernée, Daphnie, Limule)........................ 112 — 115

TRIBU DES ARACHNIDES

Ordre des Aranéides (Mygale, Araignée)........................ 117 — 153

Ordre des Scorpionidés (Scorpion) .... 154 — 161

Ordre des Galéodies (Galéode)........................ 161

Ordre des Phalangides (Faucheur)........................ 162

Ordre des Acarides (Ixode, Mite, Acarus)........................ 162 168

TRIBU DES MYRIAPODES

Ordre des Chilognathes (Iule)........................ 170 — 172

Ordre des Scolopendres (Scolopendre)........................ 172 — 174

CLASSE DES POISSONS

INTRODUCTION .... 179 — 187

POISSONS CARTILAGINEUX

Famille des Suceurs (Lamproie) .... 188 — 190
Famille des Sélaciens (Raie, Torpille, Squale, Scie) .... 191 — 210
Famille des Sturioniens (Chimère, Polyodon, Esturgeon) .... 210 — 219

POISSONS OSSEUX

ORDRE DES PLECTOGNATHES

Famille des Gymnodontes (Diodon, Tétrodon, Poisson-lune) .... 221 — 224
Famille des Sclérodermes (Baliste, Coffre) .... 224 — 225

ORDRE DES LOPHOBRANCHES

Genre Syngnathe .... 226 — 228
Genre Pégase .... 228 — 229

ORDRE DES MALACOPTÉRYGIENS

Famille des Anguilliformes (Équille, Gymnote, Murène, Ophisure, Anguille, Congre) .... 230 — 248
Famille des Discoboles (Porte-Écuelle, Cycloptère, Échène) .... 248 — 251
Famille des Pleuronectes (Sole, Turbot, Flétan, Plie) .... 251 — 259
Famille des Ganoïdes (Morue, Merlan, Merluche, Lotte) .... 259 — 271
Famille des Salmonés (Ombre, Éperlan, Lavaret, Truite, Saumon) .... 271 — 288
Famille des Clupes (Hareng, Alose, Anchois, Sardine) .... 289 — 303
Famille des Ésoces (Brochet, Stomia, Poisson volant) .... 303 — 311
Famille des Cyprins (Loche, Goujon, Barbeau, Tanche, Cyprinopsis, Brème, Ablette, Gardon, Chevaisne, Vandoise, Vairon) .... 311 — 331
Famille des Siluroïdes (Silure d'Europe, Malaptérure électrique) .... 331 — 334

ORDRE DES ACANTHOPTÉRYGIENS

Famille des Percoïdes (Perche, Bar, Apron, Vive, Uranoscope) .... 334 — 338
Famille des Mulles (Surmulet, Rouge) .... 338 — 343
Famille des Joues cuirassées (Trigle, Dactyloptère, Chabot, Scorpène, Épinoche) .... 343 — 35

Famille des Pharyngiens labyrinthiformes (Anabas)........................ 354
Famille des Scombéroïdes (Thon, Maquereau, Bonite, Germon, Espadon) 354 — 368
Famille des Pectorales pédiculées (Baudroie)........................ 369 — 370
Famille des Labroïdes (Labre, Girelle, Filou, Scare, Vieille)........... 371 — 372
Famille des Bouches en flûte (Fistulaire)................................ 373

CLASSE DES BATRACIENS

Famille des Batraciens anoures (Grenouille, Rainette, Crapaud, Pipa). 385 — 395
Famille des Batraciens urodèles (Salamandre, Triton)............... 395 — 398

CLASSE DES REPTILES

ORDRE DES OPHIDIENS

Serpents non venimeux (Couleuvre, Pithon, Boa)................... 400 — 405
Serpents venimeux (Vipère, Trigonocéphale, Crotale, Naja)........... 405 420

ORDRE DES SAURIENS

Famille des Orvets (Orvet, Sep)...................................... 423 — 425
Famille des Lézards (Sauvegarde, Améiva, Lézard).................. 425 428
Famille des Iguanes (Iguane tuberculeuse)........................... 428 — 429
Famille des Véraniens (Basilic, Dragon volant)...................... 429 430
Famille des Geckos (Gecko des murailles)............................ 430 — 432
Famille des Caméléons (Caméléon)..................................... 432 — 435
Famille des Crocodiles (Caïman d'Amérique, Crocodile africain, Gavial.) 436 — 447

ORDRE DES CHÉLONIENS.

Tortues terrestres (Tortue bordée, Tortue mauresque, Tortue grecque, Tortue éléphantine, Dixide, Cinixys, Homopode)..................... 448 451
Tortues de marais (Cistule, Émyde, Tortue Matamata)................ 451 452
Tortues de fleuve (Trionyx).. — 452 454
Tortues de mer (Tortue franche, Caret, Tortue Caouane, Sphargis). 454 — 464

FIN DE LA TABLE DES MATIÈRES.

INDEX ALPHABÉTIQUE

DES

NOMS DES PRINCIPAUX GENRES D'ANIMAUX ARTICULÉS, DE POISSONS DE BATRACIENS ET DE REPTILES CITÉS DANS CE VOLUME

CLASSE DES ANIMAUX ARTICULÉS

A

Acarus (Sarcopte)........... 163-168
Agame, ou Pou de baleine........ 114
Amphitrite...................... 57
Aphrodite hérissée (Chenille de mer). 58
Apneuma pellucida.............. 59
Apus.......................... 113
Araignée................... 134-154
Arénicole des pêcheurs........... 58
Argule foliacée................. 114
Argyronète..................... 130
Aselle......................... 112
Astémie....................... 113

B

Bernard l'Ermite................ 107
Bothriocéphale.................. 40
Brachion......................... 9
Branchellion..................... 58
Branchipes..................... 113

C

Calige......................... 112
Chétoptère....................... 57
Cloporte....................... 111
Crabes...................... 90-96
Crevette (Palémon et Crangon). 102-107
Crevette des ruisseaux........... 110
Cyclope........................ 114
Cymothée....................... 110
Cypris......................... 114

D

Daphnie........................ 114
Dermanyse...................... 164
Douve........................... 39
Dragonneau...................... 23

E

Écrevisse.................... 97-99
Émydie.......................... 11
Épéire......................... 129
Érèse.......................... 130
Eunice.......................... 58

G

Galatée........................ 102
Galéode........................ 161

H

Homard........................ 100
Hydatine......................... 9
Hydrachné...................... 162

I

Idotée........................ 110
Iule........................ 170-172
Ixode........................ 163

L

Langouste........................ 101
Lernée........................ 113
Ligie........................ 111
Ligule........................ 40
Limnadie........................ 113
Limnorée........................ 110
Limule........................ 115
Lycose........................ 123

M

Macrobiote........................ 11
Milnésie tardigrade........................ 11
Mite........................ 163
Mygale........................ 118-123

N

Naïs........................ 60
Némerte........................ 39
Néréide........................ 58

P

Phalangide........................ 162
Phryne........................ 161
Pinnothère........................ 96

R

Rotifère........................ 10-18

S

Sangsue........................ 61-80
Scolopendre........................ 172-174
Scorpion........................ 154-160
Scyllare........................ 102
Serpule........................ 56
Siponcle........................ 61
Sphase........................ 130
Spirorbe nautiloïde........................ 57
Squille mante........................ 109
Sylle........................ 58-60

T

Tarentule........................ 124-129
Tardigrade........................ 10
Télyphone........................ 161
Ténia........................ 41-51
Térébelle........................ 57
Trembidion........................ 162
Trichine........................ 23-39
Trilobite........................ 112
Tyroglyphe........................ 164

V

Ver de terre (Lombric)........................ 60

CLASSE DES POISSONS

A

Ablette........................ 328
Alose........................ 301
Anabas........................ 354
Anchois........................ 303
Anguille........................ 243
Apron........................ 338

B

Baliste........................ 224
Bar........................ 337
Barbeau........................ 315
Baudroie........................ 370
Bonite........................ 366
Bouche en flûte........................ 372
Brème........................ 324
Brochet........................ 304

C

Carpe........................ 319
Chabot........................ 346
Chevaisne........................ 330
Chimère........................ 210

Coffre ou Ostracion................ 225
Congre.......................... 248
Cotte-Chaboisseau.............. 347
Cycloptère...................... 249

D

Dactyloptère ou Poisson volant de la Méditerranée.................. 345
Diodon.......................... 222
Dorade de la Chine, ou Poisson rouge......................... 323

E

Échène rémora, ou Sucet......... 250
Éperlan......................... 273
Épinoche........................ 348
Épinochette..................... 350
Équille-appât................... 231
Espadon......................... 366
Esturgeon....................... 212
Exocet volant................... 310

F

Flétan.......................... 254

G

Gardon.......................... 329
Germon.......................... 366
Girelle......................... 371
Goujon.......................... 312
Grondin......................... 344
Gymnote électrique.............. 231

H

Hareng.......................... 289
Hippocampe...................... 227

L

Lamproie........................ 188
Lavaret......................... 274
Limande......................... 259
Loche........................... 311
Lotte........................... 270

M

Maquereau....................... 360
Merlan.......................... 269
Merluche........................ 269
Morue........................... 259
Murène.......................... 239

O

Ombre chevalier................. 282
Ombre commun.................... 272
Ophisure serpent................ 243

P

Pégase-Dragon................... 228
Perche.......................... 335
Perlon.......................... 344
Plie, ou Carrelet............... 259
Poisson-lune, ou Môle........... 223
Polyodon-feuille................ 211
Porte-écuelle................... 249

R

Raie............................ 191
Requin.......................... 200
Rouget.......................... 339
Roussette....................... 207

S

Sandre, ou Brochet Perche....... 338
Sardine......................... 301
Saumon.......................... 281-288
Scie............................ 209
Scorpène........................ 347
Scorpène volante................ 348
Silure.......................... 332
Silure électrique............... 333
Sole............................ 252
Squale-Marteau.................. 208
Stomias bea..................... 309
Surmulet........................ 339
Syngnathe....................... 226

T

Tahaca.......................... 222
Tanche.......................... 317
Tétrodon........................ 221
Thon............................ 355
Torpille........................ 195

Trigle... 343
Truite.. 275
Turbot... 253

U

Uranoscope... 338

V

Vairon... 330
Vandoise... 330
Vieille... 371
Vive... 338

CLASSE DES BATRACIENS ET DES REPTILES

A

Alligator, ou Caïman... 441

B

Basilic... 429
Boa... 403

C

Caméléon... 432
Céraste d'Égypte... 411
Cinixys... 451
Cistule... 452
Couleuvre... 400
Crapaud... 392
Crocodile... 436
Crotale (Serpent à sonnettes)... 411
Crotale Durisse, ou Bisquira... 417

D

Dixide... 451
Dragon volant... 430

E

Émyde... 452

G

Gavial du Gange... 447
Gecko... 430
Grenouille... 385

H

Homopode... 451

I

Iguane... 428

L

Lézard... 425

N

Naja, ou Serpent à coiffe... 419

O

Orvet... 424

P

Pipa... 394
Pithon... 403

R

Rainette... 390

S

Salamandre... 397
Seps Chalcide... 425
Serpent jaune des Antilles (Trigonocéphale, fer de lance)... 417
Sphargis... 463

T

Tortues... 448-464
Trionyx... 454

V

Vipère commune... 406

FIN DE L'INDEX ALPHABÉTIQUE.

TABLE DES GRAVURES

FRONTISPICE : LES MALHEURS D'UN PÊCHEUR D'ANGUILLES.

Figures.		Pages.
1.	Branchions	9
2.	Tardigrade et Rotifère	18
3.	Trichine	26
4.	Trichines rongeant un muscle	26
5.	Némertes	39
6.	Trématodes	40
7.	Hydatides	45
8.	Cénure dans le cerveau d'un Mouton	46
9.	Ténia et Bothriocéphale	47
10.	Tête de Ténia avec ses crochets	48
11.	Crochets du Ténia	49
12.	Anatomie d'une Annélide	53
13.	Serpule retirée de son tube	56
14.	Chétoptère de Valenciennes	56
15.	Spirobe nautiloïde	57
16.	Térébelle coquillière	57
17.	Néréide arénicole des pêcheurs	58
18.	Néréide myrianide	58
19.	Branchellion	58
20.	Apneuma pellucida	59
21.	Aphrodite hérissée (Chenille de mer)	59
22.	Syllis	60
23.	Lombric (Ver de terre)	60
24.	Sangsue officinale (Sangsue verte)	62
25.	Sangsue médicinale (Sangsue grise)	63
26.	Structure anatomique de la Sangsue	65
27.	Tube digestif de la Sangsue officinale	66
28.	Sangsue vivant au fond de l'eau	67
29.	Marais domestique pour les sangsues	80
30.	Écrevisse mâle, vue en dessus	82
31.	Écrevisse mâle, vue en dessous	82
32.	Tube digestif de l'Écrevisse	84
33.	Système nerveux et branchies de l'Écrevisse	85

Figures. Pages.
34. Crabe tourteau........ 90
35. Crabe commun, ou Crabe enragé........ 91
36. Crabe étrille........ 92
37. Crabe Araignée de mer........ 93
38. Pinnothère........ 96
39. Écrevisse mâle........ 97
40. Écrevisse femelle grainée........ 97
41. Langouste........ 101
42. Crevettes Crangon et Palémon........ 102
43. La pêche aux Crevettes sur une plage de la Normandie........ 105
44. Bernard l'Ermite dans une coquille de Cérite........ 107
45. Bernard l'Ermite dans une coquille de Lymnée........ 108
46. Squille mante........ 109
47. Aselle des ruisseaux........ 112
48. Araignée de la Martinique (*Araignée aviculaire*) égorgeant un Oiseau-Mouche........ 119
49. Mygale maçonne et son terrier........ 121
50. Épeire mâle........ 129
51. Épeire femelle........ 129
52. Habitation aquatique de l'Argyronète........ 131
53. Nid et fils de l'Araignée........ 137
54. Anatomie du Scorpion........ 155
55. Scorpion tunisien........ 159
56. Tyroglyphe du fromage de Gruyère........ 164
57. Dermanyse des Poules........ 163
58. Sarcopte de la gale chez l'homme (grossi)........ 166
59. Scolopendre et genres voisins........ 171
60. Squelette de la Perche........ 180
61. Vessie natatoire de la Carpe........ 180
62. Anatomie de la Carpe........ 182
63. Œil de Poisson........ 183
64. Dents de Truite........ 184
65. Dents de Dorade........ 184
66. Dents pharyngiennes de la Carpe........ 184
67. Dents pharyngiennes de la Brème........ 184
68. Fécondation artificielle........ 185
69. Fécondation des œufs........ 186
70. Lamproie de mer, ou grande Lamproie........ 189
71. Petite Lamproie, ou Lamproie de Planer........ 190
72. Raie blanche........ 192
73. Raie bouclée........ 193
74. Torpille........ 195
75. Requin........ 201
76. Requin saisissant un matelot........ 203

Figures. Pages.
77. Pêche du Requin.... 205
78. Grande Roussette.... 207
79. Squale Marteau.... 209
80. Chimère arctique.... 211
81. Esturgeon commun.... 213
82. Pêche de l'Esturgeon dans le Volga.... 213
83. Pêche de l'Esturgeon sous la glace.... 217
84. Tétrodon et Poisson-lune.... 222
85. Diodon pilosus.... 223
86. Baliste.... 224
87. Coffre.... 225
88. Syngnathes.... 227
89. Hippocampe pointillé.... 228
90. Équille appât.... 231
91. Gymnote, ou Anguille électrique.... 233
92. Pêche des Gymnotes électriques par les Indiens des bords de l'Orénoque.... 235
93. Murène Hélène.... 240
94. Esclave romain jeté dans le vivier des Murènes.... 241
95. Anguille à large bec.... 245
96. Congre commun.... 247
97. Porte écuelle.... 249
98. Cycloptère, ou Lump commun.... 249
99. Échène.... 251
100. Sole zébrée et Sole ordinaire.... 253
101. Turbot.... 254
102. Pêche du Flétan sur les côtes maritimes du Groenland.... 255
103. Flétan.... 257
104. Plie, ou Carrelet.... 258
105. Limande.... 258
106. Morue.... 261
107. Pêche de la Morue devant l'île de Terre-Neuve.... 263
108. Pêcheurs de Morue.... 265
109. Séchage de la Morue.... 267
110. Merlan.... 269
111. Lotte de rivière.... 271
112. Ombre commun.... 272
113. Éperlan.... 273
114. Lavaret Féra.... 275
115. Truite commune.... 276

Figures. Pages.
116. Insectes artificiels pour la pêche........ 276
117. Pêche à la ligne. — Le *lancé* de la mouche artificielle........ 277
118. Truble ou trouble (filet pour la pêche en rivière)........ 278
119. Nasse (panier pour la pêche en rivière)........ 278
120. Verveux (piége pour le poisson de rivière)........ 278
121. Louve (piége pour le poisson de rivière)........ 279
122. Senne (filet de pêche en rivière)........ 279
123. Pêcheurs à la senne tirant le filet........ 280
124. Ombre-chevalier........ 281
125. Saumon adulte........ 283
126. Très-jeune Saumon........ 283
127. Saumoneau........ 285
128. Le saut du Saumon à la cataracte de Kilmorack........ 286
129. Pêche du Saumon en Irlande........ 287
130. Le tramail........ 288
131. Hareng commun........ 289
132. PÊCHE DU HARENG........ 297
133. Alose........ 301
134. Sardine........ 303
135. Anchois........ 303
136. Brochet........ 305
137. L'épervier, filet pour la pêche en rivière........ 308
138. Pêcheur se préparant à lancer l'épervier........ 309
139. Stomias........ 310
140. Exocet, ou poisson volant........ 310
141. Loche franche........ 311
142. Goujon........ 313
143. L'échiquier........ 314
144. Carafe à Goujons........ 314
145. Barbeau........ 315
146. Tanche commune........ 317
147. Carpe commune........ 319
148. Carpe à miroir, ou reine des Carpes........ 321
149. Dorade de la Chine, ou Poisson rouge........ 323
150. POISSONS ROUGES (CYPRINS, OU DORADES DE LA CHINE) DANS UN AQUARIUM D'APPARTEMENT........ 325
151. Brème........ 327
152. Ablette........ 328
153. Gardon........ 329
154. Pêcheurs de Gardons sur un quai de Paris........ 330
155. Chevaisne, ou Meunier........ 331
156. Vairon commun........ 331
157. Silure d'Europe........ 333
158. Silure électrique........ 334

Figures. Pages.
159. Perche ... 335
160. Bar, ou Loup ... 337
161. Vive ... 338
162. Uranoscope ... 339
163. Rougel ... 340
164. L'agonie d'un Rouget au banquet d'Hortensius ... 341
165. Trigle rouge ... 344
166. Dactyloptère, ou Poisson volant de la Méditerranée ... 345
167. Chabot de rivière ... 347
168. Scorpène Rascasse de la Méditerranée ... 347
169. Scorpène volante (*Pteroïs volitans*) ... 349
170. Épinoche et son nid aquatique ... 351
171. Épinochettes ... 353
172. Thon ... 355
173. Pêche du Thon a la madrague, sur les côtes de Provence ... 357
174. Maquereau ... 361
175. Pêche du Maquereau ... 363
176. Baigneur attaqué par un banc de Maquereaux ... 366
177. Espadon Épée ... 367
178. Combat d'une Baleine et d'un Espadon ... 368
179. Pêche de l'Espadon dans le détroit de Messine ... 369
180. Baudroie ... 370
181. Vieille verte et Vieille rouge (Labres) ... 371
182. Girelle ... 372
183. Bouche en flûte ou Fistulaire ... 372
184. Squelette de Batracien (Grenouille) ... 379
185. Squelette de reptile (Tortue) ... 381
186. Grenouille ... 387
187. Développement du têtard ... 389
188. Rainette, ou Grenouille d'arbre ... 391
189. Crapaud ... 393
190. Pipa d'Amérique ... 395
191. Salamandre terrestre ... 396
192. Salamandre aquatique, ou Triton ... 397
193. Couleuvre à collier ... 401
194. Couleuvre vipérine ... 402
195. Pithon de Séba, ou Boa constrictor ... 403
196. Vipère commune ... 407
197. Crochets et langue de la Vipère ... 408
198. Serpent à sonnettes ... 413
199. Trigonocéphale, ou Serpent fer de lance ... 418
200. Naja, ou Serpent à coiffe ... 419

Figures. Pages.
201. Les psylles égyptiens, ou les charmeurs de Serpents 421

202. Orvet 424
203. Seps 425
204. Lézard vert et Lézard ocellé 427
205. Iguane tuberculeuse 429
206. Basilic 430
207. Dragon volant 431
208. Gecko 432
209. Caméléon 433

210. L'Anglais et l'Alligator, ou la fuite en cercle 439

211. Alligator, ou Caïman 443
212. Tortue mauresque (Tortue terrestre) 450
213. Tortue cistule (Tortue de marais) 451
214. Émyde caspienne (Tortue de marais) 453
215. Tortue Matamata (Tortue de marais) 453
216. Trionyx d'Égypte (Tortue de fleuve) 455

217. Chasse a la Tortue 457

218. Tortue franche 460
219. Tortue caret 461
220. Tortue couane 462
221. Tortue luth 463

FIN DE LA TABLE DES GRAVURES.

OUVRAGES DE M. LOUIS FIGUIER

PUBLIÉS PAR LA LIBRAIRIE HACHETTE

OUVRAGES ILLUSTRÉS A L'USAGE DE LA JEUNESSE

Format grand in-8

PRIX DE CHAQUE VOLUME, BROCHÉ, 10 FRANCS

La demi-reliure, dos en chagrin, plats en toile, tranches dorées, se paye 4 fr. en sus

---

I. TABLEAU DE LA NATURE.

I. **La terre avant le déluge.** 1 vol. contenant 25 VUES IDÉALES DE PAYSAGES DE L'ANCIEN MONDE, 345 autres figures et 8 cartes géologiques coloriées. 7e édition (1874).

II. **La terre et les mers**, ou description physique du globe. 1 vol. contenant 206 figures sur bois par Karl Girardet, etc., et 20 cartes de géographie physique. 5e édition (1874).

III. **Histoire des plantes.** 1 vol. illustré de 416 figures dessinées par Faguet, préparateur des cours de botanique à la Faculté des sciences de Paris. e édition (1874).

IV. **Les zoophytes et les mollusques.** 1 vol. illustré de 386 figures dessinées d'après les plus beaux échantillons du Muséum d'histoire naturelle et des principales collections de Paris (1866).

V. **Les insectes.** 1 vol. illustré de 595 figures, dessinées d'après nature par Mesnel, Blanchard et Delahaye et de 24 grandes compositions par É. Bayard. 3e édition (1875).

VI. **Les animaux articulés, les poissons et les reptiles.** 1 vol. illustré de 222 figures. 3e édition (1876).

VII. **Les oiseaux.** 1 vol. illustré de 322 figures par Mesnel, Bevalet, etc. 3e édition (1876).

VIII. **Les mammifères.** 1 vol. illustré de 276 figures par Bocourt, Mesnel et de Pennes. 2e édition (1873).

IX. **L'homme primitif.** 1 vol. illustré de 40 SCÈNES DE LA VIE DE L'HOMME PRIMITIF, et de 256 figures représentant les objets usuels des premiers âges de l'humanité. 4e édition (1876).

X. **Les races humaines.** 1 vol. illustré de 268 figures et de 8 chromolithographies représentant les principaux types des familles humaines. 3e édition (1875).

II. — OUVRAGES DIVERS.

Vies des savants illustres, depuis l'antiquité jusqu'au dix-neuvième siècle. 5 vol. grand in-8, accompagnés de 175 grandes compositions et portraits.

Tome Ier : *Savants de l'Antiquité.* — Tome IIe : *Savants du Moyen âge.* — Tome IIIe : *Savants de la Renaissance.* — Tome IVe : *Savants du Dix-septième siècle.* — Tome Ve et dernier : *Savants du Dix-huitième siècle.* (Chaque vol. broché, 10 fr.)

Les grandes inventions anciennes et modernes dans les sciences, l'industrie et les arts. 1 vol. illustré de 304 gravures sur bois. 6e édition (1873).

Le savant du foyer, ou NOTIONS SCIENTIFIQUES SUR LES OBJETS USUELS DE LA VIE. 1 vol. illustré de 288 vignettes. 7e édition (1876).

OUVRAGES PUBLIÉS DANS LA BIBLIOTHÈQUE VARIÉE.

L'alchimie et les alchimistes, ESSAI HISTORIQUE ET CRITIQUE SUR LA PHILOSOPHIE HERMÉTIQUE. 1 vol. in-8 jésus, 3e édition. Prix : 3 fr. 50 cent.

Histoire du merveilleux dans les temps modernes. 4 vol. in-18 jésus, 2e édition. Prix : 14 fr.

Le lendemain de la mort, ou LA VIE FUTURE SELON LA SCIENCE. 1 vol. in-18 jesus, accompagné de 10 figures d'astronomie. 6e édition (1875). Prix : 3 fr. 50.

L'année scientifique et industrielle, dix-neuf années (1856-1876). 19 vol.

Chaque volume se vend séparément 3 fr. 50.

Tables décennales de l'année scientifique et industrielle (1856-1865). 1 vol. Prix : 2 fr.

16494. — Typographie Lahure, rue de Fleurus, 9, à Paris.

www.ingramcontent.com/pod-product-compliance
Ingram Content Group UK Ltd.
Pitfield, Milton Keynes, MK11 3LW, UK
UKHW020311200726
13857UKWH00001B/145

9 782012 8962